机械结构设计

技巧 与 禁忌

第 2 版

潘承怡 向敬忠 编著

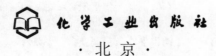
化学工业出版社
·北京·

内 容 简 介

本书从技巧与禁忌两个方面分析了常用机械结构设计的要点及难点。

主要内容包括：螺旋副，转动副，移动副，杆类构件，盘类构件，轴类构件，键、花键、销及其它连接，机架，减速器，联轴器，弹簧，密封等结构的设计技巧与禁忌，以及机械结构创新设计的技巧与禁忌。本书列举了大量工程实例，通过结构改善前后对比、正误对比、较好较差对比，阐述了机械结构设计的基本方法和要点技巧。

本书可为从事机械设计相关工作的工程技术人员提供帮助，也可供高校相关专业师生学习参考。

图书在版编目（CIP）数据

机械结构设计技巧与禁忌/潘承怡，向敬忠编著. —2 版.
—北京：化学工业出版社，2020.11 （2021.11重印）
ISBN 978-7-122-37729-6

Ⅰ.①机… Ⅱ.①潘…②向… Ⅲ.①机械设计-结构设计-禁忌 Ⅳ.①TH12

中国版本图书馆 CIP 数据核字（2020）第 173133 号

责任编辑：贾 娜　　　　　　　　　装帧设计：王晓宇
责任校对：王素芹

出版发行：化学工业出版社（北京市东城区青年湖南街 13 号　邮政编码 100011）
印　　装：三河市延风印装有限公司
787mm×1092mm　1/16　印张 25¼　字数 660 千字　　2021 年 11 月北京第 2 版第 2 次印刷

购书咨询：010-64518888　　　　　　售后服务：010-64518899
网　　址：http://www.cip.com.cn
凡购买本书，如有缺损质量问题，本社销售中心负责调换。

定　　价：118.00 元

前 言

　　机械结构设计是机械产品设计和开发的必要支撑。随着科学技术的飞速发展，一方面，人们对机械结构设计有了越来越高的要求，对性能优异的机械结构的需求日益增长；另一方面，在当今科技日新月异的发展形势下，只掌握一般的常规结构设计已不能满足工作要求。机械结构设计是复杂多样的，初学者缺少经验，稍不注意就容易犯一些不易被发现的错误，即便是有经验的多年从业者也可能设计出性能不是最佳的结构，甚至是禁忌的结构，这些都将给工作造成不良后果。因此，对机械设计人员而言，掌握机械结构设计的常用技巧和常见禁忌非常必要。

　　本书自第 1 版出版以来，受到广大读者的欢迎，为了更好地为广大读者服务，在第 2 版中做了如下修改和补充。

　　1. 对部分章节内容进行了整合。删除第 1 版中的绪论，将其部分内容编入其它相关章节，使全书内容更加精炼、具体，易于理解。

　　2. 本着与时俱进、不断创新的思想，新增加了"第 13 章 机械结构创新设计技巧与禁忌"。该章介绍了机械结构创新设计中比较实用的基本方法与禁忌，通过对具体工程设计实例的分析，帮助读者尤其是广大工程技术人员，在新产品的开发和创新工作中尽快掌握常用机械结构创新设计技巧，避免出现不必要的失误。

　　3. 在第 4 章 "杆类构件的结构设计技巧与禁忌" 中，新增加了 "4.1 连杆机构设计技巧与禁忌" 一节，该节详细地介绍了有关连杆机构的传动角、死点位置、平衡、干涉、运动性能等的设计技巧与禁忌，使该章内容更加充实与完善。

　　4. 对第 1 章补充了部分设计实例，修改了部分小节的内容和顺序，进行了适当删减和重新编排，使该章更加条理清晰、内容充实。

　　5. 对第 1、2、7、10、11、12 章中的叙述性常识内容进行了适当删减，更多地增加表格形式，以使阐述的问题更加鲜明，更便于读者阅读和对比分析。

　　本书是作者总结多年来的教学经验和科研成果，并在广泛收集资料的基础上编写的。书中内容注重基础知识和基本技法，突出实用性和工程性，吸收了大量工程实践精华，列举了大量结构设计实例，归纳了机械结构改善前后的对比图例、正确和错误的对比图例、较好和较差的对比图例等，以使读者获得更多启示，帮助读者在短时间内快速掌握机械结构设计的基本方法和一般技巧，避免设计出不良结构和禁忌结构，从而提高设计质量，减少错误的发生。

　　本书由潘承怡、向敬忠共同编著完成，由潘承怡负责统稿。

　　由于笔者水平所限，书中难免有疏漏和不足之处，敬请读者批评指正。

编著者

目录

螺旋副的结构设计技巧与禁忌

两个构件之间，相对运动为螺旋运动的运动副称为螺旋副，如图1-1所示。

在回转表面上沿螺旋线所形成的具有相同断面的连续凸起和沟槽称为螺纹。在外表面上形成的螺纹称为外螺纹，通常也称螺杆；在内表面上形成的螺纹称为内螺纹，通常也称螺母，如图1-2所示。

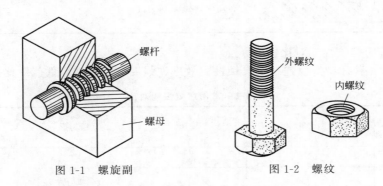

图 1-1　螺旋副　　　　　　　　图 1-2　螺纹

外螺纹与内螺纹（螺杆与螺母）所构成的运动副即为螺旋副。工程中常见的螺纹连接与螺旋传动均属于螺旋副。本章将分别讨论螺纹连接与螺旋传动的结构设计技巧与禁忌。

1.1　螺纹连接结构设计技巧与禁忌

1.1.1　螺纹类型选择技巧与禁忌

（1）螺纹主要类型、特点及应用

通过螺纹轴线剖切时，螺纹断面的轮廓形状称为螺纹的牙型。常用的螺纹牙型有三角形、矩形、梯形和锯齿形，其牙型图、特点及应用见表1-1。

表 1-1　常用螺纹的类型、牙型图、特点及应用

类型	牙型图	特点及应用
三角形螺纹	P　$60°$	牙型为等边三角形，牙型角 $\alpha=60°$。内外螺纹旋合后留有径向间隙。外螺纹牙根允许有较大的圆角，以减小应力集中。同一公称直径按螺距大小分为粗牙和细牙。细牙螺纹的牙形与粗牙相似，但螺距小，升角小，自锁性较好，强度高，因牙细不耐磨，容易滑扣。一般连接多用粗牙螺纹。细牙螺纹常用于细小零件、薄壁管件或受冲击、振动和变载荷的连接中，也可作为微调机构的调整螺旋

续表

类型	牙型图	特点及应用
矩形螺纹		牙型为正方形,牙型角 $\alpha=0°$。其传动效率较其它螺纹高,但牙根强度弱。螺旋副磨损后,间隙难以修复和补偿,传动精度降低。为了便于铣、磨削加工,可制成 10° 的牙型角。矩形螺纹尚未标准化,目前已逐渐被梯形螺纹所代替
梯形螺纹		牙型为等腰梯形,牙型角 $\alpha=30°$。内外螺纹以锥面贴紧,不易松动。与矩形螺纹相比,传动效率较低,但工艺性好,牙根强度高,对中性好。如用剖分螺母,还可以调整间隙。梯形螺纹是最常用的传动螺纹
锯齿形螺纹		牙型为不等腰梯形,工作面的牙侧角为 $\alpha=3°$,非工作面的牙侧角为 $\alpha=30°$。外螺纹牙根有较大的圆角,以减小应力集中。内、外螺纹旋合后,大径处无间隙,便于对中。这种螺纹兼有矩形螺纹传动效率高、梯形螺纹牙根强度高的特点,但只能用于单向受力的螺纹连接或螺旋传动中,如螺旋压力机

（2）几种常用螺纹性能对比

表 1-1 所列 4 种牙型螺纹连接的自锁性、效率、强度、工艺性等性能对比见表 1-2。

表 1-2　常用螺纹性能对比

牙型 \ 项目	三角形	梯形	锯齿形	矩形
牙型角 α	60°	30°	33°	0°
牙型侧角 β（β 大,自锁性好）	30°	15°	工作面 $\beta=3°$ 非工作面 $\beta=30°$	0°
当量摩擦系数 f_v	$1.155f$	$1.035f$	$1.001f$	f
自锁条件	螺纹升角 $\Psi<\varphi_v$,φ_v 为当量摩擦角,$\varphi_v=\arctan f_v$,$f_v=f/\cos\beta$。β 大,则 f_v 大,自锁性好			
自锁性	最好(细牙优于粗牙)	较差	差	最差
效率	较低	较高	较高	最高
牙根强度	一般	较高	较高	低
工艺性	较好	较好	较好	差
应用	主要用于连接,也可用于调整机构等,应用广泛	用于传力或传导螺旋	用于单向受力的螺纹连接或螺旋传动中	传力或传导螺旋,应用较少

（3）螺纹类型选择技巧与禁忌

① 矩形螺纹不能用于连接　矩形螺纹因自锁性差,不能用于连接,且相同尺寸的矩形螺纹比三角形螺纹根部面积小,其强度也比三角形螺纹低。三角形螺纹由于自锁性好,一般主要用于连接中。

② 梯形螺纹不能用于连接　梯形螺纹自锁性不如三角形螺纹,其效率 η 比三角形螺纹高,但比矩形螺纹低。由于梯形螺纹比矩形螺纹根部面积大,因此其强度比矩形螺纹高。综合考虑,梯形螺纹是工程上用得最多的一种传力螺纹。

③ 在薄壁容器或设备上不宜采用粗牙螺纹　在薄壁容器或设备上一般不用粗牙螺纹,

避免对薄壁件损伤太大。因为细牙螺纹牙高小，因此对薄壁件损伤小，并且可以提高连接强度（细牙螺纹比粗牙螺纹根径大，根部面积大）和自锁性。

④ 在一般机械设备上不宜采用细牙螺纹 由于细牙螺纹的螺纹牙强度低，所以一般机械设备上用于连接的螺纹不宜采用细牙螺纹，尤其是受拉螺栓。

⑤ 承受双向轴向力时不能用锯齿形螺纹 锯齿形螺纹牙型剖面为锯齿形，一侧牙型角 $\alpha=3°$，为工作面；另一侧牙型角 $\alpha=30°$，为非工作面，因此锯齿形螺纹只能承受单向轴向力，不能用于双向轴向力的场合。

⑥ 锯齿形螺纹不能用于连接 锯齿形螺纹不能用于连接，因为自锁性不好。

⑦ 普通用途的螺纹一般不选用左旋 普通用途的螺纹一般默认为右旋，只有在特殊情况下，例如设计螺旋起重器时，为了和一般拧自来水龙头的规律相同才选用左旋螺纹；煤气罐的减压阀也选用了左旋螺纹。

⑧ 用于连接的螺纹不能选用双头螺纹和多头螺纹 由于双头螺纹和多头螺纹的自锁性不好，连接性能差，所以不能选用双头螺纹和多头螺纹用于连接。

1.1.2 螺纹连接主要类型设计技巧与禁忌

（1）螺纹连接的主要类型、特点及应用

螺纹连接的主要类型有螺栓连接、双头螺柱连接、螺钉连接、紧定螺钉连接，其特点及应用见表1-3。

表 1-3 螺纹连接的主要类型、特点及应用

类型	结构	主要尺寸关系	特点及应用
螺栓连接	 受拉螺栓连接 受剪螺栓连接	螺纹余留长度： 受拉螺栓连接 静载荷 $l_1 \geq (0.3 \sim 0.5)d$ 变载荷 $l_1 \geq 0.75d$ 冲击、弯曲载荷 $l_1 \geq d$ 受剪螺栓连接 l_1 尽可能小 螺纹伸出长度： $a \approx (0.2 \sim 0.3)d$ 螺栓轴线到被连接件边缘的距离： $e = d + (3 \sim 6)mm$	螺栓连接不需要在被连接件上切制螺纹，故不受被连接件材料的限制，构造简单，装拆方便，应用广泛 用于紧固不太厚的零件、板、凸缘和梁等，用于通孔并能从连接的两边进行装配的场合，或连接必须经常旋松和旋紧时 受拉螺栓连接靠摩擦传力，受剪螺栓连接靠剪切和挤压传力，前者用普通螺栓，后者用铰制孔用螺栓。相同载荷时，后者结构紧凑

类型	结构	主要尺寸关系	特点及应用
双头螺柱连接		座端旋入深度 H，当螺纹孔零件材料为： 钢或青铜 $H \approx d$ 铸铁 $H \approx (1.25 \sim 1.5)d$ 铝合金 $H \approx (1.5 \sim 2.5)d$ 螺纹孔深度： $H_1 \approx H + (2 \sim 2.5)P$ P 为螺距 钻孔深度： $H_2 \approx H_1 + (0.5 \sim 1)d$ l_1、a、e 同螺栓连接	双头螺柱两端均有螺纹，连接时，座端旋入并紧定在被连接件之一的螺纹孔中，用于因结构限制不能用螺栓连接的地方(如被连接件之一太厚)或希望结构较紧凑的场合，以及当连接需要经常装拆而被连接件材料不能保证螺纹有足够耐久性的场合
螺钉连接			不用螺母，重量较轻，在钉尾一端的被连接件外部能有光整的外露表面，应用与双头螺柱相似，但不宜用于经常拆卸的连接，以免损坏被连接件螺纹孔
紧定螺钉连接		$d \approx (0.2 \sim 0.3)d_s$ d_s 为轴径 转矩大时取大值	紧定螺钉旋入一零件的螺纹孔中，并用其末端顶住另一零件的表面或顶入相应的凹坑中，以固定两零件的相对位置，并可传递不大的力和转矩。平端螺钉比锥端螺钉传递的横向力小

（2）螺纹连接类型选用技巧与禁忌

① 被连接件较薄时，不宜采用螺钉连接，而宜采用螺栓连接。

② 被连接件较厚、不宜钻透时，不宜采用螺栓连接，宜采用螺钉连接或双头螺柱连接。两者的区别在于：经常拆卸时采用双头螺柱连接，不经常拆卸时采用螺钉连接。

③ 紧定螺钉连接主要用来固定零件相互位置，不适于用来传递较大的力。

（3）普通螺栓连接结构设计技巧与禁忌

普通螺栓连接也称受拉螺栓连接，是工程中应用最广泛的一种螺纹连接方式。如图 1-3(a) 所示为普通螺栓连接常见错误示例，该螺栓连接有以下错误：

① 整个螺栓装不进去，应该掉过头来安装。

② 不应当用扁螺母，应选用一般螺母，根据 GB/T 6175—2000，M12 的螺母，厚度 $m = 12\text{mm}$。

③ 弹簧垫圈的尺寸不对，按标准查出其直径和厚度，如图 1-13(b) 所示。

④ 弹簧垫圈的缺口方向不对。

⑤ 螺栓长度不对，根据被连接件的厚度，按 GB/T 5782—2000，应取标准长度 60mm。

⑥ 铸造表面应加沉孔。

⑦ 螺栓距离机体侧面太近，扳手空间不足，应向左移一些。

⑧ 两被连接件的孔直径应相同，均大于螺栓大径。

改正后的结构如图 1-3(b) 所示。

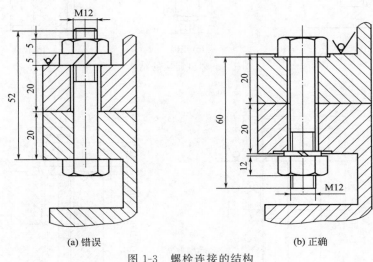

(a) 错误　　　　　　　　　(b) 正确

图 1-3　螺栓连接的结构

（4）螺钉连接结构设计技巧与禁忌

如图 1-4(a) 所示的螺钉连接的结构有如下错误：

① 此结构不应当用螺钉连接，因为被连接件的两块板都比较薄，只有当被连件有一个很厚、钻不透时才采用螺钉连接。本结构应改为螺栓连接，具体结构和尺寸如图 1-4(b) 所示。

② 如果为螺钉连接，上边的板应该开通孔，螺钉的螺纹应与下边的板相拧紧［图 1-4 (c)］。

③ 铸造表面应加沉孔。

④ 一般可不必采用全螺纹。

改正后的结构如图 1-4(b)、(c) 所示。

（5）双头螺柱连接结构设计技巧与禁忌

当被连件有一个很厚、钻不透时，采用双头螺柱连接，与螺钉连接的区别就在于：经常拆卸时采用双头螺柱连接，以保护较厚的被连接件的内螺纹不受破坏。如图 1-5(a) 所示的双头螺柱连接的结构有如下错误：

① 双头螺柱的光杆部分不能拧进被连接件的内螺纹。

② 锥孔角度应为 120°，且画到了内螺纹的外径，应该画到钻孔的直径处。

③ 被连接件为铸造表面，安装双头螺柱连接时必须将表面加工平整，故采用沉孔。

④ 螺母的厚度不够，正确尺寸为 12mm。

⑤ 弹簧垫圈的厚度不对，正确尺寸为 3.1mm。

改正后的结构如图 1-5(b) 所示。

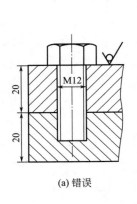
(a) 错误

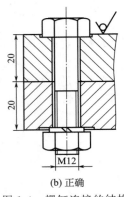
(b) 正确

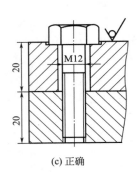
(c) 正确

图 1-4　螺钉连接的结构

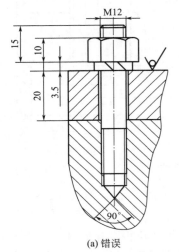
(a) 错误

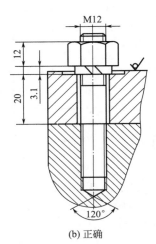
(b) 正确

图 1-5　双头螺柱连接的结构

（6）紧定螺钉连接结构设计技巧与禁忌

固定零件位置时经常采用紧定螺钉连接。如图 1-6（a）所示的紧定螺钉连接的结构有如下错误：

① 螺钉掉在孔里，无法拧进。因为轴套上为光孔，没加工出螺纹，因此螺钉拧不进。应当在轴套上加工出内螺纹，才能使螺钉拧入。

② 螺钉不应拧进轴。

可以改为如图 1-6（b）所示的结构，即轴套上加工成螺纹孔，与紧定螺钉的螺纹相旋合，螺钉末端抵紧在轴上进行定位。

1.1.3　螺纹连接结构设计技巧与禁忌

（1）螺纹连接结构应符合力学要求

① 受剪切力较大的连接不宜采用摩擦传力　剪切力较大时，靠摩擦传力的连接结构零件受力大，尺寸大，且传力不可靠，宜采用靠零件形状传力的结构。如图 1-7（a）所示受剪切力较大的螺栓连接，用普通受拉螺栓连接两板，靠摩擦传力，不如图 1-7（b）所示的用铰制孔受剪螺栓连接效果更好。

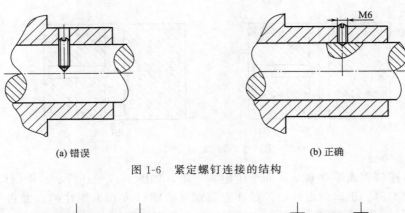

(a) 错误　　　　　　　　　　　　　　　　(b) 正确

图 1-6　紧定螺钉连接的结构

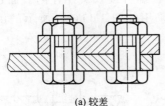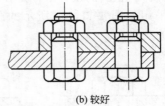

(a) 较差　　　　　　　　　　　　　　(b) 较好

图 1-7　受剪切力较大的连接不宜采用摩擦传力

② 利用工作载荷改善螺栓受力　有些场合可以利用工作载荷改善结构受力。如图 1-8 所示压力容器的盖，可以利用容器中介质的压力帮助压紧，以减少螺栓的受力。如图 1-8（a）所示结构较差，如图 1-8（b）所示结构较好。

③ 紧定螺钉不宜放在承受载荷方向上　设计紧定螺钉的位置时，在承受载荷的方向上放置紧定螺钉是不合适的，不能采取如图 3-3（a）所示的结构，将紧定螺钉放在承受载荷的方向上，这样螺钉会被压坏，不起紧定作用。改进后的结构如图 1-9（b）所示。

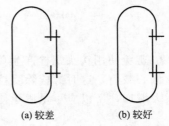

(a) 较差　　(b) 较好

图 1-8　利用工作载荷改善螺栓受力

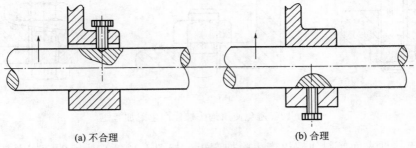

(a) 不合理　　　　　　　　　　　　　　(b) 合理

图 1-9　紧定螺钉的位置

④ 避免螺纹孔轴线相交　如图 1-10（a）所示，轴线相交的螺孔交在一起，能削弱机体的强度和螺钉的连接强度。正确的结构如图 1-10（b）所示，应避免相交的螺孔。

⑤ 避免产生附加弯矩

a. 铸造表面不宜直接安装螺栓等连接件　铸造表面不应直接安装螺栓、螺钉或双头螺柱，因为铸造表面不平整，如果直接安装螺栓、螺钉或双头螺柱，则螺栓、螺钉或双头螺柱

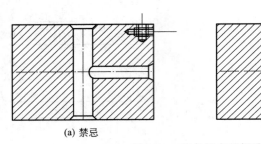

(a) 禁忌　　　　　　　　　　　　　　(b) 合理

图 1-10　避免相交的螺孔

的轴线就会与连接表面不垂直，从而产生附加弯矩，如图 1-11（a）所示，使螺栓受到附加弯曲应力而降低寿命。正确的设计应该是在安装螺栓、螺钉或双头螺柱的表面进行机械加工，例如铸造表面采用如图 1-11（b）所示的凸台，或采用如图 1-11（c）所示的沉头座等方式，避免附加弯矩的产生。

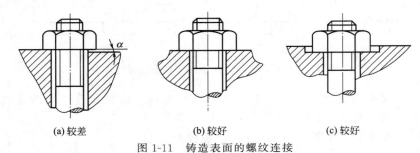

(a) 较差　　　　　　　　　(b) 较好　　　　　　　　　(c) 较好

图 1-11　铸造表面的螺纹连接

b. 避免使用钩头螺栓产生附加弯矩　采用钩头螺栓时，如图 1-12（a）所示，会使螺栓产生偏心载荷，这时螺栓除受拉力外还受由偏载引起的附加弯曲应力，从而使螺栓的工作应力大大增加，所以应尽量避免使用。

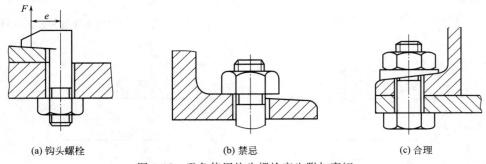

(a) 钩头螺栓　　　　　　　　　(b) 禁忌　　　　　　　　　(c) 合理

图 1-12　避免使用钩头螺栓产生附加弯矩

c. 避免连接件表面倾斜使螺栓产生附加弯矩　如图 1-12（b）所示的结构因被连接件表面倾斜，与螺栓轴心线不垂直，从而使螺栓产生附加弯矩。这种情况下可以采用斜垫圈，如图 1-12（c）所示。

d. 避免被连接件因刚度不足产生附加弯矩　如图 1-13（a）所示为被连接件刚度太小造成的螺栓附加弯矩，应当避免。应当使被连接件有足够的刚度，如图 1-13（b）所示，加厚被连接件可增大被连接件刚度，结构合理。

⑥ 有利于夹紧力的螺钉连接　如图 1-14 所示为经常遇到的把某一机件牢固地安装在

轴、杆或管子上的情况，要求能调整位置并便于装卸，此种情况可采用螺钉连接。如图 1-14（a）所示的结构，无论怎样夹紧，总是固定不住，常易发生滑移和转动，原因是螺钉固定时，对轴的夹紧力仅限于有切槽的一侧，另一侧未开槽，刚性大，所以无论怎样锁紧螺钉，也总不能紧固，使用时就产生转动和滑移。改进后的结构如图 1-14（b）所示，将切槽延伸至孔的另一侧，拧紧螺钉时，夹紧力使之发生弹性变形，并传递到轴的四周，将轴牢固地夹住。

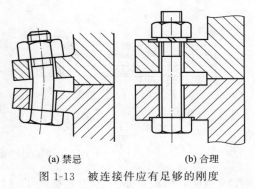

(a) 禁忌　　　　(b) 合理

图 1-13　被连接件应有足够的刚度

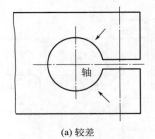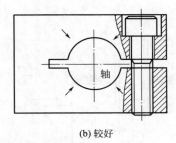

(a) 较差　　　　　　(b) 较好

图 1-14　有利于夹紧力的螺钉连接

⑦ 螺母螺纹旋合高度禁忌　螺母的保证载荷是以螺母高度内的螺纹全部旋合而设计的，因此在使用螺母时必须让螺母的螺纹全部旋合。图 1-15（a）、（b）所示结构不合理，它们减少了旋合的螺纹扣数，不能保证足够的螺纹连接强度，在重要的地方尤其应注意，否则容易引发事故。正确结构如图 1-15（c）所示。

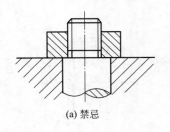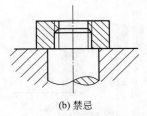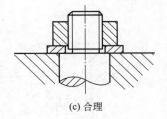

(a) 禁忌　　　　　(b) 禁忌　　　　　(c) 合理

图 1-15　螺母螺纹旋合高度

⑧ 提高螺栓疲劳强度的结构

a. 采用柔性螺栓可以提高螺栓的疲劳强度　理论分析表明，降低应力幅 σ_a 可提高螺栓连接的疲劳强度。在一定的工作载荷 F 作用下，螺栓总拉力 F_0 一定时，减小螺栓刚度 C_1 或增大被连接件刚度 C_2，都能使应力幅 σ_a 减小，从而提高提高螺栓的疲劳强度。如图 1-16（a）所示，采用加粗螺栓直径的方法，对提高螺栓疲劳强度并无裨益，这样只增加了螺栓的整体强度，而并未降低螺栓的刚度。一般情况下，减小螺栓的刚度可采用如下措施：采用细长杆的螺栓、柔性螺栓（即部分减小螺杆直径或中空螺栓），如图 1-16（b）所示。

b. 压力容器密封设计与螺栓的疲劳强度　如上所述，减小连接件刚度或增大被连接件刚度，均可提高螺栓连接疲劳强度。如图 1-17（a）所示为压力容器，用刚度小的普通密封垫，就相当于减小了被连接件的刚度，因此降低了螺栓的疲劳强度。如果改为如图 1-17（b）所示的结构，即被连接件之间无垫片，开密封槽并放入橡胶密封环进行密封，就增大了被连

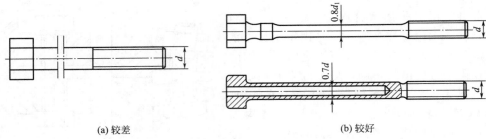

(a) 较差   (b) 较好

图 1-16   采用柔性螺栓可以提高螺栓的疲劳强度

接件的刚度，因此比前一种大大提高了螺栓的疲劳强度。

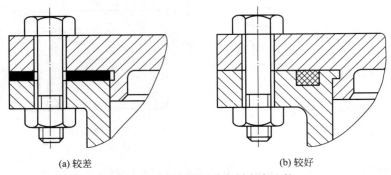

(a) 较差   (b) 较好

图 1-17   压力容器两种密封方案比较

    c. 特殊结构螺母可提高螺栓疲劳强度   悬置螺母 ［图 1-18（a）］的旋合部分全部受拉，其变形性质与螺栓相同，栓杆与螺母的变形一致，减小螺距变化差，螺纹牙受力较均匀，可提高螺栓疲劳强度达 40%。

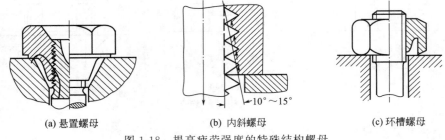

(a) 悬置螺母   (b) 内斜螺母   (c) 环槽螺母

图 1-18   提高疲劳强度的特殊结构螺母

    内斜螺母 ［图 1-18（b）］可减小原受力大的螺纹牙的刚度，而把力分移到原受力小的牙上，可提高螺栓疲劳强度达 20%。

    环槽螺母 ［图 1-18（c）］利用螺母下部受拉且富于弹性的特性，可提高螺栓疲劳强度达 30%。

    以上这些结构特殊的螺母制造费工，只在重要的或大型的连接中使用。

    d. 增大螺栓头根部圆角可提高螺栓疲劳强度   如图 1-19（a）所示的螺栓头根部圆角太小，因此应力集中太大。如图 1-19（b）所示的结构，螺栓头根部圆角增大，因此减小了应力集中，提高了螺栓的疲劳强度。如图 1-19（c）所示的结构，螺栓头根部圆角更大，因此更加显著地减小了应力集中，提高螺栓疲劳强度效果好。

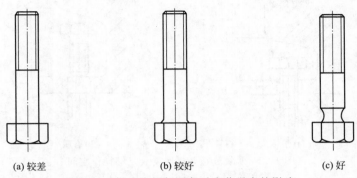

图 1-19 螺栓头根部圆角对疲劳强度的影响

e. 变载荷条件下容器不宜用短螺栓连接 如图 1-20 上半部分所示容器，缸体与缸盖的连接，在常温、动载荷条件下采用了短螺栓连接，不如图 1-20 下半部分所示采用等截面长螺栓连接，因为后者较前者的螺栓刚度小，可提高螺栓疲劳强度，且前者还增加了螺栓的数量和装卸的工作量，结构设计不如后者合理。

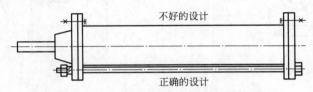

图 1-20 变载荷条件下容器不宜用短螺栓连接

（2）螺纹连接结构应满足工艺性要求

① 螺纹孔边结构应易于装拆 如图 1-21(a) 所示，螺纹孔边没倒角，拧入螺纹时容易损伤孔边的螺纹。如图 1-21(b) 所示的螺纹孔边加工成倒角，较为合理。

图 1-21 螺纹孔边结构应易于装拆

② 螺纹连接装拆时要有足够的操作空间 螺栓、螺钉和双头螺柱连接必须考虑安装及拆卸要有足够的操作空间。如图 1-22(a) 所示的结构，安放螺钉的空间太小，无法装入和拆卸螺钉。如图 1-22(b) 所示，L 应大于螺钉的长度，才能装拆螺钉。

③ 螺纹连接装拆时要留扳手空间 设计螺栓、螺钉和双头螺柱连接的位置时还必须考虑留有足够的扳手空间。如图 1-23(a) 所示扳手空间不足，不利于操作。如图 1-23(b) 所示为考虑了标准扳手活动空间的结构。

④ 经常拆装的外露螺纹的处理 在经常拆卸的地方，螺栓的外露部分容易受到扳手、锤子等碰伤而使螺纹破坏，给拆装带来麻烦，因此在经常拆装的地方（如夹具上的螺栓等），禁止采用图 1-24(a)、(b) 的结构，即仅保持螺栓原来的倒角平头，而应将外露部分的螺纹切去，如图 1-24(c) 所示，避免螺纹的破坏，尤其是大直径的螺栓更应该如此。

⑤ 避免螺栓在机架下方装入 零件的结构要考虑到装、拆要求，保证零件能够正确安

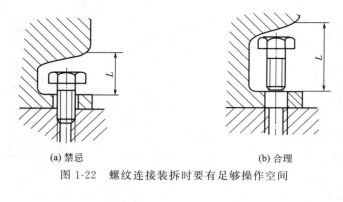

(a) 禁忌   (b) 合理

图 1-22 螺纹连接装拆时要有足够操作空间

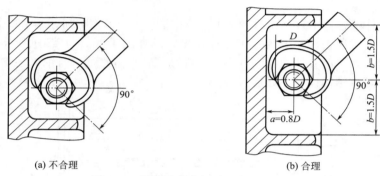

(a) 不合理   (b) 合理

图 1-23 螺纹连接装拆时要留扳手空间

(a) 不合理   (b) 不合理   (c) 合理

图 1-24 经常拆装的外露螺纹的处理

装，还要便于拆卸。如图 1-25(a) 所示，要想拆卸螺栓，必须先拆卸地脚螺栓，卸下底座是不合理结构。合理结构如图 1-25(b) 所示，改用双头螺柱连接较好。

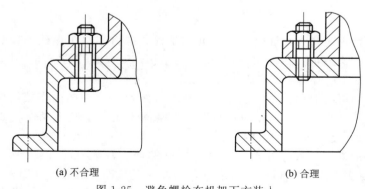

(a) 不合理   (b) 合理

图 1-25 避免螺栓在机架下方装入

⑥ 避免错误安装 有些螺栓零件仅有细微的差别，安装时很容易弄错，应在结构上突

显其差异，以便于安装。如图 1-26（a）所示双头螺柱，两端螺纹都是 M16，但长度不同，安装时容易弄错，如将其中一端改用细牙螺纹 M16×1.5（另一端仍用标准螺纹 M16，螺距为 2mm），则不容易弄错；若将另一端改为 M18，如图 1-26（b）所示，则更不容易弄错，但加工困难些。

⑦ 螺栓连接外露部分不宜过长　螺栓连接外露部分不宜过长，如图 1-27（a）所示，螺栓的外露部分 a 太长，结构不紧凑，占空间大，也浪费材料、增加重量，且容易受到扳手、锤子等碰伤而使螺纹破坏，给拆卸带来麻烦。所以，如图 1-27（b）所示，螺栓在螺母外的伸出长度一般取 $a=(0.2\sim0.3)d$ 为宜。

⑧ 螺纹连接部分结构尺寸设计应规范　图 1-28（a）中，螺钉的钻孔深度 L_2、攻螺纹深度 L_1 都没按标准设计，正确的应如图 1-28（b）所示，钻孔、攻螺纹、旋入深度必须按标准进行设计。

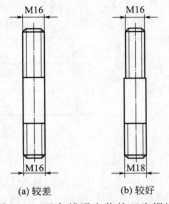

(a) 较差　　(b) 较好

图 1-26　避免错误安装的双头螺柱

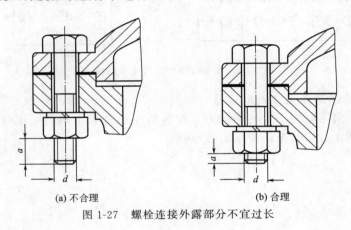

(a) 不合理　　(b) 合理

图 1-27　螺栓连接外露部分不宜过长

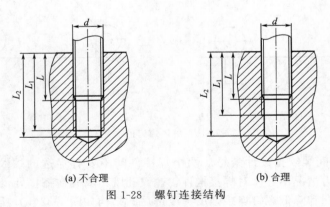

(a) 不合理　　(b) 合理

图 1-28　螺钉连接结构

1.1.4　螺栓组连接的结构设计技巧与禁忌

（1）螺栓组连接结构应符合力学要求

① 螺栓组的布置应使各螺栓受力合理　对承受旋转力矩或翻转力矩的螺栓组连接，应

使螺栓的位置适当靠近结合面的边缘，以减小螺栓的受力。如图 1-29(a) 所示螺栓受力较大，不合理。如图 1-29(b) 所示螺栓受力合理。

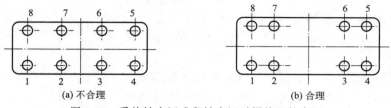

图 1-29　受旋转力矩或翻转力矩时螺栓组的布置

② 在平行力的方向螺栓排列设计禁忌　如图 1-30(a) 所示，如果在平行外力 F 的方向并排地布置 9 个螺栓，此时各螺栓受力不均，且间距太小。建议改为图 1-30(b) 所示的 9 个螺栓的布置，使螺栓受力均匀，设计时还要注意螺栓排列应有合理的间距、边距和留有扳手空间。

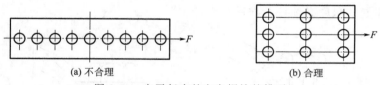

图 1-30　在平行力的方向螺栓的排列

③ 受斜向拉力的吊环螺钉固定禁忌　如图 1-31(a) 所示的吊环螺钉是不合理的结构，因为吊环螺钉没有紧固座面，受斜向拉力，极容易在 a 处发生断裂而造成事故。合理的结构如图 1-31(b) 所示，应当采用带座的吊环螺钉。

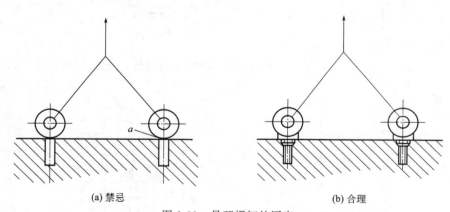

图 1-31　吊环螺钉的固定

④ 两个焊接件间螺纹孔设计禁忌　两个焊接件间不要有穿透的螺纹孔，如图 1-32(a) 所示，螺纹连接受力情况不好。对焊接构件，螺纹孔既不要开在搭接处，更不要设计成穿通的结构，以防止泄漏和降低螺钉连接强度。改进后的结构如图 1-32(b) 所示。

⑤ 高强度连接螺栓设计禁忌　高强度螺栓连接是继铆接、焊接之后采用的一种新型钢结构连接形式。靠高强度螺栓以巨大的夹紧压力所产生的摩接力来传递载荷，强度又取决于高强度螺栓的预紧力、钢板表面摩擦因数、摩擦面数及高强度螺栓的数量。它具有施工安装迅速、连接安全可靠等优点，特别适用于承受动力载荷的重型机械上。目前国外已广泛用于

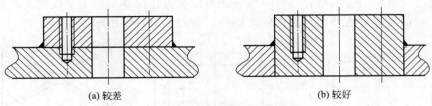

(a) 较差   (b) 较好

图 1-32 两个焊接件间的螺纹孔

桥梁、起重机、飞机等的主要受力构件的连接。

对于高强度连接螺栓结构，在装配图中应注意以下问题：

a. 标明预紧力要求。为使连接性能达到预期效果，应在图纸中标明预紧力及需用力矩扳手（或专用扳手）拧紧等。

b. 注明特殊要求。为防止连接面滑移，应在图样中注明喷丸（砂）等处理，以及不得有灰尘、油漆、油迹和锈蚀等要求。

高强度连接螺栓结构还应注意对承压面的保护。如图 1-33(a) 所示的高强度连接螺栓只有一个垫圈，易造成连接体表面挤压损坏，应由两个高强垫圈组成，如图 1-33(b) 所示。

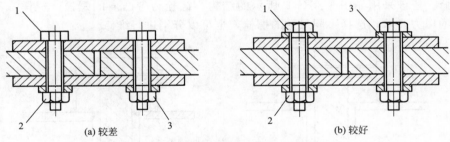

(a) 较差   (b) 较好

图 1-33 高强度连接螺栓应注意保护承压面
1—螺栓头；2—螺母；3—垫圈

⑥ 往复载荷作用下防止被连接件窜动设计禁忌 滑动件的螺钉固定，例如滑动导轨，最好不用如图 1-34(a) 所示的结构，即只用沉头螺钉固定。因为这样固定只有一个螺钉能保证头部紧密结合，另外几个螺钉则由于必然存在加工误差而不能紧密结合，在往复载荷作用下，必然造成导轨的窜动。正确的结构是：如图 1-34(b) 所示，采用在端部能防止导轨窜动的结构。

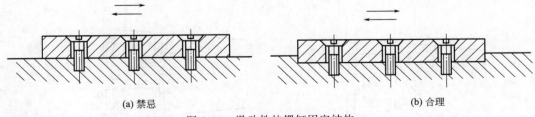

(a) 禁忌   (b) 合理

图 1-34 滑动件的螺钉固定结构

⑦ 螺钉位置与被连接件刚度设计禁忌 螺钉在被连接件的位置不要随意布置，应该布置在被连接件刚度最大的部位。如图 1-35(a) 所示，将螺钉布置在被连接件刚度较小的凸耳上不能可靠地压紧被连接件，为较差结构。图 1-35(b) 所示结构较好，加大边缘部分的宽

度，提高刚度，可使结合面贴合得好一些。还可以在被连接件上加十字或交叉对角线的肋以提高刚度，对提高螺钉连接的紧密性效果更好，如图 1-35(c) 所示。

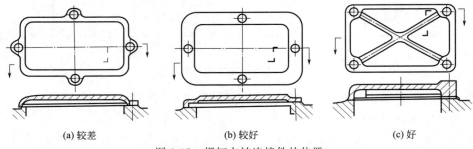

(a) 较差   (b) 较好   (c) 好

图 1-35   螺钉在被连接件的位置

⑧ 换热器的螺栓连接   由于结构的需要，换热器的螺栓用于换热器的壳体、管板和管箱之间，用于将它们三者连接起来。连接时禁止简单地采用如图 1-36(a) 所示的普通螺栓连接的方法。因为换热器管程和壳程的压力一般差别较大，采用同一个穿通的螺栓不能同时满足两边压力的需要，另外，也给维修带来不便，即：要拆一起拆、要装一起装，不能或不便于分别维修。应该采用如图 1-36(b) 所示的结构，螺栓为带凸肩的螺栓，这样，可以根据两边不同的压力要求，选择不同尺寸的螺栓，也可以分别进行维修。

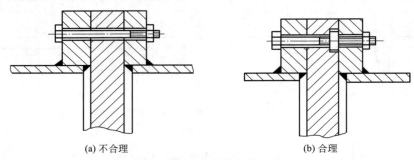

(a) 不合理   (b) 合理

图 1-36   换热器的螺栓连接

⑨ 磁选机盖板与隔块的螺栓连接   如图 1-37 所示为磁选机盖板与铜隔块的连接，螺栓是用碳钢制作的。禁止采用如图 1-35(a) 所示的连接结构。因为螺栓在运行中受到磁拉力脉动循环外载荷作用，易早期疲劳，出现螺栓卡磁头，造成螺栓折断，且折断的螺栓不便于取

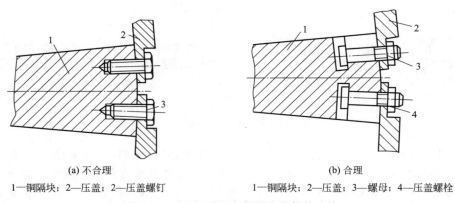

(a) 不合理   (b) 合理

1—铜隔块；2—压盖；2—压盖螺钉   1—铜隔块；2—压盖；3—螺母；4—压盖螺栓

图 1-37   磁选机盖板与铜隔块的螺栓连接

出。应采用如图 1-37(b) 所示的结构，成倒挂式连接，一旦出现螺栓折断，更换方便，昂贵的隔块也不会报废。

（2）螺栓组连接结构应满足工艺性要求

① 圆形布置螺栓组连接螺栓个数禁忌 如图 1-38(a) 所示，一组螺栓连接做圆形布置时设计成 7 个螺栓，即设计成了奇数，不便于加工时分度。应该设计成如图 1-38(b) 所示的 8 个螺栓，才便于分度及加工。所以得出结论：分布在同一圆周上的螺栓数目应取 4、6、8、12 等易于分度的偶数，以利于划线钻孔。

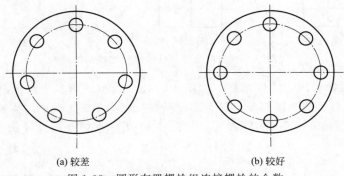

(a) 较差　　　　　　　(b) 较好

图 1-38　圆形布置螺栓组连接螺栓的个数

② 螺纹孔钻孔时要留有加工余量 如图 1-39(a)、(c) 所示箱体的螺纹孔是不合理的结构，因为此结构没有留出足够的凸台厚度，尤其在要求密封的箱体、缸体上开螺纹孔时，无法保证在加工足够深度的螺纹孔时，不会将螺纹孔钻透而造成泄漏。在设计铸造件时，应考虑预留足够厚度的凸台，更应该考虑到铸造工艺有非常大的误差，必须留出相当大的加工余量。应采用如图 1-39(b)、(d) 所示的结构。

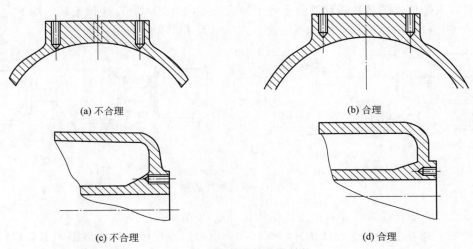

(a) 不合理　　　　　　　　　　　(b) 合理

(c) 不合理　　　　　　　　　　　(d) 合理

图 1-39　箱体的螺纹孔结构

③ 高速旋转部件注意安全防护 高速旋转部件上的螺栓头部不允许外露，如图 1-40(a) 所示的结构是错误的，在高速旋转的旋转体上的螺栓，例如工业上广泛使用的联轴器，禁止将螺栓的头部外露，应将其埋入罩内，如图 1-40(b) 所示。如果能采用如图 1-38(c) 所示的结构，即用安全罩保护起来就更好了。

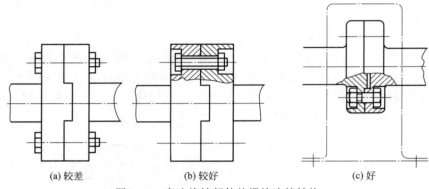

(a) 较差　　　　　　(b) 较好　　　　　　(c) 好

图 1-40　高速旋转部件的螺栓连接结构

④ 用多个沉头螺钉固定零件禁忌　如图 1-41(a) 所示，用多个锥端沉头螺钉固定一个零件时，如有一个钉头的圆锥部分与钉头锥面贴紧，则由于加工孔间距误差，其它钉头不能正好贴紧。如改用圆柱头沉头螺钉固定，如图 1-41(b) 所示，则可以使每个螺钉都压紧，而使固定比较紧。

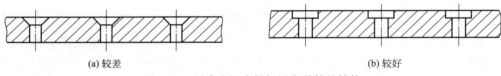

(a) 较差　　　　　　　　　　　　(b) 较好

图 1-41　用多个沉头螺钉固定零件的结构

⑤ 管道螺纹连接便于拆卸禁忌　如图 1-42(a) 所示，用双头螺柱连接安装的插入配合式管道，如不使连接的一个或两个机座在轴向移动就不能拆卸，即使不是用插入式管道，拆下螺母后双头螺柱也仍然妨碍管道沿垂直于轴线的方向拆卸，所以这种连接结构不合理。应改为如图 1-42(b) 所示结构，管道不是插入式的，且采用螺钉连接。

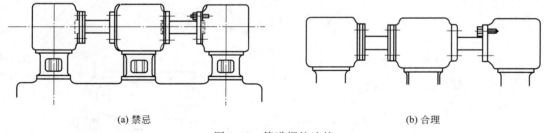

(a) 禁忌　　　　　　　　　　(b) 合理

图 1-42　管道螺纹连接

(3) 紧密性要求较高的螺栓组连接结构设计技巧与禁忌

① 汽缸盖螺栓连接间距设计禁忌　气密性要求高的连接中，螺栓间距 t 不宜取得过大。如图 1-43(a) 所示，设计成 2 个螺栓是不合理的，因为一组螺栓做结构设计时，如相邻两螺栓的距离取得太大，则不能满足连接紧密性的要求，容易漏气等。因此，像汽缸盖等气密性要求高的螺栓组连接，应采用如图 1-43(b) 所示的形式，允许的螺栓最大间距 t 为：当 $p \leq 1.6\text{MPa}$ 时，$t \leq 7d$；当 $p = 1.6 \sim 10\text{MPa}$ 时，$t \leq 4.5d$；当 $p = 10 \sim 30\text{MPa}$ 时，$t \leq (4 \sim 3)\, d$。d 为螺栓公称直径，$t = \pi D_0 / z$，D_0 为螺栓分布圆直径，z 为螺栓个数。确定螺栓个数 z 时，应使其满足上述条件。

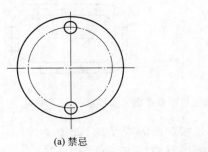
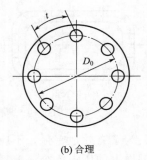

(a) 禁忌   (b) 合理

图 1-43　汽缸盖螺栓连接的间距

② 法兰螺栓连接的位置禁忌　法兰螺栓连接的设计必须考虑螺栓的位置问题，因为如果采用如图 1-44(a) 所示的结构，将螺栓置于正下方，则该螺栓容易受到管子内部泄漏流体的腐蚀，以致过早破坏或锈死，无法拆卸和维修。应该改变螺栓的位置，安排在如图 1-44(b) 所示的位置。

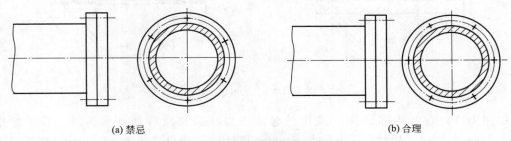

(a) 禁忌   (b) 合理

图 1-44　法兰螺栓连接的位置

③ 高温环境气、液缸及容器的螺栓组连接方式　高温环境下气、液缸及容器的螺栓连接时，缸体与缸盖的连接不宜采用图 1-45 上半部分所示结构。因为螺栓长，热膨胀伸长量大，会使端盖与缸体的连接松弛，气密性降低。高温条件下，如冶金炉前的液压缸（工作温度有时达 200～300℃），应改用图 1-45 下半部分的结构，使用效果良好。

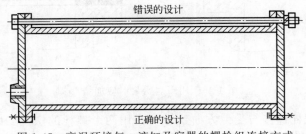

图 1-45　高温环境气、液缸及容器的螺栓组连接方式

④ 侧盖的螺栓间距要考虑密封性能　侧面的观察窗等的盖子，即使内部没有压力，也会有油的飞溅等情况，从而产生泄漏，特别是在下半部分容易产生泄漏。如图 1-46(a) 所示上、下部分的螺栓等距，不合理。为了避免泄漏，要把下半部分的螺栓间距缩小，一般上半部分的螺栓间距是下半部分的间距的两倍，如图 1-46(b) 所示，较为合理。

⑤ 高压容器上盖与容器的螺栓连接禁忌

a. 高压容器密封的接触面宽度宜小　有些容器中有高压的介质，为了密封，要用螺栓扭

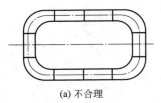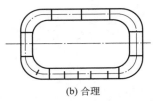

(a) 不合理　　　　　　　　　　(b) 合理

图 1-46　侧盖的螺栓间距要考虑密封性能

紧上盖和容器。为了有效地密封，不应该增加接触面的宽度 b，如图 1-47(a) 所示。因为接触面愈大，接触面上的压强愈小，愈容易泄漏。有效的方法见图 1-47(b)，在盖上做出一圈凸起的窄边，压紧时可以产生很高的压强。但是应该注意这一圈凸起必须连续不断，凸起的最高点处（刃口）不得有缺口，而且必须有足够的强度和硬度，避免在安装时碰伤或产生过大的塑性变形。

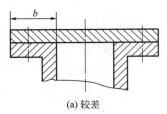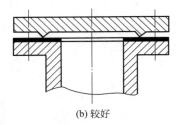

(a) 较差　　　　　　　　　　(b) 较好

图 1-47　高压容器密封的接触面宽度宜小

b. 用刃口密封时应加垫片　采用凸起的刃口作为高压容器的密封时，若不加垫片［图 1-48(a)］，则由于接触点压力很大，必然使下面的容器口部产生一圈凹槽。经过几次拆装，就会因为永久变形而使密封失效。因此在接触处应加用铜或软钢制造的垫片［图 1-48(b)］，一方面可以使盖上的一圈凸起（刃口）不致损伤，另一方面又可以在装拆时便于更换，以保证密封的可靠性。

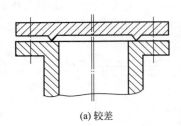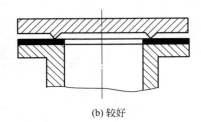

(a) 较差　　　　　　　　　　(b) 较好

图 1-48　用刃口密封时应加垫片

⑥ 椭圆形法兰螺栓连接与受力方向禁忌　在用两个螺栓的法兰安装的管道上，如果在箭头方向施加弯曲载荷，如图 1-49(a) 所示，则非常容易泄漏。在设计这种形式的法兰时，要考虑不在上述方向加力。改成如图 1-47(b) 或图 1-49(c) 所示的结构，较为合理。

（4）螺钉组连接可靠性优化设计

螺钉组连接除满足强度要求外，还必须满足结构要求、可靠性要求及其它有关工作性能要求等。这使设计时约束条件比较多，常规设计方法很难同时满足多方面条件的要求，即便满足，设计结果也很难达到最优，常常是顾此失彼，尤其是对被连接件材料强度比较弱的螺钉连接，安全可靠性显得尤为重要，容易造成设计不可靠或产品安全裕度过大，使产品尺寸大、笨重，形成材料浪费。而采用现代设计方法，对其进行可靠性优

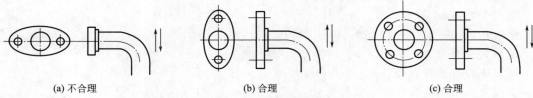

| (a) 不合理 | (b) 合理 | (c) 合理 |

图 1-49　椭圆形法兰螺栓连接与受力方向

化设计，则可解决上述问题。通过计算机编程运算，可大大提高设计速度与设计质量。现以木制品螺钉组连接可靠性优化设计为例说明如下。

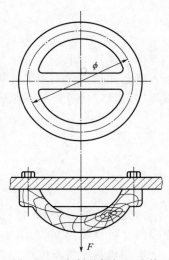

图 1-50　木制品螺钉组连接

如图 1-50 所示，一环形木制把手用螺钉组与钢板连接，设把手的拉力为 $F = 1000\text{N}$，木把手的螺纹牙材料的静曲强度为 $\mu_s = 39\text{MPa}$，强度储备系数 $n = 1.25$。根据结构要求，取安装螺钉中心分布圆直径 ϕ 为 $100 \sim 160\text{mm}$，螺钉旋合圈数 z 为 $5 \sim 10$ 圈，螺纹孔公称直径 D 为 $10 \sim 20\text{mm}$，螺钉个数 m 为 $2 \sim 12$ 个（周向均布），要求木螺纹牙强度可靠度不小于 95%，设计确定螺钉组连接的最佳结构参数。

木螺纹牙所受应力及强度均为正态分布，其强度可靠度的确定按正态分布进行计算。为了求得最佳结构参数，采用强度可靠性优化设计。

显然，螺纹孔直径 D 越细且螺钉旋合圈数 z 越少，相应的螺钉尺寸越小，价格越低；螺纹孔个数 m 越少且螺钉中心圆直径 ϕ 越小，木把手越小，加工成本越低。为使体积最小且成本最低，取设计变量

$$\boldsymbol{X} = [x_1, x_2, x_3, x_4]^{\text{T}} = [m, D, z, \phi]^{\text{T}}$$

（1）建立目标函数

$$\min F(\boldsymbol{X}) = mDz\phi = x_1 x_2 x_3 x_4$$

（2）建立约束条件

由文献 [28] 可得强度可靠度约束条件为

$$g_1(x) = \frac{1}{\sqrt{2\pi}} \int_{-Z_R}^{\infty} e^{-\frac{t^2}{2}} \, \mathrm{d}t - [R] \geqslant 0$$

式中，Z_R 为可靠度系数。Z_R 与 F、μ_s、n、ϕ、D、z、m 等参数有关，具体计算式详见参考文献 [28,29]。$[R]$ 为要求的可靠度，由已知条件，$[R] = 0.95$。

由参考文献 [28] 可得扳手空间约束条件为

$$g_2(x) = \frac{3.14x_4}{x_1} - 5.5x_2 \geqslant 0$$

紧密性约束条件为

$$g_3(x) = 11x_2 - \frac{3.14x_4}{x_1} \geqslant 0$$

结构参数边界条件由已知条件确定如下：

螺钉个数：$m_{min}=2$，$m_{max}=12$；

螺纹孔直径：$D_{min}=10mm$，$D_{max}=20mm$；

螺钉旋合圈数：$z_{min}=5$，$z_{max}=10$；

螺钉中心分布圆直径：$\phi_{min}=100mm$，$\phi_{max}=160mm$。

由以上得出结构参数约束条件为

$$g_4(x)=x_1-2\geqslant0 \qquad g_5(x)=12-x_1\geqslant0$$
$$g_6(x)=x_2-10\geqslant0 \qquad g_7(x)=20-x_2\geqslant0$$
$$g_8(x)=x_3-5\geqslant0 \qquad g_9(x)=10-x_3\geqslant0$$
$$g_{10}(x)=x_4-100\geqslant0 \qquad g_{11}(x)=160-x_4\geqslant0$$

（3）计算结果

将已知数据代入相关计算式，并将数值积分程序一并装入随机法优化程序，在计算机上编程序运算，计算结果圆整后为

$$X^*=\begin{bmatrix}x_1\\x_2\\x_3\\x_4\end{bmatrix}=\begin{bmatrix}m\\D\\z\\\phi\end{bmatrix}=\begin{bmatrix}4\\12\\5\\150\end{bmatrix}$$

即螺钉个数 $m=4$，螺钉规格为 M12，旋合圈数 $z=5$ 圈，螺钉分布圆直径 $\phi=150mm$，连接强度可靠度为 99.99%。

本例将强度可靠度作为约束条件进行了结构参数的优化设计，既可满足任一规定可靠度的要求，又可实现结构参数最佳，运算速度快、精度高。

以上设计结果可实现体积最小、成本最低、可靠度高达 99.99% 的最佳结构，为产品的开发与设计提供了较为先进的设计手段。

1.1.5 螺纹连接防松结构设计技巧与禁忌

（1）螺纹连接防松结构类型、特点及应用

螺纹连接的防松按防松原理可分为摩擦防松、机械防松及破坏螺纹副关系三种方法。摩擦防松工程上常用的有对顶螺母、弹簧垫圈、锁紧螺母等，简单方便，但不可靠。机械防松工程上常用的有开口销与槽形螺母、止动垫片、串联金属丝等，比摩擦防松可靠。以上两种方法用于可拆连接的防松，在工程上广泛应用。用于不可拆连接的防松，工程上可用焊、粘、铆的方法，破坏了螺纹副之间的运动关系。螺纹连接常用的防松方法、结构、特点及应用见表 1-4。

表 1-4 螺纹连接常用防松方法、结构、特点及应用

防松方法		结构形式	特点和应用
摩擦防松	对顶螺母		上面螺母拧紧后两螺母对顶面产生对顶力,使旋合部分的螺杆受拉而螺母受压,从而使螺纹副纵向压紧。下螺母螺纹牙受力较小,其高度可小些,但为了防止装错,两螺母的高度取相等为宜 结构简单,适用于平稳、低速和重载的固定装置上的连接

续表

防松方法		结构形式	特点和应用
摩擦防松	弹簧垫圈		利用拧紧螺母时,垫圈被压平后的弹性力使螺纹副纵向压紧 结构简单,使用方便。但由于垫圈的弹力不均,在冲击、振动的条件下防松效果较差,一般用于不重要的连接
	锁紧螺母		利用螺母末端椭圆口的弹性变形箍紧螺栓,横向压紧螺纹 结构简单,防松可靠,可多次装拆而不降低防松性能
机械防松	开口销与槽形螺母		槽形螺母拧紧后用开口销插入螺母槽与螺栓尾部的小孔中,并将销尾部掰开,阻止螺母与螺杆的相对运动。也可用普通螺母代替六角开槽螺母,但需拧紧螺母后再配钻销孔 适用于较大冲击、振动的高速机械中运动部件的连接
	止动垫片		将垫片折边约束螺母,而自身又折边被约束在被连接件上,使螺母不能转动。若两个螺栓需要双联锁紧时,可采用双联止动垫片,使两个螺母相互制动 结构简单,使用方便,防松可靠
	串联金属丝		利用金属丝使一组螺钉头部相互约束,当有松动趋势时,金属丝更加拉紧 适用于螺钉组连接,防松可靠,但装拆不便
破坏螺纹副关系	焊住		如果连接在使用期间完全不需要拆开,可采用焊住的方法来防松。如果连接很少被拆开,可用硬或软铅焊防松 防松可靠,但拆卸后连接件不能再使用

续表

防松方法		结构形式	特点和应用
破坏螺纹副关系	冲点		如果连接在使用期间完全不需要拆开,可采用冲点的方法来防松,用冲头在螺栓杆末端与螺母的旋合缝处打冲 防松可靠,但拆卸后连接件不能再使用
	胶接	胶	在螺纹副间涂黏合剂,拧紧螺母后黏合剂能自动固化,防松效果好

（2）螺纹连接防松结构设计技巧与禁忌

① 对顶螺母防松结构设计禁忌　如图 1-51（a）所示对顶螺母的设置不合理,下面螺母应该薄一些,因为其受力较小,起到一个弹簧防松垫圈的作用。但是在实际安装过程中,这样安装实现不了,因为扳手的厚度比螺母厚,不容易拧紧,因此,通常为了避免装错,设计时采用两个螺母的厚度相同的办法解决,如图 1-51（b）所示的结构。

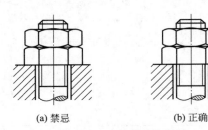

(a) 禁忌　　　　(b) 正确

图 1-51　对顶螺母的设置

② 串联钢丝结构设计禁忌　螺钉组连接采用串联钢丝防松时,必须注意钢丝的穿绕方向,要促使螺钉旋紧。如果串联钢丝的穿绕方向采用如图 1-52（a）所示的方法,则串联钢丝不仅不会起到防松作用,还将把已拧紧的螺钉拉松,因为连接螺钉一般都是右旋,正确的安装方法为如图 1-52（b）所示的穿绕方向,才可以拉紧。

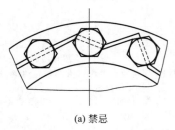
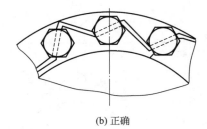

(a) 禁忌　　　　　　　　　　　　　(b) 正确

图 1-52　串联钢丝的穿绕方向

③ 圆螺母止动垫圈防松结构设计禁忌　采用圆螺母止动垫圈时要注意,如果垫圈的舌头没有完全插入轴的槽中则不能止动,因为止动垫圈可以与圆螺母同时转动而不能防松。图 1-53 的结构中,件 1 为被紧固件,件 2 为圆螺母,件 3 为轴。图 1-53（a）中的件 5 采用的是我国标准圆螺母止动垫圈;图 1-53（b）中的件 4 为近年来国外采用的新型圆螺母止动

垫圈,不需内舌插入轴槽中,因此轴槽加工量较小,对轴强度削弱较小。

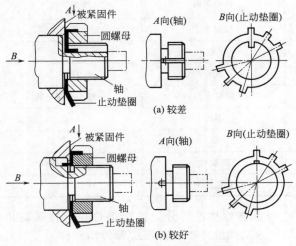

图 1-53 圆螺母止动垫圈防松结构

1.2 螺旋传动结构设计技巧与禁忌

螺旋传动主要用来将回转运动变为直线运动,同时传递力和转矩,也可以用来调整零件的相互位置,有时兼有几种作用。其应用很广,如螺旋千斤顶、螺旋丝杠、螺旋压力机,以及精密仪器中的调整装置等。

1.2.1 螺旋传动的类型、特点及基本运动形式

(1)螺旋传动的类型及特点

① 按用途分 按用途分,螺旋传动可分为传力螺旋传动、传导螺旋传动和调整螺旋传动三种。

a. 传力螺旋传动 传力螺旋传动用以举起重物或克服很大的轴向载荷,如螺旋千斤顶(图 1-54),能用较小的转矩产生较大的轴向力以顶起重物。传力螺旋一般为间歇性工作,速度较低,通常要求自锁,因工作时间短,不追求高效率。

b. 传导螺旋传动 传导螺旋传动以传递运动为主,有时也传递动力或承受较大的轴向力,如机床的丝杠。传导螺旋多在较长时间内连续工作,有时速度也很高,因此要求有较高的效率和精度,一般不要求自锁。因为传递运动常要求有一定的精度,所以像机床丝杠这样的传导螺旋,根据机床的精度要求也要有相应的精度,同时还要有一定的刚度。

c. 调整螺旋传动 调整螺旋传动用以调整或固定零件的相对位置,如机床进给机构中的微调螺旋。调整螺旋一般不在工作载荷下做旋转运动。调整螺旋属于精密机械,通常精度较高。

以上三种常用螺旋传动类型、特点及应用列于表 1-5。

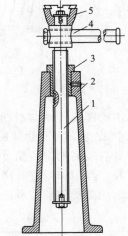

图 1-54 螺旋千斤顶
1—螺杆;2—底座;3—螺母;
4—手柄;5—托杯

表 1-5　常用螺旋传动类型、特点及应用

特点 ＼ 类型	传力螺旋	传导螺旋	调整螺旋
工作性质	传力为主	传递运动为主	调整为主
传力能力	大	较大	很小(可不计)
效率	较低	较高	低
自锁性	一般要求自锁	一般不要求自锁	一般要求自锁
传动精度	不高	较高	高
速度	低	一般	很低
工作时间	间歇性	较长时间连续	间断性
应用举例	千斤顶、压榨机	机床丝杠	精密机械、微调机构

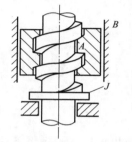

图 1-55　滑动螺旋传动

② **按摩擦性质分**　按摩擦性质分，螺旋传动可分为滑动螺旋传动、滚动螺旋传动和静压螺旋传动三种。

a.滑动螺旋传动　滑动螺旋传动如图 1-55 所示，螺旋千斤顶是其典型应用（图 1-54）。滑动螺旋传动结构简单、加工方便、易于自锁，但是摩擦大、效率低（一般为 20％～40％）、磨损快，低速时可能爬行，定位精度和轴向刚度较差。

b.滚动螺旋传动　为了提高效率，将滑动变为滚动，出现了滚动螺旋传动，如图 1-56 所示。滚动螺旋传动是在螺杆和螺母的接触表面之间放置许多滚珠，当螺杆或螺母回转时，滚珠依次沿螺纹滚动，经导路出而复入。图 1-56(a) 为外循环式，图 1-56(b) 为内循环式。

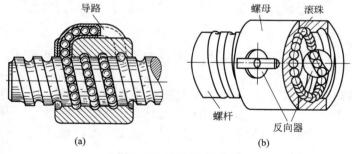

(a)　　　　　　　　　　　　　　(b)

图 1-56　滚动螺旋传动

滚动螺旋传动与滑动螺旋传动相比，具有如下特点：摩擦损失小，传动效率高，一般可达 90％以上，为滑动螺旋传动的 3 倍；启动力矩小，且减少振动；可以通过调整消除间隙，因而具有较高的定位精度和轴向刚度，传动精度较高；磨损小，寿命长，不具有自锁性，传动可靠，当用于垂直升降传动时，需采用防止逆转装置；结构、制造工艺较复杂，成本高。

滚动螺旋传动与滑动螺旋传动性能、特点及应用对比列于表 1-6。

表 1-6　滚动螺旋传动与滑动螺旋传动性能、特点及应用对比

项目 ＼ 类型	滚动螺旋传动	滑动螺旋传动
摩擦阻力	较小	较大

续表

类型 项目	滚动螺旋传动	滑动螺旋传动
传动效率	较高，为滑动螺旋传动的 3 倍	较低
自锁性	不具有自锁性	满足条件时具有自锁性
刚度	较大	较小
传动精度	较高	较低
寿命	较长	较短
结构	复杂	简单
维护	简单	一般
工艺性	复杂	简单
成本	较高	较低
应用	多用于高精度、高效率要求之处	一般螺旋传动场合

　　c. 静压螺旋传动　为了进一步减小摩擦，又出现了如图 1-57 所示的静压螺旋传动。静压螺旋传动是采用静压流体润滑的滑动螺旋，但需要供油系统，因此，造价高、结构复杂。滚动螺旋传动和静压螺旋传动与滑动螺旋传动相比，具有摩擦小、效率高（一般为大于90%）、磨损小、定位精度和轴向刚度高等特点。但是，因为其结构复杂、加工不便、造价高，因此常用于重要的传动。

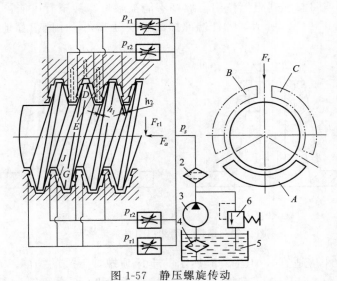

图 1-57　静压螺旋传动

1—节流阀；2—精密滤油器；3—液压泵；4—滤油器；5—油箱；6—溢流阀

（2）滑动螺旋传动的基本运动形式

滑动螺旋传动把回转运动变为直线运动的基本运动形式有如下四种。

① 螺杆转动、螺母移动［图 1-58(a)］。

② 螺母转动、螺杆移动［图 1-58(b)］。

③ 螺母固定、螺杆转动并移动［图 1-58(c)］。

④ 螺杆固定、螺母转动并移动［图 1-58(d)］。

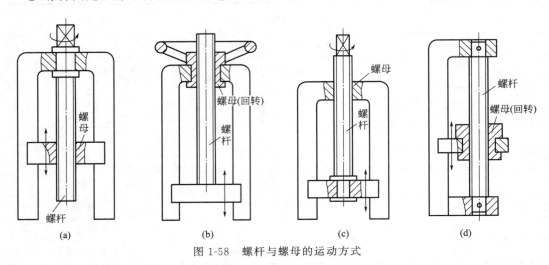

图 1-58　螺杆与螺母的运动方式

1.2.2　传力螺旋传动结构设计技巧与禁忌

（1）螺旋千斤顶结构设计技巧与禁忌

① 螺杆行程限位结构必须可靠　如果螺杆端部的挡圈是为了限制螺杆行程的，其直径必须足够大，否则起不到限位作用。如图 1-59(a) 所示千斤顶螺杆下端部挡圈太小，当螺杆被旋到最高处时，挡圈起不到阻挡作用，螺杆不能被限位，甚至有可能被旋出螺母，发生危险。正确结构如图 1-59(b) 所示，螺杆端部挡圈必须足够大，才能可靠地将螺杆限位。

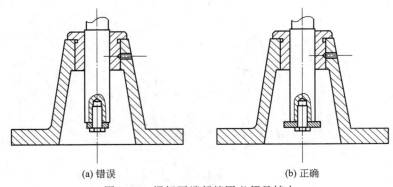

(a) 错误　　　　　　　　　　(b) 正确

图 1-59　螺杆下端部挡圈必须足够大

② 托杯挡圈大小应适宜　如图 1-60 所示的千斤顶螺杆上端的挡圈不可太小，也不可太大。太小 ［图 1-60(a)］ 不能可靠挡住托杯，托杯受力时可能翻倒，不安全；如果太大 ［图 1-60(b)］，挡圈将与托杯壁接触，转动螺杆时挡圈与托杯摩擦，是错误的结构。正确结构如图 1-60(c) 所示，螺杆上端部挡圈必须适当，才能可靠工作。

③ 挡圈不能压住托杯　如图 1-61(a) 所示，螺杆上部的挡圈压住了托杯，当转动螺杆时，因挡圈压住了托杯而使托杯也跟着旋转，不能正常工作。改进后的结构如图 1-61(b) 所示，使螺杆的顶部比托杯高一些，让挡圈压住螺杆而不与托杯接触，托杯就不会转动了。

④ 避免手柄装不进去　如图 1-62(a) 所示，手柄两边的手球与手柄杆为一体，直径比手柄杆大，因此装不进螺杆的手柄孔。改正后的结构如图 1-62(b) 所示，手柄球制造成带

螺钉的可拆结构，就可以顺利地装拆了。

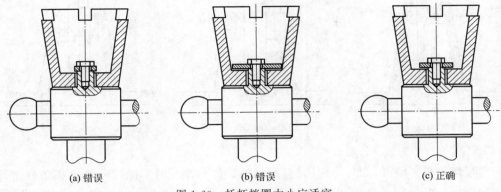

(a) 错误　　　　　　　　(b) 错误　　　　　　　　(c) 正确

图 1-60　托杯挡圈大小应适宜

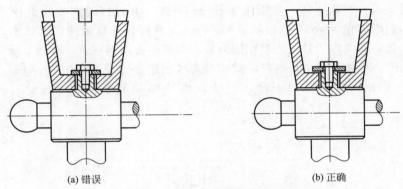

(a) 错误　　　　　　　　　　　　　(b) 正确

图 1-61　千斤顶托杯与挡圈的设计

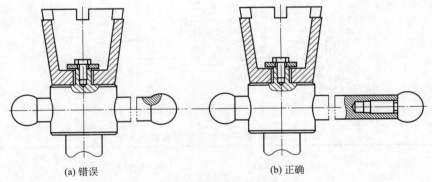

(a) 错误　　　　　　　　　　　　　(b) 正确

图 1-62　避免手柄装不进去

⑤ 底座高度设计禁忌　如图 1-63(a) 所示，螺杆与底座的底面距离 L 太高，因此使底座高度加大、结构庞大、重量增加，且稳定性较差。如图 1-63(b) 所示，$L=0$，则螺杆底部螺钉与地面或机架相碰，由于制造、安装误差以及底面条件变化，此结构不能正常工作。设计时 L 应适当，正确结构如图 1-63(c) 所示。

(2) 螺旋传动自锁条件设计禁忌

有自锁要求的螺旋传动设计时一定要满足自锁条件，按一般自锁条件，螺旋升角 ψ 只

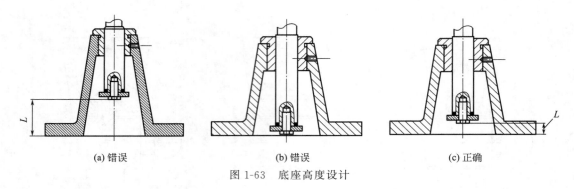

(a) 错误 (b) 错误 (c) 正确

图 1-63 底座高度设计

要小于当量摩擦角 ρ 即可，即：$\psi \leqslant \rho$。但滑动螺旋传动设计时不能按一般自锁条件来计算，为了安全起见，必须将量摩擦角减小一度，即应满足：$\psi \leqslant \rho - 1°$。而取 $\psi \approx \rho$ 是极不可靠的。例如如图 1-64 所示的支承转椅底架上装有五个行走轮，可任意移动位置，座椅用矩形螺纹钢质螺杆支承在钢质螺母上，能任意回转和升降。其螺杆的螺旋升角 $\psi = 5.64°$，而一般螺旋副的当量摩擦角 $\rho \approx 5.7°$，可见 ψ 略小于 ρ，转椅处于自锁的临界状态，人坐上去受力后，稍有摇晃，静摩擦因数变为动摩擦因数，摩擦因数降低很多，导致 ψ 大于 ρ，座椅就会自行下降。改正措施可将中央螺杆的螺旋升角减小到 $\psi < \rho - 1°$，例如 $\psi = 4°$，则自锁可靠性较大，人坐上去转椅就不会下降了。转椅螺杆螺旋升角 ψ 的取值与自锁性的对比见表 1-7。

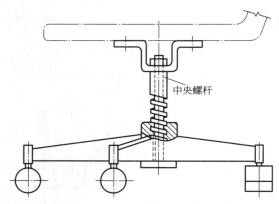

中央螺杆

图 1-64 转椅中的螺旋传动

表 1-7 转椅螺杆螺旋升角与自锁性对比

项目 方案	螺旋升角 ψ	当量摩擦角 ρ	自锁条件	结论
1	6°	5.7°	不满足	错误
2	5.6°	5.7°	临界状态	禁忌
3	5°	5.7°	基本满足	较差（不可靠）
4	4°	5.7°	满足	较好（可靠）

（3）螺杆与螺母相对运动关系设计禁忌

如前所述，螺旋传动的主要作用是将旋转运动变为直线运动，其基本传动形式有四种，如图 1-58 所示。图 1-58（b）为螺母转动、螺杆移动的形式，其运动简图可用图 1-65（a）表示。由图可见，欲实现螺杆的上、下移动，必须使螺杆下端的结构与旁边的承导件相连，否则，在螺母转动时螺杆也将随之一起转动，不能实现上、下移动。如图 1-65(b) 所示的浓密机提升装置，就属于此类错误的设计。该提升装置采用了蜗杆传动，蜗轮 1 内装螺母（不能上、下运动），螺杆 2 下端与连接板 3 间采用了螺纹连接，而缺少与连接板及主轴 4 等部件的固定结构，因而当螺母转动时，螺杆也随螺母一起转动，而主轴（耙子）却不能实现升降。改进措施如图 1-65(c) 所示，可在螺杆与连接板之间加一卡板 5，这样即可限制螺杆的旋转，实现主轴正常上、下升降。

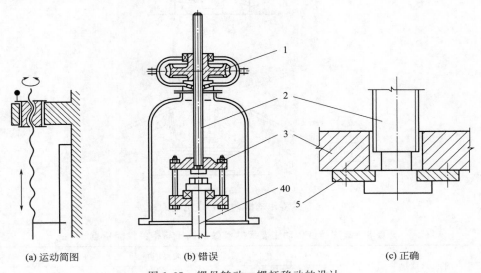

(a) 运动简图　　　　　(b) 错误　　　　　(c) 正确

图 1-65　螺母转动、螺杆移动的设计

1—蜗轮；2—螺杆；3—连接板；4—主轴；5—卡板

（4）螺杆稳定性设计禁忌

当螺杆较细长且受较大轴向压力时，可能会侧向弯曲而丧失稳定性，所以对此类的螺杆必须作稳定性计算。若失稳时，可加粗螺杆直径或采用其它防失稳措施，具体内容详见有关资料。

（5）螺杆与螺母旋合圈数禁忌

由于螺杆与螺母旋合各圈螺纹牙受力不均，而且圈数越多，各圈中的受力越不均匀，因此，设计时应使旋合圈数 $z \leqslant 10$，禁忌 $z > 10$。

（6）受压螺旋传动应尽量避免受偏心载荷

如图 1-66(a) 所示游艺机，除做回转运动外，要求座舱能够升降，为此采用了螺旋传动，螺杆回转，螺母上、下移动，使座舱实现升降运动。使用运行过程中发现螺旋副磨损严重，噪声大，不能正常运转。分析其原因，除了螺旋副受力过大（近 200kN），更重要的是这种游艺机座舱中人体的重力与螺旋副轴线偏离，因而产生弯曲力矩，不但显著加大了螺旋副的应力，而且使螺杆在螺母中歪斜，引起螺母的边缘局部磨损。

图 1-66(b) 分别采用液压缸升降，效果比较好。

（7）滚珠螺旋传动设计禁忌

① 全面综合考虑确定滚珠螺旋传动的主要尺寸参数　滚动螺旋传动与滑动螺旋传动相比，结构较为复杂，设计时涉及的因素比较多，确定滚珠螺旋传动的主要参数时，应全面综合予以考虑。

选择滚珠螺旋传动的主要尺寸参数时，可参考表 1-8。

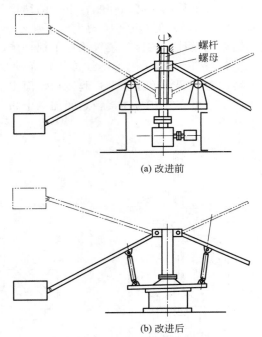

(a) 改进前

(b) 改进后

图 1-66 螺旋传动游艺机升降机构的改进

表 1-8 滚珠螺旋传动主要尺寸参数的选择与相关性能特点

主要尺寸参数选择		相关性能特点				
		刚度	位移精度	惯量	驱动力矩	寿命
丝杠直径	增大	增大	—	增大	增大	—
	减小	减小	—	减小	减小	—
导程	增大	—	降低	—	增大	—
	减小	—	提高	—	减小	—
预紧力	增大	增大	提高	—	增大	缩短
	减小	减小	降低	—	减小	延长
有效圈数	增大	增大	—	增大	增大	延长
	减小	减小	—	减小	减小	缩短

② 防止滚珠螺旋传动逆转   由于滚珠螺旋传动是不能自锁的，因此，为了防止滚珠螺旋传动在承受载荷的情况下产生逆转，必须设置防止逆转的机构。防止逆转的机构形式很多，例如如图 1-67 所示的数控卧式镗铣床主轴箱进给螺旋防止逆转机构，当机床工作时，吸力线圈 1 通电，吸住压力弹簧 2，离合器 3 脱开。此时电动机通过齿轮传动带动蜗杆传动，从而带动主轴箱的立向移动。当电动机停止转动时，吸力线圈也同时断电，放开弹簧，离合器闭合，使螺杆制动，从而防止了主轴箱因自重而下降。

③ 应使滚珠螺旋传动的螺母与螺杆同时受拉或受压   滚珠螺旋传动当螺母和螺杆一个受拉，一个受压时 ［图 1-68(a)、(c)］，会引起各扣螺纹受力不均匀。应使螺母和螺杆同时受拉 ［图 1-68(b)］或同时受压 ［图 1-68(d)］。如图 1-68 所示四种方案中的螺母与螺杆受力形式及评价见表 1-9。

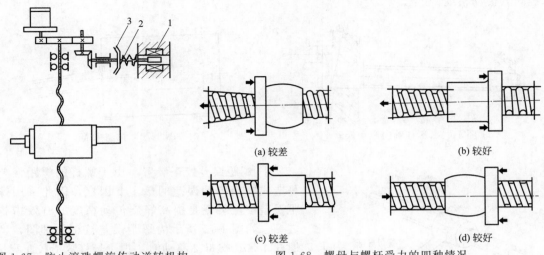

图 1-67　防止滚珠螺旋传动逆转机构　　　　图 1-68　螺母与螺杆受力的四种情况

表 1-9　图 1-68 的四种方案螺母与螺杆受力分析对比

图号	螺母	螺杆	评价
（a）	受压	受拉	较差
（b）	受拉	受拉	较好
（c）	受拉	受压	较差
（d）	受压	受压	较好

1.2.3　传导螺旋传动结构设计技巧与禁忌

（1）影响螺旋传动精度的因素

如前所述，传导螺旋以传递运动为主，并要求很高的运动精度。影响螺旋传动精度的因素很多，主要有以下几点。

① 螺纹参数误差　螺纹参数误差主要有：螺距误差、中径误差、牙型半角误差等。

② 螺杆轴向窜动误差　螺杆轴肩端面与轴承的止推面不垂直于螺杆轴线，而是有 α_1 和 α_2 偏差。见图 1-69，螺杆转动时，引起螺杆周期性的轴向窜动误差 $\Delta_{max} = D\tan\alpha_{min}$，式中，$D$ 为螺杆轴肩的直径；α_{min} 为 α_1 和 α_2 中的较小者。

③ 偏斜误差　如图 1-70 所示，如果螺杆的轴线方向与移动件的运动方向不平行，有一偏斜角 ψ，就会发生偏斜误差 $\Delta L = L - x = L(1-\cos\psi) = 2L\sin^2\dfrac{\psi}{2}$。由于 ψ 一般很小，所以取 $\sin\dfrac{\psi}{2} \approx \dfrac{\psi}{2}$，因此 $\Delta L = \dfrac{1}{2}L\psi^2$。

④ 温度误差　当螺旋传动的工作温度与制造温度不同时，将引起螺杆长度和螺距的变化。温度误差为 $\Delta L_t = L_w \alpha \Delta t$，式中，$L_w$ 为螺杆螺纹部分长度；α 为螺杆材料线胀系数；Δt 为工作温度与制造温度之差。

（2）提高传动精度的结构

为提高传动精度，以上各种因素引起的误差应尽可能减小或消除。为此，可以通过提高螺旋副零件的制造精度来实现，但提高零件的精度会使成本提高。因此可采取某些结构措施来提高其传动精度。

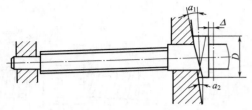

图 1-69   螺杆轴向窜动误差

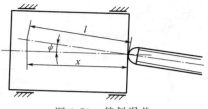

图 1-70   偏斜误差

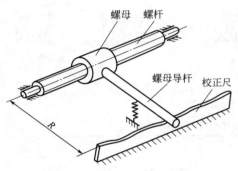

图 1-71   螺距误差校正原理图

① 螺距误差校正装置   由于螺杆的螺距误差是造成螺旋传动误差的最主要因素，因此采用螺距误差校正装置是提高螺旋传动精度的有效措施之一。如图 1-71 所示为螺距误差校正原理图，当螺杆 1 带动螺母 2 移动时，螺母导杆 3 沿校正尺 4 的工作面移动。工作面的凹凸外廓使螺母转动一个附加角度，由此产生的附加位移，恰好能补偿螺距误差所引起的传动误差。如图 1-72 所示为坐标镗床螺距误差校正装置简图。

利用上述的校正原理，也可以校正温度误差。只要把校正尺制成直尺，并使其与螺杆轴线倾斜某一角度 θ 即可。

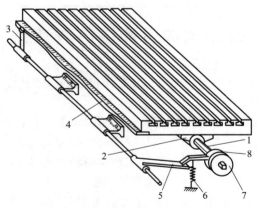

图 1-72   坐标镗床螺距误差校正装置简图

1—螺杆；2—螺母；3—传动杆；4—校正尺；5—杠杆；6—弹簧；7—刻度盘；8—游标度盘

② 限制螺杆轴向窜动的结构   如图 1-73（a）所示，螺旋传动的轴承的轴向窜动直接影响到螺旋的轴向窜动，从而使螺旋机构产生运动误差。因此，对螺旋传动的轴承应有较高的结构要求。对于受力较小的螺旋，可以用一个钢球支持在螺旋中心，如图 1-73（b）所示，轴向窜动极小。

③ 减小偏斜误差的结构   如图 1-74（a）所示螺旋副的移动件与导轨滑板的连接采用了普通平面接触方式，显然其运动的灵活性不如图 1-74（b）、（c）中的活动连接，其偏斜误差及螺旋副中的受力均比图 1-74（b）、（c）的大。通过螺杆端部的球面与滑板在接触处自由滑

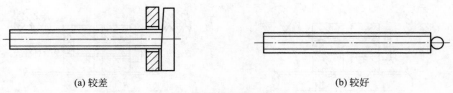

(a) 较差　　　　　　　　　　　　　　(b) 较好

图 1-73　限制螺杆轴向窜动的结构

动［图 1-74(b)］，或中间杆自由偏斜［图 1-74(c)］，可减小偏斜误差，避免螺旋副中产生过大应力。

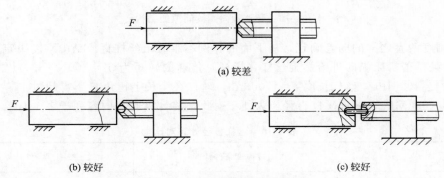

(a) 较差

(b) 较好　　　　　　　　　　　　　　(c) 较好

图 1-74　减小偏斜误差的结构

（3）消除空回的结构

① 径向调整法　为了消除径向和轴向间隙以及补偿螺纹的磨损，避免反向转动时的空回行程，可采用一些特殊结构。例如如图 1-75 所示的开槽螺母结构，拧动螺钉可以调整螺纹的径向间隙。但如图 1-75(a) 所示的结构不够好，原因是螺钉固定时，对轴的夹紧力仅限于有切槽的一侧，另一侧未开槽，刚性大，不易夹紧。改进结构如图 1-75(b) 所示，将切槽延伸至孔的另一侧，拧紧螺钉时，夹紧力使开槽螺母发生弹性变形，并传递到四周，将螺杆牢固地夹紧，从而消除径向间隙，以消除空回。

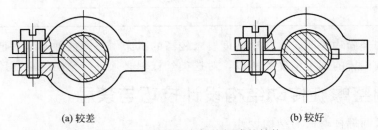

(a) 较差　　　　　　　　　　　　　　(b) 较好

图 1-75　调整径向螺纹间隙的结构

② 轴向调整法　如图 1-76(a)、(b) 所示为对开螺母结构。拧紧螺钉使螺母变形，左、右两半部分的螺纹分别压紧在螺杆螺纹相反的侧面上，从而消除了螺杆相对螺母轴向窜动的轴向间隙。如图 1-76(b) 所示结构将切槽延伸至孔的另一侧，比图 1-76 (a) 更合理，改进原理与如图 1-75 所示结构类似。

（4）精密丝杠的直径取决于强度与刚度的弱者

人们通常习惯性地认为螺杆、丝杠的尺寸（比如直径的大小）主要取决于其强度计算，其实并非全部如此，因为很多设计中螺杆和丝杠的尺寸是由刚度条件决定的。直径的大小应

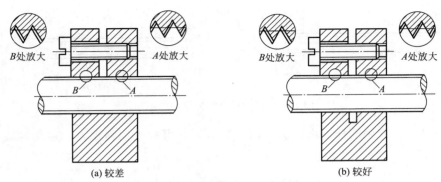

图 1-76　调整轴向螺纹间隙的结构

由强度和刚度两者之间的弱者确定，从下面的算例不难看出丝杠直径是由刚度决定的。

[例] 某精密机床纵向进给螺旋丝杠（螺杆）传递的转矩为 $T=500\mathrm{N\cdot m}$，已知其许用切应力 $[\tau]=400\mathrm{MPa}$，丝杠长度 $l=1700\mathrm{mm}$，丝杠在全长上扭角 φ 不得超过 $1°$，钢的切变模量 $G=8\times10^4\mathrm{MPa}$，试求丝杠直径。为便于对比，将计算有关内容列于表 1-10。

表 1-10　丝杠直径计算对比

计算方法 计算项目	按强度条件计算	按刚度条件计算
传递转矩 $T/\mathrm{N\cdot m}$	500	500
丝杠 l/mm	1700	1700
轴许用切应力$[\tau]/\mathrm{MPa}$	40	40
切变模量 G/MPa	8×10^4	8×10^4
许用扭角 $\varphi/(°)$	—	$\varphi<1°$
计算公式	$\tau=\dfrac{T}{0.2d^3}\leqslant[\tau]\Rightarrow d\geqslant\sqrt[3]{\dfrac{T}{0.2[\tau]}}$	$\varphi=\dfrac{32Tl}{G\pi d^4}\leqslant[\varphi]\Rightarrow d\geqslant\sqrt[4]{\dfrac{32Tl}{\pi G[\varphi]}}$
计算直径 d/mm	$d\geqslant39.69$	$d\geqslant49.90$
圆整取标准值/mm	$\mathrm{T}44\times3,d_1=40.5$	$\mathrm{Tr}55\times3,d_1=51.5$
分析	满足强度，不满足刚度	既满足强度，也满足刚度
结论	不合理	合理

理论分析和经验均表明，对传动精度要求较高的机床中，丝杠轴刚度不足产生过大的变形，会严重影响机床的加工精度。所以，对这类丝杠轴必须进行精确的刚度计算。

1.2.4　调整螺旋传动结构设计技巧与禁忌

（1）提高微调螺杆寿命的结构设计

如图 1-77(a) 所示为光学精密机械中经常用的微调结构，采用三角形细牙螺纹，螺距 t 为 0.5mm 或 0.25mm。由于细牙螺纹螺距小、牙细，虽自锁性好，但不耐磨，容易滑扣，寿命低，即使改换高级材料或提高精度都不适宜，而加大螺距虽提高了耐磨性，但又降低了微调性能。为此，在微调可动部（B）与固定部（A）之间加一弹簧，以便在弹力作用下能严格地按照螺杆螺距进给。当然，弹簧不能过硬，否则 0.5mm 或 0.25mm 螺距的螺纹牙容易受损。因此，考虑到一般工厂的加工条件，改用较粗的螺杆，但要起到相当于 0.5mm、0.25mm 螺距的作用，如图 1-77（b）所示，选用两段螺距的螺杆，相应于原可动部（B）的螺距是 1.0mm，而相应于原固定部（A）的螺距是 1.5mm，适当组合（调整行程）后，可以得到 1.5－1.0＝0.5(mm) 的进给螺距。同理使用 M8×1.25 和 M6×1.0 的螺杆组合，可以得到 1.25－1.0＝0.25(mm) 的进给螺距。

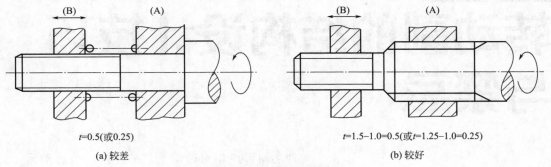

t=0.5(或0.25)　　　　　　　　　　　　　t=1.5-1.0=0.5(或t=1.25-1.0=0.25)

(a) 较差　　　　　　　　　　　　　　　　　(b) 较好

图 1-77　微调结构的改进

（2）测量用螺旋的螺母扣数不宜太少

因为螺母各扣与螺旋接触情况不同，对螺旋的螺距误差引起的运动误差有均匀化作用。测量螺杆得到的螺杆累积误差，大于螺杆与螺母装配后螺杆运动的累积误差，就是螺母产生的均匀化作用。但螺母扣数少时，均匀化效果差，如图 1-78（a）所示。采用如图 1-78（b）所示的结构较好。

(a) 较差　　　　　　　　　　　　　　　(b) 较好

图 1-78　测量用螺旋的螺母扣数不宜太少

（3）高精度定位螺旋传动禁忌连带设备的振动

如图 1-79（a）所示为一台用激光干涉定位的精密机械，用电动机 1，蜗杆传动 2、3，联轴器 4，螺杆 5，螺母 6，带动工作台移动。要求定位精度达到微米级。用光电管采集信号，由计算机闭环控制工作台移动。电动机放在机座上面，电动机的振动影响了激光干涉系统的正常工作，不能得到有效的信号，使该机械一直不能达到要求。改进后的结构如图 1-79（b）所示，把电动机移至机座以外，用带传动 7 连接电动机和蜗杆，即可正常工作。

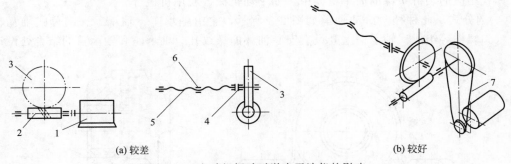

(a) 较差　　　　　　　　　　　　　　　(b) 较好

图 1-79　电动机振动对激光干涉仪的影响

1—电动机；2—蜗杆；3—蜗轮；4—联轴器；5—螺杆；6—螺母；7—带传动

第②章 ▷▷▷

转动副的结构设计技巧与禁忌

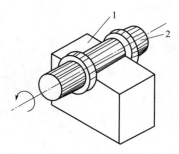

图 2-1　转动副

两个构件之间形成相对转动关系的连接称为转动副。转动副是机械中最常用的运动副。图 2-1 是一个转动副的结构简图，构件 1 与构件 2 只能做相对转动。对转动副结构的基本要求是保证两相对回转件的位置精度、承受压力、减小摩擦和保证使用寿命。

两构件之间只要有相对运动就会产生摩擦。为了减小相对转动时的摩擦和磨损，人们将转动副的结构做成滑动轴承和滚动轴承。

2.1　滑动轴承结构设计技巧与禁忌

2.1.1　滑动轴承结构形式、特点及应用

（1）径向滑动轴承的结构形式、特点及应用

① 整体式　此种径向滑动轴承如图 2-2 所示，由轴承座、减摩材料制成的整体轴套等组成。轴承座上方设有安装润滑油杯的螺纹孔及输送润滑油的油孔，轴承座用螺栓与机座连接固定。整体式滑动轴承结构简单、易于制造、成本低廉，但在装拆时轴或轴承需要沿轴向移动，使轴从轴承端部装入或拆下，因而装拆不便。此外，在轴套工作表面磨损后，轴套与轴颈之间的间隙（轴承间隙）过大时无法调整。所以这种轴承多用于低速、轻载、间歇性工作并具有相应的装拆条件的简单机器中，如手动机械、农用机械等。

② 剖分式　此种径向滑动轴承如图 2-3 所示，它由轴承座、轴承盖、剖分式轴瓦、螺栓或双头螺柱等组成。轴承盖上开设有安装油杯的螺纹孔。轴承座和轴承盖的结合处设计成

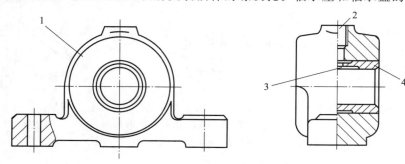

图 2-2　整体式滑动轴承

1—轴承座；2—油孔；3—油槽；4—轴套

阶梯形以便定位对中，并防止错位。剖分式轴瓦由上、下两部分组成，轴瓦的内部通常加一层具有减摩性和耐磨性、由比较贵重的有色金属合金构成的轴承衬，下部分轴瓦承受载荷。剖分式径向滑动轴承的剖分面有水平（图 2-3）、倾斜（图 2-4）两种，在实际设计中根据具体情况而定，但是，剖分面不能开在承载区内，防止影响承载能力。轴承座、盖的剖分面间放有垫片，轴承磨损后，可用适当地调整垫片厚度和修刮轴瓦内表面的方法来调整轴承间隙，从而延长轴瓦的使用寿命。对开式滑动轴承装拆方便，易于调整轴承间隙，应用很广泛。

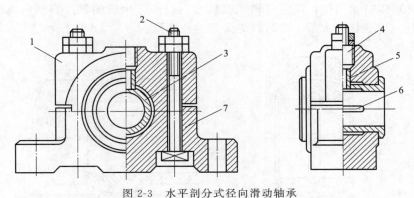

图 2-3　水平剖分式径向滑动轴承

1—轴承盖；2—螺栓；3—轴瓦；4—油孔；5—轴瓦固定套；6—油槽；7—轴承座

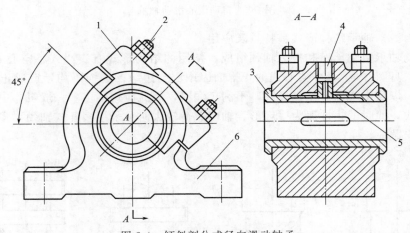

图 2-4　倾斜剖分式径向滑动轴承

1—轴承盖；2—螺栓；3—轴瓦；4—油孔；5—轴瓦固定套；6—轴承座

整体式、剖分式滑动轴承特点与应用对比列于表 2-1 中。

表 2-1　整体式、剖分式滑动轴承特点与应用对比

类型	整体式	剖分式
结构	简单	复杂
制造成本	较低	较高
装拆	较难	容易
磨损后轴承间隙	不可调	可调

续表

类型	整体式	剖分式
寿命	较短	较长
应用	低速、轻载、间歇工作	广泛

③ 自动调心式　自动调心式滑动轴承适用于轴系刚性较差的轴系，其结构形式如图 2-5 所示。这种滑动轴承的特点是：轴瓦外表面做成球面形状，与轴承盖及轴承座的球状内表面相配合，轴瓦可以自动调位，以适应轴颈在轴弯曲时所产生的偏斜。当轴承宽度 B 和轴承孔直径 d 之比（宽径比）大于 1.5 时，应采用这种轴承。

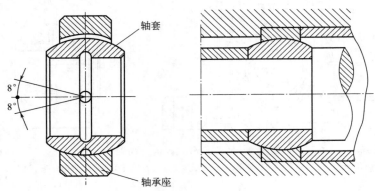

图 2-5　自动调心滑动轴承

（2）推力滑动轴承结构形式、特点及应用

推力滑动轴承由轴承座和推力轴颈组成，常用的结构形式有实心式、空心式、单环式、多环式几种，见图 2-6。其中实心式的止推面因中心与边缘的磨损不均，造成止推面上压力分布不均匀，以致中心部分压强极高，不利于润滑，因此应用不多。一般机器中通常采用空心式及单环式，此时的止推面为一环形。轴向载荷较大时可采用多环式轴颈，多环式结构还可以承受双向载荷。

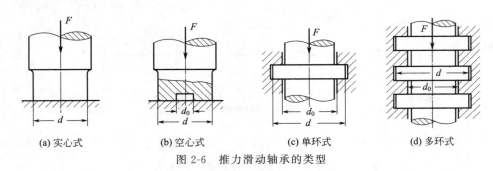

(a) 实心式　　(b) 空心式　　(c) 单环式　　(d) 多环式

图 2-6　推力滑动轴承的类型

上述几种推力滑动轴承结构的特点与应用列于表 2-2 中。

表 2-2　推力滑动轴承的结构特点与应用

类型	实心式	空心式	单环式	多环式
结构	简单	简单	较简单	较复杂
制造成本	低	低	较低	较高

续表

类型	实心式	空心式	单环式	多环式
止推面压力分布	不均匀	较均匀	较均匀	各环间不均匀 （环数 2~5 为宜）
润滑状态	较差	较好	较好	较好
载荷方向	单向	单向	单向	双向
应用	较少	广泛	广泛	较少 （载荷大、双向场合）

2.1.2　滑动轴承支撑结构应受力合理

（1）消除边缘接触

边缘接触是滑动轴承中经常出现的问题，它使轴承受力不均，加速轴承磨损，例如图 2-7(a) 所示的中间齿轮的支撑，作用在轴承上力是偏心的，它使轴承一侧产生很高的边缘压力，加速轴承的磨损，是不合理的结构。图 2-7(b) 增大了轴承宽度，受力情况得到改善，但受力仍不均匀。比较好的结构是力的作用平面应通过轴承的中心，如图 2-7(c)、(d) 所示。

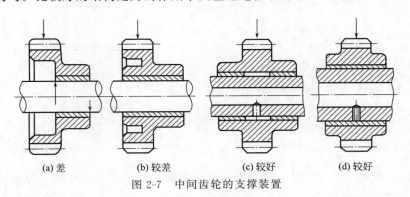

(a) 差　　　　(b) 较差　　　　(c) 较好　　　　(d) 较好

图 2-7　中间齿轮的支撑装置

支撑悬臂轴的轴承最易产生边缘接触，例如图 2-8(a) 所示一小型轧钢机减速器轴采用的滑动轴承。为了均衡轧钢机工作时的载荷，在减速器的高速轴上悬臂安装了一小直径的飞轮。由于飞轮是悬臂安装，轴挠度较大，对轴承产生偏心力矩，轴承在接近飞轮的一侧产生较大的边缘压力，加之飞轮旋转时产生剧烈的径向颤抖、振动，轴承将磨损严重，甚至烧坏轴承。若改用图 2-8(b) 的结构，在飞轮的外侧增加一个滑动轴承，悬臂轴便成为双支撑，减少了轴的挠度，消除了偏心力矩产生的边缘接触，可使减速器正常运转，轧钢机正常工作。

（2）轴承支座受力应合理

① 符合材料特性的支承结构　钢材的抗压强度比抗拉强度大，铸铁的抗压性能更优于它的抗拉性能。在有些情况下，滑动轴承支撑的结构设计应根据受力状况将材料的特性与应力分布结合起来考虑，使结构设计更为合理。例如图 2-9 的滑动轴承的铸铁支架，从受力和应力分布状况可以看出，图 2-9(a) 支座结构不够合理，而图 2-9(b) 中的拉应力小于压应力，符合材料特性。

② 减少轴承盖的弯曲力矩　图 2-10 为一连杆的大头，图 2-10(a) 较图 2-10(b) 轴承盖所受弯曲力矩大。这种场合的紧固螺栓，设计时应使其中线靠近轴瓦的会合处为宜 [图 2-10(b)]。

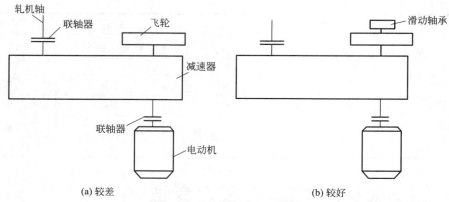

图 2-8　悬臂轴的支撑轴承产生边缘压力

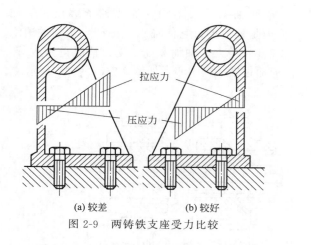

图 2-9　两铸铁支座受力比较

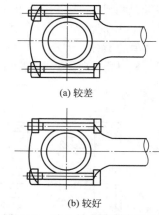

图 2-10　减少轴承盖的弯曲力矩

③ 载荷向上时轴承座应倒置　剖分式径向滑动轴承主要是由滑动轴承的轴承座来承受径向载荷的，而轴承盖一般是不承受载荷的，所以当载荷方向朝上时，为了使轴承盖不受载荷的作用，禁止采用图 2-11(a) 的安装方式，而应采用图 2-11(b) 的倒置方式，即轴承盖朝下。

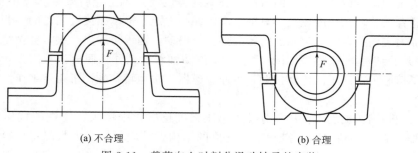

图 2-11　载荷向上时剖分滑动轴承的安装

（3）受交变应力的轴承盖螺栓宜采用柔性螺栓

当滑动轴承工作中，轴承盖连接螺栓受交变应力时，为使轴承盖连接牢固，提高螺栓承受交变应力的能力，可采用柔性螺栓，在螺栓长度满足轴承结构条件下，采用尽可能大的螺栓长度，或将双头螺栓的无螺纹部分车细，其直径大约等于螺纹的内径，如图 2-12 所示。

不宜采用短而粗的螺栓，因为这种螺栓承受交变应力的能力较差。

（4）不要使轴瓦的止推端面为线接触

滑动轴承的滑动接触部分必须是面接触，如果是线接触［图 2-13（a）、（b）］，则局部压强将异常增大，从而成为强烈磨损和烧伤的原因。因此，轴瓦止推端面的圆角必须比轴的过渡圆角大，必须保持滑动轴承的滑动接触部分有平面接触，如图 2-13（c）、（d）所示。

（5）止推轴承与轴颈不宜全部接触

非液体摩擦润滑止推轴承的外侧和中心部分滑动速度不同，止推面中心部位的线速度远低于外边，磨损很不均匀，若轴颈与轴承的止推面全部接触［图 2-14（a）、（b）］，则工作一段时间后，中部会较外部凸起，轴承中心部分润滑油更难进入，造

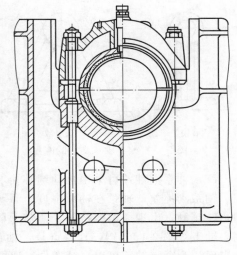

图 2-12 受交变应力的轴承盖螺栓结构特点

(a) 不合理　　　　(b) 不合理　　　　(c) 合理　　　　(d) 合理

图 2-13 轴瓦的止推端面应保持平面接触

成润滑条件恶化，工作性能下降，为此可将轴颈或轴承的中心部分切出凹坑，不仅改善了润滑条件，也使磨损趋于均匀［图 2-14（c）、（d）］。

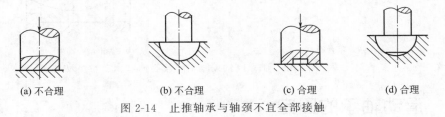

(a) 不合理　　　　(b) 不合理　　　　(c) 合理　　　　(d) 合理

图 2-14 止推轴承与轴颈不宜全部接触

（6）提高支座的刚度

合理设计轴承支座的结构，用受拉、压代替受弯曲，可提高支座的刚度，使支座受力更为合理，例如图 2-15 所示的铸造支座受横向力，图 2-15（a）所示结构辐板受弯曲，图 2-15（b）所示辐板受拉、压，显然图 2-15（b）所示支座刚性较好，轴承支座工作时稳定性好。

（7）避免重载、温升高的轴承轴瓦"后让"

通常轴瓦与轴承座接触面在中间开槽或挖空以减少精密加工面［图 2-16（a）］，但承受轴承载荷，特别是承受重载荷的轴承，如果轴瓦薄，由于油膜压力的作用，在挖窄的部分会向外变形，形成轴瓦"后让"，"后让"部分则不构成支承载荷的面积，从而降低了承载能力。

为了加强热量从轴承瓦向轴承座上传导，对温升较高的轴承也不应在两者之间存在不流动的空气包。在以上两种场合，都应使轴瓦具有必要的厚度和刚性，并使轴瓦与轴承座全部接触［图 2-16（b）］。

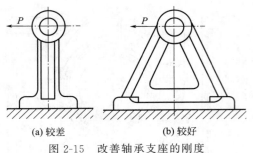

(a) 较差　　　　　　　(b) 较好

图 2-15　改善轴承支座的刚度

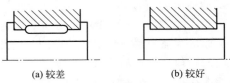

(a) 较差　　　　　　　(b) 较好

图 2-16　避免重载、温升高的轴承轴瓦"后让"

（8）轴系刚性差可采用自动调心轴承

轴系刚性差，轴颈在轴承中过于倾斜时 [图 2-17(a)]，靠近轴承端部会出现轴颈与轴瓦的边缘接触，出现端边的挤压，使轴承早期损坏。消除这种端边挤压的措施一般可采用自动调心轴承 [图 2-17(b)]，其特点是：轴瓦外表面制成球面形状，与轴承盖及轴承座的球状内表面相配合，轴瓦可以自动调位以适应轴颈在弯曲时所产生的偏斜。

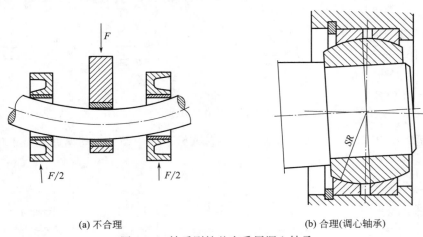

(a) 不合理　　　　　　　(b) 合理(调心轴承)

图 2-17　轴系刚性差宜采用调心轴承

2.1.3　滑动轴承的固定

（1）轴瓦的固定

① 轴瓦的轴向固定　轴瓦装入轴承座中，应保证在工作时轴瓦与轴承座不得有任何相对的轴向和周向的移动。滑动轴承可以承受一定的轴向力，但轴瓦应有凸缘，不宜采用图 2-18(a) 的结构。单方向受轴向力的轴承的轴瓦，至少应在一端设计成凸缘，如图 2-18(b) 所示；如果双方向受有轴向力，则应在轴瓦的两端设计成凸缘，如图 2-18(c) 所示。无凸缘的轴瓦不能承受轴向力。

② 轴瓦的周向固定　滑动轴承的轴瓦不但应轴向固定，周向也应固定，即防止轴瓦的转动。为了使轴不移动就能较方便地从轴的下面取出轴瓦，应将防止转动的固定元件安装在轴承盖上，尽量避免如图 2-19(a) 所示安装在轴承座上。防止轴瓦转动的方法一般有如图 2-19(b) 所示的三种。

③ 双金属轴瓦两金属应贴附牢固　为提高轴承的减摩、耐磨和跑合性能，常应用轴承合金、青铜或其它减摩材料覆盖在铸铁、钢或青铜轴瓦的内表面上以制成双金属轴瓦。双金属轴

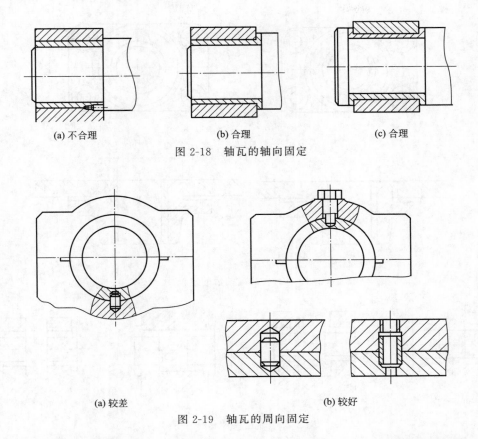

(a) 不合理　　　　　　(b) 合理　　　　　　(c) 合理

图 2-18　轴瓦的轴向固定

(a) 较差　　　　　　　　　　(b) 较好

图 2-19　轴瓦的周向固定

瓦中，两种金属必须贴附牢靠，不会松脱。图 2-20(a) 所示结构两层金属贴附牢固性差，属不合理结构。为此，必须考虑在底瓦内表面制出各种形式的榫头或沟槽〔图 2-20(b)、(c)、(d)、(e)、(f)〕，以增加贴附性，一般沟槽的深度以不过分削弱底瓦的强度为原则。

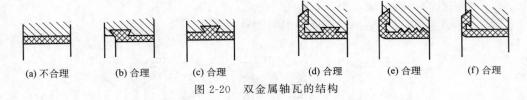

(a) 不合理　　　(b) 合理　　　(c) 合理　　　(d) 合理　　　(e) 合理　　　(f) 合理

图 2-20　双金属轴瓦的结构

(2) 凸缘轴承的定位

凸缘轴承的特征是具有凸缘，安装时要利用凸缘表面定位。因此，禁止采用图 2-21(a) 所示的结构，因这种结构不但不能正确地确定轴承位置，而且使螺栓受力不好，所以凸缘轴承应有定位基准面，如图 2-21(b) 所示。

2.1.4　滑动轴承的安装与拆卸

(1) 轴瓦或衬套的装拆

如图 2-22(a)、(b) 所示是不合理的结构，因整体式轴瓦或圆筒衬套只能从轴向安装、拆卸，所以要使其有能装拆的轴向空间，并考虑卸下的方法。如图 2-22(c)、(d) 所示为合理结构。

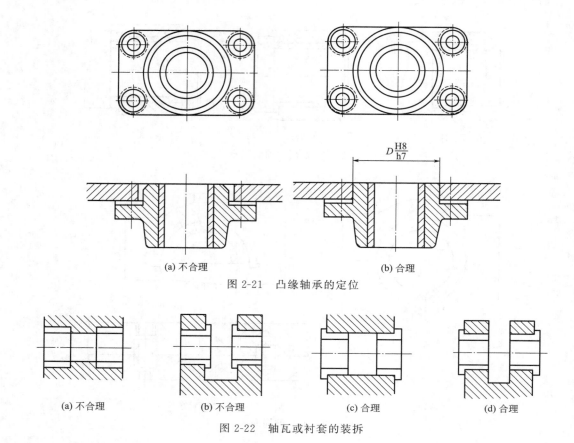

(a) 不合理   (b) 合理

图 2-21   凸缘轴承的定位

(a) 不合理   (b) 不合理   (c) 合理   (d) 合理

图 2-22   轴瓦或衬套的装拆

（2）避免错误安装

　　错误安装对装配者而言是应该尽量避免的，但设计者也应考虑到万一错误安装时，不至于引起重大损失，并采取适当措施。如图 2-23（a）所示轴瓦上的油孔，安装时如反转 180°装上轴瓦，则油孔将不通，造成事故，如在对称位置再开一油孔［图 2-23（b）］，或再加一油槽［图 2-23（c）］，则可避免由错误安装引起的事故。

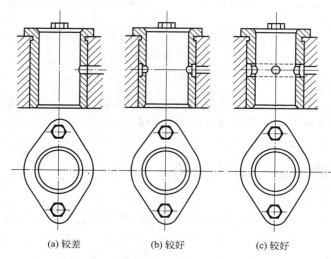

(a) 较差   (b) 较好   (c) 较好

图 2-23   避免轴瓦上油孔位置的错误安装

又如为避免图 2-24(a) 所示上、下轴瓦装错，引起润滑故障，可将油孔与定位销设计成不同直径，如图 2-24(b) 所示。

再如轴承座固定采用非旋转对称结构 [图 2-25(a)]，应避免轴承座由于前后位置颠倒，而使座孔轴线与轴的轴线的偏差增大，可采用图 2-25(b)、(c) 的结构，将两定位销布置在同一侧，或使两定位销到螺栓的距离不等，即可避免上述错误的产生。

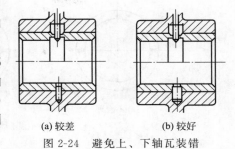

(a) 较差　　　　　　(b) 较好

图 2-24　避免上、下轴瓦装错

（3）拆卸轴承盖时不应同时拆动底座

零件装拆时应尽可能不涉及其它零件，这样可避免许多安装中的重复调整工作，例如图 2-26(a) 所示拆下轴承盖时，底座同时也被拆动，这样在调整轴承间隙时，底座的位置也必须重新调整，而图 2-26(b) 所示拆轴承盖时则不涉及底座，减少了底座的调整工作。

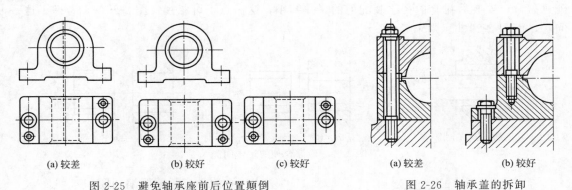

(a) 较差　　　　　　(b) 较好　　　　　　(c) 较好

图 2-25　避免轴承座前后位置颠倒

(a) 较差　　　　　　(b) 较好

图 2-26　轴承盖的拆卸

2.1.5　滑动轴承的调整

（1）磨损间隙的调整

图 2-27(a) 所示的整体式圆柱轴承磨损后间隙调整很困难。滑动轴承在工作中发生磨损是不可避免的，为了保证适当的轴承间隙，要根据磨损量对轴承间隙进行相应的调整。如图 2-27(b) 所示，剖分式轴承可在上盖和轴承座之间预加垫片，磨损后间隙变大时，减少垫片厚度可调整间隙，使之减小到适当的大小。

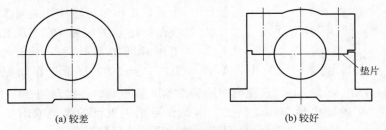

垫片

(a) 较差　　　　　　(b) 较好

图 2-27　滑动轴承磨损间隙的调整

磨损间隙一般不一定是全周一样，而是有显著的方向性，需要考虑针对此方向的易于调整的措施或结构。如采用调整垫片应注意间隙调整方向 [图 2-28(a)、(b)]，也可采用三块或四块瓦块组成可调间隙轴承 [图 2-28(c)]。

图 2-28　磨损间隙的方向性及其调整

（2）确保合理的运转间隙

滑动轴承根据使用目的和使用条件的不同需要合适的间隙。轴承间隙因轴承材质、轴瓦装配条件、运转引起的温度变化以及其它因素的不同而发生变化，所以事先要对这些因素进行预测，然后合理选择间隙。工作温度较高时，需要考虑轴颈热膨胀时的附加间隙 ［图 2-29（a）］，图 2-29（b）、（c）为轴承衬套用过盈配合装入轴承的情况，此时由于存在装配过盈量，安装后衬套内径比装配前的尺寸缩小，这一点不可忽视，图 2-29（c）考虑了这一问题，而图 2-29（b）则未考虑。

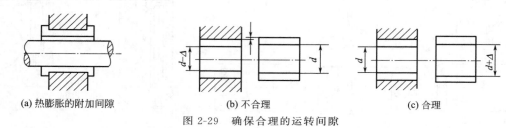

图 2-29　确保合理的运转间隙

（3）曲轴支承的胀缩问题

曲轴支承多采用剖分式滑动轴承。图 2-30（a）所示几处轴承轴向间隙很小或未留间隙，热膨胀后则容易卡死。由于曲轴的结构特点，为保证发热后轴能自由胀缩，只需在一个轴承处限定位置，其它几个轴承的轴向均留有间隙，如图 2-30（b）所示。

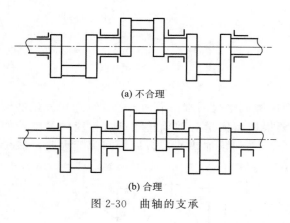

图 2-30　曲轴的支承

（4）仪器轴尖支承结构

图 2-31 是仪器上常用的滑动摩擦轴尖支承，工作时运转件轴尖与承导件垫座之间应保持适当的间隙 BC（B_1C_1），以使轴尖工作时既转动灵活又不卡死。图 2-31（a）中，$AB = BC/\sin45°$，图 2-31（b）中，$A_1B_1 = B_1C_1/\sin30°$，尽管工作间隙两者相等，即 $BC = B_1C_1$，但 $A_1B_1 = \sqrt{2}AB$，这说明当轴尖支承间隙相同时，锥角为 90°的轴尖轴向移动较小，而锥角为 60°的轴尖轴向移动较大，因此仪器轴尖支承的锥角取图 2-31（b）所示的60°时，较图 2-31（a）所示的 90°时容易调整，也较容易达到装配要求。

2.1.6　滑动轴承的供油

（1）油孔

① 润滑油应从非承载区引入轴承　不应当把进油孔开在承载区 ［图 2-32（a）］，因为承

载区的压力很大，显然压力很低的润滑油是不可能进入轴承间隙中的，反而会从轴承中被挤出。当载荷方向不变时，进油孔应开在最大间隙处。若轴在工作中的位置不能预先确定，习惯上可把进油孔开在与载荷作用线成 45°之处 ［图 2-32(b)］，对剖分轴瓦，进油孔也可开在接合面处 ［图 2-32(c)］。

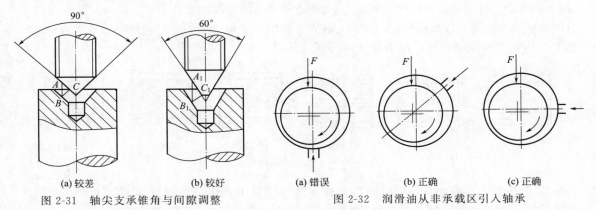

(a) 较差	(b) 较好

图 2-31　轴尖支承锥角与间隙调整

(a) 错误　(b) 正确　(c) 正确

图 2-32　润滑油从非承载区引入轴承

如果因结构需要从轴中供油时，若油孔出口在轴表面上 ［图 2-33(a)］，则轴每转一转油孔通过高压区一次，轴承周期性地进油，油路易发生脉动，因此最好制出三个油孔 ［图 2-33(b)］。

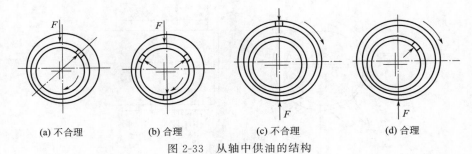

(a) 不合理　(b) 合理　(c) 不合理　(d) 合理

图 2-33　从轴中供油的结构

若轴不转，轴承旋转，外载荷方向不变时，进油孔不应从轴承中引入 ［图 2-33(c)］，而应从非承载区由轴中小孔引入 ［图 2-33(d)］。

② 加油孔不要被堵塞　加油孔的通路部分，如果由于安装轴瓦或轴套时其相对位置偏移或在运转过程中其相对位置偏移，通路就会被堵塞 ［图 2-34(a)］，从而导致润滑失效，所以可采用组装后对加油孔配钻的方法 ［图 2-34(b)］，以及对轴瓦增设止动螺钉 ［图 2-34(c)］。

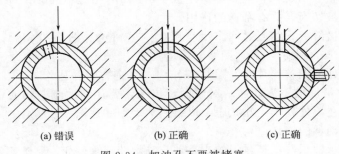

(a) 错误　(b) 正确　(c) 正确

图 2-34　加油孔不要被堵塞

（2）油沟

① 应使润滑油能顺利进入摩擦表面 为使润滑油顺利进入轴承全部摩擦表面，要开油沟使油、脂能沿轴承的圆周方向和轴向得到适当的分配。

若只开油孔 [图 2-35(a)]，润滑较差。油沟通常有半环形油沟 [图 2-35(b)]、纵向油沟 [图 2-35(c)]、组合式油沟 [图 2-35(d)] 和螺旋槽式油沟 [图 2-35(e)]，后两种可使油在圆周方向和轴向都能得到较好的分配。载荷方向不变的轴承，可以采用宽槽油沟 [图 2-35(f)]，有利于增加流量和加强散热。油沟在轴向都不应开通。

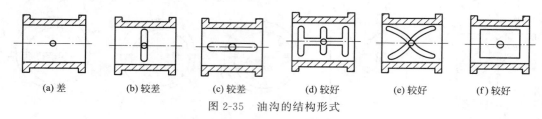

| (a) 差 | (b) 较差 | (c) 较差 | (d) 较好 | (e) 较好 | (f) 较好 |

图 2-35　油沟的结构形式

② 液体动力润滑轴承不可将油沟开在承载区 对于液体动力润滑轴承，油沟不应该开在承载区，因为这会破坏油膜并使承载力下降（图 2-36）。对于非液体摩擦润滑轴承，应使油沟尽量延伸到最大压力区附近，这对承载力影响不大，却能在摩擦表面起到良好的储油和分配油的作用。用作分配润滑油脂的油沟要比用于分配稀油的宽些，因为这种油沟还要求具有储存干油的作用。

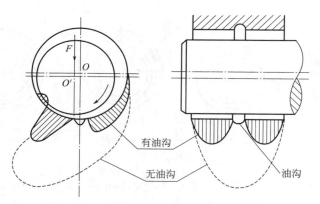

图 2-36　不正确的油沟布置降低油膜承载力

（3）油路要顺畅

① 防止切断油膜的锐边或棱角 为使油顺畅地流入润滑面，轴瓦油槽、剖分面处不要出现锐边或棱角 [图 2-37(a)]，而要尽量制成平滑圆角 [图 2-37(b)、(c)]，因为尖锐的边缘会使轴承中油膜被切断，并有刮伤的作用。

轴瓦剖分面的接缝处，相互之间多少会产生一些错位 [图 2-37(d)]，错位部分要制成圆角 [图 2-37(e)] 或不大的油腔 [图 2-37(f)]。

在轴瓦剖分面处加调整垫片时 [图 2-37(g)]，要使垫片后退少许 [图 2-37(h)]。

② 不要形成润滑油的不流动区 对于循环供油，要注意油流的畅通。如果油存在着流到尽头之处，则油在该处处于停滞状态，以致热油聚集并逐渐变质劣化，不能起到正常的润滑作用，容易造成轴承的烧伤。

图 2-38(a) 所示轴承端盖是封闭的或是轴与轴承端部被闷死，则油不流向端盖或闷死的一侧，油在那里处于停滞状态，造成上述情况不能正常润滑，甚至烧伤等事故。如果在端盖

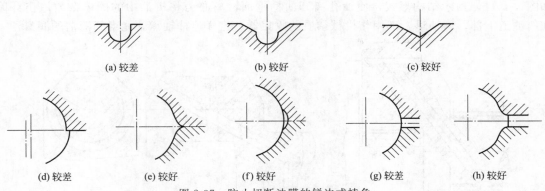

图 2-37　防止切断油膜的锐边或棱角

处设置排油通道，从轴承中央供给的油才能在轴承全宽上正常流动［图 2-38(b)］。

在同一轴承中，为了增加润滑油量而从两个相邻的油孔处给油［图 2-38(c)］，润滑油向里侧的流动受阻，油分别流向较近的出口，不流向中间部分，使中间部分油流停滞，容易造成轴承烧伤，可采用图 2-38(d) 所示结构，在轴承中部空腔处开泄油孔，也可使油由轴承非承载区的空腔中引入，如图 2-38(e) 所示。

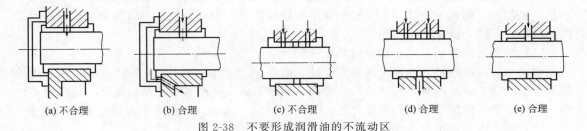

图 2-38　不要形成润滑油的不流动区

③ 不要逆着离心力给油　在同样转速下的旋转轴上，大直径段的离心力大于小直径段的离心力，因此润滑油路的设计，不应采用图 2-39(a) 的形式，因为这样是逆大离心力方向注油，油不易注入。应采用图 2-39(b) 方式，从小直径段进油，再向大直径段出油，油容易由小离心力向大离心力方向流动，从而可保证润滑的正常供油。

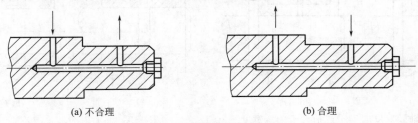

图 2-39　不要逆着离心力给油

④ 曲轴的润滑油路　内燃机主轴承中的机油必须通过曲轴的润滑油路才能到达连杆轴承。曲轴的润滑油路可用不同的方式构成，主轴承中的机油通过曲轴内的油孔直接送到连杆轴承的油路称为直接内油路。图 2-40 所示的斜油道是直接内油路的一种形式。

图 2-40(a) 所示由于油路相对于轴承摩擦面是倾斜的，机油中的杂质受离心力作用总是冲向轴承的一边，造成曲柄销轴向不均匀磨损。另外，油孔越倾斜应力集中越大，斜油道加工也很不方便，穿过曲柄臂时若位置不正确，便会削弱曲柄臂过渡圆角，可将斜油道设计成

如图 2-40（b）所示结构形式，使油孔离开曲柄平面，离心力将机油中的固体杂质甩出并附在斜油道上部，斜油道上部用作机械杂质的收集器，这样连杆轴承就能得到清洁的润滑油。

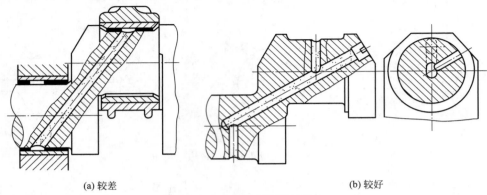

(a) 较差   (b) 较好

图 2-40 曲轴的润滑油路

2.1.7 防止阶梯磨损

滑动轴承滑动部分的磨损是不可避免的，因此在相互滑动的同一面内，如果存在着完全不相接触部分，则由于该部分未受磨损而形成阶梯磨损。为避免或减小阶梯磨损，应采取适当的措施，下面分析几种常见的形式。

（1）轴颈工作表面不要在轴承内终止

如图 2-41（a）所示，轴颈工作表面在轴承内终止，这样会造成轴颈在磨合时将在较软的轴承合金层面上磨出凸肩，它将妨碍润滑油从端部流出，从而引起过高的温度和造成轴承烧伤。这种场合可将较硬轴颈的宽度加长，如图 2-41（b）所示，使之等于或稍大于轴承宽度。

（2）轴承内的轴颈上不宜开油槽

如图 2-42（a）所示，在轴颈上加工出一条位于轴承内部的油槽，也会造成阶梯磨损，即在磨合过程中形成一条棱肩，应尽量将油槽开在轴瓦上［图 2-42（b）］。

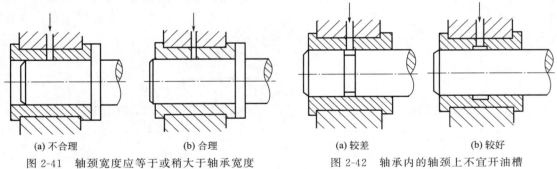

(a) 不合理   (b) 合理   (a) 较差   (b) 较好

图 2-41 轴颈宽度应等于或稍大于轴承宽度   图 2-42 轴承内的轴颈上不宜开油槽

（3）重载低速青铜轴瓦圆周上的油槽位置应错开

对于青铜轴瓦等重载低速轴承轴瓦，在位于圆周上油槽部分的轴颈也发生阶梯磨损［图 2-43（a）］，这种场合可将上下半油槽的位置错开，以消除不接触的地方［图 2-43（b）］。

（4）轴承侧面的阶梯磨损

如图 2-44 所示，当轴的止推环外径小于轴承止推面外径时，也会造成较软的轴承合金层上出现阶梯磨损［图 2-44（a）］，应尽量避免［图 2-44（b）］，原则上其尺寸应使磨损多的一侧全面磨损。但在有的情况下，由于事实上不可避免双方都受磨损，最好是能够避免修配困难的一方（例如轴的止推环）出现阶梯磨损［图 2-44(c)］，图 2-44(d) 所示较为合理。

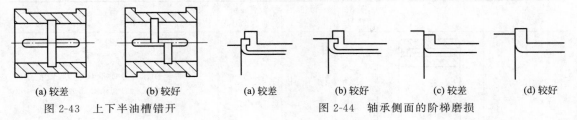

(a) 较差　　　　　(b) 较好　　　　　(a) 较差　　　　(b) 较好　　　　(c) 较差　　　　(d) 较好

图 2-43　上下半油槽错开　　　　　　　图 2-44　轴承侧面的阶梯磨损

2.2　滚动轴承结构设计技巧与禁忌

常用的滚动轴承绝大多数已经标准化，其结构类型和尺寸均是标准的，因此滚动轴承设计时，除了正确选择轴承类型和确定型号尺寸外，还需合理设计轴承的组合结构，要考虑轴承的配置和装卸、轴承的定位和固定、轴承与相关零件的配合、轴承的润滑与密封和提高轴承系统的刚度等。正确的类型选择和尺寸的确定以及合理的支承结构设计，都将对轴承的受力、运转精度、提高轴承寿命和可靠性、保证轴系性能等起着重要的作用。下面就这些方面应注意的问题加以分析。

2.2.1　滚动轴承的主要结构类型及选用原则

（1）滚动轴承的主要结构类型及特性

滚动轴承的结构类型很多，常用滚动轴承的类型及特性见表 2-3。

表 2-3　常用滚动轴承的类型及特性

轴承名称	结构简图	类型代号	标准编号	基本额定动载荷比	极限转速比	主要性能及应用
调心球轴承		1	GB 281	0.6~0.9	中	调心性能好，内、外圈之间在 2°～3°范围内可自动调心。主要承受径向载荷和不太大的轴向载荷。适用于刚性较小的轴及难以对中的场合
调心滚子轴承		2	GB 288	1.8~4	低	调心性能好，能承受很大的径向载荷和不太大的轴向载荷
圆锥滚子轴承		3	GB 297	1.5~2.5	中	能同时承受径向载荷和轴向载荷，承载能力大，外圈可分离，安装方便，一般成对使用。适用于径向和轴向载荷都较大的场合

续表

轴承名称	结构简图	类型代号	标准编号	基本额定动载荷比	极限转速比	主要性能及应用
滚针轴承		NA	GB 5801	—	低	良好的径向承载能力,较差的轴向承载能力和调心能力
推力球轴承		5	GB 301	1	低	套圈可分离,只能承受单向轴向载荷
深沟球轴承		6	GB 276 GB 4221	1	高	主要承受径向载荷,也可承受一定的轴向载荷,价格低廉,应用最广
角接触球轴承		7	GB 292	1.0～1.4	高	能同时承受径向载荷和单向轴向载荷,公称接触角越大,轴向承载能力也越大,一般成对使用
圆柱滚子轴承		N	GB 283	1.5～3	较高	能承受较大的径向载荷,不能承受轴向载荷。适用于重载和冲击载荷,以及要求支承刚性好的场合

注:基本额定动载荷比、极限转速比是指同一尺寸系列轴承与深沟球轴承之比(平均值)。

(2)滚动轴承结构选用原则

选用滚动轴承结构时,必须了解轴承的工作载荷(大小、方向、性质)、转速及其它使用要求,正确选择轴承结构应考虑以下主要因素。

① 轴承载荷

轴承所受载荷的大小、方向和性质是选择轴承结构的主要依据。以下选用原则可供考虑。

a. 相同外形尺寸下,滚子轴承一般较球轴承承载能力大,应优先考虑。

b. 轴承承受纯的径向载荷,一般可选用向心类轴承。

c. 轴承承受纯的轴向载荷,一般可选用推力类轴承。

d. 承受径向载荷的同时,还有不大的轴向载荷时,可选用深沟球轴承、接触角不大的角接触球轴承或圆锥滚子轴承。

　　e. 承受轴向力较径向力大时，可选用接触角较大的角接触球轴承或圆锥滚子轴承，或者选用向心轴承和推力轴承组合在一起的结构，以分别承担径向载荷和轴向载荷。

　　f. 载荷有冲击振动时，优先考虑滚子轴承。

　　② 轴承的转速

　　a. 球轴承与滚子轴承相比，有较高的极限转速，故在高速时应优先选用球轴承。

　　b. 高速时，宜选用同一直径系列中外径较小的轴承，外径较大的轴承，宜用于低速重载的场合。

　　c. 实体保持架较冲压保持架允许高一些的转速，青铜实体保持架允许更高的转速。

　　d. 推力轴承的极限转速均很低。当工作转速高时，若轴向载荷不十分大，可考虑采用角接触球轴承承受纯轴向力。

　　e. 若工作转速超过样本中规定的极限转速，可考虑提高轴承公差等级，或适当加大轴承的径向游隙等措施。

　　③ 轴承的刚性与调心性能

　　a. 滚子轴承的刚性比球轴承高，故对轴承刚性要求高的场合宜优先选用滚子轴承。

　　b. 支点跨距大、轴的弯曲变形大或多支点轴，宜选用调心型轴承。

　　c. 圆柱滚子轴承用于刚性大，且能严格保证同轴度的场合，一般只用来承受径向载荷。当需要承受一定轴向载荷时，可选择内、外圈都有挡边的类型。

　　④ 轴承的安装和拆卸

　　a. 在轴承座不剖分而且必须沿轴向安装和拆卸轴承时，应优先选用内、外圈可分离的轴承，如圆锥滚子轴承、圆柱滚子轴承等。

　　b. 在光轴上安装轴承时，为便于定位和拆卸，可选用内圈孔为圆锥孔（用以安装在锥形的紧定套上）的轴承。

　　⑤ 经济性

　　a. 与滚子轴承相比，球轴承因制造容易，价格较低，条件相同时可考虑优先选用。

　　b. 同型号尺寸公差等级为 P0、P6、P5、P4、P2 的滚动轴承价格比为 1：1.8：2.3：7：10。在满足使用要求情况下，应优先选用 0 级（普通级）公差轴承。

2.2.2　滚动轴承类型的选择

　　（1）滚动轴承类型选择应考虑受力合理

　　滚动轴承由于结构的不同，各类轴承的承载性能也不同，选择类型时，必须根据载荷情况和轴承自身的承载特点，使轴承在工作中受力合理，否则将严重影响轴承以及整个轴系的工作性能，乃至影响整机的正常工作。下面仅就一些选型受力不合理情况进行分析。

　　① 一对圆锥滚子轴承不能承受较大的轴向载荷和径向载荷　轴同时受到较大的轴向载荷和径向载荷时，不能采用只有两个圆锥滚子轴承的结构，如图 2-45(a) 所示。因为在大轴向载荷作用下，圆锥滚子、滚道发生弹性变形，使得轴的轴向窜动量超过预定值，径向间隙增大，因此在径向载荷作用下，发生冲击振动，轴承将很快损坏。

　　可考虑改为图 2-45(b) 所示形式，在左端改用轴向可以滑动的圆柱滚子轴承，这样，左端的圆柱滚子轴承即使在右端承受较大轴向载荷时产生微小轴向位移，也不会引起左端的径向间隙，从而避免了因径向力作用而造成的振动和轴承损坏。

　　② 轴承组合要有利于载荷均匀分担　采用两种不同类型的轴承组合来承受大的载荷时要注意受力是否均匀，否则不宜使用。例如，图 2-46(a) 所示铣床主轴前支承采用深沟球轴承和圆锥滚子轴承的组合，这种结构是很不合适的，因为圆锥滚子轴承在装配时必须调整，

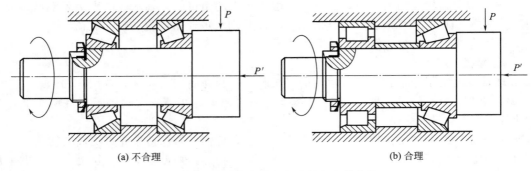

(a) 不合理   (b) 合理

图 2-45   承受较大轴向力和径向力的支承

以得到较小的间隙，而深沟球轴承的间隙是不可调整的，因此有可能由于径向间隙大而没有受到径向载荷的作用，两轴承受载很不均匀。合理设计可将两个圆锥滚子轴承组合为一个支承，而另一支承可采用深沟球轴承或圆柱滚子轴承，如图 2-46(b) 所示。

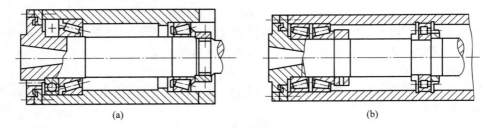

(a)   (b)

图 2-46   铣床主轴轴系支承

③ 避免轴承承受附加载荷

a. 角接触轴承不宜与非调整间隙轴承成对组合   如果角接触球轴承或圆锥滚子轴承与深沟球轴承等非调整间隙轴承成对使用［图 2-47(a)、(c)］，则在调整轴向间隙时会迫使球轴承也形成角接触状态，使球轴承增加较大的附加轴向载荷而降低轴承寿命。成对使用的角接触轴承［图 2-47(b)、(d)］的应用是为了通过调整轴承内部的轴向和径向间隙，以获得最好的支承刚性和旋转精度。

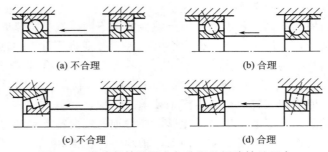

(a) 不合理   (b) 合理

(c) 不合理   (d) 合理

图 2-47   角接触轴承不宜与非调整间隙轴承组合

b. 滚动轴承不宜和滑动轴承联合使用   一根轴上既采用滚动轴承又采用滑动轴承的联合结构［图 2-48(a)、(c)］不宜使用，因为滑动轴承的径向间隙和磨损均比滚动轴承大许多，因而会导致滚动轴承歪斜，承受过大的附加载荷，而滑动轴承却负载不足。图 2-48(a) 可改成图 2-48(b) 所示结构。如因结构需要不得不采用滚动轴承与滑动轴承联合的结构，则滑动轴承应设计得尽可能距滚动轴承远一些，直径尽可能小一些，或采用具有调心性能的滚动轴承 [图 2-48(d)]。

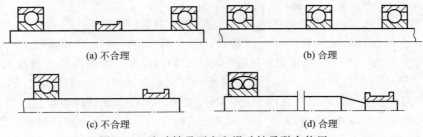

(a) 不合理　　　　　　　　(b) 合理

(c) 不合理　　　　　　　　(d) 合理

图 2-48　滚动轴承不宜和滑动轴承联合使用

④ 推力球轴承不能承受径向载荷　推力球轴承只能承受轴向载荷，工作中存在径向载荷时不宜使用。例如图 2-49 的铸锭堆垛装置升降台支承轴承，选用推力球轴承就属于这种不合理情况，现分析如下。铸锭机堆垛装置的升降台是将铸锭机排出的金属锭进行自动码垛的配套机构，码垛操作要求升降台每升降一次，必须同时顺时针或逆时针方向转过 90°。

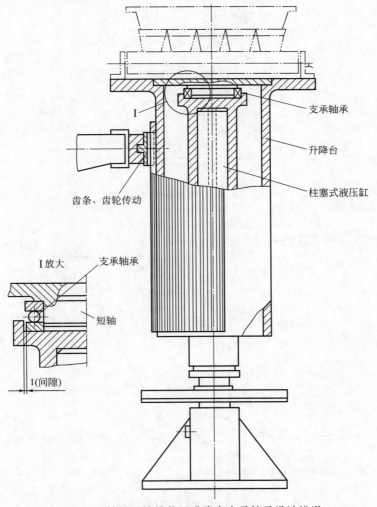

图 2-49　铸锭机堆垛装置升降台支承轴承设计错误

　　升降台为立式圆筒形，通过推力球轴承支承在柱塞式液压缸的顶部，台面装有辊道以承接排列好的金属锭（每层五锭，共码四层），堆完一垛金属锭后，由另设的液压缸推入辊道输送机。升降台利用柱塞式液压缸控制其上升或下降，利用水平液压缸、齿条、齿圈传动来控制正、反转（90°），按照规定的程序操作以达到预期的运行目标。

　　本例中，在液压缸的顶部采用推力球轴承，受力不合理，因为推力球轴承只能承受轴向力，不能承受径向力，而此装置在工作过程中却有径向力存在。径向力产生的原因有二，一是渐开线齿形工作时存在径向力；二是当沿辊道滚动方向推出升降台上的锭垛时，也有水平方向力作用于升降台上。另外，轴承座孔尺寸过大，与轴承之间有 1mm 的间隙，在径向力作用下，升降台工作时产生水平偏移，影响齿条同齿轮的正常啮合，严重时有可能将轴承从轴承座推出，若将推力球轴承改为推力角接触球轴承，并在它下面加一个深沟球轴承（为更可靠），同时将轴承座与轴承外圈的配合改为过渡配合，这样推力角接触球轴承可以承受以轴向载荷为主的径向、轴向联合载荷，从而解决了升降台工作时的水平移动问题，也改善了齿条、齿轮的啮合状态。

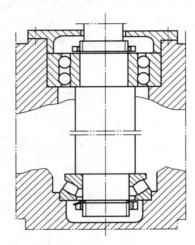

(a) 磁选机立式传动轴支承

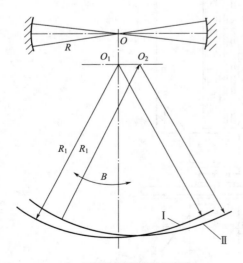

上、下轴承的调心 O 及 O_1 不重合　　　　上、下轴承的调心 O 及 O_1 重合

(b) 不合理　　　　　　　　　　(c) 合理

图 2-50　两调心轴承组合时调心中心应重合

R—径向轴承半径；R_1—推力轴承半径

⑤ 两调心轴承组合时调心中心应重合　调心球轴承与推力调心滚子轴承组合时，两轴承调心中心要重合。如图 2-50(a) 所示为某磁选机转环体通过主轴支承在上、下两个轴承箱的轴承上，上轴承为调心球轴承，下轴承为推力调心滚子轴承。这种组合支承两轴承的调心中心必须重合，如若不然将使两轴承的滚动体和滚道受力情况恶化，致使轴承过早损坏。其原因分析如下。

调心球轴承调心中心为 O，推力调心滚子轴承调心中心为 O_1，设计时两者应同心，即 O 与 O_1 在一点。若由于设计不周或轴承底座不平以及安装调试等误差，O 与 O_1 不重合，如图 2-50(b) 所示，造成偏心，这种偏心将迫使滚动体在滚道内运行轨迹发生变化，中心在 O_1 点时，轨迹为Ⅰ，若因上述偏心等原因使中心移至 O_2，则轨迹为Ⅱ，滚动体在滚道内运动轨迹的这种变化，使滚动体与滚道受到附加载荷，当轴受力变形后，两调心轴承的运动互相干涉，这种结构原则上很难达到自动调心的目的。所以对此类轴承组合设计时，应特别注意较全面的计算负荷，选用合适的尺寸系列轴承，一般可考虑选用直径系列和宽度系列大些的轴承类型，应注意使 O 与 O_1 点重合，如图 2-50(c) 所示，同时还要注意安装精度和轴承座底面的加工精度等。也可考虑改用其它类型的支承。

在图 2-51(a) 重载托轮支承中，若采用调心滚子轴承与推力调心滚子轴承，则也属于调心中心不重合，受力不合理情况，可考虑采用圆锥滚子轴承，如图 2-51(b) 所示。

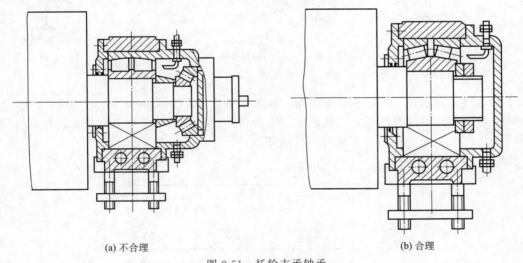

(a) 不合理　　　　　　　　　　(b) 合理

图 2-51　托轮支承轴承

⑥ 调心轴承不宜用于减速器和齿轮传动机构的支承　在减速箱和其它齿轮传动机构中，不宜采用自动定心轴承［图 2-52(a)］，因调心作用会影响齿轮的正确啮合，使齿轮磨损严重，可采用图 2-52(b) 所示形式，用短圆柱滚子轴承（或其它类型轴承）代替自动调心轴承。

（2）轴系刚性与轴承类型选择禁忌

① 两座孔对中性差或轴挠曲大应选用调心轴承　当两轴承座孔轴线不对中或由于加工、安装误差和轴挠曲变形大等原因，使轴承内、外圈倾斜角较大时，若采用不具有调心性能的滚动轴承，由于其不具调心性，在内、外圈轴线发生相对偏斜状态下工作时，滚动体将楔住而产生附加载荷，从而使轴承寿命降低［图 2-53(a)、(b)、(c)］，所以这种情况下应选用调心轴承［图 2-53(d)、(e)］。

② 多支点刚性差的光轴应选用有紧定套的调心轴承　多支点的光轴（等径轴），在一般

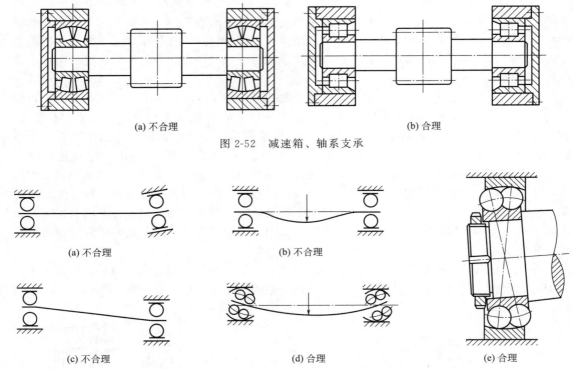

图 2-52   减速箱、轴系支承

图 2-53   座孔不同心或轴挠曲大应选用调心轴承

情况下轴比较长，刚性不好，易发生挠曲。如果采用普通深沟球轴承 [图 2-54(a)]，不但安装拆卸困难，而且不能自动调心，使轴承受力不均而过早损坏，应采用装在紧定套上的调心轴承 [图 2-54(b)]，不但可自动调心，且装卸方便。

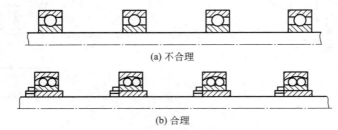

图 2-54   多支点刚性差的光轴宜采用紧定套调心轴承

（3）高转速条件下滚动轴承类型选择禁忌

下列轴承类型（图 2-55）不适用于高速旋转场合。

图 2-55   不适用于高速旋转的滚动轴承

① 滚针轴承不适用于高速   滚针轴承 [图 2-55(a)] 的滚动体是直径小的长圆柱滚子，

相对于轴的转速滚子本身的转速高，这就限制了它的速度能力。无保持架的轴承滚子相互接触，摩擦大，且长而不受约束的滚子具有歪斜的倾向，因而也限制了它的极限转速。一般这类轴承只适用于低速、径向力大而且要求径向结构紧凑的场合。

② 调心滚子轴承不适用于高速　调心滚子轴承［图 2-55（b）］由于结构复杂，精度不高，滚子和滚道的接触带有角接触性质，使接触区的滑动比圆柱滚子轴承大，所以这类轴承也不适用于高速旋转。

③ 圆锥滚子轴承不适用于高速　圆锥滚子轴承［图 2-55（c）］由于滚子端面和内圈挡边之间呈滑动接触状态，且在高速运转条件下，因离心力的影响要施加充足的润滑油变得困难，因此这类轴承的极限转速较低，一般只能达到中等水平。

④ 推力球轴承不适用于高速　推力球轴承［图 2-55（d）］在高速下工作时，因离心力大，钢球与滚道、保持架之间有滑动，摩擦和发热比较严重。因此推力球轴承不适用于高速。

⑤ 推力滚子轴承不适用于高速　推力滚子轴承［图 2-55（e）］在滚动过程中，滚子内、外尾端会出现滑动，滚子愈长，滑动愈烈。因此，推力滚子轴承也不适用于高速旋转的场合。

为保证滚动轴承正常工作，除正确选择轴承类型和确定型号外，还需合理设计轴承的组合结构。下面各节就轴承组合结构设计的技巧与禁忌进行阐述。

2.2.3　滚动轴承轴系支承固定形式

（1）轴系结构设计应满足静定原则

滚动轴承轴系支承结构设计必须使轴在轴线方向处于静定状态，即轴系在轴线方向既不能有位移（静不定），也不能有阻碍轴系自由伸缩的多余约束（超静定），轴向静定准则是滚动轴承支承结构设计最基本的重要原则。

若轴在轴向约束不够（静不定），则表示轴系定位不确定，这种情况必须避免。如图 2-56(a)、（b）所示轴系，两个轴承在轴线方向均没有固定，轴系相对机座没有固定位置，在轴向力作用下，就会发生窜动而不能正常工作。所以必须将轴承加以轴向固定以避免

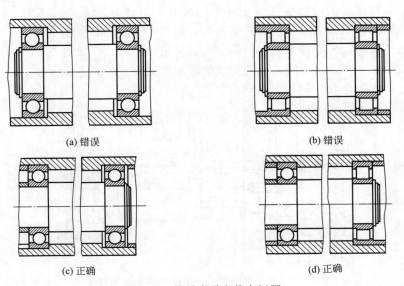

(a) 错误　　　　　　　　　　　　　　(b) 错误

(c) 正确　　　　　　　　　　　　　　(d) 正确

图 2-56　轴系支承和静定问题

静不定问题，但每个轴系上也不能有多余的约束，否则轴系在轴向将无法自由伸缩（超静定），一般由于制造、装配等误差，特别是热变形等因素，将引起附加轴向力，如果轴系不能自由伸缩，将使轴承超载而损坏，严重时甚至卡死，所以轴系支承结构设计也应特别注意防止超静定问题出现。在轴系支承结构中，理想的静定状态不是总能实现的，一定范围内的轴向移动（准静定）或少量的附加轴向力（拟静定）是不可避免的，也是允许的，在工程实际中准静定和拟静定支承方式是常见的，它们基本上可看作是静定状态，重要的是这些少量的轴系轴向移动和附加轴向力的值的范围必须是在工程设计允许之中。如图 2-56(c)、（d）所示即属这种情况。

按照上述静定设计准则，常见的轴系支承固定方式有三种：两端单向固定；一端双向固定、一端游动；两端游动。前两种应用较多，下面分别进行阐述。

（2）两端单向固定

普通工作温度下的短轴（跨距 $l \leqslant 350$mm），支承常采用两端单向固定形式，每个轴承分别承受一个方向的轴向力，为允许轴工作时有少量热膨胀，轴承安装时，应留有 $0.25 \sim 0.4$mm 的轴向间隙（间隙很小，通常不必画出），间隙量常用垫片或调整螺钉调节。轴向力不太大时可采用一对深沟球轴承，如图 2-57 所示；若轴向力较大时，可选用一对角接触球轴承或一对圆锥滚子轴承，如图 2-58 所示。

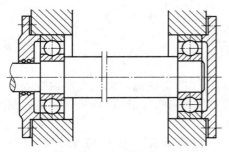

图 2-57　两端固定的深沟球轴承轴系

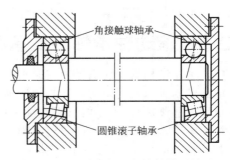

图 2-58　两端固定的角接触轴承轴系

在使用圆锥滚子轴承两端固定的场合，一定要保证轴承适当的游隙，才能使轴系有正确的轴向定位。如果仅仅采用轴承盖压紧定位，如图 2-59 所示轴系，轴承盖无调整垫片，则不能调整轴承间隙；压得太紧，造成游隙消失，润滑不良，运转中轴承发热，烧毁轴承，严重时甚至卡死；间隙过大，轴系轴向窜动大，轴向定位不良，产生噪声，影响传动质量。所以使用圆锥滚子轴承两端固定时，一定要设置间隙调整垫片，如图 2-60(a) 所示，也可以采用调整螺钉，如图 2-60(b) 所示。

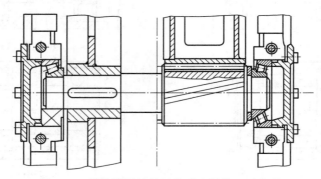

图 2-59　圆锥滚子轴承间隙无法调整（不合理）

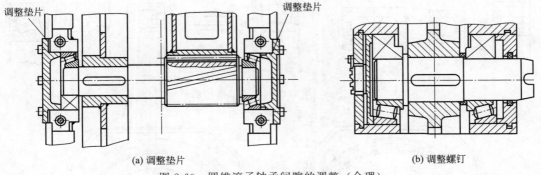

(a) 调整垫片　　　　　　　　　　　(b) 调整螺钉

图 2-60　圆锥滚子轴承间隙的调整（合理）

（3）一端双向固定，一端游动

对于跨距较大（$l > 350$mm）且工作温度较高的轴系，轴热胀后伸缩量大，宜采用一端双向固定，一端游动的支承结构，这种支承是较理想的静定状态，既能保证轴系无轴向移动，又可避免因制造安装等误差和热变形等因素引起的附加轴向力。常见的一端固定、一端游动的支承结构如图 2-61、图 2-62 所示。当轴向载荷不大时，固定端可采用深沟球轴承（图 2-61），轴向载荷较大时，可采用两个角接触轴承"面对面"或"背对背"组合在一起的结构，如图 2-62 所示（右端两轴承"面对面"安装）。

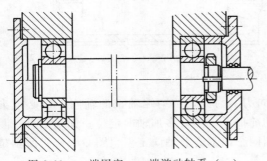

图 2-61　一端固定、一端游动轴系（一）

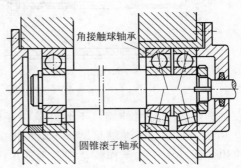

图 2-62　一端固定、一端游动轴系（二）

为保证支承性能，使轴系正常工作，固定端与游动端必须考虑固定可靠、定位准确，这里说明几项值得注意的设计原则。

① 固定端轴承必须能双向受力　在一端固定、一端游动支承形式中，由于游动端轴承在轴向完全自由，即不能承受任何轴向力，所以固定端轴承必须要能承受轴向正反双向力。也就是说，能作为固定端的轴承的一个先决条件是：它必须能承受正反双向轴向力，按此原则，深沟球轴承、内外圈有挡边的圆柱滚子轴承和一对角接触轴承的组合等可用作固定端轴承 [图 2-63(a)]，而滚针轴承、内外圈无挡边的圆柱滚子轴承、单只角接触球轴承和单只圆锥滚子轴承等不可用作固定端轴承 [图 2-63(b)]。

图 2-64 所示为一蜗杆-蜗轮减速器，蜗杆轴支承采用了一端固定、一端游动的支承方式，图 2-64(a) 采用了单只角接触球轴承作为固定端是错误的，因为角接触球轴承只能承受单方向轴向力，不能满足双向受力要求，轴系工作中轴向固定不可靠。图 2-64(b) 所示采用了一对角接触球轴承，可以承受双向轴向力，轴系工作时轴向固定可靠，所以是正确的。

② 游动端轴承的定位　在一端固定、一端游动支承形式中，游动端轴承的功能是保证

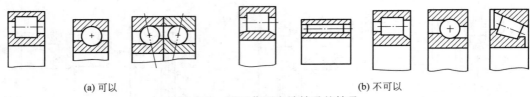

(a) 可以   (b) 不可以

图 2-63   可以作固定端轴承的轴承

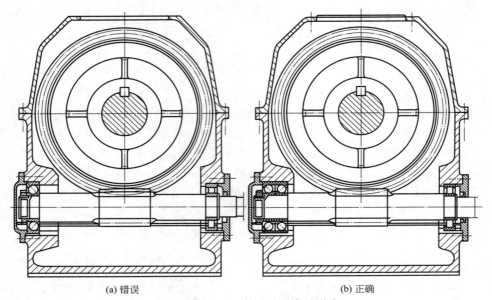

(a) 错误   (b) 正确

图 2-64   蜗杆-蜗轮减速器支承形式

轴在轴向能安全自由伸缩，不允许承担任何轴向力。为此，游动端轴承的轴向定位必须准确，其设计原则是：在满足轴承不承担轴向力的前提下，尽量多加轴向定位。如采用有一圈无挡边的圆柱滚子轴承作游动端，则轴承内外圈四个面都需要轴向定位，图 2-65(a) 所示是错误的，图 2-65(b) 所示是正确的。

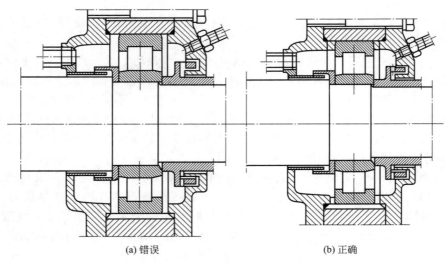

(a) 错误   (b) 正确

图 2-65   游动端轴承的轴向定位

③ 游动端轴承圈的固定　游动端轴承的轴向"游动"（移动），可由内圈与轴或外圈与壳体间的相对移动来实现，究竟让内圈与轴还是外圈与壳体之间有轴向相对运动，这应取决于内圈或外圈的受力情况，原则上是受变载荷轴承圈周向与轴向全部固定，而仅在一点受静载作用的轴承圈可与其外围有轴向的相对运动。一般情况下，内圈和轴颈同时旋转，受力点在整个圆周上不停地变化，而外圈与壳体一样静止不动，只在一处受静载，比如齿轮轴系、带轮轴系，此时，游动端的轴承应将外圈用于轴向移动，而不应使内圈与轴之间移动。图 2-66 所示为圆盘锯轴系支承结构，图 2-66（a）中使轴与内圈间相对移动是不合理的，图 2-66（b）所示使外圈与壳体间轴向移动是合理的。

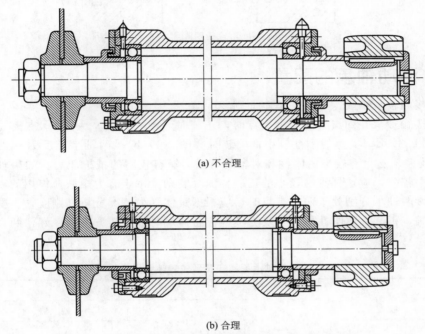

(a) 不合理

(b) 合理

图 2-66　圆盘锯轴系游动端轴承圈的固定

（4）两端游动

要求能左右双向游动的轴，可采用两端游动的轴系结构。例如人字齿轮由于在加工中，很难做到齿轮的左右螺旋角绝对相等，为了自动补偿两侧螺旋角的这一制造误差，使人字齿轮在工作中不产生干涉和冲击作用，齿轮受力均匀，应将人字齿轮的高速主动轴的支承做成两端游动，而与其相啮合的低速从动轴系则必须两端固定，以便两轴都得到轴向定位。通常采用圆柱滚子轴承作为两游动端，如图 2-67（a）所示。图 2-67（b）采用角接触球轴承则无法实现两端游动，属不合理结构。图 2-67（a）的具体结构见图 2-68。

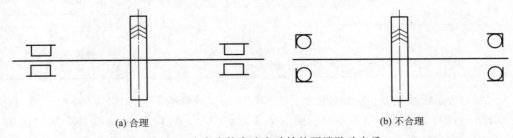

(a) 合理　　　　　　　　　　　(b) 不合理

图 2-67　人字齿轮高速主动轴的两端游动支承

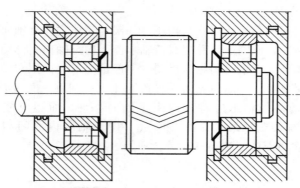

图 2-68　高速人字齿轮轴的两端游动支承具体结构

2.2.4　滚动轴承的配置

（1）角接触轴承正装与反装的基本原则

一对角接触轴承并列组合为一个支点时，正装时［图 2-69(a)］两轴承支反力在轴上的作用点距离 B_1 较小，支点的刚性较小；反装时［图 2-69(b)］两轴承支反力在轴上的作用点距离 B_2 较大，支承有较高的刚性和对轴的弯曲力矩有较高的抵抗能力。如果轴系弯曲较大或轴承对中较差，应选择刚性较小的正装，而反装则多用于有力矩载荷作用的场合。

一对角接触轴承分别处于两个支点时，应根据具体受力情况分析其刚度，当受力零件在两轴承之间时，正装方案刚性好，当受力零件在悬伸端时，反装方案刚性好，两方案的对比见表 2-4。

表 2-4　角接触轴承不同安装形式对轴系刚度的影响

安装形式	工作零件(作用力)位置	
	悬　伸　端	两　轴　承　间
面对面(正装)	l_1　　l_{O1}　　A	B　　l_1
背对背(反装)	l_2　　l_{O2}　　A	B　　l_2
比较	$l_2>l_1, l_{O2}<l_{O1}$ 工作端 A 点挠度 $\delta_{A2}<\delta_{A1}$ 背对背刚性好	$l_1<l_2$ B 点挠度 $\delta_{B1}<\delta_{B2}$ 面对面刚性好

为说明角接触轴承正装和反装对轴承受力和轴系刚度的影响，现以图 2-69(c)、(d) 的锥齿轮轴系为例进行具体分析。设锥齿轮受圆周力 $F_T=2087\text{N}$，径向力 $F_R=537\text{N}$，轴向力 $F_A=537\text{N}$，两轴承中点距离 100mm，锥齿轮距较近轴承中点距离 40mm，轴转速 1450r/min，载荷有

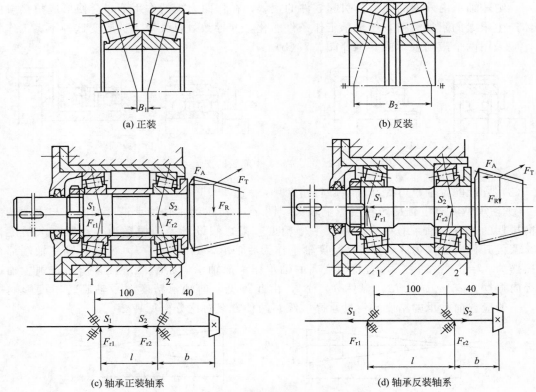

(a) 正装

(b) 反装

(c) 轴承正装轴系

(d) 轴承反装轴系

图 2-69 角接触轴承的正装与反装

中等冲击，取载荷系数 $f_d = 1.6$。轴系采用一对 30207 型轴承，分别正装和反装。由设计手册查得轴承的基本额定动载荷 $C_r = 51500\mathrm{N}$，尺寸 $a = 16\mathrm{mm}$（支点距外圈外端面距离），$c = 15\mathrm{mm}$（外圈宽）。现按两种安装方案进行计算，其结果列于表 2-5。由表可知：正装由于跨距 l 小，悬臂 b 较大，因而轴承受力大，轴承 1 所受径向力正装时约为反装时的 2.2 倍，锥齿轮处的挠度，正装时约为反装时的 2.1 倍，所以正装时轴承寿命低，轴系刚性差。但正装时轴承间隙可由端盖垫片直接调整，比较方便，而反装时轴承间隙由轴上圆螺母进行调整，操作不便。

表 2-5 锥齿轮轴系支承方式的刚度、轴承受力与寿命计算对比

项 目		正装[图 2-76(c)]			反装[图 2-76(d)]		
轴承跨距 l/mm		$100+c-2a=83$			$100+2a-c=117$		
齿轮悬臂 b/mm		$40+a-c/2=48.5$			$40-a+c/2=31.5$		
锥齿轮处挠度 y 之比		$y_{正装}/y_{反装} \approx 2.1$					
轴承受力/N	径向力 F_r	轴承 1	1223	轴承 2	3364	轴承 1	562	轴承 2	2699
	轴向力 F_a		1588		1051		306		843
	当量动载荷 P		4848		5383(最大)		1143		4319
轴承寿命 L_{10h}/h			30290		21368(最短)		3.7×10^6		44521
结论		较差			较好		

（2）游轮、中间轮不宜用一个滚动轴承支承

游轮、中间轮等承载零件，尤其当其为悬臂装置时，如果采用一个滚动轴承支承 [图 2-70

（a）]，则球轴承内外圈的倾斜会引起零件的歪斜，在弯曲力矩的作用下，会使形成角接触的球体产生很大的附加载荷，使轴承工作条件恶化，并导致过早失效。欲改变这种不良工作状况，应采用两个滚动轴承的支承 [图 2-70（b）]。

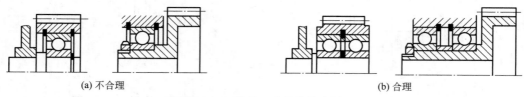

(a) 不合理　　　　　　　　　　　　　　　(b) 合理

图 2-70　游轮、中间轮的支承

（3）合理配置轴承可提高轴系旋转精度

① 轴承精度对主轴旋转精度影响较大　图 2-71 所示为主轴轴承精度的配置与主轴端部径向振摆的关系。轴系有两个轴承，一个精度较高，假设其径向振摆为零，另一个精度较低，假设其径向振摆为 δ，若将高精度轴承作为后轴承，如图 2-71（a）所示，则主轴端部径向振摆为 $\delta_1 = (L+a)\delta/L$，若将精度高的轴承作为前轴承，如图 2-71（b）所示，则主轴端部径向振摆为 $\delta_2 = (a/L)\delta$，显然 $\delta_1 > \delta_2$，由此可见，前轴承精度对主轴旋转精度影响很大，一般应选前轴承的精度比后轴承高一级。两种方案对比分析见表 2-6。

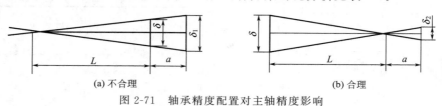

(a) 不合理　　　　　　　　　　　　　　　(b) 合理

图 2-71　轴承精度配置对主轴精度影响

表 2-6　轴承精度配置对主轴精度影响对比

轴承精度	轴承 A：精度高；径向振摆：0	轴承 B：精度低；径向振摆：δ
配置方式	B 在前、A 在后[图 2-71(a)]	A 在前、B 在后[图 2-71(b)]
主轴径向振摆	$\delta_1 = (L+a)\delta/L$	$\delta_2 = (a/L)\delta$
主轴旋转精度	较低	较高
结论	不合理	合理

② 两个轴承的最大径向振摆应在同一方向　图 2-72 中前后轴承的最大径向振摆为 δ_A 和 δ_B，按图 2-72（a）所示，将两者的最大振摆装在互为 180° 的位置，主轴端部的径向振摆为 δ_1，按图 2-72（b）所示将两者的最大振摆装在同一方向，主轴端部的径向振摆为 δ_2，则 $\delta_1 > \delta_2$，可见，图 2-72（b）结构较为合理。所以同样的两轴承，如能合理配置，可以取得比较好的结果。

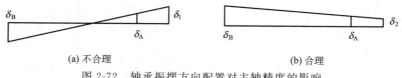

(a) 不合理　　　　　　　　　　　　　　　(b) 合理

图 2-72　轴承振摆方向配置对主轴精度的影响

③ 传动端滚动轴承的配置　为了保证传动齿轮的正确啮合，在滚动轴承结构为一端固定、一端游动时，不宜将游动支承端靠近齿轮 [图 2-73（a）]，而应将游动支承远离传动齿轮 [图 2-73（b）]。

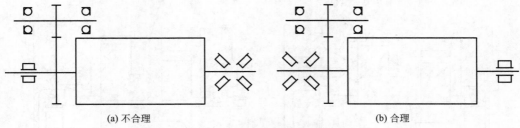

图 2-73 传动端滚动轴承的配置

又例如，滚动轴承支承为一端固定、一端游动时，若如图 2-74(a) 所示主轴前端靠近游动端，则对轴向定位精度影响很大。所以，固定端轴承应装在靠近主轴前端 [图 2-74(b)]，另一端为游动端，热膨胀后轴向右伸长，对轴向定位精度影响小，较为合理。

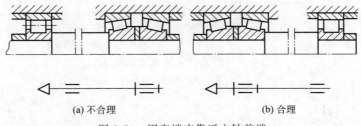

图 2-74 固定端应靠近主轴前端

2.2.5 滚动轴承游隙及轴上零件位置的调整

（1）角接触轴承游隙的调整

角接触轴承，例如圆锥滚子轴承、角接触球轴承，间隙不确定，必须在安装或工作时通过调整确定合适的间隙，否则轴承不能正常运行，因此使用这类轴承时，支承结构设计必须保证调隙的可调。例如，一齿轮传动轴系，两端采用一对圆锥滚子轴承的支承结构，其结构如图 2-75(a) 所示，这是一种常用的以轴承内圈定位的结构。这种结构工作时，轴系升温后发热伸长，由于圆锥滚子轴承的间隙不能调整，所以轴承压盖将与轴承外圈压紧，使轴承产生附加轴向力，阻力增大，轴系无法正常工作，严重时甚至卡死。图 2-75(b) 所示结构将轴承内圈定位改为轴承外圈定位，在轴端用圆螺母将轴承内圈压紧，当轴受热伸长时，轴承内圈位置可以自由调整，轴承不会产生附加载荷，轴系可正常工作。

（2）轴上零件位置的调整

某些传动零件，如图 2-76(a) 所示的圆锥齿轮，要求安装时两个节圆锥顶点必须重合；蜗杆传动 [图 2-76(b)] 要求蜗杆轴线位于蜗轮中心平面内，才能正确啮合。因此，设计轴承组合时，应当保证轴的位置能进行轴向调整，以达到调整锥齿轮或蜗杆的最佳传动位置的目的。

图 2-77(a) 结构没有轴向调整装置，该图设计中有两个原则错误：一是使用圆锥滚子轴承而无轴承游隙调整装置，游隙过小，轴承易产生附加载荷，损坏轴承，游隙过大，轴向定位差，两种情况均影响轴承使用寿命；二是没有独立的锥齿轮锥顶位置调整装置，在有适当轴承游隙的情况下，应能调整圆锥齿轮锥顶位置，以确保圆锥齿轮的正确啮合。为此，可将

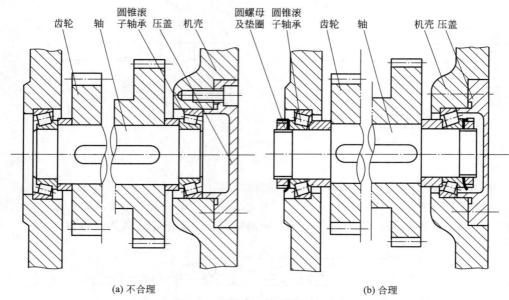

(a) 不合理   (b) 合理

图 2-75   圆锥滚子轴承间隙的调整

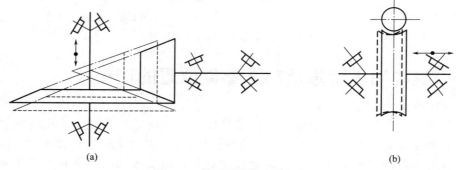

(a)   (b)

图 2-76   轴上零件位置的调整

确定其轴向位置的轴承装在一个套杯中［图 2-77（b）］，套杯则装在外壳孔中，通过增减套杯端面与外壳间垫片厚度，即可调整锥齿轮或蜗杆的轴向位置。图 2-77（b）中调整垫片 1 用来调整轴承游隙，调整垫片 2 用来调整锥顶位置。

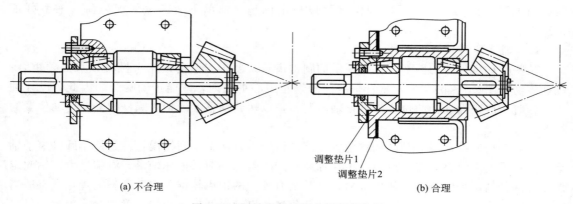

(a) 不合理   (b) 合理

图 2-77   圆锥齿轮锥顶位置调整装置

2.2.6　滚动轴承的配合

（1）滚动轴承配合制及配合种类的选择

滚动轴承的配合主要是指轴承内孔与轴颈的配合及外圈与机座孔的配合。滚动轴承是标准件，为使轴承便于互换和大量生产，轴承内孔与轴的配合采用基孔制，即以轴承内孔为基准孔，轴承外径与外壳孔的配合采用基轴制，即以轴承的外径为基准轴，在配合中均不必标注。与内圈相配合的轴的公差带，以及与外圈相配合的外壳孔的公差带，均按圆柱公差与配合的国家标准选取，这里值得一提的是滚动轴承内孔的公差带在零线之下，而圆柱公差标准中基准孔的公差带在零线之上，所以轴承内圈与轴的配合比圆柱公差标准中规定的基孔制同类配合要紧得多。图 2-78 表示了与滚动轴承配合的回转轴和机座孔常用公差及其配合情况，从图中可以看出，对于轴承内孔与轴的配合而言，圆柱公差标准中的许多过渡配合在这里实际成为过盈配合，而有的间隙配合，在这里实际变为过渡配

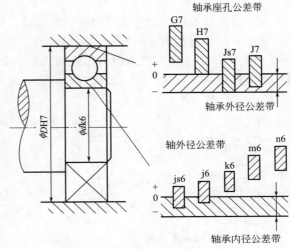

图 2-78　滚动轴承的配合

合。轴承外圈与外壳孔的配合与圆柱公差标准中规定的基轴制同类配合相比较，配合性质类别基本一致，但由于轴承外径公差值较小，因而配合也较紧。

滚动轴承配合种类的选取，应根据轴承的类型和尺寸、载荷的大小和方向以及载荷的性质等来决定。滚动轴承的回转套圈受旋转载荷（径向载荷由套圈滚道各部分承受），应选紧一些的配合；不回转套圈受局部载荷（径向载荷由套圈滚道的局部承受），选间隙配合，可使承载部位在工作中略有变化，对提高寿命有利。常见的配合可参考表 2-7。一般来说，尺寸大、载荷大、振动大、转速高或温度高等情况下应选紧一些的配合，而经常拆卸或游动套圈则采用较松的配合。

表 2-7　滚动轴承的配合

轴 承 类 型		回 转 轴	机 座 孔
向心轴承	球（d＝18～100mm） 滚子（d≤40mm）	k5,k6	H7,G7
推力轴承		j6,js6	H7

依据上述原则，图 2-75 中圆锥滚子轴承内圈与轴颈的配合选用间隙配合显然是不合适的，应选用圆柱公差标准中的过渡配合而实质上是过盈配合的 k6（见图 2-78 公差带关系图）。如果只是从表面上选取圆柱公差标准中的过盈配合，如 p6、r6 等也是不合适的，因为这样会造成轴承内孔与轴颈过紧，过紧的配合是不利的，会因内圈的弹性膨胀使轴承内部的游隙减小，甚至完全消失，从而影响轴承的正常工作。以上几种配合方案对比见表 2-8。

表 2-8 回转轴颈与轴承内圈配合选择对比

轴 径 公 差	k6	p6	d6
圆柱公差标准中配合性质	过渡	过盈	间隙
轴颈与轴承内圈实际配合性质	过盈	过盈(增大)	间隙(减小)
结 论	合理	不合理	不合理

（2）采用过盈配合避免轴承配合表面蠕动

承受旋转载荷的轴承套圈应选过盈配合，如果承受旋转载荷的内圈与轴选用间隙配合[图 2-79(a)]，那么载荷将迫使内圈绕轴蠕动，原因如下：因为配合处有间隙存在，内圈的周长略比轴颈的周长大一些，因此，内圈的转速将比轴的转速略低一些，这就造成了内圈相对轴缓慢转动，这种现象称为蠕动。由于配合表面间缺乏润滑剂，呈干摩擦或边界摩擦状态，当在重载荷作用下发生蠕动现象时，轴和内圈急剧磨损，引起发热，配合表面间还可能引起相对滑动，使温度急剧升高，最后导致烧伤。

避免配合表面间发生蠕动现象的唯一方法是采用过盈配合[图 2-79(b)]。采用圆螺母将内圈端面压紧或其它轴向紧固方法不能防止蠕动现象，这是因为这些紧固方法并不能消除配合表面的间隙，它们只是用来防止轴承脱落的。

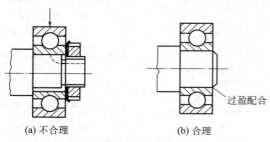

(a) 不合理   (b) 合理
图 2-79 采用过盈配合避免轴承配合表面蠕动

2.2.7 滚动轴承的装拆

（1）滚动轴承的装配

① 滚动轴承安装要定位可靠 滚动轴承的内圈与轴的配合，除根据轴承的工作条件选择正确的尺寸和公差外，还需注意轴承的圆角半径 r 和轴的圆角半径 R 的选取。如果轴承圆角半径 r 小于轴的圆角半径 R[图 2-80(a)]，则轴承无法安装到位，定位不可靠。所以，必须使轴承的圆角半径 r 大于轴的圆角半径 R[图 2-80(b)]，以保证轴承的安装精度和工作

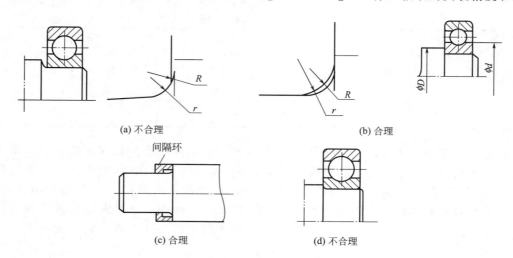

(a) 不合理   (b) 合理

(c) 合理   (d) 不合理

图 2-80 滚动轴承轴向定位结构

质量。如果考虑到轴的圆角太小应力集中较大因素的影响和热处理的需要，需加大 R，从而难于满足 $r > R$ 时，可考虑轴上安装间隔环，如图 2-80(c) 所示。另外轴肩的高度也不可太浅 [图 2-80(d)]，否则轴承定位不好，影响轴系正常工作。

② 避免外小内大的轴承座孔   如图 2-81(a) 所示的轴承座，由于外侧孔小于内侧孔，需采用剖分式轴承座，结构复杂。若采用图 2-81(b) 所示形式，可不用剖分式，对于低速、轻载小型轴承较为适宜。

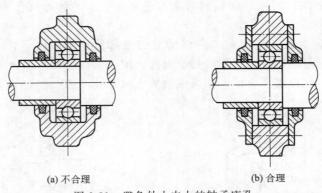

(a) 不合理   (b) 合理

图 2-81 避免外小内大的轴承座孔

③ 轴承部件装配时要考虑便于分组装配   在设计轴承装配部件时，要考虑到它们分组装配的可能性。图 2-82(a) 所示结构，由于轴承座孔直径 D 选得比齿轮外径 d 小，所以必

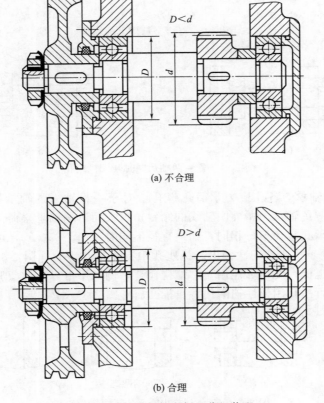

(a) 不合理

(b) 合理

图 2-82 轴承部件应便于分组装配

须在箱体内装配齿轮，然后再装右轴承。又因为带轮轮辐是整体无孔的，需要先装左边端盖然后才能安装带轮。而图2-82(b)的结构则比较便于装配，因为轴承座孔 D 比齿顶外径 d 大，可以把预先装在一起的轴和轴承作为整体安装上去。并且为了扭紧左边轴承盖的螺钉，在带轮轮辐上开了一些孔，更便于操作。

④ 在轻合金或非金属机座上装配滚动轴承禁忌　不宜在轻合金或非金属箱体的轴承孔上直接安装滚动轴承［图2-83(a)］，因为箱体材料强度低，轴承在工作过程中容易产生松动，所以应如图2-83(b)所示，加钢制衬套与轴承配合，不但增强了轴承处的强度，也增加了轴承处的刚性。

⑤ 避免两轴承同时装入机座孔　一根轴上如果都使用两个内、外圈不可分离的轴承，并且采用整体式机座时，应注意装拆简易、方便。图2-84(a)所示因为在安装时两个轴承要同时装入机座孔中，所以很不方便，如果依次装入机座孔［图2-84(b)］则比较合理。

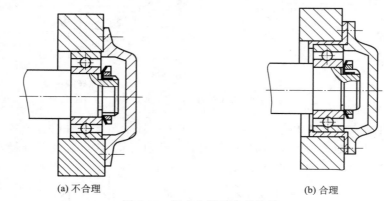

(a) 不合理　　　　　　　　　　　　　　　(b) 合理

图 2-83　轻合金箱体上的轴承

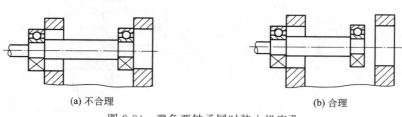

(a) 不合理　　　　　　　　　　　　　　　(b) 合理

图 2-84　避免两轴承同时装入机座孔

⑥ 机座上安装轴承的各孔应力求简化镗孔　对于一根轴上的轴承机座孔需精确加工，并保证同轴度，以避免轴承内、外圈轴线的倾斜角过大而影响轴承寿命。

同一根轴的轴承孔直径最好相同，如果直径不同时［图2-85(a)］，可采用带衬套的结构［图2-85(b)］，以便于机座孔一次镗出。机座孔中有止推凸肩时［图2-85(c)］，不仅增加成本，而且加工精度也低，要尽可能用其它结构代替，例如用带有止推凸肩的套筒。当承受的轴向力不大时，也可用孔用弹性挡圈代替止推凸肩［图2-85(d)］。

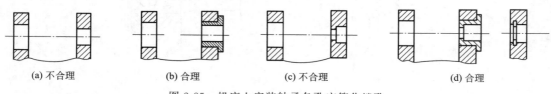

(a) 不合理　　　　　　(b) 合理　　　　　　(c) 不合理　　　　　　(d) 合理

图 2-85　机座上安装轴承各孔应简化镗孔

⑦ 轴承座受力方向宜指向支承底面　安装于机座上的轴承座，轴承受力方向应指向与机座连接的接合面，使支承牢固可靠，如果受力方向相反，如图 2-86(a) 所示，则轴承座支承的强度和刚度会大大减弱。合理结构如图 2-86(b) 所示。在不得已用于受力方向相反的场合，要考虑即使万一损坏轴也不会飞出的保护措施。

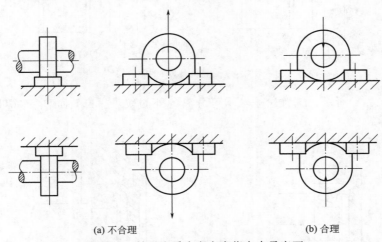

(a) 不合理　　　　　　　　　　(b) 合理

图 2-86　轴承座受力方向宜指向支承底面

⑧ 轴承的内、外圈要用面支承　滚动轴承是考虑内、外圈都在面支承状态下使用而制造的，如果是图 2-87(a) 的使用方式，外圈承受弯曲载荷，则外圈有破坏的危险，采用这种使用方式的场合，外圈要装上环箍，使其在不承受弯曲载荷的状态下工作，如图 2-87(b) 所示。

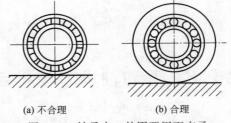

(a) 不合理　　　　(b) 合理

图 2-87　轴承内、外圈要用面支承

(2) 滚动轴承的拆卸

对于装配滚动轴承的孔和轴肩的结构，必须考虑便于滚动轴承的拆卸。

图 2-88(a) 中轴的凸肩太高，不便轴承从轴上拆卸下来。合理的凸肩高度应如图 2-88(b) 所示，约为轴承内圈厚度的 $2/3 \sim 3/4$，凸肩过高将不利于轴承的拆卸。为拆卸，也可在轴上铣槽 [图 2-88(c)]。

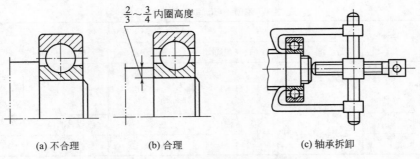

$\frac{2}{3} \sim \frac{3}{4}$内圈高度

(a) 不合理　　　　(b) 合理　　　　(c) 轴承拆卸

图 2-88　轴承凸肩高度应便于轴承拆卸

图 2-89(a) 中 $\phi A < \phi B$，不便于用工具敲击轴承外圈，将整个轴承拆出。而图 2-89(b) 中，因 $\phi A > \phi B$，所以便于拆卸。

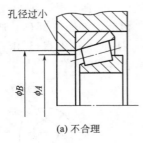

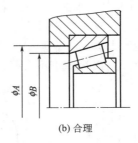

图 2-89　轴承外圈的拆卸

又如图 2-90(a) 所示，圆锥滚子轴承可分离的外圈较难拆卸，而图 2-90(b) 所示结构，外圈则很容易拆卸。

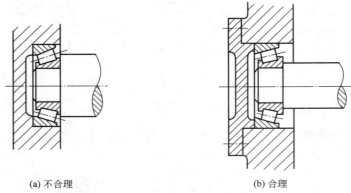

图 2-90　可分离外圈的拆卸

2.2.8　滚动轴承的润滑与密封

（1）滚动轴承的润滑及其密封

① 滚动轴承的润滑　滚动轴承一般高速时采用油润滑，低速时采用脂润滑，某些特殊环境如高温和真空条件下采用固体润滑。滚动轴承的润滑方式可根据速度因数 dn（d 为滚动轴承的内径，mm；n 为轴承转速，r/min）值选择（表 2-9）。dn 值间接地反映了轴颈的圆周速度。

表 2-9　滚动轴承润滑方式的选择

轴　承　类　型	$dn/(\mathrm{mm \cdot r/min})$				
	脂　润　滑	浸油、飞溅润滑	滴油润滑	喷油润滑	油雾润滑
深沟球轴承 角接触球轴承 圆柱滚子轴承	$\leqslant(2\sim3)\times10^5$	$\leqslant2.5\times10^5$	$\leqslant4\times10^5$	$\leqslant6\times10^5$	$>6\times10^5$
圆锥滚子轴承		$\leqslant1.6\times10^5$	$\leqslant2.3\times10^5$	$\leqslant3\times10^5$	—
推力球轴承		$\leqslant0.6\times10^5$	$\leqslant1.2\times10^5$	$\leqslant1.5\times10^5$	—

② 滚动轴承的密封　滚动轴承的密封按照其原理不同可分为接触式密封和非接触式密封两大类。非接触式密封不受速度的限制。接触式密封只能用于线速度较低的场合，为保证密封的寿命及减少轴的磨损，轴接触部分的硬度应在 40HRC 以上，表面粗糙度宜小于

$Ra1.6\sim0.8\mu m$。

各种密封装置的结构和特点见表 2-10。

表 2-10　密封装置

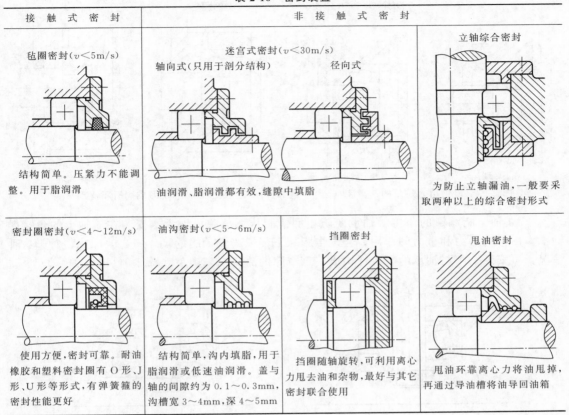

| 接 触 式 密 封 | 非 接 触 式 密 封 | | |

接触式密封：

毡圈密封($v<5m/s$)

结构简单。压紧力不能调整。用于脂润滑

非接触式密封：

迷宫式密封($v<30m/s$)

轴向式(只用于剖分结构)

径向式

油润滑、脂润滑都有效，缝隙中填脂

立轴综合密封

为防止立轴漏油，一般要采取两种以上的综合密封形式

密封圈密封($v<4\sim12m/s$)

使用方便，密封可靠。耐油橡胶和塑料密封圈有 O 形、J 形、U 形等形式，有弹簧箍的密封性能更好

油沟密封($v<5\sim6m/s$)

结构简单，沟内填脂，用于脂润滑或低速油润滑。盖与轴的间隙约为 0.1～0.3mm，沟槽宽 3～4mm，深 4～5mm

挡圈密封

挡圈随轴旋转，可利用离心力甩去油和杂物，最好与其它密封联合使用

甩油密封

甩油环靠离心力将油甩掉，再通过导油槽将油导回油箱

（2）滚动轴承润滑禁忌

① 高速脂润滑的滚子轴承易发热　由于滚子轴承在运转时搅动润滑脂的阻力大，如果高速连续长时间运转，则温度升高，发热大，润滑脂会很快变质恶化而丧失作用。因此滚子轴承（图 2-91）不适于高速连续运转脂润滑条件下工作，只限于低速或不连续场合。高速时宜选用油润滑。

图 2-91　不适于高速连续运转脂润滑的滚子轴承

② 避免填入过量的润滑脂　在低速、轻载或间歇工作的场合，在轴承箱和轴承空腔中一次性加入润滑脂后就可以连续工作很长时间，而不需要补充或更换新脂。若装脂过多 [图 2-92(a)]，易引起搅拌摩擦发热，使脂变质恶化而丧失润滑作用，影响轴承正常工作。润滑脂填入量一般不超过轴承空间的 1/3～1/2 [图 2-92(b)]。

③ 不要形成润滑脂流动尽头　在较高速度和载荷的情况下使用脂润滑，需要有脂的输入和排出通道，以便能定期补充新的润滑脂，并排出旧脂。若轴承箱盖是密封的，则进入这

一部分的润滑脂就没有出口，新补充的脂就不能流到这一头，持续滞留的旧脂恶化变质而丧失润滑性质［图2-93(a)］，所以一定要设置润滑脂的出口。在定期补充润滑脂时，应先打开下部的放油塞，然后从上部打进新的润滑脂［图2-93(b)］。

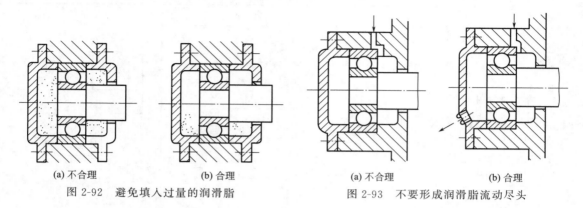

(a) 不合理　　(b) 合理　　　　　　(a) 不合理　　(b) 合理

图 2-92　避免填入过量的润滑脂　　　图 2-93　不要形成润滑脂流动尽头

④ 立轴上脂润滑的角接触轴承要防止润滑脂从下部脱离轴承　安装在立轴上的角接触轴承，由于离心力和重力的作用，会发生脂从下部脱离轴承的危险［图2-94(a)］，对于这种情况，可安装一个与轴承的配合件构成一道窄隙的滞流圈来避免［图2-94(b)］。

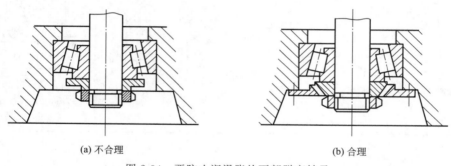

(a) 不合理　　　　　　　　(b) 合理

图 2-94　要防止润滑脂从下部脱离轴承

⑤ 浸油润滑油面不应高于最下方滚动体的中心　浸油润滑和飞溅润滑一般适用于低、中速的场合。油面过高［图2-95(a)］搅油能量损失较大，温度上升，使轴承过热，是不合理的。一般要求浸油润滑时油面不应高于最下方滚动体中心［图2-95(b)］。

油平面

(a) 不合理　　　　　　　　(b) 合理

图 2-95　浸油润滑油面高度

⑥ 轴承座与轴承盖上的油孔应畅通　如图2-96(a)所示，轴承座与轴承盖上的油孔直径比较小，油孔很难对正，因此不能保证油孔的畅通，应采用图2-96(b)所示的结构，其轴承盖如图2-96(c)所示，这样油便可畅通无阻。轴承盖上一般应开四个油孔，如果轴承盖上没有开油孔，则润滑油无法流入轴承进行润滑。

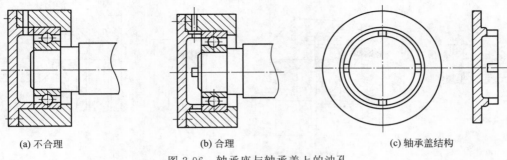

| (a) 不合理 | (b) 合理 | (c) 轴承盖结构 |

图 2-96　轴承座与轴承盖上的油孔

（3）滚动轴承密封禁忌

① 脂润滑轴承要防止稀油飞溅到轴承腔内使润滑脂流失　当轴承需要采用脂润滑，而轴上传动件又采用油润滑时，如果油池中的热油进入轴承中，会造成油脂的稀释而流走，或油脂熔化变质，导致轴承润滑失效。

为防止油进入轴承及润滑脂流出，可在轴承靠油池一侧加挡油盘，挡油盘随轴一起旋转，可将流入的油甩掉，挡油盘外径与轴承孔之间应留有间隙，若不留间隙［图 2-97（a）］，挡油盘旋转时与机座轴承孔将产生摩擦，轴系将不能正常工作。一般挡油盘外径与轴承孔间隙约为 0.2～0.6mm［图 2-97（b）、（c）］。常用的挡油盘结构如图 2-97（d）所示。

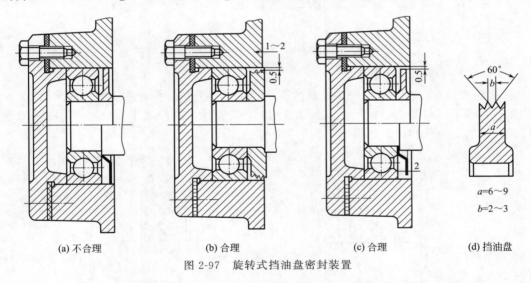

a=6～9
b=2～3

| (a) 不合理 | (b) 合理 | (c) 合理 | (d) 挡油盘 |

图 2-97　旋转式挡油盘密封装置

② 毡圈密封处轴颈与密封槽孔间应留有间隙　毡圈密封是通过将矩形截面的毡圈压入轴承盖的梯形槽中，使之产生对轴的压紧作用实现密封的，轴承盖的梯形槽与轴之间应留有一定间隙，若轴与梯形槽内径间无间隙［图 2-98（a）］，则轴旋转时将与轴承盖孔产生摩擦，轴系无法正常工作。正确结构如图 2-98（b）所示。毡圈油封形式和尺寸如图 2-98（c）所示。

③ 正确使用密封圈密封　密封圈用耐油橡胶或皮革制成，起密封作用的是与轴接触的唇部，有一圈螺旋弹簧把唇部压在轴上，以增加密封效果。使用时要注意密封唇的方向，密封唇应朝向要密封的方向。密封唇朝向箱外是为了防止尘土进入［图 2-99（a）］，密封唇朝向箱内是为了避免箱内的油漏出［图 2-99（b）］。如防尘采用图 2-99（b）或防箱内油漏出采用图 2-99（a）则是错误的。如果既要防止尘土进入，又要防止润滑油漏出，则可采用两个密封圈，但要注意密封圈的安装方向，使唇口相对的结构是错误的［图 2-99（c）］，正确结构应使

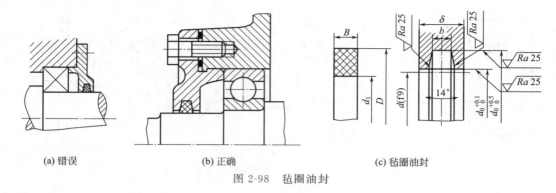

(a) 错误　　　　　(b) 正确　　　　　(c) 毡圈油封

图 2-98　毡圈油封

两密封圈唇口方向相反，如图 2-99(d) 所示。

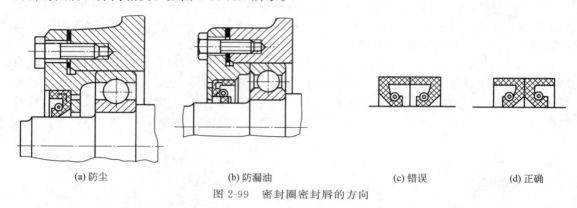

(a) 防尘　　　　(b) 防漏油　　　　(c) 错误　　　(d) 正确

图 2-99　密封圈密封唇的方向

④ 避免油封与孔槽相碰　安装油封的孔，尽可能不设径向孔或槽，图 2-100(a) 所示的结构是不合理的，对壁上必须开设径向孔或槽时，应使内壁直径大于油封外径，在装配过程中可避免接触油封外圆面，如图 2-100(b) 所示。

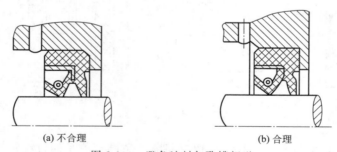

(a) 不合理　　　　　　(b) 合理

图 2-100　避免油封与孔槽相碰

⑤ 弯曲的旋转轴不宜采用接触式密封　如果轴系刚性较差，而且外伸端作用着变动的载荷，不宜在弯曲状态旋转的轴上采用接触式密封 [图 2-101(a)]，因为由于载荷的变化，接触部分的单边接触程度也发生变化，密封效果较差，同时由于这种单边接触促进接触部分的损坏，起不到油封的作用，所以这种情况宜采用非接触式密封 [图 2-101(b)]。

⑥ 多尘、高温、大功率输出（入）端密封不宜采用毡圈密封　毡圈密封结构简单、价廉、安装方便，但摩擦较大，尤其不适于在多尘、温度高的条件下使用 [图 2-102(a)]，容易漏油，这种条件下可采用图 2-102(b) 所示的结构，增加一有弹簧圈的密封圈，或采用非接触式密封结构形式。

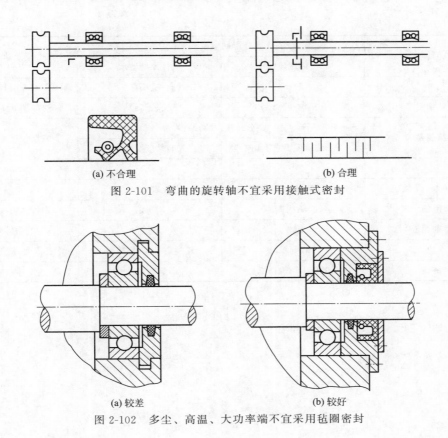

（a）不合理　　　　　　　　　　　　　（b）合理

图 2-101　弯曲的旋转轴不宜采用接触式密封

（a）较差　　　　　　　　　　　　　（b）较好

图 2-102　多尘、高温、大功率端不宜采用毡圈密封

2.3　滚动轴承与滑动轴承的性能比较

轴承被广泛应用于现代机械中，轴承的类型很多且各有特点。设计机器时应根据具体的工作情况，结合各类轴承的特点和性能进行对比分析，选择一种既满足工作要求又经济实用的轴承。

表 2-11 列出了滚动轴承和滑动轴承的性能特点，可供选用轴承时参考。

表 2-11　滚动轴承与滑动轴承性能的比较

性　能	滑动轴承		滚动轴承
	非液体摩擦轴承	液体摩擦轴承	
摩擦特性	边界摩擦或混合摩擦	液体摩擦	滚动摩擦
一对轴承的效率 η	$\eta \approx 0.97$	$\eta \approx 0.995$	$\eta \approx 0.99$
承载能力与转速的关系	随转速增高而降低	在一定转速下，随转速增高而增大	一般无关，但极高转速时承载能力降低
适应转速	低速	中、高速	低、中速
承受冲击载荷能力	较高	高	不高
功率损失	较大	较小	较小
启动阻力	大	大	小

续表

性　能		滑动轴承		滚动轴承
		非液体摩擦轴承	液体摩擦轴承	
噪声		较小	极小	高速时较大
旋转精度		一般	较高	较高,预紧后更高
安装精度要求		剖分结构,容易装拆		安装精度要求高
		安装精度要求不高	安装精度要求高	
外廓尺寸	径向	小	小	大
	轴向	较大	较大	中等
润滑剂		油、脂或固体	润滑油	润滑油或润滑脂
润滑剂用量		较少	较多	中等
维护		较简单	较复杂,油质要洁净	维护方便、润滑较简单
经济性		批量生产价格低	造价高	中等

第❸章 ▷▷▷
移动副的结构设计技巧
与禁忌

连接做相对移动的两构件的运动副，称为移动副。图 3-1 所示构件 2 相对于构件 1 只能沿箭头所示的方向移动。内燃机中活塞和汽缸之间所组成的运动副即为移动副。

对移动副结构的基本要求是：导向精度高；运动轻便、平稳、低速时无爬行现象；耐磨性好；对温度变化不敏感；有足够的刚度；结构工艺性好。此外，结构设计还要注意限制两构件的相对转动和间隙的调整。

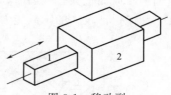

图 3-1　移动副

导轨是最常见的移动副。按摩擦性质，导轨可分为滑动摩擦导轨、滚动摩擦导轨、弹性摩擦导轨、流体摩擦导轨四类。

本章主要讨论滑动摩擦导轨与滚动摩擦导轨的结构设计技巧与禁忌。

3.1　滑动摩擦导轨结构设计技巧与禁忌

滑动摩擦导轨的运动件与承导件直接接触。其优点是结构简单，接触刚度大；缺点是摩擦阻力大，磨损快，低速运动时易产生爬行现象。

3.1.1　滑动摩擦导轨的类型及结构

按导轨承导面的截面形状，滑动摩擦导轨可分为圆柱面导轨和棱柱面导轨，其分类和截面形状见表 3-1。其中凸形导轨不易积存切屑、脏物，但也不易保存润滑油，故宜作低速导轨，例如车床的床身导轨。凹形导轨则相反，可作高速导轨，如磨床的床身导轨，但需有良好的保护装置，以防切屑、脏物掉入。

表 3-1　滑动摩擦导轨的分类和截面形状

形状	棱　柱　形				圆形
	对称三角形	不对称三角形	矩形	燕尾形	
凸形	45° 45°	90° 15°～30°		55° 55°	
凹形	90°～120°	65°～70° 90°		55° 55°	

（1）圆柱面导轨

圆柱面导轨的优点是导轨面的加工和检验比较简单，易于达到较高的精度；缺点是对温度变化比较敏感，间隙不能调整。

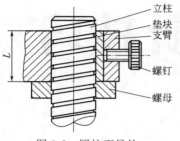

图 3-2　圆柱面导轨

在图 3-2 所示的结构中，支臂和立柱构成圆柱面导轨。立柱的圆柱面上加工有螺纹槽，转动螺母即可带动支臂上下移动，螺钉用于锁紧，垫块用于防止螺钉压伤圆柱表面。

对于圆柱面导轨，在多数情况下，运动件的转动是不允许的，为此，可采用各种防转结构。最简单的防转结构是在运动件和承导件的接触表面上制出平面、凸起或凹槽。图 3-3(a)、(b)、(c) 所示是这种防转结构的几个例子。利用辅助导向面可以更好地限制运动件的转动 [图 3-3(d)]。适当增大辅助导向面与基本导向面之间的距离，可减小由导轨间的间隙所引起的转角误差。当辅助导向面也为圆柱面时，即构成双圆柱面导轨 [图 3-3(e)]，它既能保证较高的导向精度，又能保证较大的承载能力。

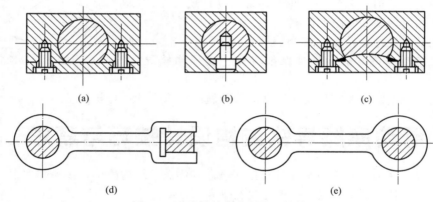

图 3-3　有防转结构的圆柱面导轨

为了提高圆柱面导轨的精度，必须正确选择圆柱面导轨的配合。当导向精度要求较高时，常选用 H7/f7 或 H7/g6 配合。当导向精度要求不高时，可选用 H8/f7 或 H8/g7 配合。若仪器在温度变化不大的环境下工作，可按 H7/h6 或 H7/js6 配合加工，然后再进行研磨直到能够平滑移动时为止。

（2）棱柱面导轨

常用的棱柱面导轨有三角形导轨、矩形导轨、燕尾形导轨以及它们的组合式导轨。

① 双三角形导轨　两条导轨同时起着支承和导向作用 [图 3-4(a)]，故导轨的导向精度高，承载能力大，两条导轨磨损均匀，磨损后能自动补偿间隙，精度保持性好。但这种导轨

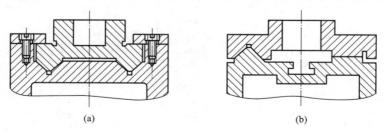

图 3-4　三角形导轨

的制造、检验和维修都比较困难，因为它要求四个导轨面都均匀接触，刮研劳动量较大。此外，这种导轨对温度变化比较敏感。

② 三角形-平面导轨　这种导轨［图 3-4(b)］保持了双三角形导轨导向精度高、承载能力大的优点。避免了由于热变形所引起的配合状况的变化，且工艺性比双三角形导轨大为改善，因而应用很广。缺点是两条导轨磨损不均匀，磨损后不能自动调整间隙。

③ 矩形导轨　可以做得较宽，因而承载能力和刚度较大。优点是结构简单，制造、检验、修理较易。缺点是磨损后不能自动补偿间隙，导向精度不如三角形导轨。

图 3-5 所示结构是将矩形导轨的导向面 A 与承载面 B、C 分开，从而减小导向面的磨损，有利于保持导向精度。图 3-5(a) 中的导向面 A 是同一导轨的内外侧，两者之间的距离较小，热膨胀变形较小，可使导轨的间隙相应减小，导向精度较高。但此时两导轨面的摩擦力将不同，因此应合理布置驱动元件的位置，以避免工作台倾斜或被卡住。图 3-5(b) 所示结构以两导轨面的外侧作为导向面，克服了上述缺点，但因导轨面间距离较大，容易受热膨胀的影响，要求间隙不宜过小，从而影响导向精度。

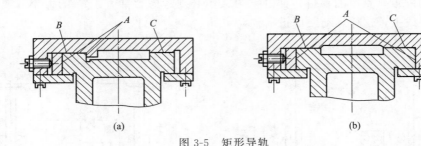

图 3-5　矩形导轨

④ 燕尾形导轨　主要优点是结构紧凑、调整间隙方便。缺点是几何形状比较复杂，难于达到很高的配合精度，并且导轨中的摩擦力较大，运动灵活性较差，因此通常用在结构尺寸较小及导向精度与运动灵便性要求不高的场合。图 3-6 所示为燕尾形导轨的应用举例，其中图 3-6(c) 所示结构的特点是把燕尾槽分成几块，便于制造、装配和调整。

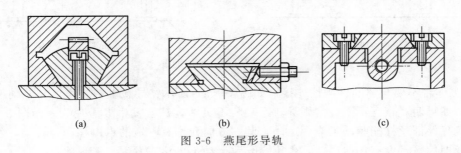

图 3-6　燕尾形导轨

3.1.2　滑动摩擦导轨的结构设计技巧与禁忌

滑动摩擦导轨结构设计的原则，首先是要合理地确定驱动力方向和作用点，使导轨的倾覆力矩尽可能小，从而消除运动件移动时转动的趋势，使运动件移动平稳而且灵活。此外，导轨间隙的调整、维修以及温度变化和刚度的影响等问题，也要综合考虑。下面分别予以讨论。

(1) 符合力学要求的设计技巧与禁忌

① 驱动力作用点应使两导轨的阻力矩平衡　用螺旋驱动的工作台，螺旋中心 A 的位置应适当选择（图 3-7），使两条导轨产生的摩擦力 F_1、F_2 对 A 的摩擦力矩相平衡，即 $l_1 F_1 =$

l_2F_2。否则将产生不平衡的摩擦力矩，在工作台反向时，由于摩擦力矩的作用，使工作台在水平面内旋转一个角度（决定于导轨刚度和间隙大小）。

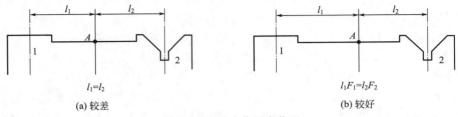

$l_1=l_2$　　　　　　　　　　　　$l_1F_1=l_2F_2$

(a) 较差　　　　　　　　　　　　　　(b) 较好

图 3-7　驱动力作用点位置

② 倾覆力矩较大时导轨运动不灵活　图 3-8(a) 所示为一用油缸驱动的工作台，两侧采用圆柱面导轨，因油缸偏置，产生倾覆力矩，导轨中的立柱和套筒间产生摩擦阻力，致使工作台上下移动不灵活，有别劲现象，且有振动和噪声。为解决上述不足，可改为如图 3-8(b) 所示，加配重，重锤的重量与油缸推力大小必须考虑力臂 l_1、l_2 的大小，或将油缸放在重物的重心线上，这样运动便可正常。

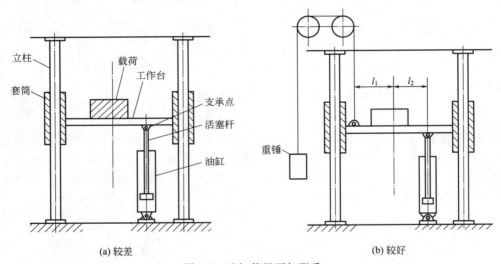

立柱　载荷　工作台　支承点　活塞杆　油缸　套筒　重锤　l_1　l_2

(a) 较差　　　　　　　　　　　　　　(b) 较好

图 3-8　油缸偏置可加配重

③ 工作台不要与驱动件刚性连接　如图 3-9(a) 所示，导轨上的工作台与驱动件丝杠刚性连接，如果两者相互不平行，则导轨运动将不灵活，甚至发生卡滞现象。而图 3-9(b) 所示的连接只保证丝杠能驱动工作台运动，其它方向允许有一定的自由移动与转动，丝杠与工作台二者即使平行度有一些误差，也不会导致运动不灵活或发生卡滞现象。

④ 应避免导轨的压板固定接触不良　固定工作台的压板常与下导轨面接触，在工作台受向上的力或倾覆力矩时，压板起固定作用，因此压板应与下导轨面紧密、全面地接触。由于压板受力时相当于悬臂梁，压板与床身之间不能只用一个螺栓固定，如图 3-10(a) 所示，而应该采取如图 3-9(b) 所示方式固定。

⑤ 不宜使导轨与工作台两者中"长的在上"　在床身上通过导轨支撑工作台，二者之间相对运动，如果上面的移动件较长，而下面的支撑件较短［图 3-11(a)］，则当移动到左或右极限位置时，由于工作台及其上工件的重量偏移，而使导轨受力不均匀，产生不均匀磨损。图 3-11(b) 所示较好。

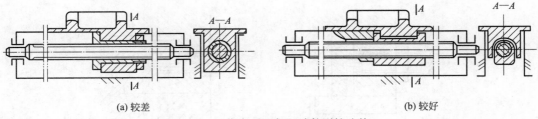

(a) 较差　　　　　　　　　　　(b) 较好

图 3-9　工作台不要与驱动件刚性连接

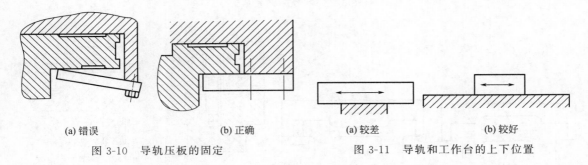

(a) 错误　　　　(b) 正确　　　　　　　(a) 较差　　　　　(b) 较好

图 3-10　导轨压板的固定　　　　　图 3-11　导轨和工作台的上下位置

⑥ 镶条应装在不受力面上　有镶条的表面导向精度和承载能力差，所以不应该用有镶条的面作为受力面，如图 3-12(a) 所示，而应当采用图 3-12(b) 所示结构。当不能避免有镶条的面承载时，要使有镶条的表面受力最小，如图 3-12(c) 所示。

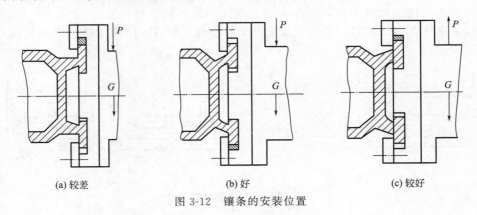

(a) 较差　　　　　　　(b) 好　　　　　　(c) 较好

图 3-12　镶条的安装位置

(2) 调整间隙结构设计技巧与禁忌

为保证导轨正常工作，导轨滑动表面之间应保持适当的间隙。间隙过小会增大摩擦力，间隙过大又会降低导向精度，所以常采用镶条进行调整。如图 3-13 所示为截面为矩形 [图 3-13(a)] 或平行四边形 [图 3-13(b)] 的平镶条的调整结构。有关间隙调整结构的设计分述如下。

① 双矩形导轨应装镶条调整间隙。双矩形导轨用侧面导向时，靠加工精度以保持导向面两边良好接触是困难的，如图 3-14(a) 所示。应采用镶条调整间隙，如图 3-14(b) 所示。

② 镶条导轨不宜用开槽沉头螺钉固定。在机座上安装镶条导轨时，机座上常预先加工出凸台或凹槽定位导轨，或采用销钉定位导轨，在已有定位装置的情况下，不宜采用头部为锥面或者有定心作用的开槽沉头螺钉，如图 3-15(a) 所示，这种螺钉在导轨已定位的情况下，因无法调整，而使头部锥面无法均匀接触。此时，应采用内六角螺钉，如图 3-15(b) 所示。

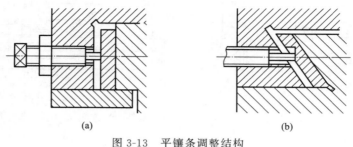

图 3-13　平镶条调整结构

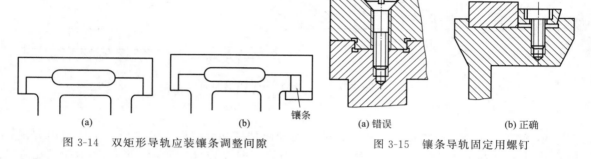

图 3-14　双矩形导轨应装镶条调整间隙　　　　图 3-15　镶条导轨固定用螺钉

③ 镶条调整应无间隙。图 3-16(a) 所示用一个螺钉调整镶条位置，结构虽然简单，但螺钉头与镶条凹槽之间有间隙，工作中引起镶条窜动，使导轨松紧不一致，产生间隙。而图 3-16(b) 所示用两个螺钉，消除了间隙，比较合理，但这一结构的螺钉还应有防松装置，图中没有画出。

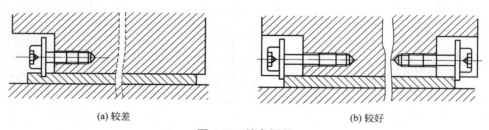

图 3-16　镶条调整

④ 选用耐磨材料提高导轨耐磨性保持适当间隙。合理选用材料或使用耐磨的材料作衬板，不易研伤，提高了导轨的耐磨性，可较长时间保持适宜的间隙。如图 3-17(a) 所示，压模机滑动模架中的滑动模板与支座之间无衬板，互相之间极易研伤，且磨损后间隙无法进行补偿，长期磨损间隙变大，连接螺栓就会松动，致使滑动模架下沉，模具不能处于正确位置，易出废品。若采用图 3-17(b) 所示结构，在滑动模架与支座间加耐磨的铜材料作衬板，不易研伤，且在磨损后可加垫片进行补偿，导轨可在较长的时间内正常工作。

⑤ 镶条一般应放在受力较小一侧，如要求调整后中心位置不变，可在导轨两侧各放一根镶条。

⑥ 导轨长度较长时（$l>1200\text{mm}$）时，可采用两根镶条在两端调节，使结合面加工方便、接触良好。

⑦ 选择燕尾形导轨的镶条时，应考虑部件装配的方式，即便于装配。

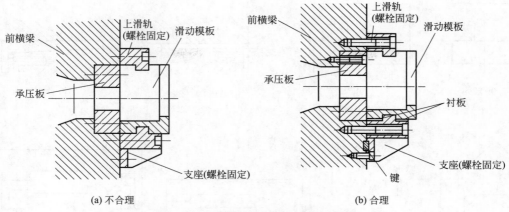

图 3-17　压模机滑动模架与支座结构

（3）有利于制造装拆的结构设计技巧与禁忌

① 固定导轨的螺钉不应斜置　如图 3-18（a）所示，当螺钉倾斜时，加工、装配都不方便，结构不合理，应改成图 3-18（b）所示的结构。

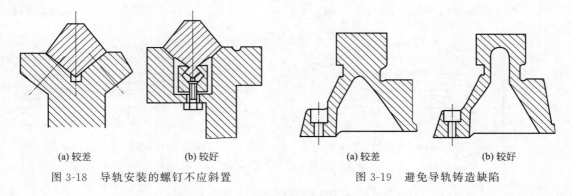

图 3-18　导轨安装的螺钉不应斜置　　　　　图 3-19　避免导轨铸造缺陷

② 避免导轨铸造缺陷　铸造与机座连在一起的导轨时，浇注时应使导轨位于最底部位，减少铸造缺陷。并且应使铸件各处厚度差异不大，避免出现铸造缩孔的缺陷（图 3-19）。

③ 压板要有尺寸分界　为了调整压板与导轨底面之间的间隙，常采用加工压板 A 面的方法（图 3-20）。在压板与导轨和床身之间结合面处开出沟槽，便于加工压板 A 面，以调整间隙。

（4）提高导轨刚度的结构设计技巧与禁忌

为了保证机构的工作精度，设计时应保证导轨具有足够的刚度。为此，设计时必须予以重视，有关设计技巧与禁忌分述如下。

① 镶条要有足够的刚度　如图 3-21（a）所示的螺钉无锁紧装置，镶条很薄，刚度差，不能保证精度要求。图 3-21（b）所示结构在镶条刚度和锁紧的可靠性方面得到了改善。

② 导轨支撑部分应该有较高的刚度　当导轨与铸造床身为一体时，应保证导轨部分有较高的刚度。不应把导轨设计成悬臂结构，如图 3-22（a）所示。应使支撑在导轨下面，而且要有加强肋，如图 3-22（b）所示。

③ 导轨结构形式对刚度影响案例分析　图 3-23 所示为小型坐标镗床导轨结构。图 3-23（a）采用滑动导轨，在工作载荷有较大倾覆力矩时，会使工作台一端抬起，使机床加工时发生抖动，甚至无法加工。改用图 3-23（b）结构，采用滚柱导轨，且增加了预压板 A、B，它们与导轨的间隙不大于 0.02mm，并采用了弹簧压紧（图中未表示）。

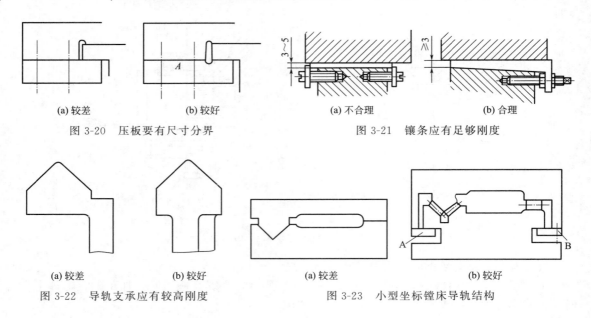

(a) 较差　　　　　(b) 较好
图 3-20　压板要有尺寸分界

(a) 不合理　　　　(b) 合理
图 3-21　镶条应有足够刚度

(a) 较差　　　　　(b) 较好
图 3-22　导轨支承应有较高刚度

(a) 较差　　　　　(b) 较好
图 3-23　小型坐标镗床导轨结构

两种结构的导轨刚度对比见图 3-24(a)、(b) 及表 3-2。由表中数值可见，后者显然优于前者。

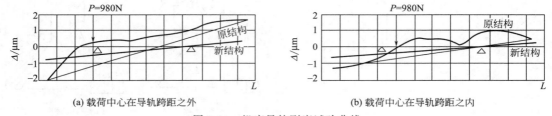

(a) 载荷中心在导轨跨距之外　　　　(b) 载荷中心在导轨跨距之内
图 3-24　机床导轨刚度试验曲线

表 3-2　坐标镗床导轨改进前后变形量对比

载荷位置	原结构		新结构	
	最大变形	倾侧	最大变形	倾侧
载荷中心在导轨跨距之外[图 3-24(a)]	1.5μm	3.5μm	0.6μm	1μm
载荷中心在导轨跨距之内[图 3-24(b)]	1.1μm	2μm	0.5μm	1μm

（5）提高导轨导向精度的设计技巧与禁忌

① 三角形-平面导轨比双矩形导轨导向精度高　在工作台受力变化时，应避免因导向面改变而引起的误差。图 3-25(a) 所示的双矩形导轨不如图 3-25(b) 所示的三角形导轨-平面导轨使用好。

② 一般情况下不宜采用双 V 导轨　双 V 导轨 [图 3-26(a)] 由于两条导轨都有导向作用，在一般情况下，难以达到两条导轨都密切接触。因此导轨的导向和支承作用不易圆满地实现。一般以采用 V-平导轨 [图 3-26(b)] 比较合适。采用 V 导轨必须有很高的加工精度，以保持两条导轨平行、等高、尺寸一致等，这种导轨的精度比较稳定，但造价很高。

③ 双圆柱面导轨比单圆柱面导轨导向精度高　圆柱面导轨，在多数情况下，运动件的转动是不允许的，为此，可采用各种防转结构。利用辅助导向面可以更好地限制运动件的转动，图 3-27(a) 所示为单圆柱面利用辅助导向面防转结构。适当增大辅助导向面与基本导向

面之间的距离，可减小由导轨间的间隙所引起的转角误差。当辅助导向面也为圆柱面时，即构成双圆柱面导轨，如图 3-27（b）所示。双圆柱面导轨比单圆柱面导轨导向精度高，它既能保证较高的导向精度，又能保证较大的承载能力。

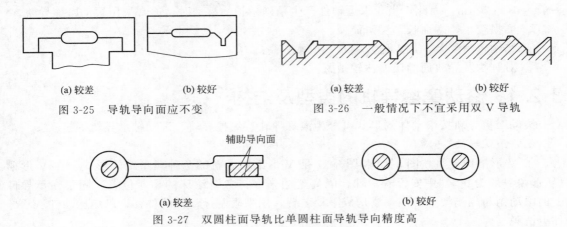

图 3-25　导轨导向面应不变　　　　　图 3-26　一般情况下不宜采用双 V 导轨

图 3-27　双圆柱面导轨比单圆柱面导轨导向精度高

④ 避免拧紧紧定螺钉时引起导轨变形影响精度　如图 3-28（a）所示，当拧紧紧定螺钉时使导轨下凹，形成波纹形，影响了导轨的直线性。可改变导轨的剖面形状，使导轨成为一个独立的、刚度较大的部分，如图 3-28（b）所示，如果螺钉固定部分与导轨用有较大柔性的小截面相连，可以减小紧定螺钉引起的变形对导轨直线性的影响。

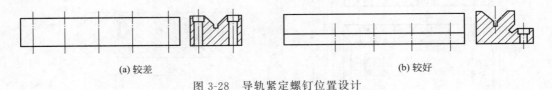

图 3-28　导轨紧定螺钉位置设计

（6）温度变化较大时应避免导向面之间距离太大　双矩形导轨利用两个侧面为导向面，用距离较远的两导向面时，导轨摩擦力是对称的，工作平稳，但在温度变化较大的情况下，间隙变化较大，可能会发生较大的晃动，甚至卡死 ［图 3-29（a）］。此时，用一个导轨的两个侧面导向比较合适 ［图 3-29（b）］。

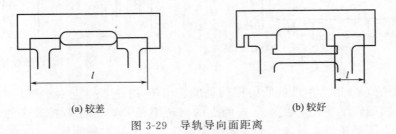

图 3-29　导轨导向面距离

3.2　滚动摩擦导轨结构设计技巧与禁忌

滚动摩擦导轨是在运动件和承件之间放置滚动体（滚珠、滚柱、滚动轴承等），使导轨运动时处于滚动摩擦状态。

与滑动摩擦导轨比较，滚动摩擦导轨的特点如下。

① 摩擦因数小，并且静、动摩擦因数之差很小，故运动灵便，不易出现爬行现象。

② 定位精度高，一般滚动导轨的重复定位误差为 $0.1\sim0.2\mu m$，而滑动导轨的定位误差一般为 $10\sim20\mu m$。因此，当要求运动件产生精确微量的移动时，通常采用滚动摩擦导轨。

③ 磨损较小，寿命长，润滑简便。

④ 结构较为复杂，加工比较困难，成本较高。

⑤ 对脏物及导轨面的误差比较敏感。

3.2.1　滚动摩擦导轨的类型及结构

滚动摩擦导轨按滚动体的形状可分为滚珠导轨、滚柱导轨、滚动轴承导轨等。

（1）滚珠导轨

① V 形滚珠导轨　图 3-30 和图 3-31 是 V 形滚珠导轨的两种典型结构形式。在 V 形槽（V 形角一般为 90°）中安置着滚珠，隔离架用来保持各个滚珠的相对位置，固定在承导件上的限动销与隔离架上的限动槽构成限动装置，用来限制运动件的位移，以免运动件从承导件上滑脱。

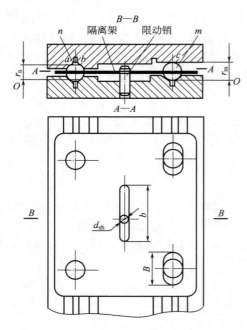

图 3-30　力封式滚珠导轨

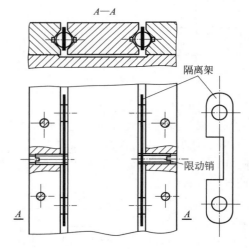

图 3-31　自封式滚珠导轨

图 3-30 中的 OO 轴为滚珠的瞬时回转轴线，由于 a、b、c 三点的速度与运动件的速度相等，但 c 点的回转半径 r_m 大于 a、b 两点的回转半径 r_n，因此右排滚珠的速度小于左排滚珠的速度，为了避免由于隔离架的限制而使滚珠产生滑动，把隔离架右排的分珠孔制成平椭圆形。

V 形滚珠导轨的优点是工艺性较好，容易达到较高的加工精度，但由于滚珠和导轨面是点接触，接触应力较大，容易压出沟槽，如沟槽的深度不均匀，将会降低导轨的精度。为了改善这种情况，可采取如下措施。

a. 预先在 V 形槽与滚珠接触处研磨出一窄条圆弧面的浅槽，从而增加了滚珠与滚道的接触面积，提高了承载能力和耐磨性，但这时导轨中的摩擦力略有增加。

　　b. 采用双圆弧滚珠导轨 ［图 3-32(a)］。这种导轨是把 V 形导轨的 V 形滚道改为圆弧形滚道，以增大滚动体与滚道接触点的综合曲率半径，从而提高导轨的承载能力、刚度和使用寿命。双圆弧导轨的缺点是形状复杂，工艺性较差，摩擦力较大，当精度要求很高时不易满足使用要求。双圆弧滚珠导轨的主要参数如图 3-32(b) 所示，根据使用经验，滚珠半径 r 与滚道圆弧半径 R 之比常取为 $r/R = 0.90 \sim 0.95$，接触角 $\theta = 45°$。

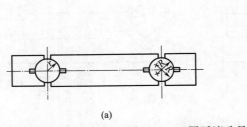
(a)

(b)

图 3-32　双圆弧滚珠导轨

　　② 圆杆式滚珠导轨　图 3-33 所示是圆杆式滚珠导轨的结构，其中的 A、B、C 是三对淬火钢制成的圆杆，圆杆经过仔细的研磨和检验，以保证必要的直线度。运动件下面固定的矩形杆 F 也用淬火钢制成，D 和 E 是滚珠。这种导轨的优点是运动灵便性较好，耐磨性较好，圆杆磨损后，只需将其转过一个角度即可恢复原始精度。

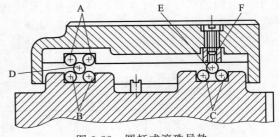

图 3-33　圆杆式滚珠导轨

　　③ 滚珠循环式滚珠导轨　当要求运动件的行程很大或需要简化导轨的设计和制造时，可采用滚珠循环式滚珠导轨。图 3-34 是这种导轨的结构简图，它由运动件、滚珠、承导件和返回器组成。运动件上有工作滚道和返回滚道，与两端返回器的圆弧槽面滚道接通，滚珠在滚道中循环滚动，行程不受限制。

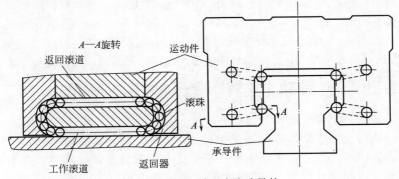

图 3-34　滚珠循环式滚珠导轨

　　为了保证滚珠导轨的运动精度和各滚珠承受载荷的均匀性，应严格控制滚珠的形状误差和各滚珠间的直径差。例如 19JA 万能工具显微镜横向滑板滚珠导轨，滚珠间的直径不均匀度和滚珠的圆度误差均要求在 $0.5\mu m$ 以内。

　　(2) 滚柱导轨与滚动轴承导轨

为了提高滚动导轨的承载能力和刚度，可采用滚柱导轨或滚动轴承导轨。这类导轨的结构尺寸较大，常用在比较大型的精密机械上。

① 交叉滚柱 V-平导轨 如图 3-35(a) 所示，在 V 形空腔中交叉排列着滚柱，这些滚柱的直径 d 略大于长度 b，相邻滚柱的轴线互相垂直交错，单数号滚柱在 AA_1 面间滚动（与 B_1 面不接触），双数号滚柱在 BB_1 面间滚动（与 A_1 面不接触），右边的滚柱则在平面导轨上运动。这种导轨不用保持架，可增加滚动体数目，提高导轨刚度。

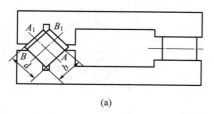
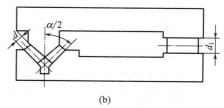

(a)　　　　　　　　　　　　　　　　　(b)

图 3-35　滚柱导轨

② V-平滚柱导轨 如图 3-35(b) 所示，这种导轨加工比较容易，V 形导轨滚柱直径 d 与平面导轨滚柱直径 d_1 之间的关系为 $d = d_1 \sin(\alpha/2)$，其中 α 是 V 形导轨的 V 形角。若把滚柱取出，上、下导轨面正好可互相研配，所以加工比较方便。

③ 滚动轴承导轨 如图 3-36 所示，直接用标准的滚动轴承作滚动体，结构简单、易于制造、调整方便，而且摩擦力矩小、运动灵活。导轨中滚动轴承不仅起着滚动体的作用，而且本身还能代替运动件或承导件。这种导轨被广泛应用于一些大型光学仪器上。

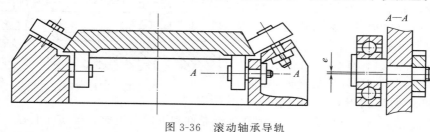

图 3-36　滚动轴承导轨

用作导轨的滚动轴承有很多为非标准深沟球轴承，万能工具显微镜纵向导轨结构是滚动轴承导轨应用的典型实例，如图 3-37 所示，其内圈固定，外圈旋转。用作导向的滚动轴承，其径向跳动量应小于 $0.5\mu m$，用作支承的滚动轴承，其径向跳动量应小于 $1\mu m$。为减小变形，轴的内圈和外圈要比标准轴承厚些，轴承的外圈表面磨成圆弧形曲面，以保证与导轨接触良好。

3.2.2　滚动摩擦导轨的结构设计技巧与禁忌

（1）导轨的强度和刚度应足够

直线滚动导轨的样本中给出的额定动（C_a）、静（C_{0a}）载荷，都是在各个滚珠受载均匀的理想状态下算出的。因此，必须十分注意避免力矩载荷和偏心载荷。否则，一部分滚珠承受的载荷，有可能超过计算 C_a 值时确定的许用接触应力（3000～3500MPa）和 C_{0a} 确定的许用接触应力（4500～5000MPa），导致过早的疲劳破坏或产生压痕并出现振动、噪声和降低移动精度等现象。

滚珠导轨支承的工作台左、右移动时（图 3-38），因为工作台本身重量的影响，使滚珠变形不同，而导致工作台倾斜，因而产生误差。因此，使滚动导轨处于不利位置，应该进行刚度计算，必要时还应该进行强度计算。

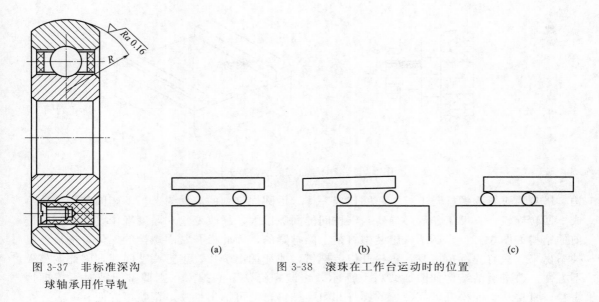

图 3-37 非标准深沟
球轴承用作导轨

图 3-38 滚珠在工作台运动时的位置

（2）降低导轨面接触应力

导轨面采用适当形状可以减小接触应力。

导轨面为 V 形的导轨［图 3-39（a）］接触应力大，而导轨面采用双圆弧形［图 3-39（b）］
可以得到比 V 形的导轨小的接触应力，但圆弧半径
应大于滚珠半径，以减小摩擦。

（3）滚动导轨加工、装拆、调整设计技巧与
禁忌

① 注意相配合的导轨面能互研 对于 V-平滚
柱导轨，如果取为 $d_1 = d_2$［图 3-40（a）］，则当取
下滚柱后，由于导轨不能互研而使精度较低。如果
使滚柱直径的关系为 $d_1 = d_2/\sin\alpha$［图 3-40（b）］，
则当取下滚柱后，上、下导轨面正好可以互研，导轨精度高。

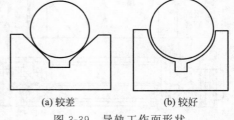

图 3-39 导轨工作面形状

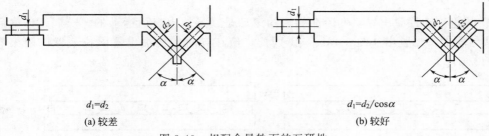

$d_1 = d_2$

(a) 较差

$d_1 = d_2/\cos\alpha$

(b) 较好

图 3-40 相配合导轨面的互研性

② 减少导轨安装的调整工作 对于高精度导轨，应尽量减少调整工作。例如万能显微
镜导轨［图 3-41（a）］，原设计用滚动轴承支承，滚动轴承有 0.5mm 的偏心，靠调整达到要
求的精度。如改为用 V-平滚珠导轨［图 3-41（b）］，用磨床磨制导轨工作面以达到要求精度，
这样改进以后，在保证原有精度情况下，生产率明显提高。

③ 回转导轨座圈连接结构应便于调整间隙 如图 3-42 所示为塔式起重机回转导轨结

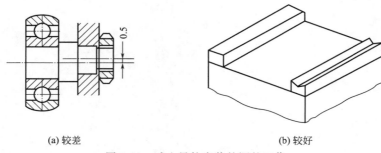

(a) 较差   (b) 较好

图 3-41　减少导轨安装的调整工作

构，塔身通过紧固螺柱与上、下座圈连成一体，沿圆周排列的滚柱与上、下座圈和外齿轮组成下回转导轨。长期工作后，导轨与滚柱间的间隙增大，靠改变垫片厚度来调整间隙。改进前的结构如图 3-42(a) 所示，组装螺钉是上圈拧紧的，因此松开紧固螺栓的螺母，垫片还是抽不出来，只有先拆掉塔身，再松开组装螺钉，才能抽出垫片，进行调整间隙，因此调整极不方便。改进后的结构如图 3-42(b) 所示，组装螺钉从下圈拧入，则调整间隙时不需拆掉塔身，直接从下面松开紧固螺栓的螺母和组装螺钉，便可抽出垫片，调整很方便。

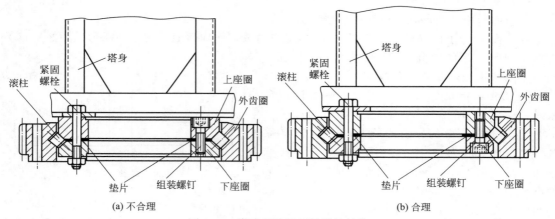

(a) 不合理   (b) 合理

图 3-42　塔式起重机回转导轨结构

④ 防止滚动件脱出导轨　滚动导轨的滚珠是在导轨上自由运动的。长期工作之后滚珠可能从导轨的一端脱出 [图 3-43(a)]。因此，应在导轨的两端设置限位装置以防滚珠脱出 [图 3-43(b)]。

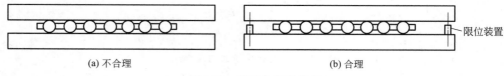

(a) 不合理   (b) 合理

图 3-43　滚动件限位装置

第❹章

杆类构件的结构设计
技巧与禁忌

杆类构件根据工作要求有多种类型和结构，本章只对较常见的连杆、推拉杆和摆杆的结构设计技巧与禁忌加以说明。

4.1 连杆机构设计技巧与禁忌

所有构件全部用低副（转动副和移动副）连接而成的机构称为连杆机构。

若连杆机构中各运动构件均在同一平面或相互平行的平面内运动，则称为平面连杆机构，否则称为空间连杆机构。平面连杆机构在各种机械和仪器中应用广泛。

按机构中构件数目的多少，平面连杆机构可分为四杆机构、五杆机构、六杆机构等。最简单的四杆机构是由四个构件组成，且是组成多杆机构的基础。

4.1.1 平面四杆机构的基本形式、演化、特点及应用

（1）铰链四杆机构的基本形式及应用

平面四杆机构中，所有低副皆为转动副的平面四杆机构称为铰链四杆机构。它的应用尤为广泛。关于铰链四杆机构，可按其两连架杆属于曲柄或摇杆的具体情况，分为三种基本形式：曲柄摇杆机构、双曲柄机构和双摇杆机构。

① 曲柄摇杆机构　两连架杆一个为曲柄、另一个为摇杆的铰链四杆机构，称为曲柄摇杆机构。通常，曲柄为原动件做单向等速转动，而摇杆为从动件做往复变速摆动。

如图 4-1 所示的雷达天线俯仰角调整机构，即为一曲柄摇杆机构。原动曲柄 1 连续等速转动，通过连杆 2 使摇杆 3 绕机架 4 在一定角度范围内摆动，从而达到调整雷达天线俯仰角的大小。

再如图 4-2 所示的缝纫机脚踏板机构，亦为一曲柄摇杆机构。原动摇杆 1 连续往复摆动，通过连杆 2 使从动曲柄 3 绕机架 4 整周转动，从而完成缝纫工作。

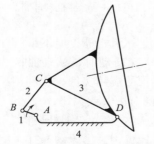

图 4-1　雷达天线俯仰角调整机构

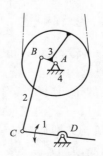

图 4-2　缝纫机脚踏板机构

② 双曲柄机构　两连架杆皆为曲柄的铰链四杆机构，称为双曲柄机构。通常，原动曲柄做单向等速转动，而从动曲柄做单向变速转动。

如图 4-3 所示惯性筛筛料机构中的四杆机构 ABCD，即为一双曲柄机构。原动曲柄 1 连续等速转动，通过连杆 2 使从动曲柄 3 获得变速转动，又通过连杆 4 使筛子 5 具有较大幅度的速度波动，从而借助惯性实现颗粒状物料的筛分。

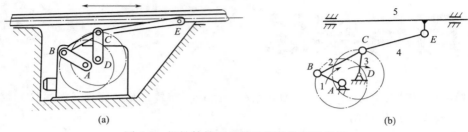

图 4-3　惯性筛筛料机构及其机构运动简图

就双曲柄机构而言，用得最多的是平行四边形机构（图 4-4），这种机构其两组对边杆的长度分别相等。如图 4-4(a) 所示机构四杆构成平行四边形，称为正平行四边形机构。这种机构的运动特点是其两曲柄 1、2 以相同的角速度绕机架 4 沿同一方向转动，而连杆 3 做平动。如图 4-5 所示的摄影平台升降机构及如图 4-6 所示的播种机料斗机构即为其应用实例。

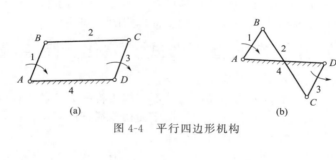

图 4-4　平行四边形机构

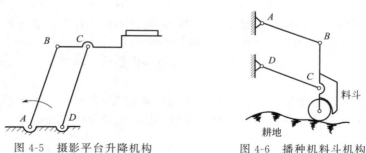

图 4-5　摄影平台升降机构　　　　图 4-6　播种机料斗机构

如图 4-4(b) 所示机构，虽然其两组对边杆的长度分别相等，但不平行，称为反平行四边形机构。这种机构的运动特点是当原动曲柄 1 做等速转动时，从动曲柄 3 做反向变速转动。图 4-7 所示的车门启闭机构即为反平行四边形机构的应用实例。它利用反平行四边形机构运动时两曲柄 1、3 转向相反的特性，使两扇车门同时敞开或关闭。

③ 双摇杆机构　两连架杆皆为摇杆的铰链四杆机构，称为双摇杆机构。

如图 4-8 所示的鹤式起重机主机构，即为一双摇杆机构。当原动摇杆 1 绕机架 4 上的 A

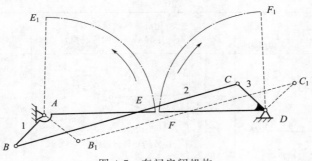

图 4-7 车门启闭机构
1,3—曲柄;2—连杆

点摆动时,从动摇杆 3 随之绕机架 4 上的 D 点摆动,使得悬挂在连杆 2 上 E 点处下方的重物近似地在一水平直线上移动,以避免重物平移时因不必要的升降而消耗能量。

在双摇杆机构中,若两摇杆长度相等,则构成等腰梯形机构。图 4-9 所示汽车前轮的转向机构即为其应用实例。

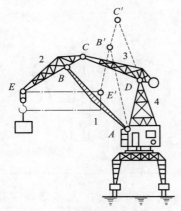

图 4-8 鹤式起重机主机构

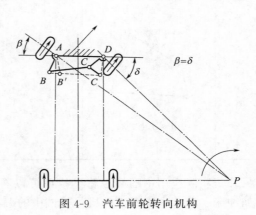

图 4-9 汽车前轮转向机构

(2) 铰链四杆机构的演化及应用

在生产实际中有许多机构虽然不是铰链四杆机构基本形式,但它们可以看作是由铰链四杆机构演化而来,其演化及应用如表 4-1 所示,表中 (a′)、(b′)、(c′)、(d′) 所示机构,分别是由铰链四杆机构 (a)、(b)、(c)、(d) 演化而来。

表 4-1 铰链四杆机构的演化及应用

选作机架的构件	铰链四杆机构	演化后得到的机构 (含有一个移动副的四杆机构)	应用实例
4	(a) 曲柄摇杆机构	(a′) 曲柄滑块机构	内燃机主传动机构

选作机架的构件	铰链四杆机构	演化后得到的机构 （含有一个移动副的四杆机构）	应用实例
1	(b) 双曲柄机构	(b′) 转动导杆机构	刨床机构
2	(c) 曲柄摇杆机构	(c′) 曲柄摇块机构	卡车自动翻转卸料机构
3	(d) 双摇杆机构	(d′) 定块机构	手摇唧筒机构

　　另外，实际应用中的偏心轮机构也可以看成是铰链四杆机构通过扩大转动副演化而来的。如冲床、剪床、颚式破碎机等机械中的偏心轮机构。

　　（3）平面连杆机构的特点

　　1）优点

　　① 结构简单易制造连杆机构由于转动副和移动副的接触表面是圆柱面和平面，所以制造简便，且易于获得较高的加工精度。低副接触依靠自身的几何形状来封闭，无需外载荷作用，结构简单，制造成本低。

　　② 承载能力大　组成平面连杆机构的低副为面接触，易于润滑，单位面积所承受的力较小，摩擦及磨损较轻，因而可以用来传递较大的动力，满足重载机械的要求。

　　③ 可实现多种运动形式的转换　平面连杆机构能够实现多种运动形式的相互转换，例如，它能够将原动件的转动转化为从动件的转动、摆动或往复移动，反之也能够很方便地实现。平面连杆机构还可以与其它机构组合使用，实现多种形式的运动规律。

　　④ 连杆上各点的运动轨迹曲线具有多样性连杆机构运动过程中，连杆平面上的各点将描绘出各种不同形状的曲线，这些曲线称为连杆曲线（图 4-10）。连杆构件上点的位置不同，曲线形状不同；改变各构件的相对尺寸，曲线形状也随之变化。利用这些轨迹曲线可以实现生产中多种特殊曲线运动要求，在各种机械和仪器中获得广泛应用。

　　图 4-11 所示为搅拌机传动机构。搅拌器由曲柄带动，在 A 点装有搅铲，A 点的运动轨

迹如虚线构成的曲线，可均匀地对物料进行搅拌。

图 4-12 所示为搂干草机构。如图所示，搂把固定在 A 点处，连杆由曲柄带动，曲柄则由轮子上的链条带动，A 点的运动轨迹如虚线构成的曲线，其中虚线 2 是 A 点相对于机架的轨迹，虚线 1 和 3 是轮子转动时 A 点对地面的运动轨迹。

2）缺点

① 连杆机构设计具有近似性　连杆机构设计时，若已知条件较多，一般难以求出精

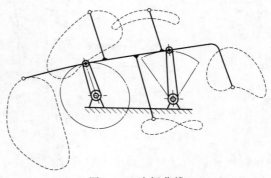

图 4-10　连杆曲线

确的设计结果，不易精确地实现复杂的运动规律。另外，组成连杆机构的构件相对较多，而各构件的尺寸的误差和运动副间的间隙使运动传递的累积误差较大，传动精度不高。所以连杆机构只适用于对传递运动要求不太严格的场合。

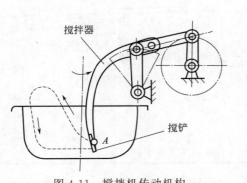

图 4-11　搅拌机传动机构

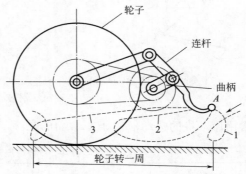

图 4-12　搂干草机构

② 连杆机构的惯性力难以平衡　连杆机构在运动过程中，一些构件所产生的惯性力难以平衡，在高速运转时会大大增加机构的动载荷，产生较大的强迫振动，所以连杆机构一般不宜用于高速场合。

4.1.2　连杆机构形式选择技巧与禁忌

（1）原动机的选择要适当

执行机构的形式与原动机的形式密切相关，不要仅局限于选择电动机驱动形式。在只要求执行构件实现简单的工作位置变换的机构中，采用如图 4-13（a）所示机构，利用曲柄摇杆机构来实现摇杆Ⅰ、Ⅱ两个工作位置的变换，往往要用电动机带动一套减速装置驱动曲柄。为了使曲柄能停在要求的位置，还要加装制动装置。如果采用如图 4-13（b）所示的方案，改用汽缸驱动，则可使结构大为简化，同采用电动机驱动相比，可省去一些减速传动机构和运动变换机构，从而可缩短运动链，简化结构，且具有传动平稳、操作方便、易于调速等优点。

图 4-14 所示钢板叠放机构的动作要求是将轨道上钢板顺滑到叠放槽中（图中右侧未示出）。图 4-14（a）所示为六杆机构，采用电动机作为原动机带动机构中的曲柄转动（未画出减速装置）；图 4-14（b）所示为连杆一凸轮（固定件）机构，采用液压缸作为原动件直接带

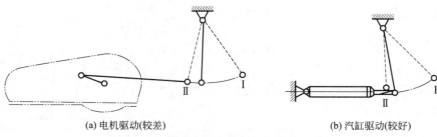

(a) 电机驱动(较差)　　　　　　　　　　　　　(b) 汽缸驱动(较好)

图 4-13　实现位置变换摇杆机构的驱动

动执行构件运动。可以看出，后者比前者要简单。以上两例说明，改变原动件的驱动方式有可能使机构结构简化。

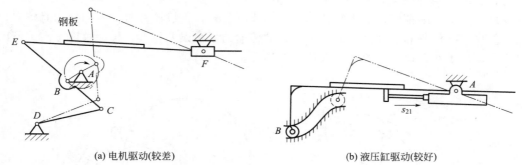

(a) 电机驱动(较差)　　　　　　　　　　　　　(b) 液压缸驱动(较好)

图 4-14　钢板叠放机构的驱动

常用原动机的运动形式如表 4-2 所示。

表 4-2　常用原动机的运动形式

序号	运动形式	原动机类型	性能与特点
1	连续转动	电动机、内燃机	结构简单、价格便宜、维修方便、单机容量大、机动灵活性好,但初始成本高
2	往复移动	直线电动机、活塞式油缸或汽缸	结构简单、维修方便、尺寸小、调速方便、速度低、运转费用较高
3	往复移动	双向电动机、摆动活塞油缸或汽缸	结构简单、维修方便、尺寸小、易调速、速度低、运转费用较高

采用不同的原动机，为了实现同一执行构件运动形式而采用不同执行机构的形式分析如表 4-3 所示。

表 4-3　采用不同原动机实现同一执行构件运动形式的分析

序号	原动机类型	执行构件运动形式	可采用的执行机构的形式
1	电动机	连续转动	双曲柄机构、齿轮机构、转动导杆机构、万向联轴器等
2	电动机	往复摆动	曲柄摇杆机构、摆动导杆机构、摆动从动件凸轮机构、曲柄摇块机构等
3	电动机	往复移动	曲柄滑块机构、直动从动件凸轮机构、齿轮-齿条机构等
4	电动机	单向间歇转动	槽轮机构、曲柄摇杆机构与棘轮机构串联而成的机构组合、不完全齿轮机构等

续表

序号	原动机类型	执行构件运动形式	可采用的执行机构的形式
5	摆动活塞式汽缸	往复摆动	平行四边形机构、曲柄摇杆机构、双摇杆机构、双曲柄机构等
6	摆动活塞式汽缸	单向间歇转动	棘轮机构、曲柄摇杆机构与棘轮机构的组合、曲柄摇杆机构与不完全齿轮机构的组合等

（2）连杆机构运动链尽量简短

完成同样的运动要求，应优先选用构件数和运动副数较少的连杆机构，这样可以简化机器的构造，从而减小质量，降低成本；同时也可减少由于零件的制造误差而形成的运动链的累积误差，提高零件加工工艺性，增强机构工作可靠性。运动链简短还有利于提高机构的刚度，减少产生振动的环节。考虑以上因素，在机构选型时，有时宁可采用有较小设计误差的简单近似机构，也不采用理论上无误差但结构复杂的机构。图4-15所示为两个直线轨迹机构，其中图4-15(a)所示为E点有近似直线轨迹的四杆机构，图4-15(b)所示为理论上E点有精确直线轨迹的八杆机构。但是，实际分析结果表明，在保证同制造精度条件下，后者的实际传动误差为前者的2～3倍，其主要原因在于运动副数目较多而造成运动累积误差增大。

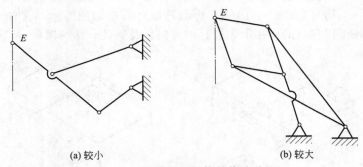

(a) 较小   (b) 较大

图4-15 直线轨迹机构的传动误差

（3）尽量避免虚约束

虚约束在机构中可增加机构的刚性和强度，能够消除运动的不确定性。但在机构中引入虚约束会增加装配上的困难，提高对组成零件的尺寸精度要求及增加生产成本，且当加工、装配精度达不到要求时，虚约束有可能变成起独立作用的实际约束，此时，则会在构件间产生楔紧现象。因而，在进行机构设计时，是否要加入虚约束需慎重考虑。

例如图4-16所示为一加工机床运动简图，由四个摇杆带动四个工作头。图4-16(a)所示为有虚约束，对各杆尺寸、加工、安装要求较高，易发生上述问题。而图4-16(b)所示则没有虚约束，要求精度比较低，一般在非必要的情况下采用此种结构更符合实际工作需求。

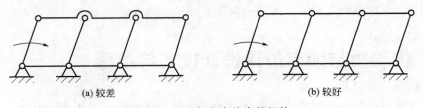

(a) 较差   (b) 较好

图4-16 避免有虚约束的机构

（4）选择构件受力较小的连杆机构

图 4-17 所示为两种卡车车厢自动翻转卸料机构，从构件的相对运动关系考虑，既可以采用如图 4-17（a）所示的摇块机构，也可以采用如图 4-17（b）所示的摆动导杆机构。但显而易见，采用 4-17（a）所示的摇块机构，从动力源配置和构件的受力情况看，要比采用图 4-17（b）所示的摆动导杆机构更合适。

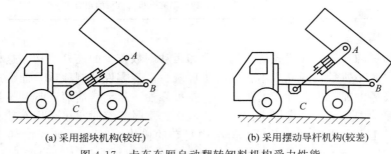

(a) 采用摇块机构(较好)　　　　　　(b) 采用摆动导杆机构(较差)

图 4-17　卡车车厢自动翻转卸料机构受力性能

（5）简化机构的动作

图 4-18 所示为一小型零件的电镀槽机构，小型电镀零件常悬挂在一个杆上放入电镀槽。为了提高镀层质量和电镀速度，需要将杆晃动。图 4-18（a）所示为两边各设一个曲柄滑块机构使杆前后晃动，结构复杂。图 4-18（b）所示只使杆右端做圆周运动，杆左端在支点的滑槽中滑动，支点还可以在杆的作用下，按杆的方向任意转动，结构简单。

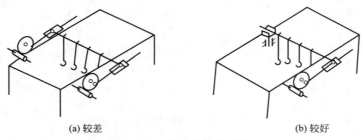

(a) 较差　　　　　　　　　　　　(b) 较好

图 4-18　简化机构的动作

（6）满足功能要求机构方案的选择

图 4-19 所示为两种钉扣机针杆传动机构方案。图 4-19（a）所示机构是由摆动凸轮和曲柄滑块机构并联而成，而图 4-19（b）所示机构由摆动导杆和曲柄滑块机构并联而成，都是可以实现从动件做复杂平面运动的两自由度机构，一般需要提供两个原动机，用于实现钉扣机中的针杆运动。但应当注意的是：由于曲柄滑块机构只完成进针运动，而导杆机构只完成来回移动针杆的运动，要准确地将针来回引导到扣眼后再将针插入扣眼，则需要两机构的曲柄运动配合十分协调而准确，在这种情况下用齿轮、带、链传动机构将图 4-19（b）中的两曲柄 AB 和 OC 的运动约束起来，用一台原动机驱动，则比图 4-19（a）所示需两个电机驱动的形式更合理。

4.1.3　传动角与死点位置设计技巧与禁忌

（1）传动角不可过小

在不计运动副中的摩擦和构件质量的情况下，机构从动件的受力方向与受力点的速度方

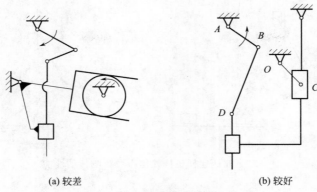

(a) 较差　　　　　　　　　　(b) 较好

图 4-19　钉扣机针杆传动机构

向之间所夹的锐角称为机构的压力角 α。压力角的余角称为传动角 γ，即 $\gamma = 90° - \alpha$。α 越小（或 γ 越大），机构的传力性能越好，传动效率越高；反之，传力性能越差，传动效率越低。由于在机构运动简图中传动角 γ 比压力角 α 更直观，所以，在实际应用中，通常用传动角 γ 来判断机构的传动质量。

在机构的运动过程中，为了保证机构有良好的传力性能，设计时应使传动角 γ 不宜过小。γ 是变化的，为了保证机构正常工作，必须规定最小传动角 γ_{min} 的下限。对于一般机械，通常取 $\gamma_{min} \geqslant 40°$；对于颚式破碎机、冲床等大功率机械，最小传动角应当取大一些，可取 $\gamma_{min} \geqslant 50°$。对于小功率的控制机构和仪表，$\gamma_{min}$ 可略小于 $40°$。

如图 4-20(a) 所示，传动角过小，推动从动件的有效分力很小，而无效（一般有害）分力很大，致使机构传动阻力较大，传力性能较差。可通过改变构件尺寸比例或改变连杆机构形式加以改善，如图 4-20(b) 所示，改为摇杆机构后有很大改善。

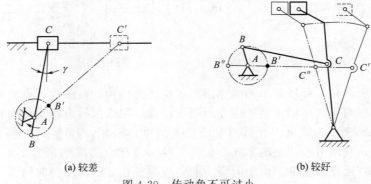

(a) 较差　　　　　　　　　　(b) 较好

图 4-20　传动角不可过小

图 4-21 所示机构将曲柄 1 的转动变换为滑块 2 的直移，用螺杆 4 调节螺钉 3 的位置，可改变滑块 2 的行程大小，由图 4-21(a) 可见机构的传动角 γ 较小，传动状态不佳，极易因摩擦力过大而导致 "死机"。可通过改变机构的几何参数，如图 4-21(b) 所示，增大传动角，可获得良好的传动性能。

(2) 死点位置不良影响的消除

在不计构件质量和运动副摩擦的情况下，当机构的传动角 $\gamma = 0°$（压力角 $\alpha = 90°$）时，原动件通过连杆作用于从动件上的力恰好通过从动件的回转中心，因而不能使从动件转动，机构将处于静止状态。机构的这种位置称为死点位置。死点位置会使机构的从动件出现卡死

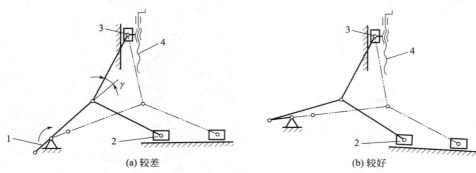

(a) 较差   (b) 较好

图 4-21   曲柄连杆机构几何参数影响传动性能

或运动不确定现象。

　　为了消除死点位置的不良影响，可以对从动曲柄施加外力，或利用飞轮及构件自身的惯性作用，使机构通过死点位置。

　　图 4-22(a) 所示的曲柄滑块机构中，滑块为主动件，当连杆与曲柄位于一条直线时，机构处于死点位置，此时滑块的推力不能对曲柄产生推动力矩，对这类在死点可能停止转动或反转的机械，设计时必须考虑消除死点的影响，如加大曲柄的惯性（加飞轮）或使工作速度加快，也可采用多个曲柄滑块机构错位排列等措施，都有利于使机械顺利通过死点，如图 4-22(b) 所示。再如，蒸汽机动力设备是 90°开式双汽缸结构，这样的结构也可以避开死点，如图 4-22(c) 所示。

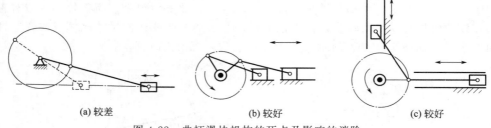

(a) 较差   (b) 较好   (c) 较好

图 4-22   曲柄滑块机构的死点及影响的消除

　　图 4-23(a) 所示是一种较简单的能克服死点位置的机构，其结构特点是在滑块上制成导向槽，利用滚滑副的导向作用，使机构克服死点位置，完成机构由移动变为转动，且无死点位置。图 4-23(b) 所示为该机构在活塞发动机上的具体应用，其巧妙之处在于其滑板 4 与活塞杆 1 相连接，利用滑板 4 上的曲线形长孔 2 及与之配合的曲柄销 3 驱动曲柄轮 5 转动，在曲柄销 3 的左右死点位置上，由于滑板 4 的曲线形长孔 2 的斜面与曲柄销 3 接触，所以就能消除一般曲柄滑块机构的死点问题。曲线形长孔 2 的倾斜方向确定了曲柄销的旋转方向，并使其保持固定的旋转方向。

　　（3）利用死点位置特性的相关配置

　　如图 4-24 所示的机构，电磁阀的运动经连杆机构由连杆端部输出。这一机构利用死点附近的运动使电磁阀的拉力得到放大，为提高控制精度，行程开关应设置在连杆机构中行程 C 较长的构件上。图 4-24(a) 的连杆行程 C 比图 4-24(b) 的 C_a 大，所以图 4-24(a) 机构的控制精度比图 4-24(b) 的高，限位开关配置较为合理。

　　（4）避免铰链四杆机构的运动不确定

　　如图 4-25(a) 所示平行四边形机构，当以长边为机架时，在长短边四杆重合的位置可能

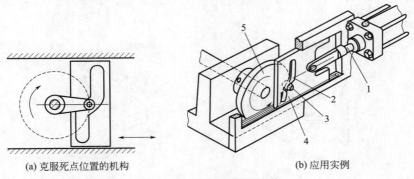

(a) 克服死点位置的机构　　　　　　(b) 应用实例

图 4-23　巧妙的无死点机构

1—活塞杆；2—曲线形长孔；3—曲柄销；4—滑板；5—曲柄轮

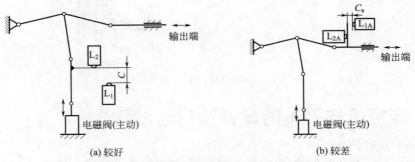

(a) 较好　　　　　　　　　　　(b) 较差

图 4-24　限位开关应设置在连杆机构中行程较长的构件上

发生运动不确定现象，导致从动杆反转，破坏四杆的平行四边形关系。若增加一根与短边平行且长度相等的杆，如图 4-25(b) 所示，可以避免运动不确定，但此时出现虚约束，要求精度高。除上述情况外，凡最短杆与相邻最长杆长度之和等于另两杆长度之和的铰链四杆机构，都可能出现运动不确定现象，可加大从动件惯性予以避免，或用两套机构错开 90°，如图 4-25(c) 所示。

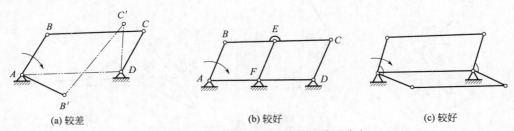

(a) 较差　　　　　　　　(b) 较好　　　　　　　　(c) 较好

图 4-25　避免铰链四杆机构的运动不确定

(5) 防止平行四杆机构反转

如图 4-26(a) 所示为一 "飞毯" 游艺机，座舱做回转运动，但在任何位置都应保持水平，该游艺机采用了平行四杆机构（两组双曲柄机构），其机构运动简图如图 4-26(b) 所示。前面两个臂（AB 杆）为主动件，每个臂有一个液压马达驱动，后面两臂（CD 杆）为从动件，此方案设计原理不当。因为当四个吊挂的回转臂（四个曲柄）转到水平位置时，后臂会因为受座舱重力作用而发生翻转，如图 4-26(c) 所示，致使飞毯不能实现原来的平面平行运动。可改为四个臂（四个曲柄）同时用液压马达驱动，如图 4-26（d）所示，则效果良好。

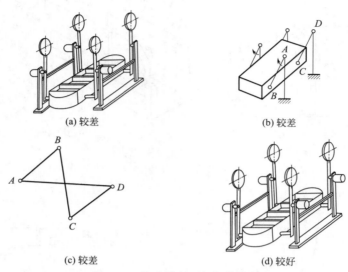

图 4-26　防止平行四杆机构反转

4.1.4　连杆机构平衡的设计技巧与禁忌

（1）曲柄滑块机构的平衡

连杆机构的平衡是比较困难的，如图 4-27（a）所示的单曲柄滑块机构，在曲柄上加配重只能达到部分平衡。图 4-27（b）为两个曲柄滑块机构的并联组合，把两个机构曲柄连接在一起，成为共同的输入构件，两个滑块各自输出往复移动。这种采用相同结构对称布置的方法，可使机构总惯性力和惯性力矩达到完全平衡。若按如图 4-27（c）所示方法布置，则惯性力能得到部分平衡，但机构所占空间较小。

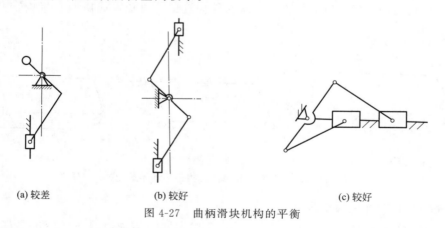

图 4-27　曲柄滑块机构的平衡

（2）利用机构动力学非对称性减小惯性力

如图 4-28（a）所示，曲柄 1、齿条 2 及齿轮 3 经过超越离合器 4 推动一个托板式工件传送系统（图中未表示）的前进转位运动，齿条向右运动时离合器 4 结合，托板水平转位；齿条向左运动时离合器 4 离开，托板不动。工作中发现，在转位过程中的减速段，传动系统上工件的惯性力过大，个别工件离开在托板上的规定位置，并且在转位结束时整个系统产生轻微振动，惯性力过大是由于在减速段的负加速度绝对值过大，转位结束时由于负加速度绝对值最大而产生冲击。

在图 4-28(a) 的机构中，当 $0 \leqslant \phi \leqslant \pi$ 时构件 4 转位。根据曲柄-连杆机构的运动图，在该时间角区间内，增速段时间角大于 $\pi/2$，减速段时间角小于 $\pi/2$，减速段的平均加速度绝对值和最大加速度绝对值以及加速度突跳均大于增速段。如果 $\pi \leqslant \phi \leqslant 2\pi$ 时构件 4 转位，则情况相反，动力学性能可以改善。利用曲柄滑块机构动力学性能在增速与减速段的不对称性，按照动力性能较好的减速段选择工作时间角，设备改变量小，成本最低。将机构布置左右位置交换一下，如图 4-28(b) 所示，可以使减速段时间角大于增速段，减小惯性力影响。

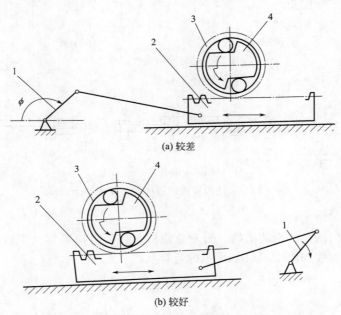

(a) 较差

(b) 较好

图 4-28 曲柄滑块机构动力学性能与位置的布置
1—曲柄；2—齿条；3—齿轮；4—超越离合器

（3）工作侧推力的平衡

如图 4-29(a) 所示连杆机构可以用较小的推力 F_1 产生较大的推力 F_2，但机构中导轨 G_1 和 G_2 受到很大的侧推力。改用如图 4-29(b) 所示两套对称的机构互相连在一起，则产生的侧推力互相平衡，导轨免受侧推力，机械效率较高，运动灵活，F_1 为驱动力，F_2 为工作阻力。注意改进的机构中有虚约束，对机构的精度（如导轨 G_2 的平行度、对称杆长度等）要求较高。

4.1.5　避免连杆机构运动发生干涉

（1）避免铰链四杆机构各构件运动发生干涉

平面连杆机构各构件的运动并不在同一平面内，如果构件安装位置不当，则有可能使杆件运动发生干涉。图 4-30(a) 所示铰链四杆机构，如果按图 4-30(b) 所示安装布置，杆件 AB 与 CD 共面，当 $CD \geqslant AD$ 时，杆 CD 碰到 A 轴，运动发生干涉。改为图 4-30(c) 所示安装布置，各构件不共面，一般不会发生运动干涉。对于多杆机构的设计与安装，尤其要注意杆件的干涉问题。

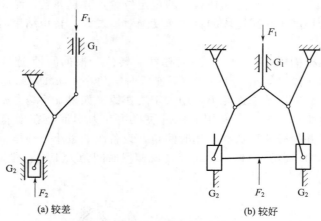

(a) 较差   (b) 较好

图 4-29   避免导轨受侧向推力

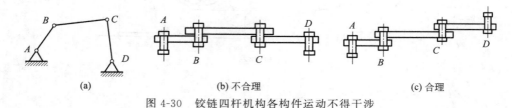

(a)   (b) 不合理   (c) 合理

图 4-30   铰链四杆机构各构件运动不得干涉

（2） 曲柄运动不得与机架干涉

启闭公交汽车门的曲柄滑块机构，为避免曲柄与启闭机构箱体发生碰撞，如图 4-31（a）所示，需要把曲柄做成如图 4-31（b） 所示的弯臂状。

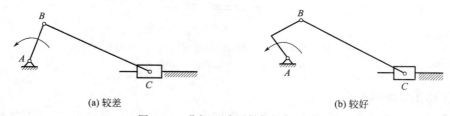

(a) 较差   (b) 较好

图 4-31   曲柄运动不得与机架干涉

4.1.6   改善连杆机构运动性能设计技巧与禁忌

（1） 连杆机构的增力

① 杠杆增力   利用杠杆获得增力是最常见的办法。如图 4-32（a）、（b） 所示，当 $l_1 < l_2$ 时，用较小的 P 可得到较大的力 F，增力关系式为：$F = (l_2/l_1)P$。l_2/l_1 值越大，则增力效果越显著；反之，l_2/l_1 值越小，则增力效果越差；若 $l_2 \approx l_1$，如图 4-32（c） 所示，则不可取，此时 $F \approx P$，无增力效果。

为使增力效果更显著，可通过杠杆组合得到二次增力机构，如图 4-32（d） 所示。四杆机构在图示位置时，若 A 点加力 P，则力传到 A' 时，可产生较大的力 F，即

$$F = \frac{a_1 a_2}{b_1 b_2} P = nP$$

由于 $a_1 > b_1$，$a_2 > b_2$，所以 $n > 1$，n 即增力的倍数。

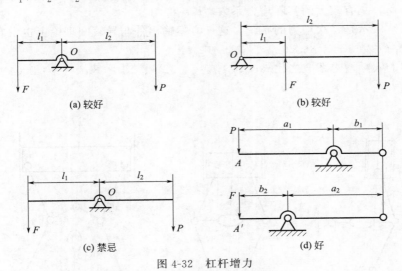

图 4-32　杠杆增力

② 曲柄滑块机构的增力　如图 4-33（a）所示的曲柄滑块机构中，连杆 CE 上受到力 P 作用，从而使滑块 E 产生向下的冲压力 Q，则 $Q = P\cos\alpha$。随着滑块 E 的下移，α 减小，力 Q 将增大。

若串联一个铰链四杆机构，$ABCD$ 作为前置机构，如图 4-33（b）所示，设连杆受力为 F，则后置机构的执行构建滑块 E 所受的冲压力为 $Q = P\cos\alpha = (FL/S)\cos\alpha$，此时随着滑块 E 的下移，在 α 减小的同时，L 增大，S 减小，在 F 不增大的条件下，冲压力 Q 增大了 L/S 倍。设计时可根据要求确定 α、L 和 S。

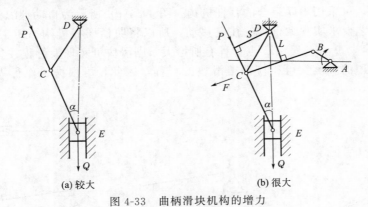

图 4-33　曲柄滑块机构的增力

③ 气动肌腱铰链连杆机构的增力　气动肌腱是一种能够提供双向拉力的新型气动柔性执行元件，充气后其两端产生向中间收缩的拉力，它比汽缸结构简单，摩擦小，拉力大，无污染。图 4-34 所示为以气动肌腱提供动力且以铰链连杆作为增力机构的三种组合机构系统。考虑摩擦力的影响，输出力 F_2 与输入力 F_1 之比 i 称为机构的实际增力系数。算例取角度 $\alpha = \beta = 6°$，杆长 $l = 120\text{mm}$，铰链轴半径 $r = 5\text{mm}$，铰链副摩擦因数 $f = 0.1$，输出件与导轨间摩擦因数 $f_1 = 0.176$。

图 4-34（a）所示是双边单作用的系统，这一方案结构简单，但是输出件与导轨间压力大，产生很大的摩擦力，实际增力系数小，$i_1 = 4.32$。

图 4-34(b) 所示是对称双边单作用的系统，这一方案输出件与导轨间理论上没有压力，横向力互相平衡，具有较大的实际增力系数，$i_2=8.81$。

图 4-34(c) 所示是二次增力的系统，这一方案输出件与导轨间理论上也没有压力，具有最大的实际增力系数，$i_3=38.29$。

三种方案的实际增力系数之比 $i_1:i_2:i_3=4.32:8.81:38.29=1:2.04:8.86$。第三种方案增力最大。

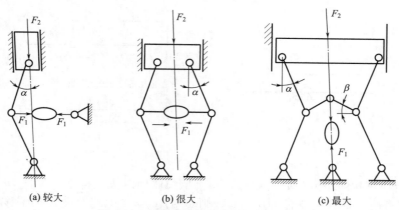

(a) 较大　　　　　　　(b) 很大　　　　　　　(c) 最大

图 4-34　气动肌腱铰链连杆机构的增力

（2）连杆机构的增程

① 自动针织横机上导线用连杆机构的增程　自动针织横机上导线用连杆机构的增程一般采用单一的曲柄滑块机构［图 4-35(a)］，或曲柄摇杆机构［图 4-35(b)］，在要求实现较大行程时，常因受曲柄长度的限制而行程不宜太大。

为增大行程，可采用串联组合的六杆机构，图 4-35(c) 所示为自动针织横机上导线用的连杆机构，因工艺要求实现大行程的往复移动，所以将曲柄摇杆机构 ABCD 和摇杆滑块机构 DEG 串联组合，E 点行程比 C 点行程有所增大，则滑块可实现大行程往复移动的工作要求。调整摇杆 DE 的长度，可相应调整滑块的行程，因此，可根据工作行程的大小来确定 DE 的杆长。

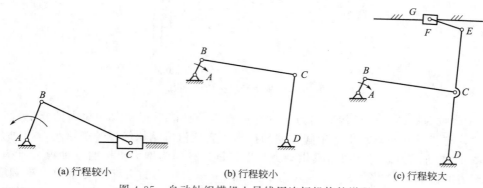

(a) 行程较小　　　　　　　(b) 行程较小　　　　　　　(c) 行程较大

图 4-35　自动针织横机上导线用连杆机构的增程

② 双滑块行程增大机构　如图 4-36(a) 所示为对称双滑块压缩机机构。曲柄 1 转动时，通过对称铰链 A、B 及连杆 AD、BC 分别驱动活塞 3 及汽缸体 2 做相反方向移动，相对最

大行程为 $H=4R$，R 为曲柄 1 半径。相同条件下，若采用单一的曲柄滑块机构，如图 4-36 (b) 所示，则其最大行程 $H'=2R$，显然图 4-36(a) 所示的最大行程是图 4-36(b) 所示最大行程的 2 倍，增程效果显著。

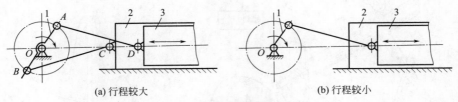

(a) 行程较大　　　　　　　　　　(b) 行程较小

图 4-36　双滑块行程增大机构

③ 六杆机构摆角放大机构　如图 4-37(a) 所示为缝纫机摆梭机构，它是由曲柄摇杆机构 1-2-3-6 与摆动导杆机构 3-4-5-6 组成。曲柄 1 为主动件，摆杆 5 为从动件，当曲柄 1 连续转动时，通过连杆 2 使摆杆 3 做一定角速度的摆动，一般曲柄摇杆（摆杆）摆角较小 [图 4-37(b)]，但通过与摆动导杆机构的组合将会使从动摆杆 5 的摆角增大，该机构摆杆 5 的摆角可增大到 200°左右。

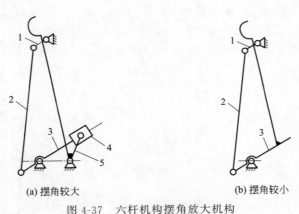

(a) 摆角较大　　　　　　　　　　(b) 摆角较小

图 4-37　六杆机构摆角放大机构

1—曲柄；2—连杆；3,5—摆杆；4—滑块

④ 高度表的摆角放大机构　图 4-38(a) 所示为飞机上使用的膜盒式高度表结构简图，飞机飞行高度 H 不同时，大气压 P 将会发生变化，使真空膜盒（灵敏元件）产生位移，通过曲柄滑块机构将位移转换为曲柄 3 的转角 α（α 一般很小），再经过齿轮机构放大转换为指针的转角 φ，从而在度盘上指出相应的高度，其机构运动简图如图 4-38(b) 所示。

⑤ 双杠杆摆角增大机构　如图 4-39(a) 所示正弦机构，摆角 α 一般都很小，在一些含有正弦机构的测微仪器中，往往采用双杠杆机构进行摆角放大。如图 4-39(b) 所示的双正弦-齿轮传动测微仪，即为典型的一例，图中正弦机构的微小位移 S 通过两级杠杆与齿轮传动，可使度盘上的指针获得很大的转角。

（3）实现匀速运动的连杆机构

① 实现匀速摆动的六杆机构　众所周知，在曲柄摇杆机构中，即使曲柄匀速转动，摇杆摆动的角速度并不均匀。实际工作中，又常希望摇杆能获得近似均匀的角速度。曲柄摇杆机构是将主动件曲柄的匀速转动变成从动件的变速运动，那么反过来，让变速运动的摆杆作主动件，就可使曲柄做匀速运动，若不做整周转动，即可作为匀速摆动。图 4-40(a) 所示为输出件近似匀速摆动的连杆机构。该连杆机构由两个曲柄摇杆机构对称串联而成，前一个机

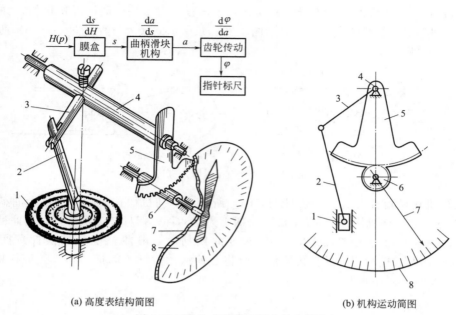

(a) 高度表结构简图

(b) 机构运动简图

图 4-38　膜盒式高度表摆角放大机构

1—膜盒；2—连杆；3—曲柄；4—轴；5—扇形齿轮；6—小齿轮；7—指针；8—度盘

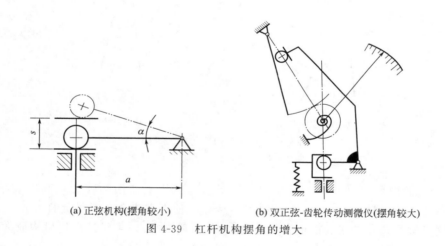

(a) 正弦机构(摆角较小)

(b) 双正弦-齿轮传动测微仪(摆角较大)

图 4-39　杠杆机构摆角的增大

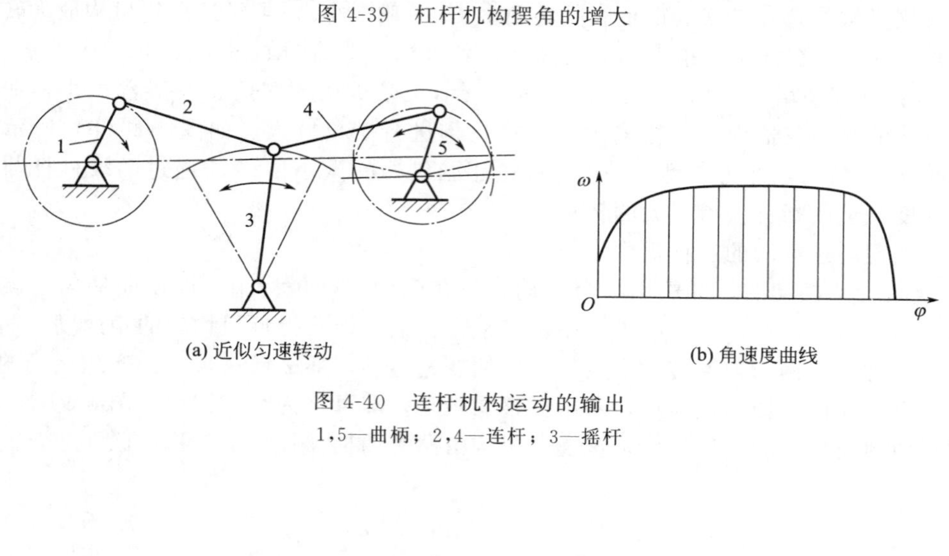

(a) 近似匀速转动

(b) 角速度曲线

图 4-40　连杆机构运动的输出

1,5—曲柄；2,4—连杆；3—摇杆

构的曲柄 1 通过连杆 2 带动摇杆 3，后一个机构由摇杆 3 通过连杆 4 带动曲柄 5，前一个机构中变速摆动的摇杆 3 正是后一机构中的主动件，曲柄 1 与曲柄 5 等长，曲柄 5 的固定转动中心比曲柄 1 的固定转动中心略低。该机构输入构件为匀速转动的曲柄 1，输出构件 5 可获得 120°～150°摆角的近似匀速摆动，其角速度曲线如图 4-40(b) 所示。

② 实现匀速移动的导杆机构 如图 4-41(a) 所示，转动导杆机构 ABD，曲柄主动，输入匀速转动，连架杆 BD 为输出构件，输出非匀速转动。图 4-41(b) 所示为一个以图 4-41(a) 为基础可实现等速移动功能的牛头刨床的串联组合机构，前置机构仍为图 4-41 (a) 的转动导杆机构 ABD，后置机构则为摆动导杆机构 BCE，输入构件为 BE，输出构件为 CF，最后面机构为摇杆滑块机构 CFG，输入构件为 CF，输出构件为 G 处的滑块，经过 3 个基本机构的串联，可使滑块 4 在所需要的区段内实现匀速移动的功能。

③ 实现匀速转动的导杆机构 如图 4-42(a) 所示为一转动导杆机构，输出构件导杆可以传递非匀速转动，若将导杆的摆动中心 C 置于曲柄的活动铰链 B 的轨迹圆上，如图 4-42 (b) 所示，则导杆将做等速转动，其角速度为曲柄 AB 速度的一半。但当这种机构运动到极限位置时会出现运动不确定。为了消除图 4-42(b) 导杆机构的运动不确定性，加入第二个滑块，并将导杆设计成带十字槽的圆盘，如图 4-42(c) 所示，双臂曲柄两端滑块在十字槽中运动。圆盘和转臂绕各自的固定转轴转动。由于此机构是低副机构，故可用来传递较大载荷。串联两种这样的机构，就可以获得 1:4 的无声传动。

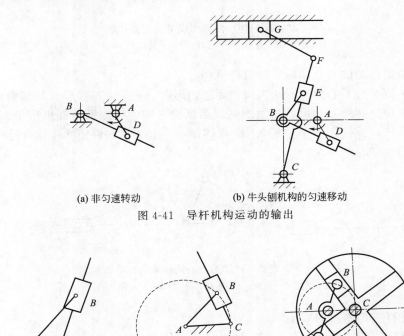

(a) 非匀速转动　　　　　(b) 牛头刨机构的匀速移动

图 4-41　导杆机构运动的输出

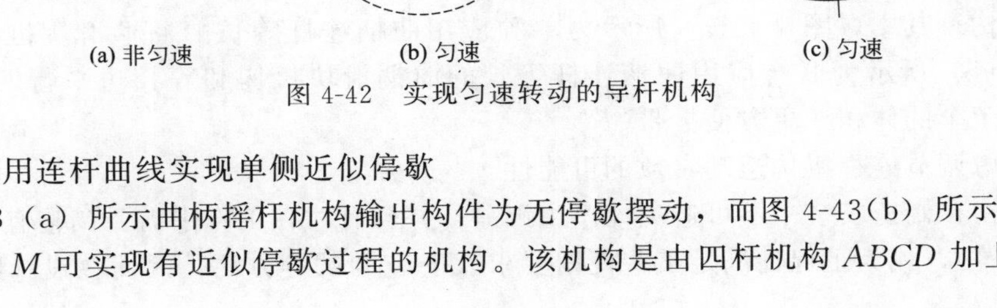

(a) 非匀速　　　　(b) 匀速　　　　(c) 匀速

图 4-42　实现匀速转动的导杆机构

(4) 利用连杆曲线实现单侧近似停歇

图 4-43 (a) 所示曲柄摇杆机构输出构件为无停歇摆动，而图 4-43(b) 所示为利用连杆曲线上的点 M 可实现有近似停歇过程的机构。该机构是由四杆机构 $ABCD$ 加上杆组 MEF

（包括滑块 4、导杆 5）组成的六杆机构。M 点为连杆 BC 上的一点，M 点铰接滑块 4。M 点的轨迹 m 中的 M_1M_2 段为近似直线段。当主动件曲柄 1 连续转动时，通过连杆 BC 上的 M 点带动滑块 4 和导杆 5 往复摆动。当导杆 5 摆动到左极限位置时正好与 M 点的近似直线轨迹 M_1M_2 重合，在 M 点从 M_1 到 M_2 的运动过程中，从动导杆 5 做近似停歇。该机构利用连杆曲线的直线段实现了从动件的单侧间歇运动，可用于轻工机械、自动生产线和包装机械中运送工件或满足某种特殊的工艺要求，实现某种加工。

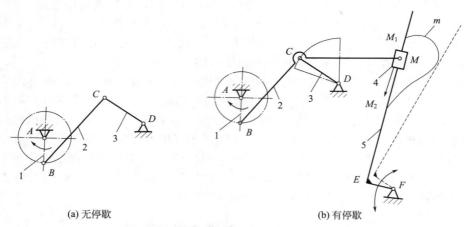

(a) 无停歇   (b) 有停歇

图 4-43   利用连杆曲线实现单侧近似停歇

1—曲柄；2—连杆；3—摇杆；4—滑块；5—导杆

（5）实现急回运动的对心曲柄滑块组合机构

图 4-44(a) 所示的对心曲柄滑块机构，无急回运动，若与曲柄摇杆机构组合，则可形成有急回运动的机构。如图 4-44(b) 所示的钢锭热锯机机构，将曲柄摇杆机构 1-2-3-4 与曲柄滑块（或摇杆滑块）机构 4'-5-6-1 的输入件 4' 固接在一起，从而可使原来没有急回运动特性的滑块有了急回运动。

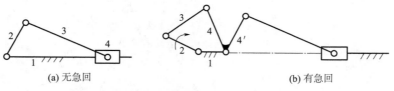

(a) 无急回   (b) 有急回

图 4-44   实现急回运动的对心曲柄滑块组合机构

1—机架；2—曲柄；3—连杆；4—滑块；4'—输入件

（6）伸展连杆机构体积的减小

伞是人们日常生活中的必需品，但普通的伞由于体积较大，在旅行和外出时携带很不方便，所以人们希望能将伞折叠起来，平时不用时体积越小越好。图 4-45 所示为两种晴雨伞折叠伸展机构。其中，图 4-45(a) 所示为单独应用曲柄连杆等长的曲柄滑块机构，体积较大；图 4-45(b) 所示为联合应用曲柄连杆等长的曲柄滑块机构和等长边平行四边形机构，折叠后减小了伞的体积，更方便携带。

（7）考虑调节连杆机构运动参数的可能性

因为机构在制造安装中不可避免地产生误差，并且有时在工作中需要调整有关参数（如行程、摆角等），或为了保证满足某些使用要求及安装调试等方便，因而在设计时，对所选

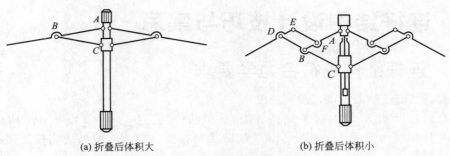

(a) 折叠后体积大　　　　(b) 折叠后体积小

图 4-45　两种晴雨伞折叠伸展机构

的机构应考虑有这种调节的可能性。

① 导槽位置的调节　如图 4-46(a) 所示，导槽 1 与水平线倾角 α 不可调，而图 4-46(b) 所示机构中滑块 3 的导槽 1 可调，其可绕轴 A 转动，从而改变导槽与水平线的倾角 α，调节好后，将导槽 1 紧固，这样可改变滑块 2 的往复运动规律。

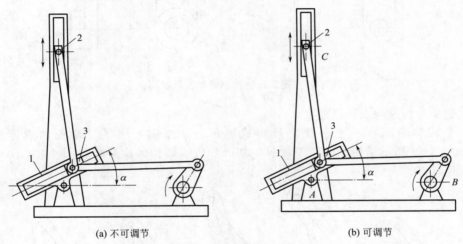

(a) 不可调节　　　　　　(b) 可调节

图 4-46　导槽位置的调节
1—导槽；2,3—滑块

② 用螺旋机构调节曲柄长度　如图 4-47(a) 所示连杆机构，曲柄 AB 长度不可调，而图 4-47(b) 所示连杆机构则可通过螺旋机构调节曲柄的长度。

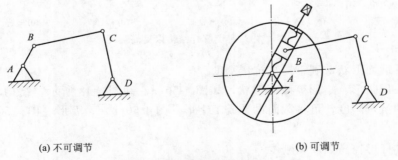

(a) 不可调节　　　　　　(b) 可调节

图 4-47　用螺旋机构调节曲柄长度

4.2　连杆结构设计技巧与禁忌

4.2.1　连杆结构应符合力学要求

（1）提高铰链接触处厚度以提高强度

一般在杆长尺寸 R 较大时采用图 4-48 所示的结构。图 4-48（a）所示结构强度不如图 4-48（b）所示结构强度好。因为传动时铰链接触处受力较大，所以提高铰链接触处的厚度对提高连杆强度是有利的。

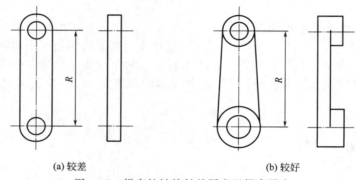

(a) 较差　　　　　　　　　　　　　　(b) 较好

图 4-48　提高铰链接触处厚度以提高强度

（2）避免弯杆结构以提高强度

当三个转动副同在一个杆件上且构成钝角三角形时，应尽量避免做成弯杆结构。图 4-49（a）、（b）所示结构强度较差，图 4-49（c）所示结构强度一般，图 4-49（d）、（e）所示结构强度较好。

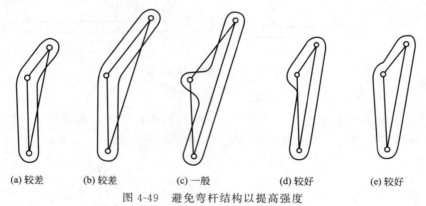

(a) 较差　　　　(b) 较差　　　　(c) 一般　　　　(d) 较好　　　　(e) 较好

图 4-49　避免弯杆结构以提高强度

（3）杆件截面形状应利于提高抗弯刚度

杆件可采用圆形、矩形等截面形状，如图 4-50（a）和图 4-48 所示，结构较简单。若需要提高构件的抗弯刚度，可将截面设计成工字形 [图 4-50（b）]、T 形 [图 4-50（c）]或 L 形 [图 4-50（d）]。

（4）对称杆形提高强度和刚度

图 4-51（a）所示的杆件结构简单，但强度和刚度较差，容易出现偏载。当工作载荷较大时，可采用图 4-51（b）所示的结构，利用对称杆形提高强度和刚度。

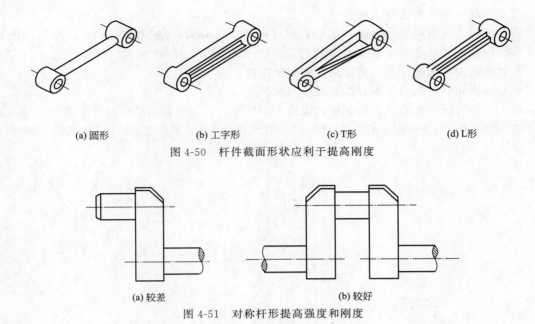

(a) 圆形　　　　　　　(b) 工字形　　　　　　(c) T形　　　　　(d) L形

图 4-50　杆件截面形状应利于提高刚度

(a) 较差　　　　　　　　　　　　　　　　(b) 较好

图 4-51　对称杆形提高强度和刚度

（5）偏心轮（轴）结构提高强度和刚度

将偏心轮 ［图 4-52(a)］ 与轴做在一起称为偏心轴 ［图 4-52(b)］。由于偏心轮（轴）机构中偏心距即为杆的长度，其强度和刚度比单独做出的细而短的杆高很多，因此这种结构在模锻压力机、冲床、剪床、破碎机等方面有着广泛的应用。

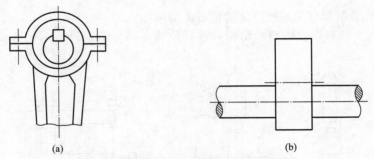

(a)　　　　　　　　　　　　　　　　(b)

图 4-52　偏心轮（轴）结构提高强度和刚度

（6）提高剖分式连杆盖的刚度

如图 4-53(a) 所示，垂直于剖分方向承受推拉载荷的连杆盖，易产生挠曲，这样的挠曲反复进行就会使紧固螺栓反复弯曲，引起紧固松弛，螺栓损坏。图 4-53(b) 中加厚了连杆盖，使其具有不致产生挠曲的刚性，可使连杆正常工作。

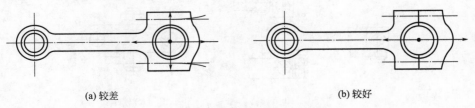

(a) 较差　　　　　　　　　　　　　　　　(b) 较好

图 4-53　提高剖分式连杆盖的刚度

（7）提高抗振性的连杆结构

有些工作情况有频繁的冲击和振动，对杆件的损害较大，这种情况下图 4-50 所示的连杆结构抗振性不好。在满足强度要求的前提下，采用图 4-54 所示结构，杆细些且有一定弹性，能起到缓冲吸振的作用，可提高连杆的抗振性。

（8）采用相同结构对称布置提高强度和抗振性

图 4-55(a) 所示在曲柄上加配重只能使力部分平衡。采用相同结构对称布置的方法，如图 4-55(b) 所示，可使机构总惯性力和惯性力矩达到完全平衡，从而提高连杆的强度和抗振性。

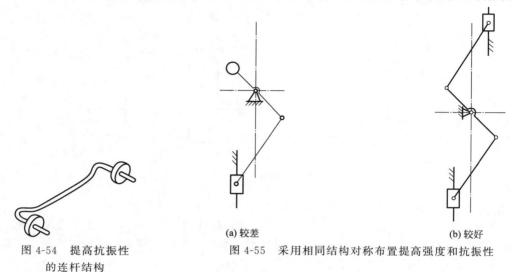

(a) 较差　　　　　　　　　　　　　　　　　　　(b) 较好

图 4-54　提高抗振性　　　　　　图 4-55　采用相同结构对称布置提高强度和抗振性
的连杆结构

（9）具有转动副和移动副连杆结构偏心距的选择

图 4-56 所示为具有转动副和移动副的连杆结构。图 4-56(a) 所示的移动导路中心线通

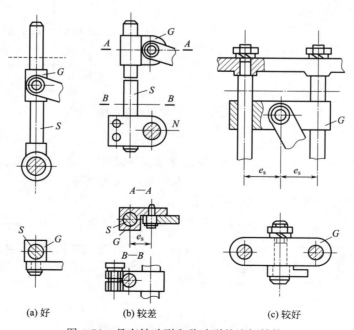

(a) 好　　　　　　(b) 较差　　　　　　(c) 较好

图 4-56　具有转动副和移动副的连杆结构

过转动副中心，一般对运动副的磨损与传动阻力影响很小，通常应优先选用；而图 4-56(b) 所示导路中心线与转动副中心存在偏距 e_s，对机构传力产生有害影响，引起构件倾斜，从而加剧运动副的磨损和传动阻力。如图 4-56(c) 所示，采用两导路对称结构，可改善受力，但结构尺寸增大，且这种超静定结构提高了对构件制造和装配精度的要求。

4.2.2 提高连杆的结构工艺性

(1) 采用剖分式连杆便于装配

与曲轴中间轴颈连接的连杆必须采用剖分式结构，因为如果采用整体式连杆将无法装配。这种结构形式在内燃机、压缩机中经常采用。剖分式连杆的结构如图 4-57 所示，连杆体、连杆盖、螺栓和螺母等几个零件共同组成一个连杆。

(2) 桁架式结构提高经济性和制造性

当构件较长或受力较大，采用整体式杆件不经济或制造困难时，可采用桁架式结构，如图 4-58 所示。不但提高了经济性和制造性，还节省了材料、减轻了重量。

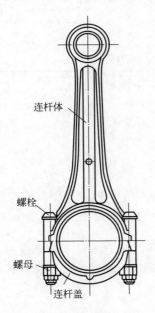

图 4-57 剖分式连杆结构

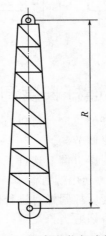

图 4-58 杆件的桁架式结构

(3) 应用型材使加工简便

杆件用型材冲压而成，既省料又省工。图 4-59(a) 为直接用板材制成的连杆，带有两个转动副。图 4-59(b) 所示的折边结构为板材冲压而成，来提高构件的抗弯刚度。

(4) 长杆淬火表面处理要竖直

如图 4-60(a) 所示，长杆进行淬火表面处理时，如果在横置的状态下进行高温处理，则长杆将会由于自重而下垂，从而产生弯曲。在磨削完了以后，由于表面层厚度不均匀，还将再次发生弯曲。所以，对于长杆淬火表面处理时，要在竖直状态下进行，如图 4-60(b) 所示。

(5) 铸造连杆应考虑分型面合理

当连杆为铸造方法制成，设计时应考虑分型面合理。图 4-61(a) 所示要采用弯折的分型面，难于保证尺寸准确。如改成图 4-61(b) 所示结构，分型面简单、合理，只用一个平面。

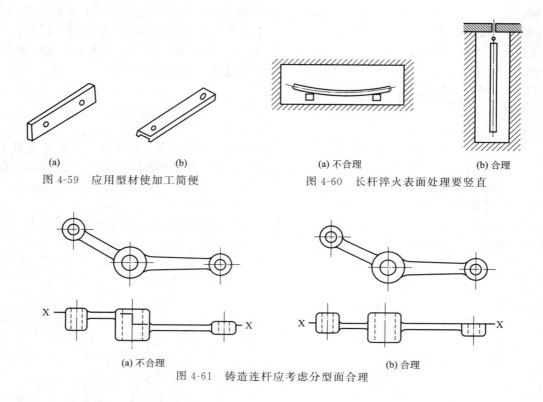

图 4-59　应用型材使加工简便

(a) 不合理　　　　(b) 合理

图 4-60　长杆淬火表面处理要竖直

(a) 不合理　　　　　　　　(b) 合理

图 4-61　铸造连杆应考虑分型面合理

4.2.3　连杆长度调节结构

调节连杆的长度，可以改变从动件的行程、摆角等运动参数，所以一些机构中要求连杆的长度是可以调节的。

（1）利用螺钉调节连杆长度

图 4-62 为利用螺钉调节连杆长度。图 4-62（a）为利用固定螺钉来调节连杆的长度，调整好连杆长度后拧紧螺钉进行固定。图 4-62（b）调节杆长 R 时，松开螺母，在杆的长槽内移动销钉，得到适当长度后拧紧螺钉进行固定。

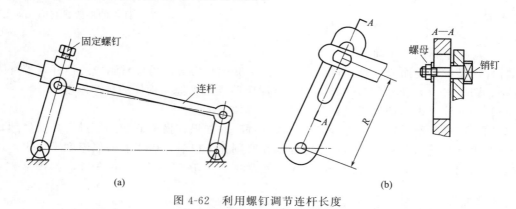

图 4-62　利用螺钉调节连杆长度

（2）利用螺旋传动调节连杆长度

图 4-23 为利用螺旋传动调节连杆长度。图 4-63（a）中的连杆做成左右两半节，每节的

一端带有螺纹，但旋向相反，并与连接套构成螺旋副，转动连接套即可调节连杆的长度。图 4-63(b) 调节连杆长度时，转动螺杆，滑块连同与它相固接的连杆销在杆的滑槽内上下移动，从而改变连杆长度 R。

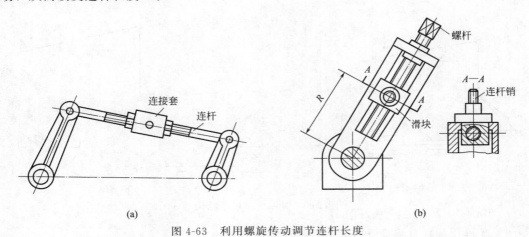

图 4-63　利用螺旋传动调节连杆长度

4.3　推拉杆结构设计技巧与禁忌

4.3.1　符合力学要求的推拉杆设计技巧与禁忌

（1）拉力机构比推力机构好

在进行推拉杆机构设计时，在可能的条件下，应尽可能设计为拉力机构，因为在同样载荷的情况下，拉力机构的重量可以减轻许多，尤其是在一些行程比较长的情况下，推力机构几乎无法实现。两种情况的比较见图 4-64。

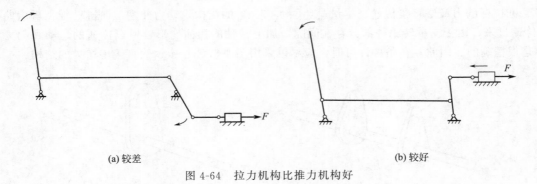

(a) 较差　　　　　　　　　　　　　　　　(b) 较好

图 4-64　拉力机构比推力机构好

（2）避免长杆用于推力场合

对于长杆用于推力载荷的场合，由于长杆受压，当压力较大时，会出现侧向弯曲的失稳现象，虽然可以加大截面，满足使用要求，但很不经济，为此，可考虑将压杆变为拉杆，则无需考虑上述情况。例如图 4-65(a) 所示，远距离传递往复运动采用的杆系驱动方案，转动手柄 B 通过杆 C 使 A 处一楔子楔入槽中，使用中发现，虽然施加力已足够大，但仍楔不紧，原因正如上面所述杆 C 工作时受压，压力较大时，在 x、y 方向都会出现失稳现象。为此可采用图 4-65(b) 所示结构，则楔入时杆 C 由压杆变成拉杆，且在杆

C上与曲柄铰接处开槽形孔，其余处不需改变杆件截面形状及尺寸，抬起操作杆B便能保证楔子可靠地楔紧，由于楔子做成有自锁性能，因此楔入力往往大于拔出力，所以用拉杆较合理。

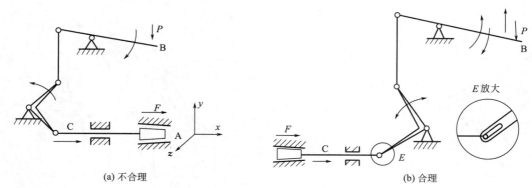

(a) 不合理　　　　　　　　　　　(b) 合理

图 4-65　杆系驱动楔紧结构

（3）受推拉的杆宜将承受较大力的一方设计成受拉

推拉杆应尽可能布置成为受拉方式的杆，在某种程度上既承受推力又承受拉力时，应把承受较大力的一方设计成受拉。图 4-66(a) 所示结构较差，而图 4-66(b) 所示结构较好。

(a) 较差　　　　　　　　　　(b) 较好

图 4-66　宜将承受较大力的一方设计成受拉

（4）推、拉力尽可能直接传递

推拉杆的力最好直接传递，尽量避免图 4-67(a) 的结构，动力曲柄1通过转轴，再由曲柄2传递过来，由于支承转销等部分存在间隙，加上转轴的扭曲变形，所以传递的运动和动力都不是很精确的。因此，在条件许可时，应尽量采用图 4-67(b) 所示的直接传递力的结构。

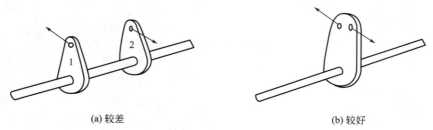

(a) 较差　　　　　　　　　　(b) 较好

图 4-67　推、拉力应尽可能直接传递

（5）推拉杆不能设计成弯曲的

设计推拉杆时，当两个曲柄位置不在一个平面内时，禁止将推拉杆设计成弯曲的，如图 4-68(a) 所示，因弯曲的推拉杆无法准确传递运动的行程和动力。因此，一般应尽量将两曲柄置于同一平面内，并采用直的推拉杆，如图 4-68(b) 所示。万不得已时，宁可增加一只曲柄来达到运动要求，也不能用弯曲的推拉杆，而且尽可能设计成拉杆。

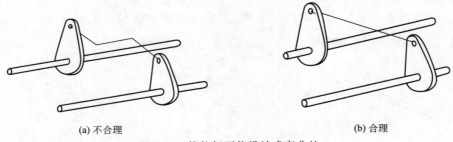

(a) 不合理　　　　　　　　　　　　　　(b) 合理

图 4-68　推拉杆不能设计成弯曲的

（6）在移动方向负载时要尽量承受垂直的力

在像拉近式输送装置等那样单道有负载单道无负载的输送曲柄机构中，在相关位置的选择上，图 4-69(a) 所示的受力情况不合理。最好使移动方向和曲柄、曲柄和其受力方向，在负载时尽量承受接近垂直的力，如图 4-69(b) 所示。

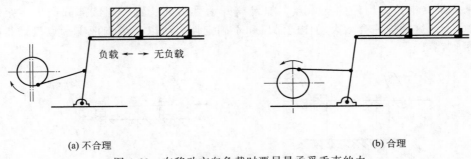

(a) 不合理　　　　　　　　　　　　　　(b) 合理

图 4-69　在移动方向负载时要尽量承受垂直的力

（7）活塞杆受力最好通过其中心

图 4-70(a) 所示为用汽缸拉动闸门使其开启。闸门的关闭由重锤自重落下。采用汽缸带动滑轮的方法开启闸门，但因钢绳合力有很小的偏角，使活塞杆受到垂直于轴向的分力，故活塞在汽缸内别劲，容易卡住。为解决这一问题可将汽缸采用中心铰形式，如图 4-70(b) 所示，在活塞工作时可有微量的摆动，使钢绳作用在滑轮的合力通过活塞杆的中心。

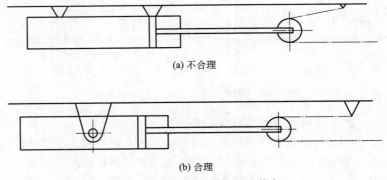

(a) 不合理

(b) 合理

图 4-70　活塞杆受力最好通过其中心

（8）推上工作缸支点位置的选择

图 4-71 为利用油压、水压、气压使工作台倾斜的场合。这种场合，随着工作台的倾斜，

工作缸中心线的斜度在改变。那么这三种情况哪一种最稳定呢？显然，把载荷作用中心线自然地成为一条直线的位置作为工作缸支点来选择最为合理。所以，图 4-71(a) 所示结构不如图 4-71(b)、(c) 结构好。

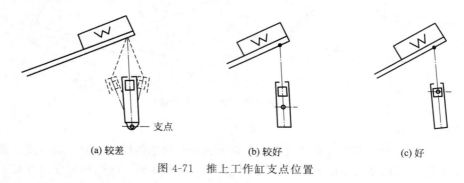

| (a) 较差 | (b) 较好 | (c) 好 |

图 4-71 推上工作缸支点位置

（9）要使推拉杆的受力支点尽量接近支承点

用来支承受推拉力构件的支承点，如果离开承受力的位置，则该部分产生多余的挠曲［图 4-72(a)］，这种挠曲会增大动作的滞后和不确定性，所以要尽量把支承点设计得接近受力点［图 4-72(b)］。

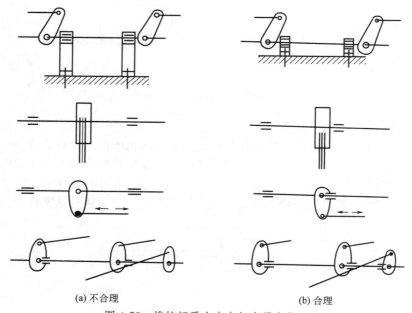

| (a) 不合理 | (b) 合理 |

图 4-72 推拉杆受力支点与支承点位置

（10）长汽缸活塞杆外伸时应避免杆受弯曲

如图 4-73(a) 所示，当卧式长汽缸（或油缸）的活塞杆外伸时，因活塞杆自重下垂，将会使杆造成弯曲的不良影响。应在活塞杆外伸端给予支撑并能自由伸缩，如图 4-73(b) 所示。

4.3.2 推拉杆连接结构设计技巧与禁忌

（1）尽量避免偏心载荷的铰链连接

推拉杆传递力的铰链部分，如果做成图 4-74(a) 所示的结构，将使推拉杆承受偏心载

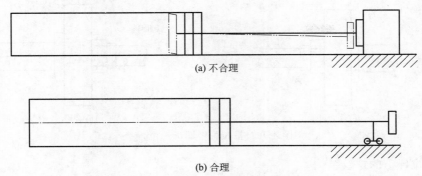

图 4-73 长汽缸活塞杆外伸端结构

荷，从而产生弯曲变形，使之增加一个附加弯曲载荷，不能精确完成推拉动作，严重者则由于变形过大而无法进行工作。因此，推拉杆的传力铰链应设计为图 4-74（b）所示的同心结构。

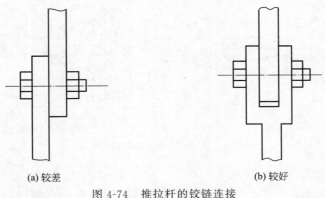

图 4-74 推拉杆的铰链连接

（2）避免连接的螺口销钉受弯曲应力

如图 4-75（a）所示承受悬臂载荷的支点的螺口销钉，由于载荷的作用而弯曲。设计时要设法使承受这种载荷处的螺口销钉螺纹所承受的载荷不是弯曲，而是拉伸，如图 4-75（b）所示。

图 4-75 避免连接的螺口销钉受弯曲应力

（3）推拉杆中螺母的位置

在推拉杆上采用轴肩配合螺母来紧固活塞等嵌装件时，应避免采用图 4-76(a) 结构，因它使主载荷 P 直接作用于螺母上，由于螺纹总是有间隙的，螺母容易松动，而且螺母端面与中心的垂直度也不高，容易造成偏载。应采用图 4-76(b) 所示的结构，使主载荷 P 作用于轴肩上。

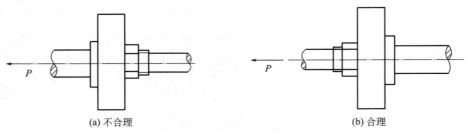

图 4-76   推拉杆中螺母的位置

（4）推拉杆上的螺纹结构

在推拉杆上直接用螺纹连接的零件，由于受往复的推拉载荷，螺纹部分很容易产生晃动，严重影响推拉杆的正常工作。因此，禁止采用图 4-77（a）所示的仅有螺纹连接的结构，应采用图 4-77（b）所示的结构，除螺纹连接外，再加一螺母使其锁紧才可靠。

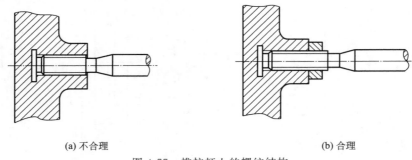

图 4-77   推拉杆上的螺纹结构

（5）推拉杆的端部结构

设计推拉杆的端部结构时，与一般旋转轴一样，应避免应力集中，凡截面有急剧变化处，一定要圆滑过渡，不要形成尖角，例如图 4-78（a）所示结构，会造成很大的应力集中区，轻则零件变形，重则由于应力过大而损坏。图 4-78（b）、（c）、（d）所示结构较好。

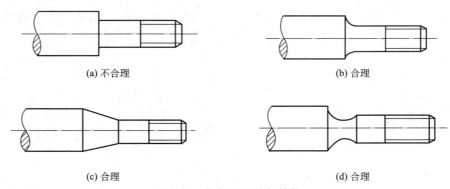

图 4-78   推拉杆的端部结构

（6）推拉杆的行程终端位置不要形成台阶磨损

推拉杆的行程终端位置的确定，要注意不要形成台阶磨损。如图 4-79（a）所示的行程终端位置，由于杆的往复运动，则轴承内的部分被磨损，轴承以外的部分无磨损，久之则形成台阶，将影响推拉杆的使用性能。图 4-79（b）所示结构，推拉杆的行程终端使全部长度都进到轴承内，则不会形成台阶。

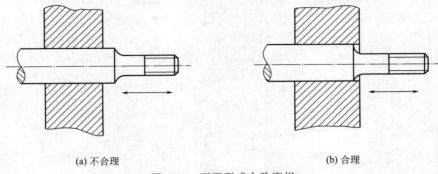

(a) 不合理   (b) 合理

图 4-79　不要形成台阶磨损

4.3.3　推拉杆装配问题设计技巧与禁忌

（1）细长推拉杆中部禁忌用螺母紧固

在较细长的推拉杆中部，禁忌采用图 4-80(a) 所示的用轴肩配合螺母紧固嵌装件。这是由于螺纹的间隙和螺母端面与轴线垂直度误差的存在，如强力紧固，易造成推拉杆的弯曲变形，影响推拉杆的运动。再者，当被紧固的安装件的平行度不正确，也会出现同样的情况。因此，应采用其它的紧固方式，如图 4-80(b) 所示，用凸肩上螺钉紧固，就是一种可行的结构。

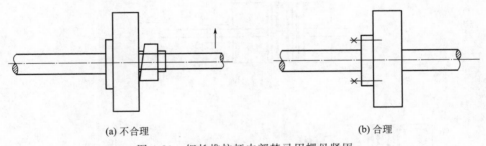

(a) 不合理   (b) 合理

图 4-80　细长推拉杆中部禁忌用螺母紧固

（2）不宜在推拉杆上设计两段以上等长度的紧接的嵌装结构

如图 4-81(a) 所示，这样不但装配困难，而且这种连续两个台阶的配合造成重复定位，既增加了加工精度的要求，也增大了配合区的误差。应如图 4-81(b) 所示，让开头一段长一些，作为导向先装入，后面一段短一些，在前一段导向下，装入就很方便了。

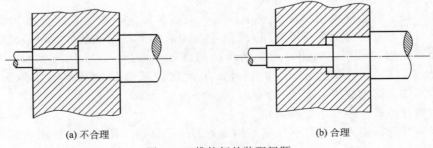

(a) 不合理   (b) 合理

图 4-81　推拉杆的装配问题

（3）推拉杆上装活塞的形式

在推拉杆上嵌装活塞等零件时，禁止采用图 4-82(a)、(b) 所示的结构。因图 4-82(a) 用锥面与轴肩同时固定，无法准确保证位置精度和过盈量；图 4-82(b) 中锥度太小，在很大的轴向力作用下，杆很容易楔入孔内，甚至造成活塞等的破坏。所以，应采用图 4-82(c) 所示的圆柱面加轴肩的定位形式较好。要采用锥面定位时，则应用图 4-82(d) 的大锥度才行。

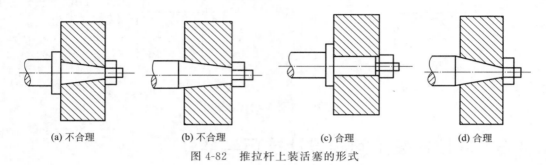

(a) 不合理　　　　　(b) 不合理　　　　　(c) 合理　　　　　(d) 合理

图 4-82　推拉杆上装活塞的形式

（4）活塞杆的端盖不要封闭

活塞的尾杆等凸出于机械外部的情况，由于运转时尾杆进出，为了防止发生事故和将尾杆弄脏，需要加盖［图 4-83(a) 所示未加盖，不合理］，但不能使盖子封死，否则就好似形成压缩机，如果有来自密封压盖的泄漏就会形成异常的高压，发生危险，图 4-83(b) 的结构是不允许的。正确结构如图 4-83(c) 所示。

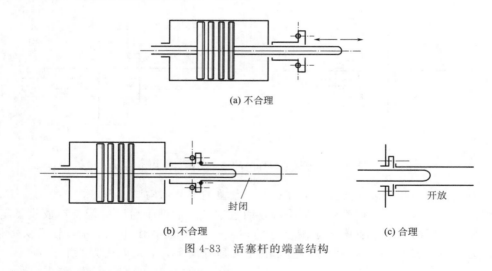

(a) 不合理

封闭

(b) 不合理　　　　　　　　　　开放

(c) 合理

图 4-83　活塞杆的端盖结构

（5）防止嵌装杆在阶梯配合处压入

由于推拉杆上嵌装件的阶梯配合处不只是限定嵌装位置，因为在配合面上承受反复载荷，所以针对这一点配合面要有不致压入的足够宽度，特别是被嵌装件为像铝活塞那样的软件时，更要有足够的凸肩，图 4-84(a) 所示凸肩宽度不够，应改为图 4-84(b) 所示结构。如果没有凸肩则需要套入相当于它的轴环，但是这种场合的轴环要有不致成为倒伞状［图 4-84(c)］的足够的厚度，如图 4-84(d) 所示。

（6）嵌装杆的嵌入起点不要有尖角

为使嵌装杆容易嵌入，应将嵌装起点做成有斜度形状，以便推入。如图 4-85(a) 所示为不合理结构，如图 4-85(b) 所示为合理结构。

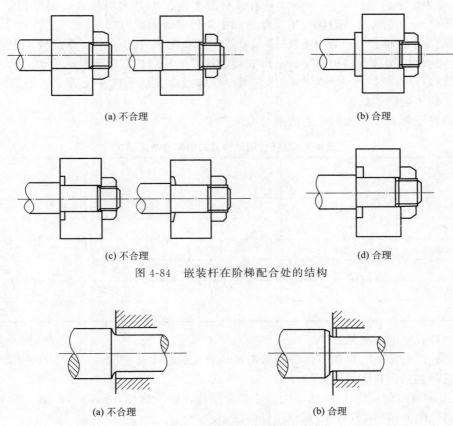

(a) 不合理   (b) 合理

(c) 不合理   (d) 合理

图 4-84 嵌装杆在阶梯配合处的结构

(a) 不合理   (b) 合理

图 4-85 嵌装杆的嵌入起点不要有尖角

4.4 摆杆结构设计技巧与禁忌

4.4.1 摆杆结构形式的选取

（1）常见的摆杆结构形式

摆杆的结构形式按其与主动件接触处的形状分为尖端、滚子、平面和曲面四种。

① 顶端为尖端的摆杆 ［图 4-86(a)］ 结构简单，不论何种主动件的轮廓曲线形状，都能与尖端很好地接触，保证摆杆按设定的运动规律运动。但尖端极容易磨损，磨损后会使杆件运动失真，因此常用于低速及轻载的场合。

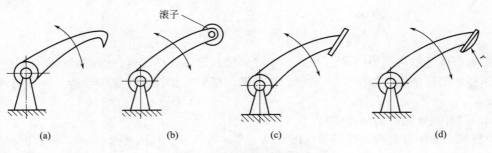

滚子

(a)   (b)   (c)   (d)

图 4-86 摆杆的结构形式

② 顶端为滚子的摆杆［图 4-86（b）］　具有耐磨损、传力大的特点，但存在结构复杂、尺寸大、不易润滑等缺点。广泛应用于低速和中速传递较大动力的场合。

③ 顶端为平面的摆杆［图 4-86（c）］　端部只能和轮廓外凸的主动件接触，无法和内凹轮廓接触。这种结构具有结构简单、易形成接触油膜等特点，常用于高速传动的机构中。

④ 顶端为曲面的摆杆［图 4-86（d）］　端部结构可改变滚子或平面因安装偏斜而造成的载荷集中、应力增高的缺陷。

以上四种摆杆顶端结构形式的特点与应用列于表 4-4。

表 4-4　摆杆顶端结构形式的特点与应用

项目　　类型	尖顶	滚子	平面	曲面
适用接触轮廓	任何形状	受限	受限	受限
耐磨性	差	好	一般	一般
适于速度	低速	低、中速	高速	中、高速
载荷	较小	较大	较大	较大
结构	简单	复杂	简单	较简单
润滑	较难	不易	容易	较容易

（2）摆杆长度的调整结构

调整摆杆的长度，可以调节摆杆的摆角，从而影响后续传动的运动。下面是精密机械中几种常见的调整摆杆长度的调整结构。

① 偏心调整结构　图 4-87 所示为偏心调整结构，松开螺母，转动偏心轴［图 4-87（a）］或偏心套筒［图 4-87（b）］，即可调整摆杆长度 a。

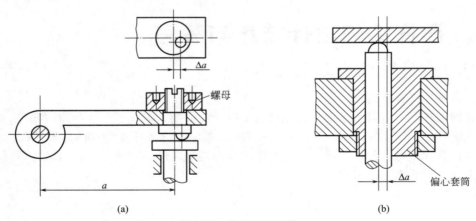

螺母

Δa

偏心套筒

a

(a)　　　　　　　　　　(b)

图 4-87　偏心调整结构

② 螺钉调整结构　如图 4-88 所示，松开锁紧螺母，转动螺钉，即可调整摆杆长度 a。

③ 弹性摆杆结构　如图 4-89 所示，调节两个螺钉，使摆杆产生弹性变形，即可调整摆杆长度 a。

（3）摆杆支承间隙的消除结构

摆杆支承的间隙会引起摆杆长度的变化［图 4-90（a）］，从而使仪表示值不稳定并增加传动误差。为了消除支承间隙的影响，可以采用顶尖支承［图 4-90（b）］或利用弹力保证轴与轴承孔保持单边接触，以减小摆杆长度的变化。

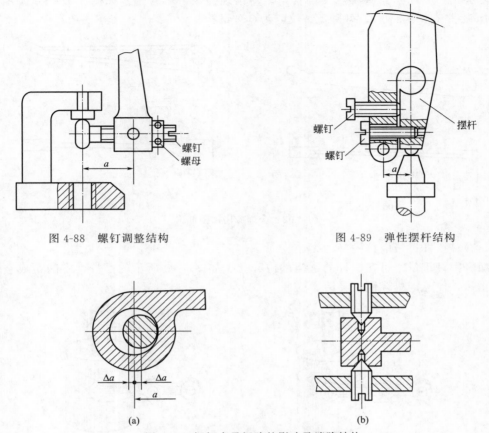

图 4-88 螺钉调整结构

图 4-89 弹性摆杆结构

(a)

(b)

图 4-90 摆杆支承间隙的影响及消除结构

4.4.2 摆杆结构应有利于受力

（1）摆杆与滚子的连接尽量避免偏心载荷

摆杆与滚子的连接应尽量避免偏心载荷，如果做成图 4-91(a) 所示的结构，将使摆杆受偏心载荷，从而产生弯曲变形，不能精确完成预定动作。因此，如图 4-91(b)、（c）所示的结构较好。

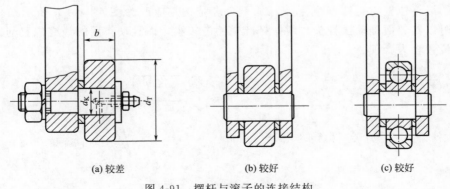

(a) 较差　　　　　　　(b) 较好　　　　　　　(c) 较好

图 4-91 摆杆与滚子的连接结构

（2）合理应用加强筋

如图 4-92(a) 所示结构有急突的转角，易出现裂纹，不合理。如图 4-92(b) 所示结构设置了加强筋（图中 a 处），可避免裂纹，为合理结构。

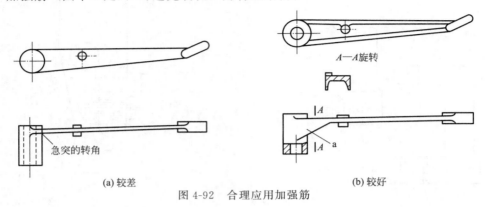

(a) 较差　　　　　　　　　　　(b) 较好

图 4-92　合理应用加强筋

（3）减轻摆杆重量的结构

需减轻摆杆重量时可在摆杆的适当部位开孔。如图 4-93 所示的摆杆，中间做成空的可以减轻重量，使运动更轻便、灵活。

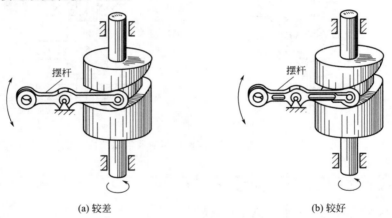

(a) 较差　　　　　　　　　　　(b) 较好

图 4-93　杆上开孔可减轻重量

（4）限位开关摆杆与碰杆位置设计禁忌

如图 4-94(a) 所示，碰杆向右运动时以其平端面推动摆杆头，对摆杆产生冲击较大，而且动作后的最终位置与碰杆产生干涉，是不合理结构。应改为图 4-94(b) 所示结构，碰杆向右运动时以其斜面推动摆杆头，对摆杆产生冲击较小，而且动作后的最终位置与碰杆不产生干涉，位置较为合理。

(a) 不合理　　　　　　　　　　(b) 合理

图 4-94　限位开关摆杆与碰杆位置

4.4.3 摆杆结构应有利于提高精度

（1）原点位置的确定

机构原点位置的确定直接影响到机构的原理误差。正弦机构［图 4-95（a）］和正切机构［图 4-95（b）］正确的原点位置是，当机构处于原点（$\varphi=0$）时，必须满足下列两个条件。

① 球头中心应位于摆杆摆动中心到推杆运动方向的垂线上。

② 正弦机构中与摆杆球头接触的推杆平面或正切机构中与推杆球头接触的摆杆平面，应垂直于推杆的运动方向。

图 4-95（a）、（b）所示的正弦机构和正切机构符合上述两个条件，所以它们的原点位置是正确的。这时机构的工作范围在 $\pm s$ 内，摆杆转角为 $\pm\varphi$，在推杆正、负行程中，机构原理误差的绝对值相等，因而原理误差最小。

图 4-95（c）和图 4-95（d）所示的机构原点位置是错误的，在这种情况下机构的原理误差会显著增大，设计时应避免。

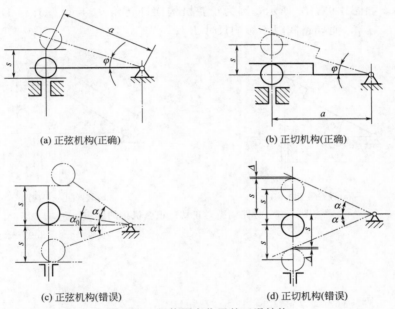

(a) 正弦机构(正确)　　　　　　　　(b) 正切机构(正确)

(c) 正弦机构(错误)　　　　　　　　(d) 正切机构(错误)

图 4-95　机构原点位置的正误结构

（2）凸轮-杠杆机构磨损量互补

相同的磨损量对不同机械精度的影响可能是不同的，因为磨损引起的后果不同。例如，图 4-96 所示的两种类似的凸轮-杠杆机构，假设凸轮与杠杆下端接触面的磨损量 u_1 和从动件与杠杆上端接触面的磨损量 u_2，对于两个方案分别相等，由图可知，u_1、u_2 所引起的从动件移动误差 Δ 却有明显的差别。图 4-96（a）中，$\Delta=u_1+u_2$；图 4-96（b）中，$\Delta=u_2-u_1$。后者由于磨损量的相互抵消而提高了机构的精度。这里，即使 u_1 与 u_2 是偶然误差，通过正确设计结构方案仍可得到较高的精度。

（3）导路间隙较大时宜采用正弦机构

当推杆与导路之间间隙较大时，宜采用正弦机构，不宜采用正切机构。如图 4-97（a）所示，正切机构摆杆转角 θ_2 与推杆升程 H_2 之间的关系式为 $\tan\theta_2=H_2/L_2$。推杆与导路之间的间隙使推杆晃动，导致尺寸 L_2 改变，因此对正切机构引起误差。而导路间隙对正弦机构

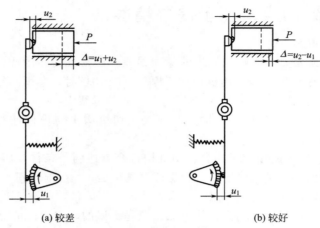

(a) 较差   (b) 较好

图 4-96   凸轮-杠杆机构磨损量互补

精度影响很小，如图 4-97(b) 所示，因为正弦机构摆杆转角 θ_1 与推杆升程 H_1 之间的关系式为 $\sin\theta_1 = H_1/L_1$，而导路间隙不影响尺寸 L_1。

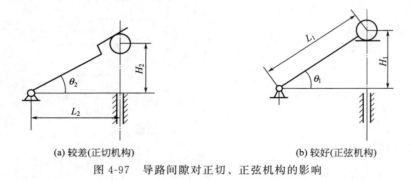

(a) 较差(正切机构)   (b) 较好(正弦机构)

图 4-97   导路间隙对正切、正弦机构的影响

第5章

盘类构件的结构设计技巧与禁忌

盘类构件大多做定轴转动，中心毂孔与轴连接后与轴承形成转动副。如齿轮、蜗轮、带轮、链轮、盘形凸轮、棘轮、槽轮、不完全齿轮等。盘类构件一般主要由轮缘、轮辐或腹板以及轮毂等部分组成，轮缘的结构形式一般与构件的功能有关，轮辐或腹板的结构形式与构件的尺寸大小、材料以及加工工艺等有关，轮毂的结构形式要保证与轴形成可靠的轴毂连接。下面对常见的盘类构件的结构设计技巧与禁忌加以说明。

5.1 齿轮结构设计技巧与禁忌

齿轮的结构设计通常根据强度计算确定其主要参数和尺寸，如 z、m_n、b、β、d 等，然后综合考虑尺寸、毛坯、材料、加工方法、使用要求、经济性等因素，根据齿轮直径的大小确定齿轮的结构形式，再根据经验公式和经验数据对齿轮进行结构设计，画出齿轮的零件工作图。

5.1.1 齿轮类型和传动形式选择技巧与禁忌

（1）齿轮的类型

齿轮类型较多，按两轴相对位置和齿向的不同，齿轮机构分类如图 5-1 所示。

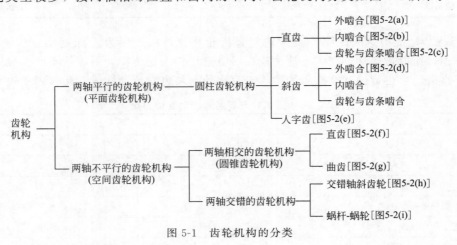

图 5-1 齿轮机构的分类

（2）齿轮传动形式选择技巧与禁忌

① 考虑结构条件选用原则 齿轮传动形式的选择，应首先考虑满足实际工作中结构空间位置的要求，如各传动轴相互位置关系。直齿圆柱齿轮与斜齿圆柱齿轮一般适于两平行轴间传动，螺旋齿（斜齿特例）圆柱齿轮也适于相错轴间的传动，而圆锥齿轮只能用于相交轴

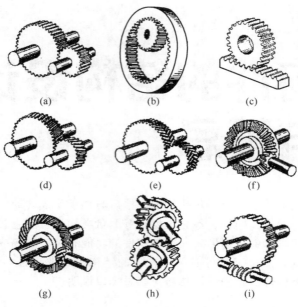

图 5-2　齿轮机构的类型

间的传动。现将圆柱齿轮、圆锥齿轮分别采用直齿、斜齿时，对两轴平行、相交、相错时的适用情况列于表 5-1 中。

表 5-1　齿轮传动形式选择与两轴相互位置关系

两轴位置	圆柱齿轮		圆锥齿轮	
	直齿	斜齿	直齿	斜齿
两轴平行	适用	适用	禁忌	禁忌
两轴相交	禁忌	禁忌	适用	适用
两轴相错	禁忌	适用	禁忌	禁忌

　　② 考虑传动能力选用原则　斜齿轮与直齿轮相比，由于斜齿轮强度比直齿轮强度高，且传动平稳，所以传递功率较大、速度较高时宜选用斜齿轮传动，斜齿轮不产生根切的最少齿数小于直齿轮，也可使其结构较为紧凑。直齿轮与斜齿轮传动性能的比较列于表 5-2 中。

表 5-2　直齿轮与斜齿轮传动性能对比

性　　能	直　齿　轮	斜　齿　轮
重合度	较小	较大
强度	较低	较高
平稳性	较差	较好
不产生根切的最少齿数	$z_{min} \geqslant 17$	$z_{min} = 17\cos^3\beta < 17$（$\beta$ 为螺旋角）
适于工作速度	低速	高速
承载能力	较低	较高
结论	不宜高速、大功率场合	适宜高速、大功率场合

　　③ 考虑齿轮传动精度选用原则
　　a. 合理选择齿轮类型　不同类型的齿轮所能达到的精度是不同的。圆柱齿轮（包括直齿与斜齿）的精度最高，蜗杆-蜗轮次之，而圆锥齿轮精度最低，所以当要求传动精度较高时，应首选圆柱齿轮，其次是蜗杆-蜗轮，除在结构要求情况下，一般不宜采用圆锥齿轮。

有关各类齿轮传动精度对比列于表 5-3 中。

表 5-3　各类齿轮传动精度对比

齿轮类型	圆柱齿轮	蜗杆-蜗轮	圆锥齿轮
传动精度	最高	一般	较低
结论	传动精度要求较高时首选	传动精度要求较高时次选	传动精度要求较高时不宜

b. 合理布置齿轮传动链　可提高传动系统的传动精度。

为提高齿轮传动系统的传动精度，设计齿轮传动链时可注意以下几点。

ⅰ. 提高最末一对齿轮制造精度　图 5-3 所示的减速齿轮传动链中，齿轮 1 为主动轮，齿轮 4 为最后一级从动轮。若四个齿轮各轮转角误差总值分别为 $\delta_{\varphi\Sigma(1)}$、$\delta_{\varphi\Sigma(2)}$、$\delta_{\varphi\Sigma(3)}$ 和 $\delta_{\varphi\Sigma(4)}$，传动比分别为 i_{12}、i_{34}。则此时在输出轴上的转角误差总值为

$$\delta_{\varphi\Sigma(14)}=\delta_{\varphi\Sigma(4)}+\frac{\delta_{\varphi\Sigma(3)}}{i_{34}}+\frac{\delta_{\varphi\Sigma(2)}}{i_{34}}+\frac{\delta_{\varphi\Sigma(1)}}{i_{12}i_{34}} \tag{5-1}$$

由式(5-1)可见，对从动轴传动精度影响最大的是最后一个齿轮的制造精度，所以对传动精度要求较高时，应考虑提高最后一对齿轮的制造精度。就本例来说，应使 4 轮制造精度最高，若使 1 轮制造精度最高则是不合理的。四个齿轮制造精度的选择对整个齿轮传动系统传动精度的影响情况列于表 5-4 中。

表 5-4　图 5-3 中齿轮制造精度选择方案对比

	齿轮制造精度				传动系统传动精度	结论
方案	1 轮	2 轮	3 轮	4 轮		
Ⅰ	较低	一般	较高	最高	较高	合理
Ⅱ	最高	较高	一般	较低	较低	不合理

ⅱ. 减速传动链较增速传动链传动精度高　若将图 5-3 减速齿轮传动链改为增速齿轮传动链（其它条件不变），如图 5-4 所示，即 4 轮为输入轮，1 轮为输出轮，则从式(5-1)不难看出，后者的传动精度将大为降低，其对比可用以下例子具体说明。

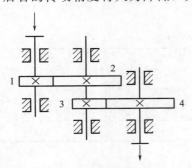

图 5-3　减速齿轮传动链

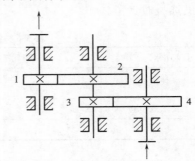

图 5-4　增速齿轮传动链

设备齿轮的转角误差总值相等，即 $\delta_{\varphi\Sigma(1)}=\delta_{\varphi\Sigma(2)}=\delta_{\varphi\Sigma(3)}=\delta_{\varphi\Sigma(4)}=\delta_{\varphi\Sigma}$，并取 $i_{12}=3$，$i_{34}=4$，则采用增速链时，$i_{43}=\frac{1}{4}$，$i_{21}=\frac{1}{3}$。其它条件完全相同。现将减速链与增速链传动误差对比列于表 5-5 中。

表 5-5　减速链与增速链传动误差对比

传动链类型	减速链	增速链
第 1 级传动比	$i_{12}=3$	$i_{43}=\dfrac{1}{4}$
第 2 级传动比	$i_{34}=4$	$i_{21}=\dfrac{1}{3}$
各齿轮转角误差总值	$\delta_{\varphi\Sigma(1)}=\delta_{\varphi\Sigma(2)}=\delta_{\varphi\Sigma(3)}=\delta_{\varphi\Sigma(4)}=\delta_{\varphi\Sigma}$	
输出轴转角误差总值	$\delta_{\varphi\Sigma(14)}=0.583\delta_{\varphi\Sigma}$	$\delta_{\varphi\Sigma(41)}=19\delta_{\varphi\Sigma}$
传动精度	较高	较低
结论	适宜要求传动精度高场合	不宜要求传动精度高场合

以上具体分析说明了增速链由于增速作用使各轮的转角误差放大，而减速链则可以通过减速作用使各轮的转角误差缩小。所以当设计要求减少由于传动链中各零件的制造误差而引起的从动轮的转角误差时，应采用减速链。

ⅲ.使齿轮传动链中某些区域成为不影响传动精度区域　图 5-5 所示为两种精密机械齿轮传动系统方案，图（b）方案较图（a）方案好，因为图（b）方案中由于示数盘置于输出轴上，因此从手轮到最末一级从动轮之间，便成了不影响传动精度的区域。

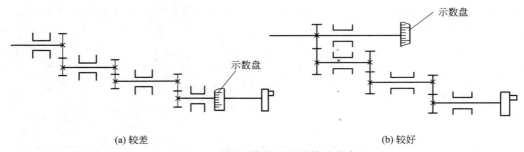

（a）较差　　　　　　　　　　　　（b）较好

图 5-5　配置示数盘的两种传动方案

④ 传动效率与齿轮传动形式的选择　在现代机械传动中，对机械传动的效率要求越来越高，所以在选择齿轮传动形式时应予以考虑。齿轮传动形式及传动效率的比较列于表 5-6 中，仅供选型时参考。

表 5-6　齿轮传动形式及传动效率

传动形式		圆柱齿轮	圆锥齿轮	蜗杆-蜗轮
传动效率		$\eta=0.94\sim0.98$ 较高	$\eta=0.92\sim0.97$ 较高	$\eta=0.7\sim0.94$ 较低
结论	要求效率高	首选	次选	慎选
	要求自锁	禁忌	禁忌	适用

（3）齿轮传动与其它传动形式的配置选择技巧与禁忌

在机械传动系统中，齿轮传动与其它形式传动的先后顺序应合理安排，一般安排的顺序可按如下原则考虑。

① 齿轮传动与带传动的配置　由于带传动能缓冲、吸振、传动平稳，且过载时引起打滑，对其它零件起保护作用，所以一般应将带传动布置在运动链的最高级（常与电动机相连）。例如图 5-6 所示带式运输机的两级减速传动装置中，图 5-6(a) 将齿轮传动置于高速

级，不仅不能充分发挥带传动缓冲、吸振、平稳性能好的特点，而且由于带布置在低速级，受力较大，带的根数将增多，带轮尺寸和重量也将显著增大，显然图5-6(a)方案是不合理的，而图5-6(b)比较合理。

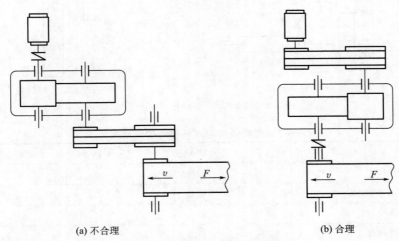

(a) 不合理   (b) 合理

图5-6 齿轮传动与带传动的配置

  ② 齿轮传动与链传动的配置　由于链传动瞬时传动不均匀，高速运转时不如带传动和齿轮传动平稳，所以一般将链传动布置在低速级。图5-7所示带式运输机的两种传动方案中，图5-7(a)将链传动布置在高速级易引起冲击、振动。链传动在高速下运转，由于链速的不均匀性（多边形效应）和动载荷作用，极易引起跳齿、咬链或脱链等现象，对传动不利。而图5-7(b)比较合理。

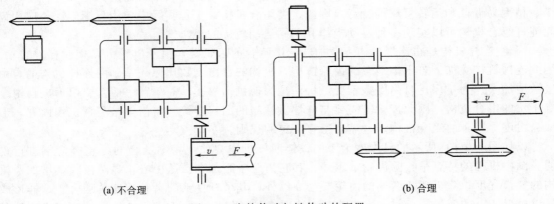

(a) 不合理   (b) 合理

图5-7 齿轮传动与链传动的配置

  ③ 齿轮传动与蜗杆传动的配置　蜗杆传动的主要优点是结构紧凑、工作平稳，与多级齿轮传动相比，蜗杆传动的零件数目少，结构尺寸小，重量轻，缺点是传动效率比齿轮低。蜗杆传动与齿轮传动配置时，若齿轮传动在前，如图5-8(a)所示，则由于蜗杆传动置于低速级，传递转矩大，更体现蜗杆传动结构尺寸小的优点，所以整体传动系统结构紧凑；而图5-8(b)将蜗杆传动置于高速级，由于速度较高，有利于在啮合处形成油膜，提高传动效率，且蜗杆尺寸小（转矩小），节省有色金属。上述两种方案各有其特点，选择方案时，应根据具体工作条件和使用要求综合考虑其利弊决定，现将两种方案对比与选用列于表5-7中。

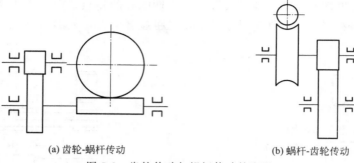

(a) 齿轮-蜗杆传动　　　　　　　　(b) 蜗杆-齿轮传动

图 5-8　齿轮传动与蜗杆传动的配置

表 5-7　齿轮传动与蜗杆传动的配置对比

性 能		齿轮-蜗杆	蜗杆-齿轮
结构尺寸		较小	较大
传动效率		较低	较高
承载能力		较低	较高
传动精度		较高	较低
结论	要求传力为主	不宜	推荐
	要求结构紧凑	推荐	不宜
	要求传动精度高	推荐	不宜
	节省贵重有色金属	不宜	推荐

　　④ 齿轮传动与连杆机构的配置　齿轮-连杆组合机构是由定传动比的齿轮机构和变传动比的连杆机构组合而成的。由于其运动特性多种多样，以及组成该机构的齿轮和连杆便于加工、精度易保证和运转可靠等特点，因此这类组合机构在工程实际中应用日渐广泛。应用齿轮连杆组合机构可以实现多种运动规律和不同运动轨迹的要求。

　　齿轮-连杆机构是在连杆机构上叠加若干串啮合的齿轮链，由于齿轮可以相对杆件转动，因此连杆机构叠加上若干串啮合的齿轮链后，机构的自由度数比原先基础的连杆机构的自由度数增加了。为了保持自由度数不变，特别是为使机构的驱动简单，一般都要求形成自由度等于 1 的组合机构，因此齿轮链需要与杆件做适当的固定连接。将齿轮链与杆机构固连，形成自由度等于 1 的组合机构，这需要遵守一定的规则。

　　以如图 5-9(a) 所示的自由度为 1 的铰链四杆机构叠加上一串啮合的齿轮链为例进行说明。图中机构的特点是：除齿轮 7 以外，其它齿轮中心都在铰链中心，显然齿轮 7 增加了机构的复杂程度；除机架 4 两端的齿轮 5 与 9 以外，其余杆件上的齿轮都连续啮合。这样形成了以机架 4 上的两齿轮 5 与 9 为端头的一串啮合齿轮链，在自由度为 1 的铰链四杆机构的基础上，又增加了齿轮传动的一个自由度，机构自由度数为 2。组合机构中，齿轮 5 与 9 为一串齿轮链的端头齿轮，同时杆件机架为连接两端头齿轮的端头构件。

　　如果将一个端头的齿轮与端头杆件固定连接，则增加一个约束，这样上述机构的自由度数改变为 1。如果将两个端头的齿轮都与端头杆件固定连接，则增加两个约束，该机构的自由度数改变为 0。为此我们得到组成齿轮连杆机构的规则：增加一串啮合的齿轮链，机构将增加一个自由度数；把一串啮合齿轮链的一个端头齿轮与端头杆件固定，将增加一个约束；一串啮合齿轮链的两个端头与端头杆件固定，将增加两个约束。

　　应用这个规则，根据不同的连杆机构的不同自由度数，可以正确地组成齿轮-连杆机构。

例如图 5-9(a) 所示自由度为 2 的机构，将齿轮 9 与端头杆件机架 4 固定连接，机构则成为图 5-9(b) 所示的单自由度齿轮-连杆机构。如果端头齿轮不是与端头杆件固定连接，比如将上述机构的齿轮 9 与杆件 1 周固定连接，则齿轮 8、9 与杆件 1 成为刚体，齿轮 9 成为多余的，机构将成为如图 5-9(c) 所示较简单形式的齿轮-连杆机构，这时杆件 1 与 4 分别为端头杆件。

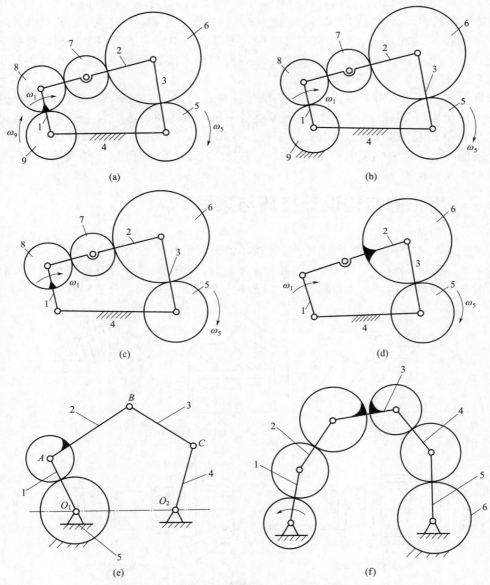

图 5-9 齿轮传动与连杆机构的配置
1,4—构件；2—杆件；3—中间连接杆；5～9—齿轮

同理，将图 5-9(a) 中第二个齿轮 8 与杆件 2 固定连接，齿轮 6、7、8 和杆件 2 成为刚体，齿轮 9 单独空套在构件 1 与 4 的铰销上，也没有存在的意义。因此，机构成为如图 5-9(d) 所示最简形式的齿轮连杆机构，齿轮 7、8、9 都多余，这时杆件 2 与 4 为端头构件。

需要注意的是，组合形成的齿轮-连杆机构自由度数必须不小于 1，与输入的已知运动数相同。简单情况下，通常采用单个运动输入，组合后的齿轮-连杆机构的自由度数应该为1。如将上述在四杆机构上叠加一串齿轮链的机构的两个端头齿轮 5 与 9 都与端头杆件机架 4 固定连接，这样在单自由度的四杆机构的基础上，增加一串齿轮链，只增加了一个自由度，但一串齿轮链的两端都与端头杆件机架固定连接，却引进了两个约束，则减少了两个自由度，机构总的自由度为 0，机构将无法运动，是禁忌的。

因此，自由度为 1 的铰链四杆机构只能有一个端头齿轮与端头构件固定连接；自由度为 2 的铰链五杆机构，可以有两个端头齿轮与端头构件固定连接，图 5-9(e) 就是这种形式的齿轮-五杆机构；自由度为 3 的铰链六杆机构，可以有两串齿轮链的四个端头齿轮与端头构件固定连接，图 5-9(f) 就是这种形式的齿轮-六杆机构。按以上原则，多自由度的杆机构组合成齿轮-连杆机构时，可以以此类推。

实际工程应用中，可以根据机器的运动传递特点及要求，选用不同形式的齿轮-连杆组合机构。由于齿轮-连杆组合机构的输出运动是一种近似运动，选用它主要是着重于结构简单与工作可靠的特点，因此，实际应用中大多采用两个齿轮组成的最简式机构 [图 5-9(d)]，有时也会采用有三个齿轮 [图 5-9(c) 去掉介轮 7，缩短杆件 2，使齿轮 6 与齿轮 8 啮合] 的简单式机构。

5.1.2 齿轮的结构设计技巧与禁忌

（1）齿轮的结构形式

① 齿轮轴 如图 5-10 所示，对于直径较小的钢制齿轮，当为圆柱齿轮时，若齿根圆到键槽底部的距离 $e < 2m$（m 为模数），当为锥齿轮时，按小端尺寸计算而得的 $e < 1.6m$ 时，可将齿轮和轴做成一体，称为齿轮轴，这时齿轮与轴必须采用同一种材料制造。

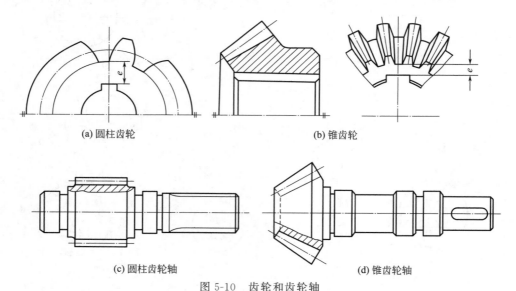

(a) 圆柱齿轮　　　　　　　　　　　　(b) 锥齿轮

(c) 圆柱齿轮轴　　　　　　　　　　　(d) 锥齿轮轴

图 5-10　齿轮和齿轮轴

如果齿轮的直径比轴的直径大得多，则应把齿轮和轴分开制造。

② 实心结构齿轮 当齿顶圆直径 $d_a \leqslant 160mm$ 时，齿轮也可做成图 5-11 所示的实心结构，在航空工业产品中也有做成腹板式结构的。

③ 腹板式结构齿轮 当齿顶圆直径 $d_a \leqslant 500mm$ 时，齿轮可以是锻造的，也可以是铸造的，通常采用图 5-12 所示的腹板式结构或孔板式结构。

④ 轮辐式结构齿轮　当顶圆直径为 $400\text{mm}\leqslant d_a\leqslant 1000\text{mm}$ 时，齿轮常用铸铁或铸钢制成，并采用轮辐式结构（图 5-13）。

⑤ 组合式结构齿轮　有时为了节约贵重金属，对于大尺寸的圆柱齿轮可采用组装结构，即齿圈采用贵重金属制造，齿芯可用铸铁或铸钢（图 5-14）。

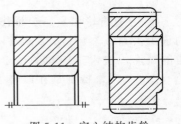

图 5-11　实心结构齿轮

每种齿轮各部分尺寸，可参见机械设计手册中的经验公式进行计算。

进行齿轮结构设计时，还要进行齿轮和轴的连接设计。通常采用单键连接。但当齿轮转速较高时，要考虑轮芯的平衡及对中性。这时可采用花键或双键连接。对于沿轴滑移的齿轮，为操作灵活，也应采用花键或双导键连接。

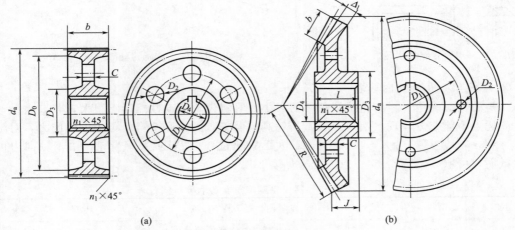

(a)　　　　　　　　　　　　　　(b)

图 5-12　腹板式结构齿轮

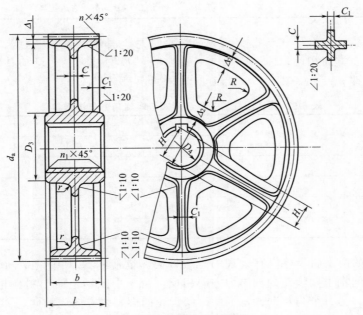

图 5-13　轮辐式结构齿轮

（2）齿轮结构设计技巧与禁忌

① 传力齿轮尽量避免根切　对于压力角为 20° 的标准渐开线直齿圆柱齿轮不发生根切的最少齿数 $z_{min}=17$，标准斜齿圆柱齿轮不发生根切的最少齿数 $z_{min}=17\cos^3\beta$。齿轮轮齿的根切，使齿轮传动的重合度减小，轮齿根部削弱，承载能力降低，所以应当尽量避免（图 5-15），特别是在以传力为主的齿轮传动中。

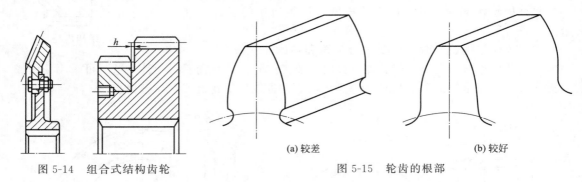

图 5-14　组合式结构齿轮

(a) 较差　　　　　　　　　　(b) 较好

图 5-15　轮齿的根部

② 螺旋角 β 及旋向的选取

a. 斜齿轮螺旋角　斜齿轮螺旋角 β 的大小，对斜齿轮传动性能影响很大，若 β 太小，斜齿轮的优点不能充分体现，而成本较直齿轮高；若 β 太大，则会产生很大的轴向力，对轴承工作不利，一般可取 $\beta=8°\sim20°$ 为宜，最大不宜超过 30°。对于人字齿轮，由于轴向力可以互相抵消，可取 $\beta=20°\sim35°$。以上分析见表 5-8。

表 5-8　斜齿轮螺旋角 β 选取分析

方案	β 值	特　点	结论
1	$8°\sim20°$	体现斜齿轮优点,且轴向力不大	推荐
2	$20°\sim35°$	轴向力较大,对轴承工作不利(只适于人字齿轮)	不宜
3	$<8°$	不能体现斜齿轮优点,且成本较直齿轮高	不宜

b. 斜齿圆柱齿轮啮合形式与螺旋角方向选择禁忌　外啮合斜齿圆柱齿轮传动应使两轮螺旋角大小相等、方向相反，即 $\beta_1=-\beta_2$；内啮合斜齿圆柱齿轮传动应使两轮螺旋角大小相等方向相同，即 $\beta_1=\beta_2$。啮合形式与旋向禁忌列于表 5-9 中。

表 5-9　斜齿圆柱齿轮啮合形式与螺旋角方向选择禁忌

啮合形式	选用原则	举　例		结论
		主动轮	从动轮	
外啮合	$\beta_1=-\beta_2$	左旋	右旋	正确
	$\beta_1=\beta_2$	右旋	右旋	错误
内啮合	$\beta_1=-\beta_2$	左旋	右旋	错误
	$\beta_1=\beta_2$	右旋	右旋	正确

c. 中间轴上的两个斜齿轮应有合理的螺旋方向　欲使图 5-16 中的中间轴 Ⅱ 两端轴承受力较小，应使中间轴上两齿轮的轴向力方向相反，由于中间轴上两个斜齿轮旋转方向相同，但一个为主动轮，另一个从动轮，因此两斜齿轮的螺旋线方向应相同，才能使中间轴受力合理，而图 5-16(a) 中间轴上两斜齿轮螺旋线方向相反，则两轮轴向力方向相同，将使中间

轴右端的轴承受力较大，螺旋线方向不合理。图 5-16(b) 所示两斜齿轮的螺旋线方向相同，中间轴受力合理。

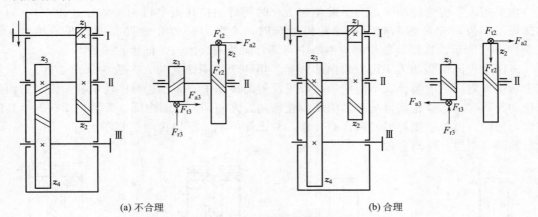

(a) 不合理　　　　　　　　　　　　　　(b) 合理

图 5-16　中间轴上的斜齿轮螺旋线方向的确定

d. 螺旋角方向应使齿轮轴向力指向轴肩　在斜齿轮传动中，由于螺旋角在两个相啮合的齿轮上会产生一对方向相反的轴向力，对于单斜齿轮啮合传动，只要旋转方向不变，则轴向力的方向各自一定，因此，将单个斜齿轮固定在轴上时，应使齿轮轴向力指向轴肩，图 5-17(a) 所示螺旋角方向的选择不合理，图 5-17(b) 所示合理。

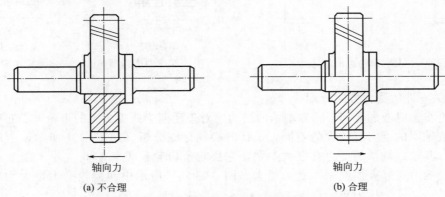

(a) 不合理　　　　　　　　　　　　　　(b) 合理

图 5-17　螺旋角方向应使齿轮轴向力指向轴肩

e. 螺旋角方向应使齿轮轴向力指向支反力较小的轴承　如图 5-18 所示轴系，两轴承支反力 $F_{r2} > F_{r1}$，图 5-18(a) 齿轮产生的轴向力 F_a 指向支反力较大的轴承 II，对轴承 II 的工作不利，轮齿旋向选择不合理。为使轴承受力合理，应使齿轮产生的轴向力 F_a 指向支反力较小的轴承 I，并以此原则选取斜齿轮的螺旋角旋向，如图 5-18(b) 所示。

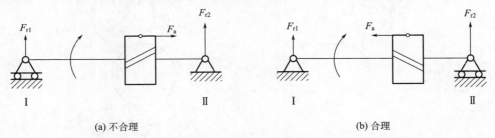

(a) 不合理　　　　　　　　　　　　　　(b) 合理

图 5-18　螺旋角方向应使齿轮轴向力指向支反力较小的轴承

　　f. 人字齿轮应合理选择齿向　当一根轴上只有单个齿轮时，为了消除斜齿轮的轴向力对轴承产生的不良影响，可采用人字齿轮传动。

　　在采用人字齿轮传动时，为了避免在啮合时润滑油挤在人字齿的转角处［图 5-19(a)］，在选择人字齿轮轮齿方向时，要使轮齿啮合时，人字齿转角处的齿部首先开始接触，如图 5-19(b) 所示，这样就能使润滑油从中间部分向两端流出，保证齿轮的润滑。

　　g. 两个齿圈镶套的人字齿轮齿向的选择　用两个齿圈镶套的人字齿轮（图 5-20），只能用于转矩方向固定的场合，不能应用在带正反转的传动中，因在这种传动中会使镶套的两齿圈松动。同时在选择轮齿齿向时，应使齿轮轴向力方向朝向齿圈中部。若采用图 5-20(a) 的结构，轴向力向外，则容易使两齿圈外移，对工作不利，所以齿向选择不合理。图 5-20(b) 所示轴向力向里，结构合理。

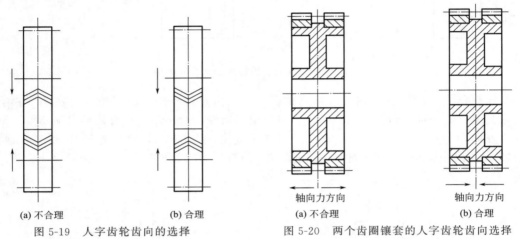

图 5-19　人字齿轮齿向的选择　　　　图 5-20　两个齿圈镶套的人字齿轮齿向选择

　　③ 相关零件的受力方向合理

　　a. 齿轮布置应考虑有利于轴和轴承的受力　对于受两个或更多力的齿轮，当布置位置不同时，轴或轴承的受力有较大的不同，设计时必须仔细分析。如图 5-21 所示，中间齿轮位置不同时，其轴或轴承的受力有很大差别，它决定于齿轮位置和 φ 角大小。图 5-21(a) 中间齿轮所受的力正好叠加起来，受力最大。图 5-21(b) 所示中间齿轮受力则大大减小。图中 $\varphi=180°-\alpha$，α 为压力角。

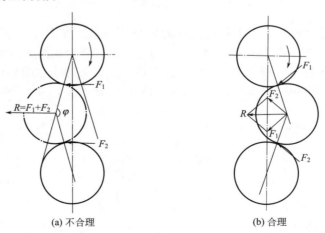

图 5-21　齿轮布置应考虑有利于轴和轴承受力

b. 组合式锥齿轮结构要注意受力方向　直齿圆锥齿轮只受单方向的轴向力，轴向力始终由小端指向大端，所以组合的锥齿轮结构应注意使轴向力由支承面承受，而不要作用在紧固它的螺钉或螺栓上［图 5-22(a)］，避免螺钉或螺栓受到拉力的作用，应使其作用在轮毂或辐板上［图 5-22(b)］。

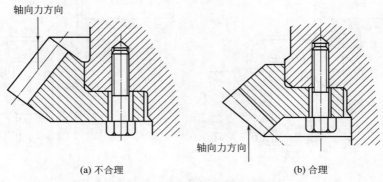

(a) 不合理　　　　　　　　　　　　　(b) 合理

图 5-22　组合式直齿圆锥齿轮结构

④ 可靠定位和调整

a. 锥齿轮轴必须双向固定　直齿圆锥齿轮不论转动方向如何，其轴向力始终向一个方向，但其轴系的轴向位置仍应双向固定，否则运转时将有较大的振动和噪声［图 5-23(a)］。正确结构见图 5-23(b)。

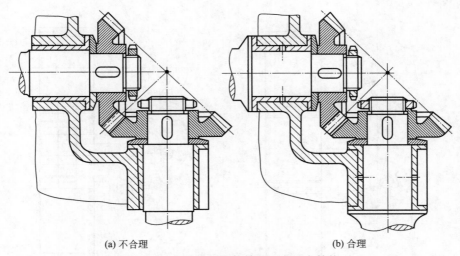

(a) 不合理　　　　　　　　　　　　　(b) 合理

图 5-23　直齿圆锥齿轮轴的双向固定结构

b. 大小锥齿轮轴系位置都应能作双向调整　圆锥齿轮的正确啮合条件要求大、小圆锥齿轮的锥顶在安装时重合，其啮合面居中而靠近小端，承载后由于轴和轴承的变形使啮合部分移近大端。图 5-24(a) 中只有一个齿轮能进行轴向调整，不能满足要求。如图 5-24(b) 所示，为了调整锥齿轮的啮合，通常将其双向固定的轴系装在一个套杯中，套杯则装在外壳孔中，通过增减套杯端面与外壳之间垫片的厚度，即可调整轴系的轴向位置。

c. 双向回转精密齿轮传动应控制空回误差　在齿轮传动中，为了润滑和补偿制造误差的需要，相互啮合的齿轮副之间具有齿侧间隙，这对一般传动及单向回转的齿轮传动是没有问题的，但对于正、反双向回转的精密齿轮传动，因齿侧间隙的存在，在反向传动中会引起空

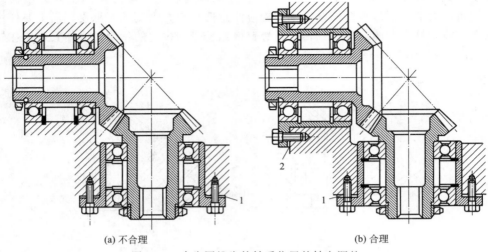

(a) 不合理　　　　　　　　　　(b) 合理

图 5-24　直齿圆锥齿轮轴系位置的轴向调整

回误差，难以保证从动轮的回转精度［图 5-25(a)］。对于这类精密齿轮传动，为消除空回误差，除了提高齿轮传动的制造精度外，还可在结构方面改进，例如将相同尺寸的三个齿轮中的中间一个齿轮，改为三个相同的薄齿轮，安装时相互错开一个微小的转角，以消除齿侧间隙，调整好侧隙后，用螺钉将三片齿轮固紧，如图 5-25(b) 所示，这样可保证正、反转时达到精密传动。

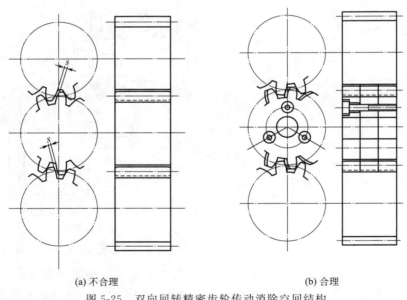

(a) 不合理　　　　　　　　　　(b) 合理

图 5-25　双向回转精密齿轮传动消除空回结构

⑤ 加工工艺性

a. 锥齿轮的轮毂不应超过根锥　锥齿轮的外形常常与轮齿加工方法有关。齿轮的轮毂长度及形状除了考虑强度、刚度及轴的配合要求外，还应考虑加工方法的要求。例如，用切齿刀盘加工，齿轮的轮毂不应超过根锥，见图 5-26，图 (a) 的结构不合理，图 (b) 的结构合理。

b. 批量生产的齿轮形状要适宜叠装加工 对于批量或大量生产的齿轮，如果一个一个地切齿加工，不仅生产率低，而且尺寸精度也不一致。因此，设计时应考虑提高切削效率的重叠加工法。为了进行重叠加工，原则上要设计便于重叠加工的几何形状，如果齿轮轮毂宽度大于齿宽 [图 5-27(a)]，不仅叠装的数量少，而且叠装后间隙大，切齿时会产生振动，影响加工质量，因此轮毂宽度应与齿宽相同为好，如图 5-27(b) 所示。

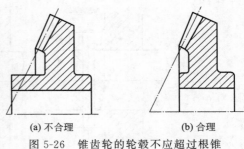

图 5-26 锥齿轮的轮毂不应超过根锥

(a) 不合理　　(b) 合理

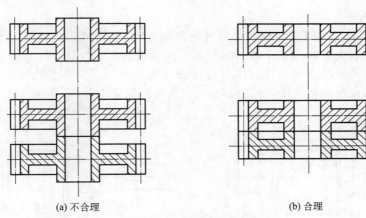

(a) 不合理　　　　　　　　(b) 合理

图 5-27 齿轮的重叠加工

c. 双联或三联齿轮要考虑加工时刀具切出的距离 在设计双联或三联齿轮时，图 5-28 (a) 所示结构未考虑足够的刀具切出距离，即 a 值太小，不合理。无论是插齿还是滚齿加工，都要按所采取刀具的尺寸、刀具运动的需要等，定出足够的尺寸 a，如图 5-28(b) 所示。当结构要求 a 值很小，不能满足要求时，可采用过盈配合结构 [图 5-28(c)]。

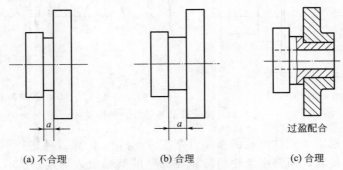

过盈配合

(a) 不合理　　　　　(b) 合理　　　　　(c) 合理

图 5-28 双联齿轮加工的结构尺寸要求

d. 轮齿与轴的连接要减少装配时的加工 为了将齿轮进行轴向和周向的固定，可采用径向圆锥销和键加紧定螺钉的固定方法，如图 5-29(a)、(b) 所示。但这两种方法都要求配作，在安装时进行这些加工效率较低，应尽量避免。较为理想的方法是：用键进行周向固定，用轴用弹簧卡环或圆螺母等进行轴向固定，如图 5-29(c) 所示，可避免配作。

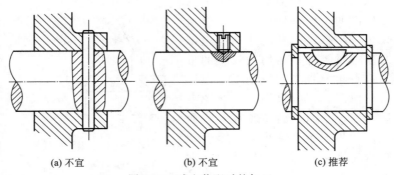

(a) 不宜   (b) 不宜   (c) 推荐

图 5-29   减少装配时的加工

⑥ 结构形状合理

a. 齿轮直径较小时应做成齿轮轴   当齿轮顶圆直径 d_a 与轴的直径 d 相近（$d_a < 2d$），或齿根距轴孔键槽底太近，$e < 2m$ 时（图 5-30，m 为模数），采用图 5-30(a) 所示结构是不合理的，而应将齿轮和轴做成一体，称为齿轮轴 [图 5-30(b)]。而当齿轮顶圆直径比轴径大得多时，如还做成齿轮轴结构，如图 5-30(c) 所示，则也不合理，应将齿轮与轴分开，如图 5-30(d) 所示。

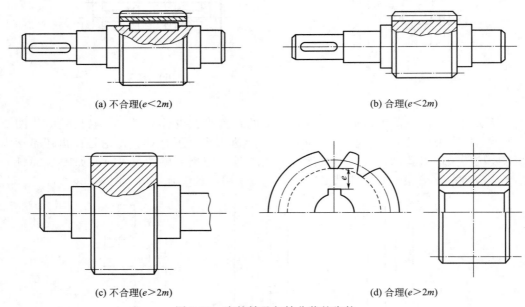

(a) 不合理($e < 2m$)   (b) 合理($e < 2m$)

(c) 不合理($e > 2m$)   (d) 合理($e > 2m$)

图 5-30   齿轮轴及与轴分装的齿轮

b. 齿轮宽度的确定   圆柱齿轮的实际齿宽按 $b = \psi_d d_1$ 计算后应进行圆整（ψ_d 为齿宽系数）作为大齿轮的齿宽，而将小齿轮的齿宽在圆整的基础上人为地加宽 $5 \sim 10\text{mm}$，以防止大、小齿轮因装配误差或工作中产生轴向错位时，导致啮合宽度减小而使强度降低。如图 5-31(a) 所示，采用大、小齿轮宽度相等是不合理的，而图 5-31(b) 所示大齿轮宽度比小齿轮宽的设计也是不合理的，因为此方案虽然避免了装配或工作时因错位导致的强度降低，但因为大齿轮比小齿轮体积大，相对于图 5-31(c) 方案浪费材料。图 5-31(c) 所示为合理结构。

c.非金属材料齿轮要避免形成阶梯磨损　对高速、轻载及精度不高的齿轮传动，为了降低噪声，常用非金属材料，如夹布塑胶、尼龙等做小齿轮，大齿轮仍用钢和铸铁制造。为了不使小齿轮在运行过程中发生阶梯磨损［图5-32(a)］，小齿轮的齿宽应比大齿轮的齿宽小些［图5-32(b)］，以免在小齿轮上磨出凹痕。

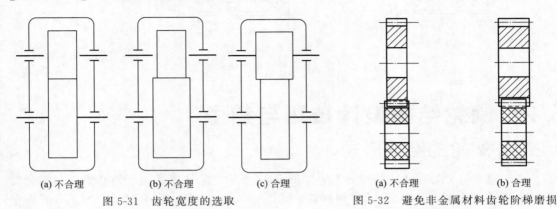

(a) 不合理　　　　(b) 不合理　　　　(c) 合理
图 5-31　齿轮宽度的选取

(a) 不合理　　　　　(b) 合理
图 5-32　避免非金属材料齿轮阶梯磨损

d.注意保持沿齿宽齿轮刚度一致　当轴的刚度非常高，齿轮的宽度比较大，而且受力比较大时，在有腹板支撑的部分轮齿刚度较大，而其它部分刚度较小［图5-33(a)］。这种情况下，宜加大轮缘厚度，并采用双腹板或双层辐条，以保证沿齿宽有足够的刚度，使啮合受力均匀［图5-33(b)］。

⑦　滑移齿轮的结构

a.变速器滑移齿轮要有空当位置　变速器用双联齿轮变速时，两个固定齿轮之间的距离应大于相邻齿轮的宽度，否则，齿轮在要进入第二对齿轮啮合时，第一对齿轮尚未脱开，将无法转动齿轮使两齿轮的齿与齿间相对进入啮合［图5-34(a)］。正确结构应如图5-34(b)所示，使 $B>b$，即齿轮在改换啮合齿轮时，移到中间应有一个空当的位置。

b.变速器齿轮要有倒角和圆角　变速器齿轮，为了变换啮合齿轮时容易相互滑入，在啮入的地方要有 $12°\sim15°$ 的大倒角，且齿端要进行圆齿。图5-35(a)未进行倒角和圆齿，为不合理结构。三联滑移齿轮中间齿轮因需要双向滑移啮合，齿轮的两面均应进行倒角和圆齿，而两侧的齿轮则只需要单面倒角和圆齿。与滑移齿轮相配的另一轴上的固定齿轮的相应部位也要进行倒角和圆齿，如图5-35(b)所示。

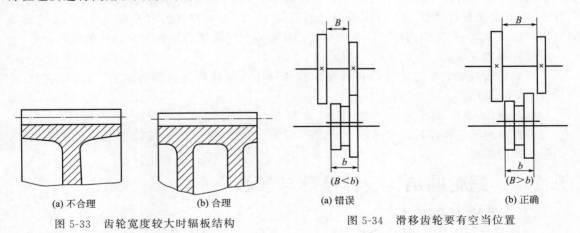

(a) 不合理　　　　　(b) 合理
图 5-33　齿轮宽度较大时辐板结构

(a) 错误　　　　　(b) 正确
图 5-34　滑移齿轮要有空当位置

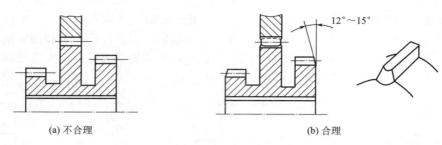

(a) 不合理   (b) 合理

图 5-35   变速器齿轮应有倒角和圆齿

5.2   蜗轮结构设计技巧与禁忌

5.2.1   蜗轮的结构形式

蜗轮的结构可分为整体式和组合式，如图 5-36 所示。整体式适用于铸铁蜗轮、铝合金蜗轮及分度圆直径小于 100mm 的青铜蜗轮，见图 5-36(a)。在其它情况下，为了节省贵重金属，一般采用组合式结构。组合式蜗轮可分为三种结构：齿圈式、螺栓连接式和拼铸式。

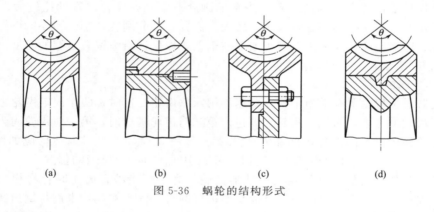

(a)   (b)   (c)   (d)

图 5-36   蜗轮的结构形式

（1）齿圈式

为了节约贵重的有色金属，采用青铜蜗轮时，尽可能做成齿圈式结构，见图 5-36(b)。齿圈与铸铁轮芯多用 H7/r6 过盈配合。为了增加过盈配合的可靠性，有时沿着接合缝还要拧上 4～6 个螺钉，螺钉孔中心线偏向轮芯轮毂 1～2mm，螺钉的直径取 1.2～1.4 倍的模数，长度取 0.3～0.4 倍的齿宽。该结构适用于中等尺寸及工作温度变化较小的蜗轮。

（2）螺栓连接式

当蜗轮直径较大时，可采用普通螺栓或铰制孔用螺栓连接齿圈和轮芯，见图 5-36(c)。后者更好，适用于大尺寸蜗轮。

（3）拼铸式

将青铜齿圈浇铸在铸铁轮芯上，然后再切齿，见图 5-36(d)。该结构适用于中等尺寸、批量生产的蜗轮。

5.2.2   蜗轮的结构设计技巧与禁忌

（1）螺旋角及旋向的选取

① 蜗杆导程角 γ 与蜗轮螺旋角 β 的关系   对单级传动，由啮合关系，蜗杆导程角 γ 与

蜗轮螺旋角 β 的大小必须相等，蜗杆和蜗轮的旋向必须相同，其关系见表 5-10。

表 5-10　蜗杆导程角 γ 与蜗轮螺旋角 β 关系

项　目	γ 与 β 关系	结论
大小	$\gamma = \beta$	正确
	$\gamma \neq \beta$	错误
旋向	γ 与 β 旋向相同	正确
	γ 与 β 旋向相反	错误

② 旋向的选取　双级或多级传动，中间轴上常有两个轮，选取旋向时应注意使中间轴上的轴向力尽量小些。如图 5-37 所示为斜齿轮-蜗杆减速传动装置，图 5-37(a) 所示大斜齿轮与蜗杆旋线方向相反，则两轮轴向力方向相同，将使中间轴某一端的轴承受力较大，所以蜗杆与大斜齿轮旋向选择不合理。欲使中间轴两端轴承受力较小，应使中间轴上大斜齿轮产生的轴向力与蜗杆产生的轴向力方向相反。中间轴上的大斜齿轮与蜗杆一个为主动轮，另一个为从动轮，因此大斜齿轮与蜗杆的旋向应相同，才能使两轮产生的轴向力方向相反，互相抵消一部分，使中间轴受力更合理，如图 5-37(b) 所示。

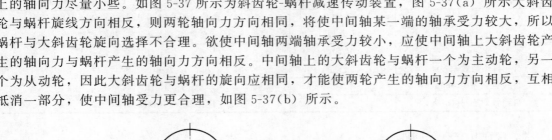

(a) 不合理　　　　　　　　　　(b) 合理

图 5-37　蜗杆与斜齿轮的旋向选取

同理，两级蜗杆传动减速装置（图 5-38），欲使中间轴两端轴承受力较小，应使中间轴上的蜗轮产生的轴向力与中间轴上的蜗杆产生的轴向力方向相反。如图 5-38(a) 所示中间轴上蜗轮与蜗杆轮齿旋向相反是不合理的，应使中间轴上的蜗轮与蜗杆旋向相同，如图 5-38(b) 所示。

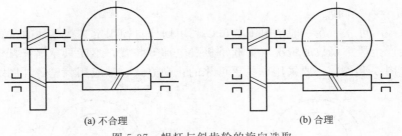
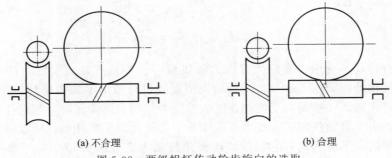

(a) 不合理　　　　　　　　　　(b) 合理

图 5-38　两级蜗杆传动轮齿旋向的选取

(2) 自锁条件及有关禁忌

① 自锁条件　理论上蜗杆传动的自锁条件为 $\gamma \leqslant \rho_{v}$（$\gamma$ 为蜗杆导程角；ρ_{v} 为蜗杆和蜗轮间的当量摩擦角）。为可靠起见，设计时应取 $\gamma < \rho_{v} - (1° \sim 2°)$，而取 $\gamma = \rho_{v}$ 的自锁临界值，或取 $\rho_{v} - \gamma < 1°$ 接近临界值的 γ 值，自锁均是不可靠的。

蜗杆传动自锁处于临界状态时，$\gamma=\rho_v$，其效率为

$$\eta=\frac{\tan\gamma}{\tan(\gamma+\rho_v)}=\frac{\tan\gamma}{\tan2\gamma}=\frac{\tan\gamma}{2\tan\gamma/(1-\tan^2\gamma)}=0.5-\frac{\tan^2\gamma}{2}$$

由上式可见 η 必小于 50%。

以上理论分析表明，蜗杆传动自锁时，其效率恒小于 50%，所以对于自锁的蜗杆传动要求效率 $\eta>50\%$ 是无法实现的。

有关蜗杆传动自锁条件及禁忌列于表 5-11 中。

表 5-11　蜗杆传动自锁条件及禁忌

γ 与 ρ_v 关系	结论	分　　析
$\gamma<\rho_v-(1°\sim2°)$	推荐	自锁条件 $\gamma\leqslant\rho_v$，而 $\gamma<\rho_v-(1°\sim2°)$，自锁可靠性大
$\rho_v-\gamma<1°$	不宜	γ 取值接近自锁临界状态,自锁不可靠
$\gamma=\rho_v$	不合理	自锁处于临界状态,很难实现
$\gamma>\rho_v$	错误	理论上不成立
自锁与效率	结论	分　　析
自锁且效率 $\eta>50\%$	错误	理论上不成立
自锁且效率 $\eta<50\%$	正确	理论表明:自锁时效率小于 50%

② 自锁其它有关问题

a. 蜗杆自锁不可靠　　在一般情况下，可以利用蜗杆自锁固定某些零件的位置。但对于一些自锁失效会产生严重事故的情况，如起重机、电梯等装置，不能只靠蜗杆自锁的功能把重物停在空中 [图 5-39(a)]，要采用一些更可靠的止动方式，如应用棘轮等 [图 5-39(b)]。

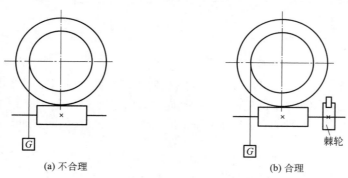

(a) 不合理　　　　　　　　(b) 合理

图 5-39　蜗杆自锁不可靠

b. 自锁蜗杆传动不宜用于有较大惯性力的机械　　一些具有较大惯性力的机械，不宜采用自锁蜗杆直接传动。如图 5-40(a) 所示的大型搅拌机，采用了自锁蜗杆传动，当停车时，电动机和蜗杆停止转动，然而由于搅拌器巨大惯性力作用会继续转动，与搅拌器相连的蜗轮也会继续转动，由于自锁作用蜗轮是不可能作为主动轮而驱动蜗杆的，所以极易导致蜗轮轮齿折断。在这种情况下应另选其它传动，改齿轮传动为宜 [图 5-40(b)]。即使是不具有自锁作用的蜗杆传动，由于其摩擦较大，也很少能实现蜗轮主动，因此也最好不要选用。

c. 自锁蜗杆不宜当作制动器使用　　蜗杆机构自锁作用是不够可靠的，因为它磨损时就有可能失去自锁作用，会导致发生严重事故，因此对于起重机、电梯等，自锁失效会引起严重后果的机械装置，不要用自锁蜗杆机构当作制动器使用，图 5-41(a) 所示是不合理的。如采用蜗杆传动需制动时，必须另设制动器或停止器，如图 5-41(b) 所示，蜗杆机构本身只起辅助的制动作用。

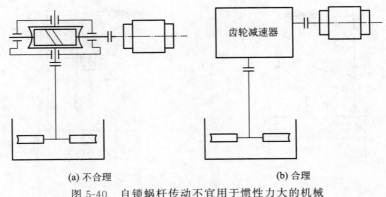

(a) 不合理　　　　　　　　　　　　　　(b) 合理

图 5-40　自锁蜗杆传动不宜用于惯性力大的机械

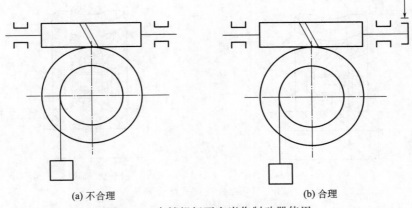

(a) 不合理　　　　　　　　　　　　　　(b) 合理

图 5-41　自锁蜗杆不宜当作制动器使用

（3）蜗轮结构设计技巧与禁忌

① 组合式蜗轮紧定螺钉位置应利于加工　为了节约贵重的有色金属，常将蜗轮制成组合式结构，轮缘为青铜，轮芯为铸铁或钢。

组合式蜗轮采用压配式时，轮缘与轮芯的配合常用 H7/r6，并在接合缝处加装 4～6 个紧定螺钉（骑缝螺钉），以增强连接的可靠性。螺钉中心不能钻在接合缝上［图 5-42(a)］，否则加工困难，因为轮缘与轮芯硬度相差较大，加工时刀具易偏向材料较软的轮缘一侧，很难实现螺纹孔正好在接合缝处，为此，应将螺纹孔中心由接合缝向材料较硬的轮芯部分偏移 $x=1\sim2\text{mm}$，如图 5-42(b) 所示。

② 螺栓连接式组合蜗轮宜用受剪螺栓连接　组合式蜗轮当直径较大时，可采用螺栓连接，不宜用普通螺栓连接［图 5-43(a)］，因为普通受拉螺栓连接是靠摩擦力传力，可靠性较差。最好采用受剪螺栓（铰制孔精配螺栓）连接［图 5-43(b)］，较为可靠。

③ 蜗轮直径不宜过大　若过大，则与之相应的蜗杆的支承间距也将增大，蜗杆刚度减小，从而影响啮合精度，甚至不能正常工作。一般，当蜗轮直径大于 400mm 时，除了应进行蜗杆刚度计算外，还应考虑相应的蜗杆轴，不宜采用如图 5-44(a) 所示的双支点固定结构，因这种结构由于轴较长，热膨胀伸长量较大，轴承将要受到较大的附加轴向力，使轴承运转不灵活，甚至轴承卡死压坏，这时宜采用一端固定一端游动的支承结构［图 5-44(b)］。

④ 冷却用风扇不宜装在蜗轮轴上　当蜗杆传动仅靠自然通风冷却满足不了热平衡温度要求时，可采用风扇吹风冷却，但注意风扇不应装在蜗轮轴上［图 5-45(a)］。由于蜗杆的转

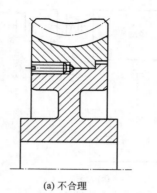

(a) 不合理　　　　　　　　　　　　　(b) 合理

图 5-42　紧定螺钉位置应利于加工

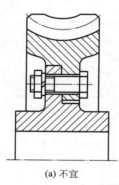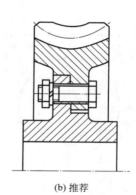

(a) 不宜　　　　　　　　　　　　　(b) 推荐

图 5-43　螺栓连接式组合蜗轮

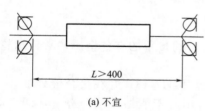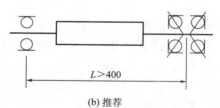

(a) 不宜　　　　　　　　　　　　　(b) 推荐

图 5-44　蜗轮直径较大蜗杆轴较长时的支承结构

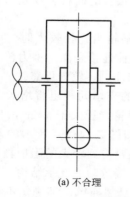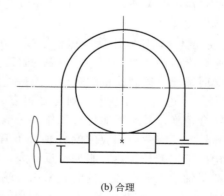

(a) 不合理　　　　　　　　　　　　　(b) 合理

图 5-45　冷却用风扇宜装在蜗杆轴上

速较高，因此吹风用的风扇必须装在蜗杆轴上［图 5-45（b）］。冷却蜗杆传动所用的风扇与一般生活中的电风扇不同，生活中的电风扇向前吹风，而冷却蜗杆用的风扇向后吹风，风扇外有一个罩起引导风向的作用。

　　⑤ 蜗轮与蜗杆应能顺利装拆　蜗杆轴支承在整体式机座上时，要注意设计时应使蜗杆外径尺寸小于套杯座孔内径尺寸，否则蜗杆轴将无法装拆［图 5-46（a）］，此时必须重新设计蜗轮与蜗杆的几何尺寸或调整其它有关结构尺寸，以满足装拆要求，图 5-46（b）所示为正确结构。

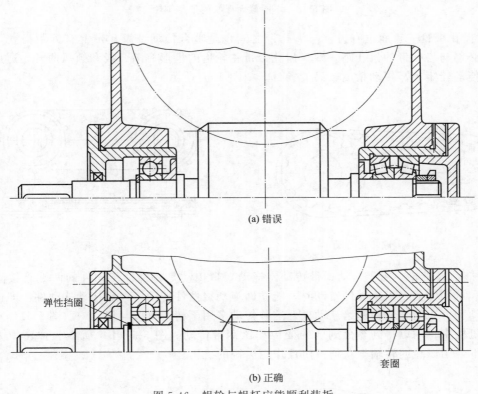

图 5-46　蜗轮与蜗杆应能顺利装拆

5.3　带轮结构设计技巧与禁忌

5.3.1　带轮的类型与结构

（1）带轮的类型

　　根据所带动的带的类型，带轮分为摩擦带轮、齿形带轮、齿孔带轮和拖动式带轮。

　　① 摩擦带轮　如图 5-47 所示，带张紧在带轮上，靠带与带轮间的摩擦力来传递载荷。带根据其截面形状分为平带、V 带、多楔带和圆带等，为配合带的截面形状，带轮的轮缘形状也各不相同，见图 5-48。

　　② 齿形带轮　表面有齿，用于带动表面也有齿的齿形带。带轮的齿形有渐开线齿形和直边齿形

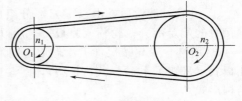

图 5-47　摩擦带传动

两种。由于带与带轮之间为啮合传动，带与带轮之间无相对滑动，因此主动轮和从动轮能进行同步传动，所以也称同步带传动。如图 5-49 所示。

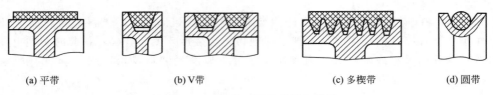

(a) 平带 (b) V带 (c) 多楔带 (d) 圆带

图 5-48 不同截面形状的带与带轮

③ 齿孔带轮 表面也有齿，与齿孔带之间也是啮合传动。齿孔带上有等距齿孔，轮齿的齿距必须与齿孔带的齿孔距一致。齿孔带带轮轮齿的齿形有渐开线和圆弧两种。适用于重量轻、传动转矩小、传动精度较高的场合。如图 5-50 所示。

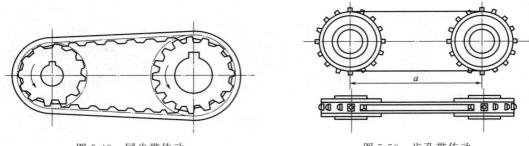

图 5-49 同步带传动 图 5-50 齿孔带传动

④ 拖动式带轮 用于拖动式带传动。拖动式带传动是将挠性传动件的两端直接固定在主动件和从动件上，当主动件转动时，能立即拖动挠性件传动，进而拖动从动件，即把主动件上运动和力矩精确地传递给从动件。这种传动多用于精密机械与仪器中。图 5-51(a) 所示为计算机构中，用以得到等分刻度的变传动比钢带传动。图 5-51(b) 所示为弹簧拉力变化的条件下，用以在回转轴上获得恒定反作用力矩的机构。

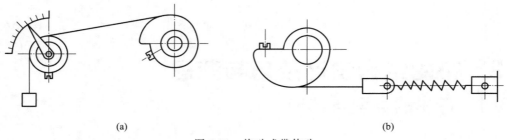

(a) (b)

图 5-51 拖动式带传动

（2）带轮的结构

① 组成 带轮通常由以下三部分组成：轮缘——用以安装传动带的部分；轮毂——与轴接触的配合部分；轮辐或腹板——用以连接轮缘和轮毂的部分。

② 结构 带轮按尺寸大小做成不同的结构形式，分为实心式（S 型）、腹板式（P 型）、孔板式（H 型）和轮辐式（E 型），图 5-52 所示为平带轮结构形式。图 5-53 所示为 V 带轮结构形式。

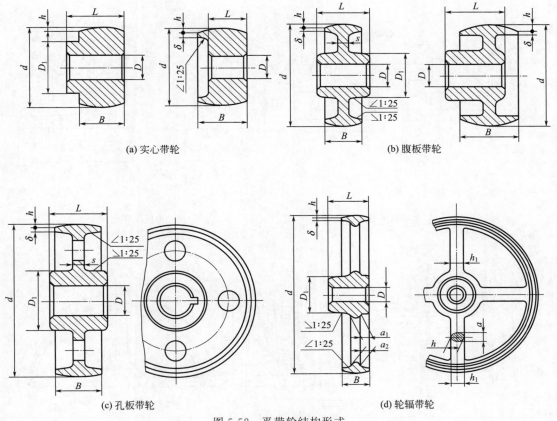

(a) 实心带轮　　　　　　　　　　(b) 腹板带轮

(c) 孔板带轮　　　　　　　　　　(d) 轮辐带轮

图 5-52　平带轮结构形式

5.3.2　带轮的结构设计技巧与禁忌

（1）带轮的布置

① 开口传动　用于两轴平行且回转方向相同的场合，是应用最广泛的一种结构形式，如图 5-47 所示。

对于平带传动，当两轴不平行或两轮中心平面不共面，误差较大时，传动带很容易由带轮上脱落；对于 V 带传动，易造成带轮两边的磨损，甚至脱落。因此设计时应提出要求并保证其安装精度，或设计必要的调节机构。一般要求误差 θ 在 $20'$ 以内，见图 5-54。

对于同步齿形带传动，两轮轴线不平行和中心平面偏斜对带的寿命将有更大的影响，因此安装精度要求更高。据试验及分析得知，若 $\theta = 0°$ 时同步带的寿命为 L_0，则在 $\theta \leqslant 60'$ 时，带的寿命为 $L = L_0 (1 - \theta'/75')$，因此要求 $\theta < 20' \times (25/b)$（$b$ 为带宽，mm）。有关要求与禁忌列于表 5-12 中。

表 5-12　两轴不平行、不共面带传动安装误差范围

项　　目	安装误差角 θ	
平带	$\geqslant 20'$	$< 20'$
V 带	$\geqslant 20'$	$< 20'$
齿形带	$\geqslant 20' \times (25/b)$（$b$ 为带宽）	$< 20' \times (25/b)$（b 为带宽）
结论	禁忌	推荐

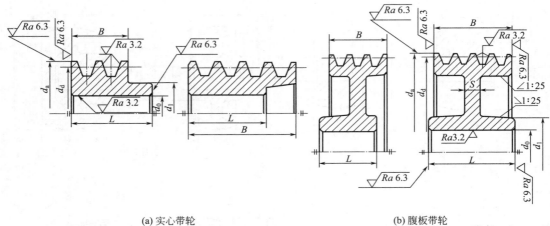

(a) 实心带轮　　　　　　　　　　　　　　　　(b) 腹板带轮

(c) 孔板带轮　　　　　　　　　　　　(d) 轮辐带轮

$d_1 = (1.8 \sim 2)d_0$，$L = (1.5 \sim 2)d_0$（d_0 为轴径）；$S = (0.2 \sim 0.3)B$，$S_1 \geqslant 1.5S$，$S_2 \geqslant 0.5S$；

$$h_1 = 290\sqrt[3]{\dfrac{P}{nA}}\quad（P \text{ 为传递功率，kW；} n \text{ 为带轮转速，r/min；} A \text{ 为轮辐数）；}$$

$$h_2 = 0.8h_1，\quad a_1 = 0.4h_1，\quad a_2 = 0.8a_1；\quad f_1 = 0.2h_1，\quad f_2 = 0.2h_2$$

图 5-53　V 带轮结构形式

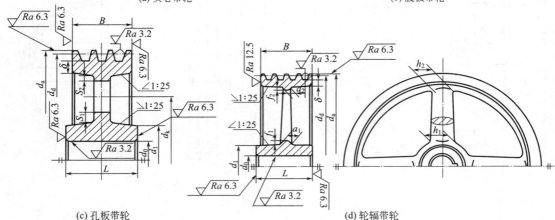

(a) 两轴不平行　　　　　　　　　　　(b) 中心平面不一致

图 5-54　带传动两轮轴不平行和中心面不共面示意

②　交叉传动　用于两平行轴、双向、反转向传动，如图 5-55 所示。由于交叉处带的摩擦和扭转，带的寿命短，只适用于平带和圆带传动，一般要求中心距 $a \geqslant 20b$（b 为带宽），通常传动比 $i_{12} \leqslant 6$。有关要求与禁忌列于表 5-13 中。

表 5-13　交叉传动的适应范围

项　目	中心距 a		传动比 i_{12}		带类型	
范围	$<20b$	$a \geqslant 20b$	>6	$\leqslant 6$	V 带、齿形带、齿孔带	平带、圆带
结论	禁忌	推荐	禁忌	推荐	禁忌	推荐

③ 半交叉传动   用于交错轴、单向传动。对于平带，$i_{12} \leqslant 3$；对于 V 带、多楔带和齿形带，$i_{12} \leqslant 2.5$。

为使带传动正常工作，带不由带轮上脱落，必须保证带从带轮上脱下进入另一带轮时，带的中心线在要进入的带轮的中心平面内（图 5-56）。这种传动不能反转，必须反转时，一定要加装一个张紧轮。

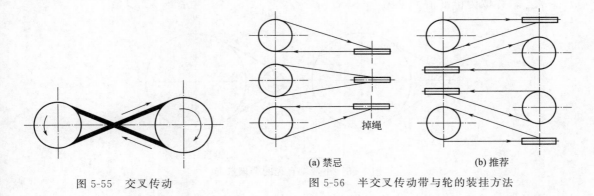

图 5-55 交叉传动

（a) 禁忌   （b) 推荐

图 5-56 半交叉传动带与轮的装挂方法

（2）带轮结构设计技巧与禁忌

① V 带轮槽角应小于 V 带的楔角   普通 V 带楔角为 40°，而 V 带轮槽角小于 40°，一般为 32°、34°、36°、38°。这是因为带绕在带轮上时受弯曲，会产生横向变形，使得带的楔角变小，且带轮直径越小，带的楔角就变得越小。为使带轮的轮槽工作面和 V 带两侧面接触良好，V 带轮槽角应小于 V 带的楔角。

② V 带的轮槽与带的安装禁忌   图 5-57 所示为 V 带轮槽与带的三种安装方式，显然图 5-57(a) 和图 5-57(b) 都是不正确的。图 5-57(a) 中轮槽底部和带之间没有缝隙，会使带不能与槽的两侧面楔紧，从而减小摩擦力的传递，另外槽的上端比带高，未全部与带接触，也会影响传力。而图 5-57(b) 中带的顶面高出了槽，同样会使带的传力减小。只有图 5-57(c) 才是正确的结构。

（a) 错误   （b) 错误   （c) 正确

图 5-57 V 带的轮槽与带的安装

③ 小带轮基准直径 d_1 不能过小   两带轮直径不相等时，带在小轮上的弯曲应力较大。对每种型号的 V 带都限定了相应带轮的最小基准直径 d_{min}，设计时小带轮 d_1 的取值一般不允许小于 d_{min}。d_{min} 值见表 5-14。

表 5-14   普通 V 带带轮最小基准直径

型号	Y	Z	A	B	C	D	E
d_{min}	20	50	75	125	200	355	500

小带轮基准直径 d_1 小，当传动比一定时，可使大带轮直径减小，则带传动外廓空间减小，当大带轮直径一定时，可增大传动比，但小带轮上的包角减小，使传递功率一定时，要求有效拉力加大，另外除带与带轮的接触长度与直径成正比地缩短外，V 带是一面按带轮半径反复弯曲一面快速移动，因而对于 V 带的断面，弯曲半径越小越难弯曲，容易打滑，而且 d_1 过小 [图 5-58(a)]，弯曲应力 σ_{b1} 过大，带的寿命降低。所以应适当选取 d_1 值，使 $d_1 > d_{min}$，并取为标准值，见图 5-58(b)。

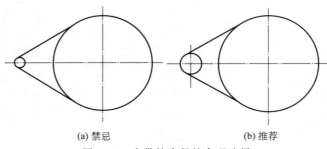

(a) 禁忌　　　　　　　　　　(b) 推荐

图 5-58　小带轮直径的合理选择

④ 小带轮的微凸结构　为使平带在工作时能稳定地处于带轮宽度中间而不滑落，应将小带轮制成中凸形。图 5-59(a)、(b) 所示为不合理结构，图 5-59(c) 为合理结构。中凸的小带轮有使平带自动居中的作用。若小带轮直径 $d_1 = 40 \sim 112mm$，取中间凸起高度 $h = 0.3mm$；当 $d_1 > 112mm$ 时，取 $h/d_1 = 0.003 \sim 0.001$，d_1/b 大的 h/d_1 取小值，其中 b 为带轮宽度，一般 $d_1/b = 3 \sim 8$。

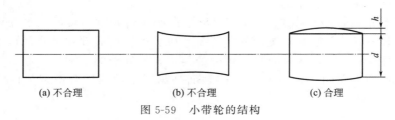

(a) 不合理　　　　　　(b) 不合理　　　　　　(c) 合理

图 5-59　小带轮的结构

⑤ 高速带轮的开槽结构　带速 $v > 30m/s$ 为高速带，它采用特殊的轻而强度大的纤维编制而成。为防止带与带轮之间形成气垫，应在小带轮轮缘表面开设环槽，见图 5-60。

⑥ 同步带轮结构要求

a.挡圈结构　同步带轮分为无挡圈、单边挡圈和双边挡圈三种结构形式 (图 5-61)。同步带在运转时，有轻度的侧向推力。为了避免带的滑落，应按具体条件考虑在带轮侧面安装挡圈。如图 5-62(a) 所示，不装挡圈的结构尽量不采用。

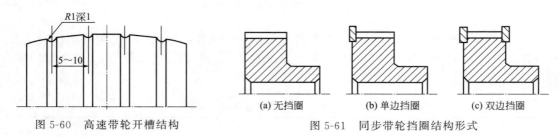

图 5-60　高速带轮开槽结构

(a) 无挡圈　　　　(b) 单边挡圈　　　　(c) 双边挡圈

图 5-61　同步带轮挡圈结构形式

挡圈的安装建议为：在两轴传动中，两个带轮中必须有一个带轮两侧装有挡圈 [图 5-62

（b）]，或两轮的不同侧边各装有一个挡圈；当中心距超过小带轮直径的 8 倍以上时，由于带不易张紧，两个带轮的两侧均应装有挡圈；在垂直轴传动中，由于同步带的自重作用，应使其中一个带轮的两侧装有挡圈，而其它带轮均在下侧装有挡圈，如图 5-62（c）所示。

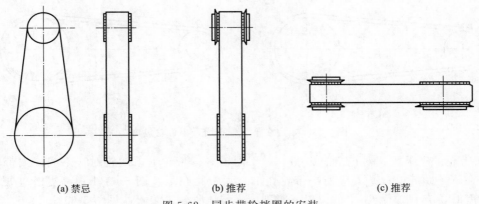

(a) 禁忌　　　(b) 推荐　　　(c) 推荐

图 5-62　同步带轮挡圈的安装

　　b. 同步带齿顶和轮齿顶部的圆角半径　同步带的齿和带轮的齿属于非共轭齿廓啮合，所以在啮合过程中两者的顶部都会发生干涉和撞击，因而引起带齿顶部产生磨损。适当加大带齿顶部和轮齿顶部的圆角半径（图 5-63），可以减少干涉和磨损，延长带的寿命。

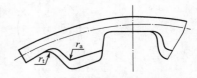

图 5-63　同步带齿顶和轮齿顶部的圆角半径

　　c. 同步带轮外径的偏差　同步带轮外径为正偏差，可以增大带轮节距，消除由于多边形效应和在拉力作用下使带伸长变形所产生的带的节距大于带轮节距的影响。实践证明，在一定范围内，带轮外径正偏差较大时，同步带的疲劳寿命较长。

　　d. 小带轮齿数的选择　同步带轮齿数的选择应考虑到同时啮合齿数的多少，一般要求同步带与带轮的同时啮合齿数 $z_m \geq 6$。各种型号同步带的小带轮许用最少齿数见表 5-15。

表 5-15　同步带小带轮许用最少齿数 z_{min}

小带轮转速 n_1/(r/min)	型 号						
	MXL	XXL	XL	L	H	XH	XXH
≤900	10	10	10	12	14	22	22
>900~1200	12	12	10	12	16	24	24
>1200~1800	14	14	12	14	18	26	26
>1800~3600	16	16	12	16	20	30	—
≥3600	18	18	15	22	22	—	—

　　（3）增大包角 α 以提高承载力

　　① 小带轮包角不能太小　由于小带轮的包角小于大带轮的包角，所以打滑都是发生在小带轮上，要提高带传动的承载能力，则小带轮包角不能太小。一般要求带与小带轮包角必须满足 $\alpha_1 \geq 120°$，个别情况下，最小可到 90°。若不满足，应适当增大中心距或减小传动比来增加小带轮包角 α_1。

② 紧边在下有利于增大小带轮包角　对于平带、V 带等挠性件传动，应紧边在下，松边在上，有利于增大小带轮包角 α_1，从而提高带传动的承载能力。图 5-64(a) 是不合理的，图 5-64(b) 是合理的。

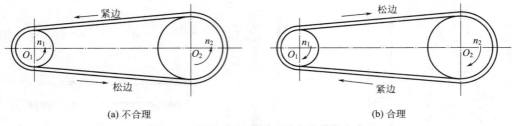

(a) 不合理　　　　　　　　　　　　　(b) 合理

图 5-64　紧边在下有利于增大小带轮包角

③ 带轮的上下配置对包角的影响　对于两轴平行带轮上下配置时，不应使大带轮在上小带轮在下 [图 5-65(a)]，应使小带轮在上，大带轮在下 [图 5-65(b)]，使松边处于当带产生垂度时，有利于增大 α_1 的位置。否则应安装压紧轮等装置，见图 5-65(c)。

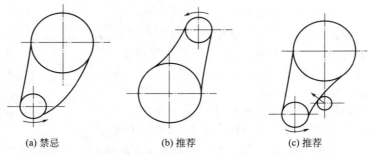

(a) 禁忌　　　　　　　(b) 推荐　　　　　　　(c) 推荐

图 5-65　带轮的上下配置对包角的影响

④ 增大小带轮包角的压紧轮　以增加小带轮包角为目的的压紧轮，应安装在松边、靠近小带轮的外侧，见图 5-66。

(4) 张紧轮的设置

① V 带、平带的张紧轮装置　V 带、平带的张紧轮一般应安装在松边内侧，使带只受单向弯曲，以减少寿命的损失；同时张紧轮还应尽量靠近大带轮，以减少对包角的影响（图 5-67）。张紧轮的使用会降低带轮的传动能力，在设计时应适当考虑。

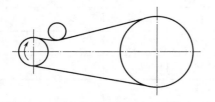　　　　　　　　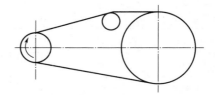

图 5-66　压紧轮的位置　　　　　　　　图 5-67　张紧轮的位置

② V 带传动中心距不能修正的张紧轮装置　在 V 带传动中也有任何一个带轮的轴心都不能移动的情况，此时，使用一定长度的 V 带，其长度要能使 V 带在处于固定位置的带轮之间装卸，装挂完后，可用张紧轮将其张紧到运转状态，该张紧轮要能在张紧力的调整范围内调整，也包括对使用后 V 带伸长的调整，如图 5-68 所示。

③ 同步齿形带的张紧轮装置 同步齿形带使用张紧轮，会使带芯材料的弯曲疲劳强度降低，因此，原则上不使用张紧轮，只有在中心距不可调整，且小带轮齿数小于规定齿数时才可使用，使用时要注意避免深角 [图 5-69(a)] 使用，采用浅角 [图 5-69(b)] 使用，并安装在松边内侧，如图 5-69(c) 所示。但是，在小带轮啮合齿数小于规定齿数时，为防止跳齿应将张紧轮安装在松边、靠近小带轮的外侧，如图 5-69(d) 所示。

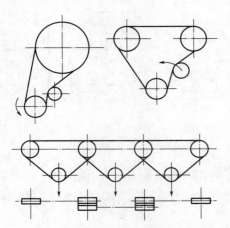

图 5-68 V 带传动中心距不能修正的张紧轮装置

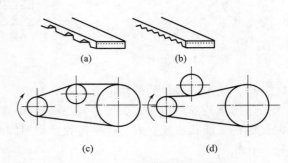

图 5-69 同步齿形带的张紧轮装置

(5) 带轮的支承位置

传动带的寿命通常较低，有时几个月就要更换。在 V 带传动中同时有几条带一起工作时，如果有一条带损坏就要全部更换。图 5-70(a) 所示带轮在两轴承中间，更换带不方便。对于无接头的传动带最好设计成悬臂安装，即支承只在一侧，且带与带轮暴露在外，见图 5-70(b)。此时可加一层防护罩，拆下防护罩即可更换传动带。

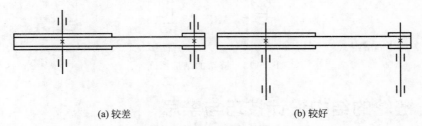

(a) 较差　　　　　　　　　　　　(b) 较好

图 5-70 带传动支承装置要便于更换带

5.4 链轮结构设计技巧与禁忌

5.4.1 链轮的结构形式

(1) 滚子链链轮齿廓和基本参数

链轮的齿形属于非共轭啮合传动，链轮齿形有较大灵活性，应保证在链条与链轮良好啮合的情况下，使链节能自由地进入和退出啮合，并便于加工。GB/T 1243—1997 规定了齿形，其端面齿形如图 5-71 所示，轴向齿廓如图 5-72 所示。

目前最流行的齿形为三弧一直线齿形。当选用这种齿形时，链轮齿形在零件图上不画出，按标准齿形只需注明链轮的基本参数和主要尺寸，如齿数 z、节距 p、配用链条滚子外径 d_1、分度圆直径 d、齿顶圆直径 d_a 及齿根圆直径 d_f，并注明"齿形按 3R GB/T 1244—1997 制造"。滚子链链轮及齿槽的主要参数和计算公式参见机械设计手册。

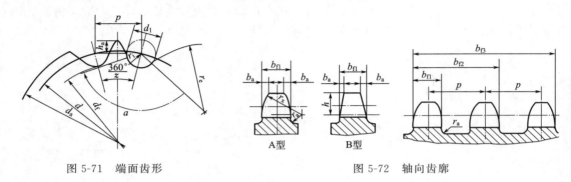

图 5-71　端面齿形　　　　　　　　图 5-72　轴向齿廓

（2）滚子链链轮的结构

常用链轮的结构形式如图 5-73 所示。小直径的链轮可制成整体式；中等尺寸的链轮可制成腹板式或孔板式；大直径的链轮常采用齿圈可以更换的组合式，齿圈可以焊接或用螺栓连接在轮芯上。

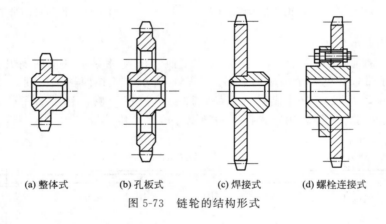

(a) 整体式　　　(b) 孔板式　　　(c) 焊接式　　　(d) 螺栓连接式

图 5-73　链轮的结构形式

5.4.2　链轮的结构设计技巧与禁忌

（1）链轮的布置

① 两链轮连心线水平　两链轮中心连线最好成水平 [图 5-74(a)] 或与水平面成 45°以下倾角 α [图 5-74(b)]，比较利于啮合和传动。

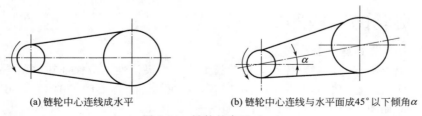

(a) 链轮中心连线成水平　　　　　(b) 链轮中心连线与水平面成45°以下倾角α

图 5-74　链轮的布置（一）

② 链轮不能水平布置　因为在重力作用下，链条产生垂度，特别是两链轮中心距较大时，垂度更大，为防止链轮与链条的啮合产生干涉、卡链甚至掉链的现象发生，禁止将链轮水平布置（图 5-75）。

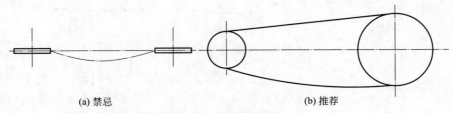

(a) 禁忌　　　　　　　　　　　(b) 推荐

图 5-75　链轮的布置（二）

③ 避免两链轮轴线在同一铅垂面内　两链轮轴线在同一铅垂面内，链条下垂量的增大会减少下链轮的有效啮合齿数，降低传动能力，如图 5-76(a) 所示。为此可采取如下措施：中心距设计为可调的；设计张紧装置［图 5-76(b)］；上、下两链轮偏置，使两轮的轴线不在同一铅垂面内，小链轮布置在上，大链轮布置在下［图 5-76(b)］，注意大、小链轮的上下位置不要装反。

④ 不能用一根链条带动一条线上的多个链轮　在一条直线上有多个链轮时，考虑每个链轮啮合齿数，不能一根链条将一个主动链轮的功率依次传给其它链轮［图 5-77(a)］。在这种情况下，只能采用多对链轮进行逐个轴的传动，如图 5-77(b) 所示。

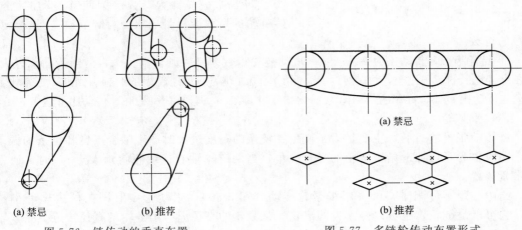

(a) 禁忌　　　　　　(b) 推荐　　　　　　(a) 禁忌

图 5-76　链传动的垂直布置　　　　　(b) 推荐

图 5-77　多链轮传动布置形式

⑤ 应使紧边在上、松边在下　链传动禁忌采用图 5-78(a) 所示结构形式。与带传动相反，链传动应使紧边在上，松边在下［图 5-78(b)］。当松边在上时，由于松边下垂度较大，链与链轮不宜脱开，有卷入的倾向。尤其在链离开小链轮时，这种情况更加突出。如果链条在应该脱离时未脱离而继续卷入，则有将链条卡住或拉断的危险。因此，要避免使小链轮出口侧为渐进下垂侧。另外，中心距大、松边在上时，会因为下垂量的增大而造成松边与紧边的相碰，故应避免。实在不能避免时，应采用张紧轮［图 5-78(c)］。

（2）链轮的齿数

① 适当选择链轮齿数 z　如图 5-79 所示，由 $d=p/\sin(180°/z)$ 可见，在 d 一定的情况下，减小 z 将使 p 增大，这会造成：多边形效应的增大，使传动平稳性降低；动载荷加

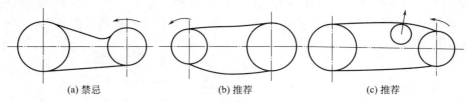

(a) 禁忌   (b) 推荐   (c) 推荐

图 5-78　链传动的布置

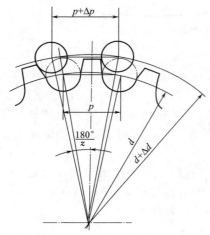

图 5-79　链节伸长对啮合的影响

大；铰链及链条与链轮的磨损增大。因此 z_1 不能过少，应按有关小链轮推荐齿数进行选取。但从减小传动尺寸考虑，对于大传动比的链传动建议选取较小的链轮齿数。通常链轮的最小齿数 $z_{min}=17$，当链速很低时，允许小链轮最少齿数为 9。

如图 5-79 所示，套筒和销轴磨损后，链节距的增长量 Δp 和节圆由分度圆的外移量 Δd 的关系为 $\Delta d = \Delta p/\sin(180°/z)$。当节距 p 一定时，齿高就一定，允许节圆外移量 Δd 也就一定，齿数越多，允许不发生脱链的节距增长量 Δp 就越小，链的使用寿命就越短。另外，在节距一定的情况下，z_2 过大，将增大整个传动尺寸。故通常限定链轮最多齿数 $z_{max}=120$。

② 链轮齿数应设计为奇数　为使链传动的磨损均匀，两链轮的齿数应尽量选取为与链节数（偶数）互为质数的奇数。

③ 链轮齿数与传动比的关系　主、从动链轮齿数差别大则传动比大，但当传动比过大时，链在小链轮上的包角过小，将减少啮合齿数，易出现跳齿或加速轮齿的磨损。因此，通常限制链传动的传动比 $i \leqslant 6$，推荐的传动比为 2～3.5。当 $v < 2m/s$ 且载荷平稳时，传动比可达 10。

（3）张紧轮

链传动张紧的目的，主要是为了避免在链条的垂度过大时产生啮合不良和链条的振动现象，同时也为了增加链条与链轮的啮合包角。当两链轮轴心连线倾斜角大于 60°时，通常设有张紧装置。

当中心距不可调时，可采用张紧轮传动（图 5-80）。张紧轮一般压在松边靠近小链轮处，它可以是链轮，也可以是无齿的滚轮。张紧轮的直径应与小链轮的直径接近。张紧轮有

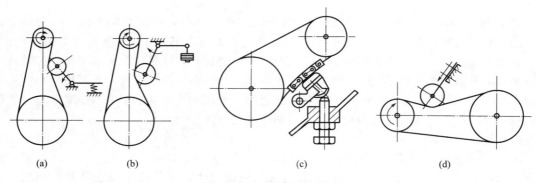

(a)   (b)   (c)   (d)

图 5-80　链传动的张紧装置

自动张紧 [图 5-80(a)、(b)] 及定期张紧 [图 5-80(c)、(d)]，前者多采用弹簧、吊重等自动张紧装置，后者可用螺旋、偏心等调整装置。

5.5　盘形凸轮结构设计技巧与禁忌

5.5.1　凸轮的分类

通常凸轮按形状可分为盘形凸轮、移动凸轮和圆柱凸轮等，移动凸轮和圆柱凸轮都是由盘形凸轮演化而来。

（1）盘形凸轮

如图 5-81 所示，盘形凸轮是绕固定轴转动并具有变化向径的盘形构件。它是凸轮的最基本形式。

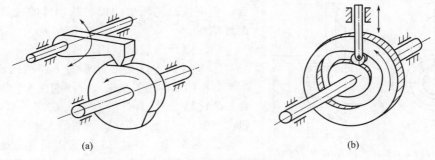

(a)　　　　　　　　　　(b)

图 5-81　盘形凸轮机构

（2）移动凸轮

如图 5-82 所示，凸轮呈板状，相对于机架做直线往复移动。它可看作是转轴在无穷远处的盘形凸轮。

（3）圆柱凸轮

如图 5-83 所示，凸轮的基体为圆柱体，轮廓曲面分布在圆柱面或其端面上，并绕自身的轴线旋转。它可看作是将移动凸轮卷成圆柱体形成的。

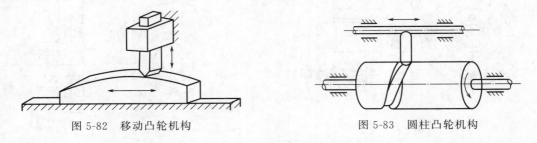

图 5-82　移动凸轮机构　　　　　　　图 5-83　圆柱凸轮机构

5.5.2　盘形凸轮的结构设计技巧与禁忌

（1）盘形凸轮基本尺寸的确定

确定盘形凸轮基本尺寸应满足的条件如下。

① 保证从动件能准确地实现预期的运动规律。

② 机构具有良好的受力状态。

③ 机构的结构尺寸合理、紧凑。

基于以上要求，设计时要合理地确定凸轮的基本尺寸和有关参数，如基圆半径 R_b、从动件偏距 e 和偏置方向、许用压力角 $[\alpha]$ 及锁合方式等。

（2）凸轮轮廓线的设计

根据工作要求合理地选择从动件运动规律后，按照结构所允许的空间和具体要求，绘制凸轮的轮廓。

对凸轮轮廓线精度要求不高的凸轮机构，可以采用图解法设计凸轮轮廓线。对凸轮轮廓线精度要求较高的场合，应该用解析法精确计算凸轮轮廓线上各向径的尺寸，详见有关设计资料。

（3）凸轮轮缘宽度的确定

凸轮曲线轮廓部分的轴向厚度 b（轮缘宽度），在工作载荷较小时一般取为轮廓曲线最

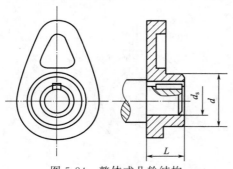

图 5-84　整体式凸轮结构

大向径的 $1/10 \sim 1/5$，但如果是受力较大的重要场合，则应按凸轮轮廓曲面与从动件的接触强度条件设计确定。

（4）盘形凸轮的结构形式

① 整体式　这是最简单的一种结构，如图 5-84 所示。整体结构用于凸轮尺寸小而又无特殊要求的场合。凸轮轮毂尺寸推荐为 $d \approx (1.5 \sim 2)d_s$，$L \approx (1.2 \sim 1.6)d_s$（$d_s$ 为凸轮孔径）。

② 可调式　图 5-85 所示为可调式凸轮结构。图 5-85(a) 所示结构中凸轮片与轮毂可以拆开。凸轮片上有三个圆弧槽，利用圆弧槽可调凸轮片与轮毂间的相对角度，以便调整凸轮推动从动件运动的起始位置。

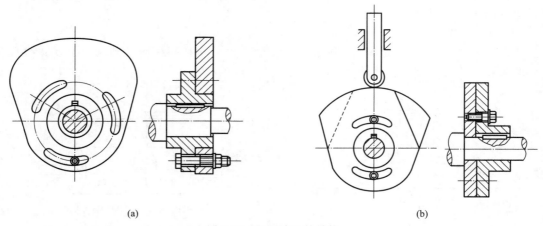

(a)　　　　　　　　　　　　　　　　(b)

图 5-85　可调式凸轮结构

图 5-85(b) 所示结构中凸轮由两凸轮片组成，调整两凸轮片错开的角度，改变从动件在最高位置（升程终点）停留时间的长短。注意：因两凸轮片相当于一个凸轮，而从动件必须要与两凸轮片接触，所以从动件上的滚子（或平底）的宽度不能小于两凸轮片的厚度之和。

图 5-86 所示为需要经常或快速装拆的凸轮，其轴孔制成开口形状并与开口垫片配合使用。注意：从动件与凸轮接触的滚子（或平底）的宽度不应小于开口凸轮和开口垫片的厚度

之和；传递转矩太大的场合不宜采用。

③ 凸轮与轴一体式 当凸轮实际轮廓的最小向径仅比轴的半径尺寸稍大时，为避免凸轮的最小壁厚太薄而导致轮体强度不足，可以直接在轴上加工出凸轮，使凸轮与轴一体。必须注意由于凸轮和轴要用同一种材料，选择材料时必须兼顾两者的要求。

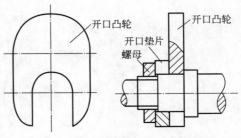

图 5-86 快速装拆式凸轮结构

（5）凸轮结构设计技巧与禁忌

① 凸轮滚子半径的确定禁忌 如图 5-87 所示，设 r_T 为滚子半径，ρ 为凸轮理论轮廓 η 某点的曲率半径，ρ_a 为实际轮廓 η' 上与该点对应点的曲率半径。若为外凸轮，可见，当理论轮廓为内凹时［图 5-87(a)］，则 $\rho_a = \rho + r_T$，实际轮廓总可以作出。当理论轮廓为凸时，$\rho_a = \rho - r_T$，ρ_a 之值有以下三种情况。

a. $\rho > r_T$ 时，$\rho_a > 0$，可以作出光滑的实际轮廓曲线，如图 5-87(b) 所示。

b. $\rho = r_T$ 时，$\rho_a = 0$，实际轮廓出现尖点，如图 5-87(c) 所示。因尖点极易磨损，凸轮工作一段时间后就会出现运动失真现象，所以不能实际使用。

c. $\rho < r_T$ 时，$\rho_a < 0$，实际轮廓出现交叉，如图 5-87(d) 所示。加工时，交叉部分会被刀具切去，致使从动件工作时不能按预期的运动规律运动，造成从动件运动失真。

凸轮实际轮廓在任何位置出现尖点或交叉的情况都是不允许的。

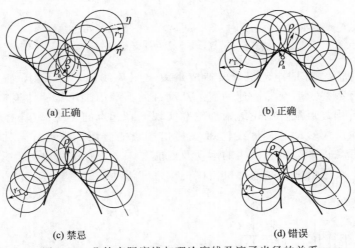

(a) 正确　　　　　　　　　　　　(b) 正确

(c) 禁忌　　　　　　　　　　　　(d) 错误

图 5-87 凸轮实际廓线与理论廓线及滚子半径的关系

② 慎防凸轮连杆组合机构不能运动 机械设计中采用基本机构时，其自由度是否等于 1 的问题可以不用考虑，但对于一些多杆机构或高、低副的组合机构，则必须检查其自由度是否等于 1，否则会出现错误。

例如图 5-88(a) 所示凸轮连杆机构中，转动副 D 既是构件 2 上的点，又是构件 1 上的点，但构件 1 摆动，构件 2 移动，要 D 既移动又摆动，不能实现，其自由度 $F = 3 \times 3 - 2 \times 4 - 1 = 0$，故机构不能运动。应如图 5-88(b) 所示，执行构件 2 与机架以移动副连接，在构件 1 和构件 2 之间加入构件 3，并分别以转动副 D、E 连接，则自由度 $F = 3 \times 4 - 2 \times 5 - 1 = 1$，机构可动且确动。

③ 盘形凸轮上的键槽位置禁忌 在盘形凸轮类零件上开设键槽时，应特别注意选择开键槽的方位，禁止将键槽开在薄弱的方位上，如图 5-89(a) 所示。而应开在较强的方位上，

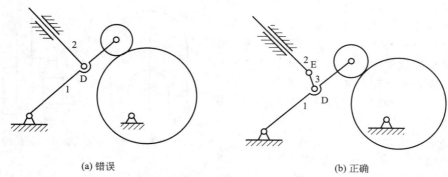

(a) 错误   (b) 正确

图 5-88 凸轮连杆组合机构设计

如图 5-89(b) 所示，以避免应力集中，延长凸轮的寿命。

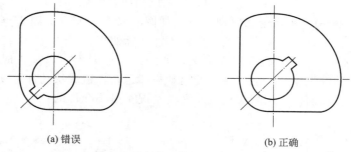

(a) 错误   (b) 正确

图 5-89 盘形凸轮上的键槽位置

④ 慎防凸轮机构试车时电动机反转造成事故   图 5-90(a) 所示为一凸轮机构，要求从动杆在达到上升行程终点后突然高速回程。从动杆的下端用滚轮作从动滚轮，同时用矩形轮廓的端块在上升行程终点配合凸轮的附加轮廓实现下降起点的突跳。在试接电源电动机短时反向转动时，凸轮反向转动，其直线轮廓 A 撞击端块的侧面，从动杆弯曲变形而损坏。原因在于设计时只考虑正常运转时机构的运动及性能，未考虑在试接电源等非正常运转状态下可能发生的问题。改进措施可在电动机与该机构之间传动链的适当环节设置一个离合器，见

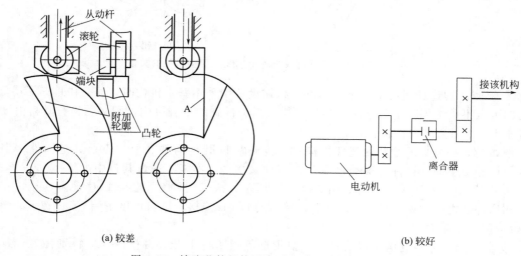

(a) 较差   (b) 较好

图 5-90 慎防凸轮机构试车时电动机反转造成事故

图 5-90(b)。作为一个一般原则，凡电动机反转可能引发事故的机器，在电动机与有事故危险的部位之间应设置离合器——试车时可分离的离合器或只能传递正向转动的（超越）离合器。

⑤ 偏置从动件导轨位置的安装应使压力角较小　如图 5-91 所示，两个凸轮的尺寸、形状、转向、从动件形状都相同，但导轨对凸轮中心的偏置位置在通过凸轮中心垂线的不同侧，致使两者的压力角不同，显然图 5-91(a) 压力角较大，图 5-91(b) 压力角较小，运转灵活。

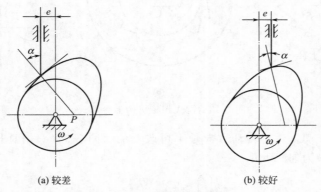

(a) 较差　　　　　　　　(b) 较好

图 5-91　偏置从动件导轨位置

⑥ 凸轮工作表面与轴表面分开有利加工　当两表面粗糙度要求不同时，两表面之间必须有明确的分界线，这样，不但加工方便，而且形状美观。如图 5-92(a) 所示，凸轮表面未与轴表面分开，而凸轮表面要精加工，所以是不合理结构。应改成图 5-92(b) 所示的结构，凸轮工作表面与轴表面分开，有利于加工。

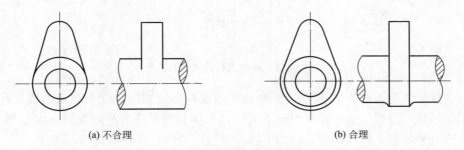

(a) 不合理　　　　　　　　(b) 合理

图 5-92　凸轮工作表面与轴表面分开有利加工

5.6　棘轮结构设计技巧与禁忌

5.6.1　棘轮的结构形式

常用棘轮可分为齿式与摩擦式两大类，齿式棘轮按啮合形式又分为外齿式［图 5-93(a)］、内齿式［图 5-93(b)］和端齿式［图 5-93(c)］三类。

根据齿式棘轮的运动方向不同，齿式棘轮又分为两种：单向式棘轮和双向式棘轮。

单向式棘轮机构分为单动式和双动式两种。图 5-94(a) 所示为单动单向式棘轮机构，其特点是摆杆向一个方向摆动时，棘轮沿同一方向转过某一角度，而摆杆向另一个方向摆动时，棘轮静止不动。图 5-94(b)、(c) 所示为双动单向式棘轮机构，摆杆的往复摆动，都能

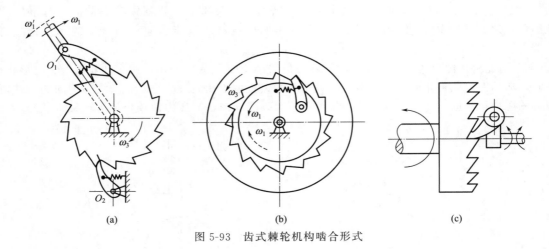

图 5-93 齿式棘轮机构啮合形式

使棘轮沿单一方向转动，棘轮转动方向是不可改变的。图 5-94（a） 和图 5-94（b） 中为直边棘爪，图 5-94（c） 中为勾头棘爪。

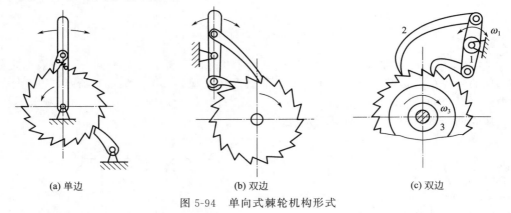

(a) 单边   (b) 双边   (c) 双边

图 5-94 单向式棘轮机构形式

　　双向式棘轮机构如图 5-95 所示，棘轮轮齿做成梯形或矩形，变动棘爪的放置位置或方向后 ［图 5-95（a） 中虚、实线位置，或图 5-95（b） 中将棘爪绕自身轴线转 180°后固定］，可改变棘轮的转动方向。棘轮在正、反两个转动方向上都可实现间歇转动。

　　摩擦式棘轮机构分为偏心楔块式棘轮机构和滚子楔紧式棘轮机构。图 5-96（a） 所示为偏心楔块式棘轮机构，其工作原理与齿式棘轮机构相同，只是用偏心扇形楔块 2 代替棘爪，用摩擦轮 3 代替棘轮。利用楔块与摩擦轮间的摩擦力与偏心楔块的几何条件来实现摩擦轮的单向间歇转动。当摆杆 1 逆时针转动时，楔块 2 在摩擦力的作用下楔紧摩擦轮，使摩擦轮 3 同向转动；摆杆 1 顺时针转动时，楔块 2 在摩擦力的作用下松开摩擦轮，摩擦轮保持静止不动。

　　滚子楔紧式棘轮机构如图 5-96（b） 所示，为常用的摩擦式棘轮机构，构件 1 逆时针转动或构件 3 顺时针转动时，在摩擦力作用下能使滚子 2 楔紧在构件 1 与 3 所形成的收敛狭隙处，则构件 1 和 3 成为一体，一起随构件 1 转动；运动相反时，即当构件 1 顺时针或构件 3 逆时针转动时，构件 1 与 3 成为脱离状态，主动件不能带动从动件转动。

　　齿式棘轮机构结构简单，易于制造，运动可靠，棘轮转角容易实现有级调整，但棘爪在齿面滑过引起噪声与冲击，在高速时就更为严重，所以齿式棘轮机构经常在低速、轻载的场合用作间歇运动控制。

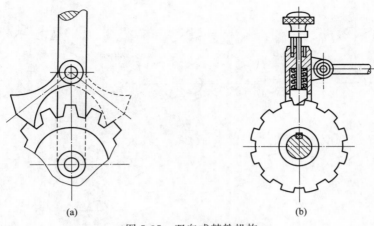

图 5-95　双向式棘轮机构

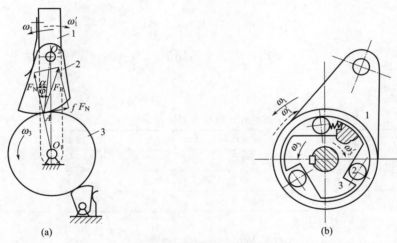

图 5-96　摩擦式棘轮机构

　　摩擦式棘轮机构传递运动较平稳，无噪声，从动件的转角可作无级调整。其缺点是难以避免打滑现象，因此运动的准确性较差，不适合用于精确传递运动的场合。

5.6.2　棘轮的结构设计技巧与禁忌

（1）棘轮齿形的选择

　　棘轮的齿形如图 5-97 所示，图 5-97（a）为最常见的不对称梯形齿形，齿面是沿径向线方向，其轮齿的非工作齿面可制成直线形或圆弧形，因此齿厚加大，使轮齿强度提高。

　　图 5-97（b）为棘轮常用的三角形齿形，齿面沿径向线方向，其工作面的齿背无倾角。另外还有三角形齿形的齿面具有倾角 θ 的齿形（见图 5-98），一般 $\theta = 15° \sim 20°$。三角形齿形非工作面可作成直线形［图 5-97（b）］和圆弧形［图 5-97（c）］。

　　图 5-97（d）为矩形齿形。矩形齿形双向对称，同样对称的还有对称梯形齿形［图 5-97（e）］。

　　设计棘轮机构在选择齿形时，要根据各种齿形的特点。单向驱动的棘轮机构一般采用不对称齿形，而不能选用对称齿形。

　　当棘轮机构承受载荷不大时，可采用三角形齿形。具有倾角的三角形齿形，工作时能使棘爪顺利进入棘齿齿槽且不容易脱出，机构工作更为可靠。

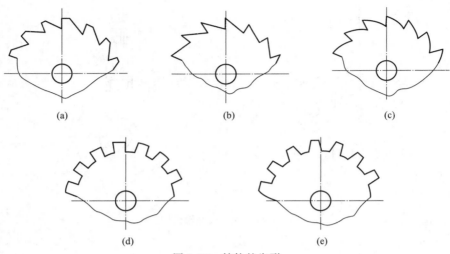

图 5-97　棘轮的齿形

双向式棘轮机构由于需双向驱动，因此常采用矩形或对称梯形齿形作为棘轮的齿形，而不能选用不对称齿形。

有关齿形选取对比见表 5-16。

表 5-16　棘轮齿形选取对比

项　　目	不对称梯形	对称梯形	直线三角形	圆弧三角形	矩形
受力情况	较好	较好	较差	较差	差
单向驱动	推荐	禁忌	推荐	推荐	禁忌
双向驱动	禁忌	推荐	禁忌	禁忌	推荐

（2）棘轮的模数和齿数选择禁忌

棘轮的模数和齿数与齿轮类似，棘齿的大小以模数来表示。模数 $m = p/\pi$，其中 p 是棘轮顶圆上两齿之间的弧长。模数用来衡量齿根部的厚度，与抗弯剪强度有关，因此必须由强度计算或类比法确定，必要时要进行强度校核，并按标准值选用。

（3）棘轮的步进角应小于或等于棘爪所在构件的摆角

对于齿式棘轮机构为了使棘爪能顺利啮入棘轮的轮齿，棘爪的位移必须大于棘轮运动角的相应位移。因为当棘爪所在构件推动棘爪从齿顶落入下一个齿槽推爪至齿槽底顶住时，摆杆摆过一个空程角度。当止推棘爪落入棘轮下一个齿槽后，让棘轮后退至槽底被止动爪顶住时，摆杆又摆过一个空程角度。所以在设计摆杆摆角时应考虑棘爪所在构件的摆角应大于棘轮的运动角。棘轮每次转动的运动角称为步进角，即棘轮的步进角应小于或等于棘爪所在构件的摆角。

（4）棘轮齿面角 θ 应大于摩擦角 φ

如图 5-98 所示，θ 为棘轮齿工作齿面与径向线之间的倾角，称为齿面角。当棘爪与棘轮开始在齿顶 P 啮合时，棘轮工作齿面对棘爪的总反力 F_R 相对法向反力 F_N 偏转一个角度 φ，称为摩擦角。理论分析表明，为使棘爪顺利滑入棘轮齿根并啮紧齿根，则必须使棘轮齿面角 θ 大于摩擦角 φ，即 $\theta > \varphi$。

（5）滚子楔紧式棘轮机构楔紧角 β 必须小于两倍摩擦角 φ

理论分析表明，为使滚子楔紧式棘轮机构可靠工作，必须使楔紧角 β（图 5-99）小于两倍摩擦角 φ。但若 β 角选择过小，反向运动时滚子将不易退出楔紧状态。

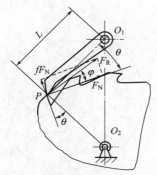

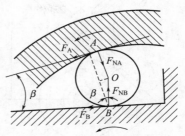

图 5-98　棘轮齿面角 θ 与摩擦角 φ　　　　图 5-99　滚子楔紧角 β

（6）避免为了调整棘轮转角而增大结构

棘轮的转角如果需要调整，受到空间的限制，不能盲目加大棘轮的尺寸。对于由连杆机构驱动并安装在摆杆上的棘爪，常采用棘轮罩来调节棘轮的转角。如图 5-100 所示，改变棘轮罩位置，使部分行程内棘爪沿棘轮罩表面滑过，从而实现棘轮转角大小的调整。

还有一种方法是改变摆杆摆角。图 5-101 所示的棘轮机构中，通过改变曲柄摇杆机构曲柄 OA 长度的方法来改变摆杆摆角的大小，从而实现棘轮机构转角大小的调整。

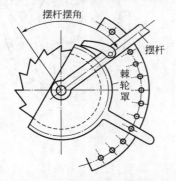

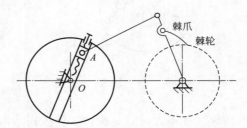

图 5-100　改变棘轮罩位置调整转角　　　　图 5-101　通过改变曲柄长度调整转角

5.7　槽轮结构设计技巧与禁忌

5.7.1　槽轮的结构形式

槽轮常用于某些自动机械中，实现分度转位和间歇步进运动。常见的槽轮有两种类型：一种是如图 5-102 所示的外啮合槽轮，其主动拨盘与从动槽轮转向相反；另一种是如图 5-103 所示的内啮合槽轮，其主动拨盘与从动槽轮转向相同。

外啮合槽轮的结构比内槽轮简单，所以在实际应用中较为普遍，而当需要主、从动件转向相同、槽轮停歇时间短、机构占用空间小和传动较平稳时，可采用内啮合槽轮。

为了满足某些特殊的工作要求，平面槽轮机构可以设计成不对称的，图 5-104（a）所示槽轮 2 的径向槽的尺寸不同，拨盘 1 上圆销的分布也不均匀。在槽轮转一周中可实现几个运动和停歇时间均不相同的运动要求。如图 5-104（b）所示的槽轮径向槽具有曲线的行状，它可改变分度过程中的运动规律，使之更加平稳。图 5-104（c）所示为空间槽轮机构，可传递相交轴之间的运动。

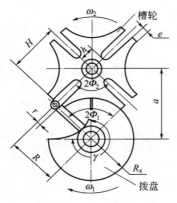

图 5-102　外啮合槽轮机构

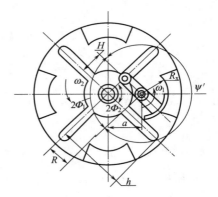

图 5-103　内啮合槽轮机构

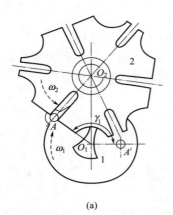

(a)

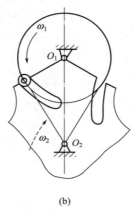

(b)

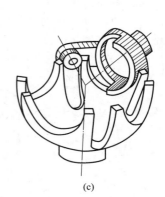

(c)

图 5-104　特殊工作要求的槽轮机构

　　槽轮尺寸不大时，一般做成整体式结构，也可与齿轮等转动件组合为一体。拨盘和槽轮与轴的连接多采用键连接，利用轴肩与锁紧螺母固定。槽轮机构尺寸较小、负荷较轻时，可采用销钉连接和制紧螺钉在安装过程中调整定位。

5.7.2　槽轮的结构设计技巧与禁忌

　　（1）槽轮的径向槽数 z 不能少于 3

　　如图 5-102 所示外啮合槽轮机构，在槽轮的一个运动循环内（只有一个圆柱销时主动拨盘回转一周），槽轮运动时间 t_2 与拨盘的运动时间 t_1 之比称为运动系数，用 τ 表示。理论分析可得，$\tau = t_2/t_1 = (z-2)/(2z)$（$z$ 为槽轮径向槽数）。要使槽轮运动，必须使其运动时间 $t_2 > 0$，即 $\tau > 0$（$\tau = 0$ 表示槽轮始终不动），故由上式可得 $z > 2$，即径向槽数 z 不能少于 3。

　　（2）适当提高圆柱销数目可提高工作效率

　　为提高工作效率，设计槽轮时希望运动系数 τ 大一些。理论分析表明，提高槽轮运动系数 τ 可通过提高圆柱销数目 k 达到，但注意：此时槽轮的槽数相应减少。τ、z、k 的关系线图，如图 5-105 所示，供设计时参考。

　　（3）尽量不取槽轮的槽数 z 等于 3

　　当拨盘角速度 ω_1 为常数，槽轮槽数越少，槽轮的角加速度变化越大。图 5-106 为 3～18 个槽的外啮合槽轮机构槽轮的角加速度线图（线上的数字为槽数），图中 φ_1 为主动拨盘的转角。表 5-17 列出了槽数从 3 至 8 的内、外啮合槽轮机构槽轮最大角速度 $\omega_{2\max}$ 和最大角加速度 $\varepsilon_{2\max}$ 与拨盘角速度 ω_1 的比值。

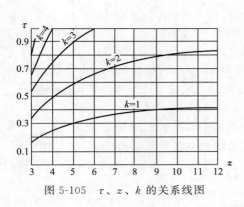

图 5-105 τ、z、k 的关系线图

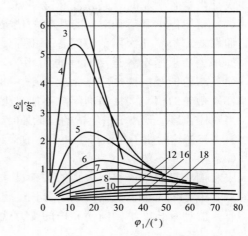

图 5-106 槽轮加速度线图

由图 5-105 和表 5-17 可见,当槽数减少时,角速度和角加速度的最大值急剧增加。在圆销进入和脱离径向槽的瞬间,角加速度存在突变,因此在这两个瞬间存在柔性冲击。槽数越少,柔性冲击越大。所以,一般不推荐使用 $z=3$ 的情况。

(4)槽轮的槽数 z 不宜大于 9

槽轮的槽数 z 大于 9 的情况比较少见,因为当中心距一定时,槽轮的尺寸将变得比较大,转动时惯性力矩也较大。而在尺寸不变的情况下,槽轮的槽数将受结构强度限制。

另外,由理论分析知 $\tau=0.5-1/z$,可见,当 $z \geqslant 9$ 时,z 值对 τ 的影响不大,表明槽数再增加时,槽轮运动时间和静止时间变化不大,对工作已没有明显作用(图 5-105),所以,槽轮的槽数不宜大于 9(表 5-17)。一般设计中选取槽数 $z=4\sim8$ 的较多。

表 5-17 内、外啮合槽轮机构的最大角速度和最大角加速度比值

z	$\omega_{2\max}/\omega_1$		$\varepsilon_{2\max}/\omega_1^2$		结论
	外啮合槽轮机构	内啮合槽轮机构	外啮合槽轮机构	内啮合槽轮机构	
3	6.46	0.46	31.44	1.73	不宜
4	2.41	0.41	5.41	1.00	推荐
5	1.43	0.37	2.30	0.73	推荐
6	1.00	0.33	1.35	0.58	推荐
8	0.62	0.28	0.70	0.41	推荐
$\geqslant 9$	—	—	—	—	不宜

(5)内啮合槽轮不宜用在转位时间短的情况

由表 5-17 可见,内啮合槽轮的运动平稳性比外啮合槽轮好,而且内啮合槽轮机构还有结构紧凑的优点,但必须注意的是,内啮合槽轮一般停歇时间短,而在有些要求停歇时间长一些,而转位时间短一些的情况下,不宜采用内啮合槽轮。

(6)内啮合槽轮机构圆柱销数量不能大于 1

理论分析表明,内啮合槽轮机构径向槽数目也应为 $z \geqslant 3$。如均布 k 个圆柱销,槽轮运

动仍应满足 $k < \dfrac{2z}{z+2}$，当 $z \geqslant 3$ 时永远有 $k < 2$，说明内啮合槽轮机构圆柱销数量只能有 1 个，设计内啮合槽轮时，必须注意这一点。

（7）槽轮停歇和运动时间与拨销的位置关系

如果要求槽轮几次停歇时间各不相等，则拨销不均匀分布在拨盘等径圆周上。

如果还要求槽轮各运动时间也不相等，则各拨销的中心半径（拨动臂长度）也不应相等，而且槽轮的径向槽也应作相应改变，如图 5-104(a) 所示。

（8）槽轮的槽与圆柱销的间隙不能过大

当圆柱销运动到位于槽轮槽的最低处时，槽轮角速度 ω_2 达到最大，此时由于槽轮的惯性，圆柱销将与槽轮的非工作面产生冲击，故设计与制造时应尽量减小槽与圆柱销间的间隙。

（9）中心距不能过小

决定槽轮机构所占空间大小的关键尺寸是中心距。中心距偏大结构上会受到空间布局的制约。若中心距太小，拨盘的拨动臂长度也小，因而圆销直径和各部分的其它尺寸都受到限制。而且拨动臂长度小，圆销和槽的受力就更大，所以中心距不能设计得太小，它受到材料强度的制约。

5.8　不完全齿轮结构设计技巧与禁忌

5.8.1　不完全齿轮的结构形式

不完全齿轮机构是由普通渐开线齿轮机构演变而成的一种间歇运动机构。它与普通齿轮机构主要不同之处是轮齿没有布满整个节圆圆周，在无轮齿处有锁止弧 S_1、S_2，如图 5-107(a) 所示。主动轮上外凸的锁止弧 S_1 与从动轮上内凹的锁止弧 S_2 相配合时，可使主动轮保持连续转动而从动轮静止不动；两轮轮齿相啮合时，相当于渐开线齿轮传动。

按啮合方式分，不完全齿轮传动有外啮合式［图 5-107(a)］、内啮合式［图 5-107(b)］和齿轮齿条式［图 5-107(c)］。外啮合式主、从动轮转向相反，内啮合式主、从动轮转向相同，齿轮齿条式可将转动运动转换为往复移动。不完全齿轮则有外齿式、内齿式和齿条三种形式。

按主动轮齿数多少分，不完全齿轮有单齿式［图 5-107(b)、图 5-108(a)］和多齿式［图 5-107(a)］。

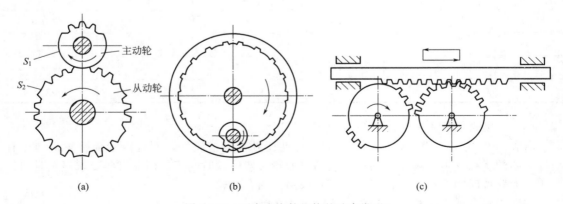

图 5-107　不完全齿轮机构的啮合类型

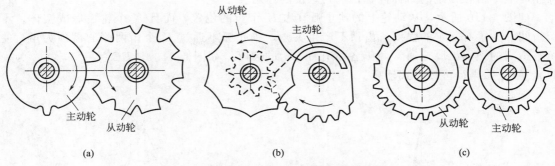

图 5-108　从动轮有不同转动规律的轮形

主动齿轮匀速运动，而从动齿轮运动规律根据工作需要可以设计成多种多样的。图 5-108(a) 所示不完全齿轮机构中，主动轮每转过一圈，从动轮转过一个齿，之后从动轮静止不动；图 5-108(b) 所示不完全齿轮机构中，主动轮连续回转时，从动轮每转一周后，静止不动；图 5-108(c) 所示不完全齿轮机构中，主动轮连续回转时，从动轮做周期性变化的间歇运动。

不完全齿轮机构与槽轮机构相比，其从动轮每转一周的停歇时间、运动时间及每次转动的角度变化范围都较大，设计也较灵活。但不完全齿轮的加工工艺较复杂，而且从动轮在运动的开始与终止时冲击较大，所以一般适合于低速、轻载或机构冲击不影响正常工作的场合。不完全齿轮机构常用在自动机械或半自动机械中的工作台转位，及要求具有间歇的进给运动、计数等工作中。

5.8.2　不完全齿轮的结构设计技巧与禁忌

（1）避免不完全齿轮机构的齿顶干涉

如图 5-109 所示，由于不完全齿轮的前接触段的起始点与从动轮停歇的位置有关，当两轮齿顶圆的交点 C' 在从动轮上第一个正常齿齿顶点 C 的右面，即 $\angle C'O_2O_1 > \angle CO_2O_1$ 时，这时主动轮的齿顶被从动轮的齿顶挡住，不能进入啮合，而发生齿顶干涉。为避免这种情况的发生，设计时就必须将主动轮齿顶降低，使两轮齿顶圆交点正好是 C 点或达不到 C' 点。图 5-109 中 C 点为主动轮首齿修顶后的齿顶圆与从动轮齿顶圆交点。

不完全齿轮的主动轮除首齿齿顶修正外，末齿也应修正，而其它各齿均保持标准齿高，不做修正。修正末齿的齿顶，除了便于机构做正、反向转动外，还由于从动轮停歇位置由末齿齿顶圆与从动轮齿顶圆交点 D 确定，末齿与首齿同高可以保证 C、D 点对称于两轮中心线 O_1O_2，便于设计并保证锁止弧停歇时的正确位置。图 5-109 中 C、D 为主动轮首、末齿相同修顶后的齿顶圆上的点，实际使用中为确保不发生齿顶干涉，首、末齿的修顶量应略大于图 5-109 的情况。

（2）避免锁止弧产生尖角

不完全齿轮机构中的主、从动轮上的锁止弧是为了保证机构的正常运转，并且使从动轮每次运动

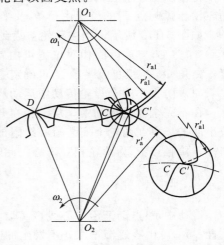

图 5-109　齿顶干涉

停止时能停留在预定的对称位置，起到定位的作用。

如图 5-110 所示，从动轮上的锁止弧宜占 K 个齿的位置，而且 K 个轮齿做成实体，不留齿间。为了有一定的强度，齿顶不产生尖角，锁止弧不通过 K 个齿两侧的齿顶尖角，使留有适当的顶圆齿厚，通常两侧各留有 $0.5m$ 的齿厚，如图 5-110 中 $EE' = 0.5m$（m 为模数）。锁止弧半径可按公式计算。

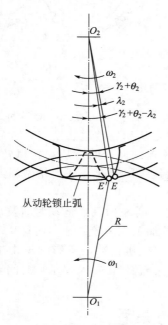

图 5-110　从动轮锁止弧

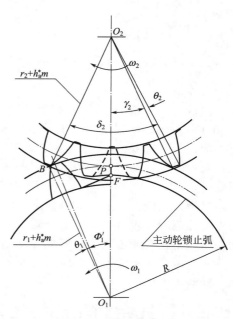

图 5-111　主动轮锁止弧

（3）避免主、从动轮锁止弧半径不一致

当主动轮末齿到达啮合终止点 B 时，主动轮锁止弧起点 F 应处于连心线 O_1O_2 上，如图 5-111 所示，主动轮末齿与锁止弧起点 F 的相对位置，可以末齿中心线与通过 F 点的半径 O_1F 之间的夹角 Φ_1' 表示。

为使从动轮静止时稳定锁止，主动轮锁止弧半径必须与从动轮锁止弧半径 R 相等。主动轮锁止弧起点 F 的位置由角 Φ_1' 及半径 R 确定。

如图 5-112 所示，当主动轮首齿到达啮合点 A 时，主动轮锁止弧终点 G 应处于连心线 O_1O_2 上。G 与首齿的相对位置可由首齿中心线与通过 G 点的半径 O_1G 之间的夹角 Φ_1 确定。由角 Φ_1 与锁止弧半径 R 可确定主动轮锁止弧终点 G 的位置。

（4）防止不完全齿轮传动中运动产生冲击

在不完全齿轮传动中，从动轮在开始运动和终止运动时速度有突变，因而产生冲击。为减小冲击，可在两轮上安装瞬心线附加杆。图 5-113 中 K、L 为首齿进入啮合前的瞬心线附加杆，接触点 P' 为两轮相对瞬心。此时

$$\omega_2 = \frac{\overline{O_1P'}}{\overline{O_2P'}}\omega_1$$

传动中 P' 点渐渐沿中心线 O_1O_2 向两齿轮啮合节点 P 移动，如果开始运动时 P' 与 O_1 重合，ω_2 可由零逐渐增大，不发生冲击，瞬心线的形状可根据 ω_2 的变化要求设计。同样末齿脱离啮合时也可以借助另一对瞬心线附加杆使 ω_2 平稳地减小至零。加瞬心线附加杆后，

ω_2 的变化情况如图 5-113 中虚线所示。从图中看出，由于从动轮在开始运动时冲击比终止运动时的冲击大，所以经常只在从动轮开始运动的前接触段设置瞬心线附加杆。

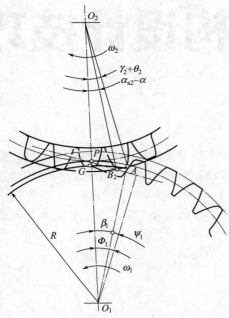

图 5-112 主、从动轮锁止弧半径应一致

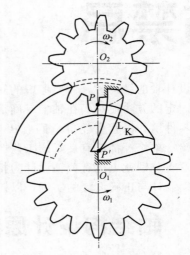

图 5-113 瞬心线附加杆

第6章

轴类构件的结构设计技巧与禁忌

在设计轴的结构时，需要考虑的问题很多，例如多数轴上零件不允许在轴向移动，需要用轴向固定的方法使它们在轴上有确定的位置；为传递转矩，轴上零件应进行周向固定；轴与其它零件（如滑移齿轮等）间有相对滑动表面应有耐磨性要求；轴的加工、热处理、装配、检验、维修等都应有良好的工艺性；对重型轴还需考虑毛坯制造、探伤、起重等问题。

本章将分别就上述有关轴设计的相关问题阐述轴结构设计的技巧和禁忌，并举出一些具体的错误设计与正确设计的实例，以期更好地提高轴结构设计的质量和效率。

6.1 轴结构设计原则

由于影响轴结构因素很多，其结构随具体情况的不同而异，所以轴没有标准的结构形式，设计时需针对不同情况进行具体分析。轴的结构主要取决于：轴上载荷的性质、大小、方向及分布情况；轴上零件的类型、数量、尺寸、安装位置、装配方案、定位及固定方式；轴的加工及装配工艺以及轴的材料选择等。一般应遵循的原则如下。

① 轴的受力合理，有利于提高轴的强度和刚度。
② 合理确定轴上零件的装配方案。
③ 轴上零件应定位准确，固定可靠。
④ 轴的加工、热处理、装配、检验、维修等应有良好的工艺性。
⑤ 应有利于提高轴的疲劳强度。
⑥ 轴的材料选择应注意节省材料，减轻重量。

依照上述原则，下面将有关设计问题及其禁忌分述如下。

6.2 轴结构设计技巧与禁忌

6.2.1 符合力学要求的轴上零件布置

（1）合理布置轴上零件减小轴所受转矩

合理布置和设计轴上零件能改善轴的受载状况。如图 6-1 所示的转轴，动力由轮 1 输入，通过轮 2、3、4 输出。按图 6-1(a) 布置，轴所受的最大转矩为 $T_{max}=T_2+T_3+T_4$；若按图 6-1(b) 布置，将图 6-1(a) 中的输入轮 1 的位置改为放置在输出轮 2 和 3 之间，则轴所受的转矩 T_{max} 将减小为 T_3+T_4。

又如图 6-2 所示的卷扬机卷筒的两种结构方案中，图 6-2(a) 的方案是大齿轮将转矩通过轴传到卷筒，卷筒轴既受弯矩又受转矩，图 6-2(b) 的方案是卷筒和大齿轮连在一起，转

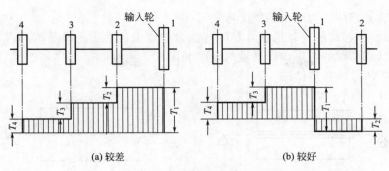

(a) 较差　　　　　　　　　　　(b) 较好

图 6-1　轴上零件的布置

矩经大齿轮直接传给卷筒，因而卷筒轴只受弯矩，与图 6-2(a) 的结构相比，在同样载荷 F 作用下，图 6-2(b) 中卷筒轴的直径显然可比图 6-2(a) 中的直径小。

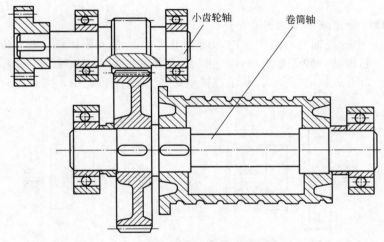

(a) 卷筒轴受弯矩和转矩(较差)

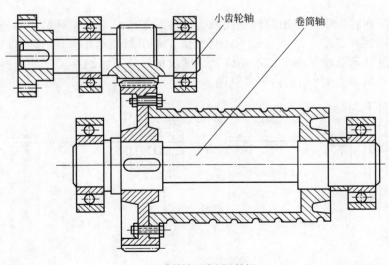

(b) 卷筒轴只受弯矩(较好)

图 6-2　卷扬机卷筒轴结构

（2）改进轴上零件结构减小轴所受弯矩

如图 6-3(a) 中卷筒的轮毂很长，轴的弯曲力矩较大，如把轮毂分成两段，如图 6-3(b) 所示，不仅可以减小轴的弯矩，提高轴的强度和刚度，而且能得到良好的轴孔配合。图 6-2 是卷筒轮毂分成两段的具体结构。

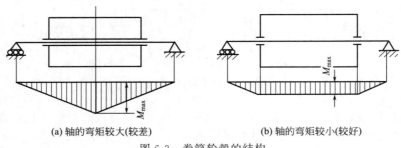

(a) 轴的弯矩较大(较差)　　　　　(b) 轴的弯矩较小(较好)

图 6-3　卷筒轮毂的结构

（3）采用载荷分流减小轴的载荷

如图 6-4(a) 中一根轴上有两个齿轮，动力由其它齿轮（图中未画出）传给齿轮 A，通过轴使齿轮 B 一起转动，轴受弯矩和转矩的联合作用。如将两齿轮做成一体，即齿轮 A、B 组成双联齿轮，如图 6-4(b) 所示，转矩直接由齿轮 A 传给齿轮 B，则此轴只受弯矩，不受转矩。

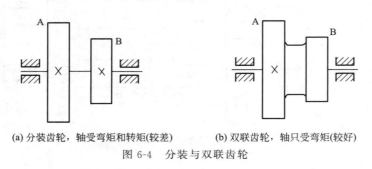

(a) 分装齿轮，轴受弯矩和转矩(较差)　　(b) 双联齿轮，轴只受弯矩(较好)

图 6-4　分装与双联齿轮

改进受弯矩和转矩联合作用的转轴或轴上零件的结构，可使轴只受一部分载荷。某些机床主轴的悬伸端装有带轮 ［图 6-5(a)］，刚度低，采用卸荷结构 ［图 6-5(b)］ 可以将带传动的压轴力通过轴承及轴承座分流给箱体，而轴仅承受转矩，减小了弯曲变形，提高了轴的旋转精度。图 6-5(b) 的详细结构可参见图 6-6。

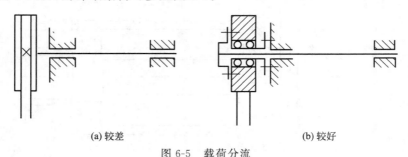

(a) 较差　　　　　　　　(b) 较好

图 6-5　载荷分流

（4）采用力平衡或局部互相抵消的办法减小轴的载荷

如类似图 6-4(a) 所示的一根轴上有两个斜齿圆柱齿轮，可以通过正确设计齿的螺旋方向，使轴向力互相抵消或部分抵消。又如图 6-7(a) 所示的行星齿轮减速器，由于行星轮均匀布置，可以使太阳轮的轴只受转矩，不受弯矩，而图 6-7(b) 的太阳轮轴不仅受转矩还受弯矩。

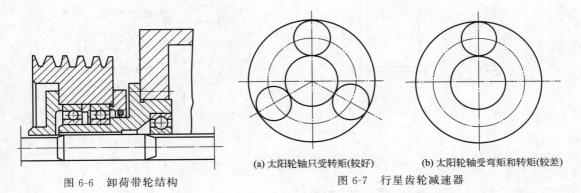

图 6-6　卸荷带轮结构

(a) 太阳轮轴只受转矩(较好)　　(b) 太阳轮轴受弯矩和转矩(较差)

图 6-7　行星齿轮减速器

6.2.2　合理确定轴上零件的装配方案

　　轴的结构形式与轴上零件位置及其装配方案有关，拟定轴上零件的装配方案是进行轴结构设计的前提，它决定着轴结构的基本形式。装配方案就是确定出轴上主要零件的装配方向、顺序和相互关系。拟定装配方案时，一般应考虑几个方案，分析比较后择优选定。如图 6-8(a) 所示的圆锥-圆柱齿轮减速器的输出轴的两种装配方案，图 6-8(b) 中的齿轮从轴的左端装入，图 6-8(c) 中的齿轮从轴的右端装入，后者较前者多一个长的定位套筒，使机器的零件增多，重量增大，显然图 6-8(b) 的装配方案较为合理。

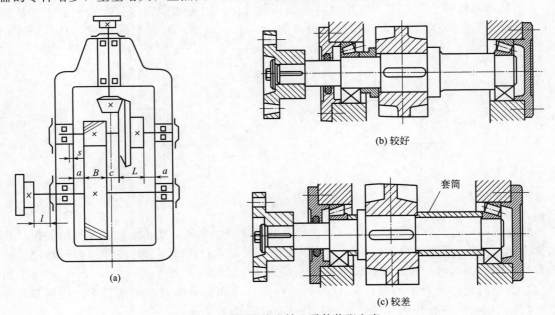

(a)

(b) 较好

套筒

(c) 较差

图 6-8　减速器输出轴上零件装配方案

　　拟定轴上零件装配方案时，应避免各零件之间的装配关系相互纠缠，其中主要零件可以单独装拆，这样就可以避免许多安装中的反复调整工作。如图 6-9(a) 中的小齿轮拆下时，必须拆下轴左侧的零件，图 6-9(b) 的结构则比较合理。

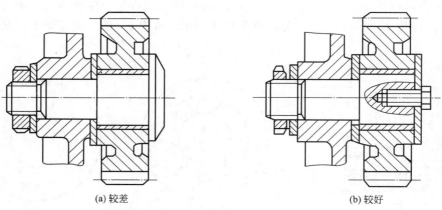

(a) 较差

(b) 较好

图 6-9   拆一个零件时避免拆下其它零件

6.2.3   轴上零件的定位与固定

轴上的每一个零件均应有确定的工作位置，既要定位准确，还要牢固可靠，下面就轴上零件的轴向定位与固定、周向固定及设计禁忌分述如下。

（1）轴上零件轴向定位与固定

零件在轴上沿轴向应准确定位和可靠固定，使其有准确的位置，并能承受轴向力而不产生轴向位移，常用的轴向定位与固定方法一般是利用轴本身的组成部分，如轴肩、轴环、圆锥面、过盈配合，或者是采用附件，如套筒、圆螺母、弹性挡圈、挡环、紧定螺钉、销钉等。

① 轴肩和轴环   如不采用定位轴肩或轴环等方法，则很难限定零件在轴上的正确位置〔图 6-10(a)〕。为使零件安装到轴的正确位置上，轴一般制成阶梯形轴肩或轴环〔图 6-10(b)〕。

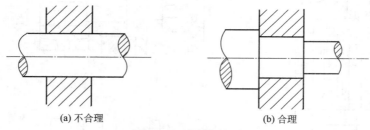

(a) 不合理

(b) 合理

图 6-10   轴肩和轴环

轴肩或轴环定位方便可靠，但应注意轴上的过渡圆角半径 r 要小于相配零件的倒角尺寸 C_1 或圆角半径 r_1〔图 6-11(a)、(b)〕，以保证端面靠紧；同时，为使零件端面与轴肩或轴环有一定的平面接触，轴肩或轴环的高度 h 应取为（2～3）C_1 或（2～3）r_1，而 $r > C_1$ 和 $h < C_1$ 都是不允许的〔图 6-11(c)、(d)〕。在定位与固定准确可靠的前提下，应尽量使 h 小些，r 大些，以减小应力集中。

轴环的功用及尺寸参数与轴肩相同，为使其在轴向力作用下具有一定的强度和刚度，轴环宽度 b 不可太小〔图 6-12(a)〕，一般应取 $b \geqslant 1.4h$〔图 6-12(b)〕。

圆锥形轴端能使轴上零件与轴保持较高的同轴度，且连接可靠，但不能限定零件在轴上的正确位置，尤其要注意避免采用双重配合结构。如图 6-13(a) 所示，采用锥体配合阶梯的

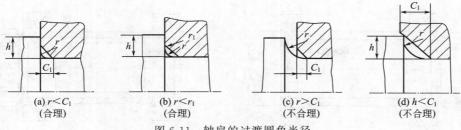

(a) $r < C_1$　(合理)　　(b) $r < r_1$　(合理)　　(c) $r > C_1$　(不合理)　　(d) $h < C_1$　(不合理)

图 6-11　轴肩的过渡圆角半径

定位结构是不可取的，因为各尺寸的精度很难达到预期的理想程度，所以难以实现正确的定位，装配时容易卡死。需要限定准确的轴向位置时，只能改用圆柱形轴端加轴肩才是可靠的，如图 6-13(b) 所示。

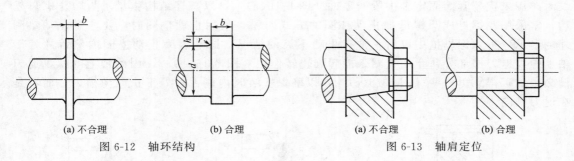

(a) 不合理　　　　　　(b) 合理　　　　　　(a) 不合理　　　　　　(b) 合理

图 6-12　轴环结构　　　　　　　　图 6-13　轴肩定位

② 套筒和圆螺母

a. 轴套　是借助于位置已确定的零件来定位的，与其它方式结合可同时实现两相邻零件沿轴向的双向固定。如图 6-14 所示，采用轴套、轴端挡圈和螺钉来固定齿轮和滚动轴承内圈的情况，为使定位准确和固定可靠，装齿轮的轴段长度 l_1 应略小于齿轮轮毂的宽度 B [图 6-14(a)]，一般取 $l_1 = B - (2 \sim 3)$ mm，又 $(l_1 + l_2)$ 应略小于 $(B + L)$（L 为轴套长）。图 6-14(b) 为不合理的结构，其中 $B = l_1$，$B + L = l_1 + l_2$，由于加工误差等极易造成套筒两端面与齿轮、轴承两端面间出现间隙，致使轴上零件不能准确定位与可靠固定。若取 $B < l_1$，$B + L < l_1 + l_2$，则上述问题将更为严重。

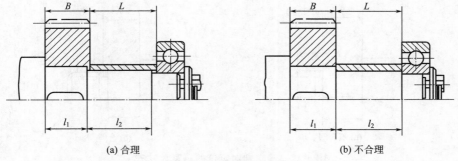

(a) 合理　　　　　　　　　　　　(b) 不合理

图 6-14　轴套轴向定位

采用轴套定位，可减少轴肩数目或降低轴肩高度，从而缩小轴径，简化轴结构，避免、减少应力集中，但轴上零件数目增加，且因限制重量一般套筒不宜过长，如因条件特殊，轴与轴套配合部分必须较长时，应留有间隙，图 6-15(a) 为不合理结构，合理结构如图 6-15(b) 所示。又由于套筒与轴配合较松，所以轴套不宜用于高转速的轴上。

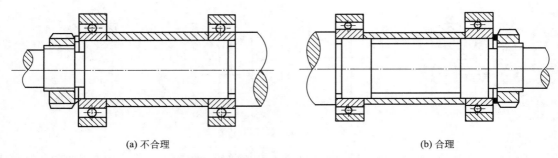

(a) 不合理   (b) 合理

图 6-15   轴与套筒配合较长时应留有间隙

b.圆螺母   一般用于固定轴端零件，也可在零件之间距离较大、且允许在轴上车制螺纹时，用来代替套筒固定轴中段的零件［图 6-16(a)］，以减轻结构重量。为防止螺母松动，常采用双螺母或圆螺母加止动垫圈的方式防松，采用止动垫圈时，要注意止动垫圈外侧卡爪弯折入螺母槽中以后，常有止动不灵的情况，这是因为止动垫圈内侧舌片处于轴上螺纹退刀槽部分，止动垫圈未能起到止转作用［图 6-16(b)］，因此轴上的螺纹退刀槽必须加工得靠里一些［图 6-16(c)］，以确保安装时内侧舌片处于止动沟槽内，而不是在退刀槽内。

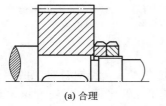  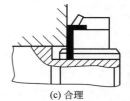

(a) 合理   (b) 不合理   (c) 合理

图 6-16   止动垫圈在轴上的安装

与前述套筒定位问题类似，采用螺母压紧安装在轴上的零件时，如果轴的配合部分长 l 和安装在轴上零件的轮毂长 L 相等［图 6-17(a)］，则螺母极易在压到零件之前就碰到了轴，从而出现压不紧的情况，不能实现轴上零件的定位与可靠固定，一般应使轴的配合部分长 l 比零件轮毂长 L 略小 2～3mm［图 6-17(b)］，以保证有一定的压紧尺寸差。

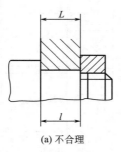 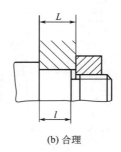

(a) 不合理   (b) 合理

图 6-17   零件轴向定位的压紧尺寸差

c.旋转轴上螺纹旋向   用螺母固定轴上零件时，为了防止在启动、旋转和停止时松弛，螺纹的切制应遵照轴的旋向有助于旋紧的原则，如果是向左旋转则为左旋螺纹，如为向右旋转则为右旋螺纹。但对于在驱动一侧装有制动器，反复进行快速减速、快速停止等例外轴系，则应与此相反。

③ 弹性挡圈与轴端挡圈

a.弹性挡圈　大多与轴肩联合使用［图 6-18(a)］，也可在零件两边各用一个挡圈［图 6-18(b)］，使零件沿轴向定位和固定，其结构简单，装拆方便。弹性挡圈一般不用于承受轴向载荷，只起轴向定位与固定作用，所以为防止零件脱出，弹性挡圈一定要装牢在轴槽中［图 6-18(a)、(b)］，如果把弹性挡圈不适当地装入轴槽或倾斜安装［图 6-18(c)］，即使在轻微的轴向力反复作用下，弹性挡圈也很容易脱落。图 6-18(d) 为正确安装的放大图。

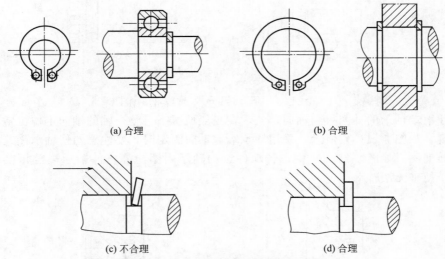

(a) 合理　　　　　　　　　　(b) 合理

(c) 不合理　　　　　　　　　(d) 合理

图 6-18　弹性挡圈的轴向定位与固定

由于弹性挡圈需要在轴上开环形槽，对轴的强度有削弱，所以这种固定方式只适用于受力不大的轴段或轴的端部，用弹性挡圈来承受较大的轴向力是不可取的。例如图 6-19(a) 所示的简易游艺机，设在垂直回转轴下部的滚动轴承的固定方案给出图 6-19(b)、(c) 两种，显然图 6-19(b) 不可取，因承受的轴向载荷远大于弹性挡圈所能承受的力，挡圈极易变形脱落，甚至断裂。图 (c) 采用了轴承端盖的固定方式，能承受较大的轴向力，比较合理。

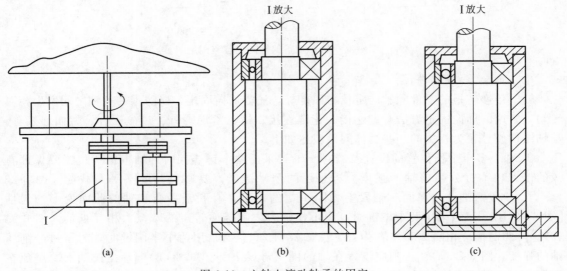

Ⅰ放大　　　　　　　　Ⅰ放大

(a)　　　　　　　　　(b)　　　　　　　　(c)

图 6-19　立轴上滚动轴承的固定

b. 轴端挡圈　一般与轴肩结合，可使轴端零件获得轴向定位与双向固定，挡圈用螺钉紧固在轴端，并压紧被固定零件的端面［图 6-20（a）］。此种方法简单可靠，装拆方便，能承受振动和冲击载荷，为使挡圈在轴端更好地压紧被固定零件的端面，同前面采用轴套、螺母定位一样，应使轴的配合部分长小于轴上零件配合部分长 2～3mm。

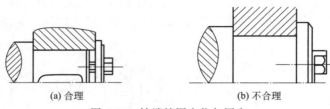

(a) 合理　　　　　　　　　　　(b) 不合理

图 6-20　轴端挡圈定位与固定

④ 轴承端盖　用螺钉［图 6-21（a）下半部分］或榫槽［图 6-21（a）上半部分］与箱体连接，而使滚动轴承的外圈得到轴向定位，在一般情况下，整个轴的轴向定位也常利用轴承端盖来实现，如图 6-21（a）所示。采用轴承端盖轴向固定时，要注意勿使轴承端盖的底部压住轴承的转动圈，如图 6-21（b）中，转动件滚动轴承内圈与静止件轴承端盖相接触，摩擦严重，甚至使轴无法转动。

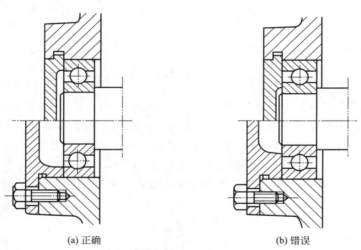

(a) 正确　　　　　　　　　　　(b) 错误

图 6-21　轴承端盖的轴向定位与固定

（2）轴上零件周向固定

轴上传递转矩的零件除轴向定位与固定外，还需周向固定，以防零件与轴之间发生相对转动。常用的周向固定方法有键连接、花键连接、销、紧定螺钉、过盈配合、型面连接等。与轴结构设计较为相关的一些具体问题叙述如下。

① 轴上多个键槽位置的设置及禁忌　轴毂采用两个键连接时，轴上键槽位置要保证有效的传力和不过分削弱轴的强度。当采用两个平键时，要避免轴受不平衡载荷［图 6-22（a）］，一般两键设置在同一轴段上相隔 180°的位置，有利于平衡和轴的截面变形均匀性［图 6-22（b）］。当采用两个楔键时，为不使轴毂之间传递转矩的摩擦力相互抵消［图 6-23（a）］，两键槽应相隔 120°左右为好［图 6-23（b）］。当采用两个半圆键时，为不过分削弱轴的强度［图 6-24（a）］，则应设置在轴的同一母线上［图 6-24（b）］。在长轴上要避免在一侧开多个键槽或长键槽［图 6-25（a）］，因为这会使轴丧失全周的均匀性，易造成轴的弯

曲,因此要交替相反在两侧布置键槽 [图 6-25(b)],长键槽也要相隔 180°对称布置。

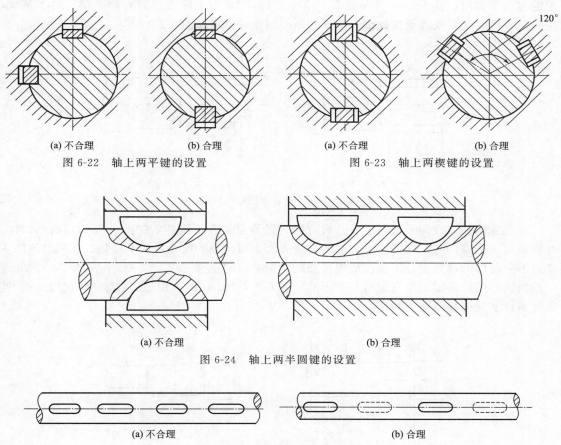

| (a) 不合理 | (b) 合理 | (a) 不合理 | (b) 合理 |

图 6-22 轴上两平键的设置   图 6-23 轴上两楔键的设置

(a) 不合理   (b) 合理

图 6-24 轴上两半圆键的设置

(a) 不合理   (b) 合理

图 6-25 长轴上多个键槽的设置

    轴与轴上零件采用键连接时,要考虑键槽的加工与轴毂连接的装配问题,如图 6-26(a) 所示为带式输送机驱动滚筒,用两个键与轴相连接,由于两个键槽的加工是两次完成的,键槽的位置精度不易保证,因此轴与滚筒的装配有一定的困难,可改为仅在一个轮毂上加工一个键槽,另一端采用过盈配合 [图 6-26(b)],这样则解决了装配困难的问题。若两端均采用过盈配合可不用键。

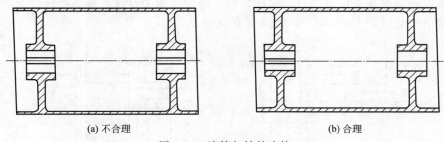

(a) 不合理   (b) 合理

图 6-26 滚筒与轴的连接

  ② 轴与轴上零件采用过盈配合的设计及禁忌

a. 装配起点倒角与倒锥   轴毂连接采用过盈配合常用压入法或加热法进行安装,装拆都不方便,所以要特别注意减小其装拆困难。将零件装到轴上时,即使不是过盈配合,如果装配的起点呈尖角,在安装时将很费事〔图 6-27(a)〕,为了使安装容易和平稳、便于装配,应将两零件的起点或者至少其中一个零件制成倒角或倒锥〔图 6-27(b)〕。

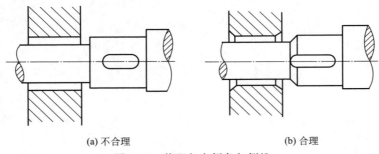

(a) 不合理　　　　　　　　　　　　　(b) 合理

图 6-27　装配起点倒角与倒锥

b. 装配阶梯　在同一根轴上安装具有同一过盈量的若干零件,如图 6-28(a) 所示结构,在安装第一个零件时,就挤压了全部的过盈表面,而使轴的尺寸发生了变化,造成后装的零件得不到足够的过盈量,不能保证连接强度而影响轴的正常工作。这种情况可在各段之间逐一给出微小的阶梯差,使安装时互不干涉〔图 6-28(b)〕,即可保证各自要求的过盈量,使轴上零件实现可靠的周向固定。

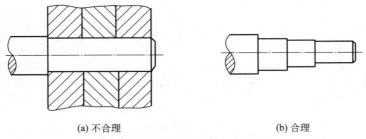

(a) 不合理　　　　　　　　　　　　　(b) 合理

图 6-28　轴与几个零件的过盈配合

同一零件在轴上有几处过盈配合时,也要符合上述要求,如图 6-26 所示滚筒与轴的两处配合,若均采用过盈配合,则也应给出微小的尺寸差,满足过盈量的要求以保证连接强度。

c. 错开两处同时安装　两处装配起点的尺寸为同时安装时〔图 6-29(a)〕,即使有充分的锥度也难以使两处相关位置吻合,因此要错开两处的相关位置,首先使一处安装,以此为支承再安装另一处〔图 6-29(b)〕,这样就方便得多。

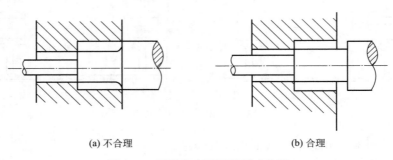

(a) 不合理　　　　　　　　　　　　　(b) 合理

图 6-29　两配合表面不要同时装配

6.2.4 轴的结构工艺性

（1）加工工艺性

轴的结构应便于轴的加工。一般轴的结构越简单，工艺性越好，因此在满足使用要求的前提下，轴的结构应尽量简化。

① 轴上圆角、倒角、环槽、键槽　一根轴上所有的圆角半径、倒角尺寸、环形切槽和键槽的宽度等应尽可能一致，以减少刀具品种（图6-30），节省换刀时间，方便加工和检验。

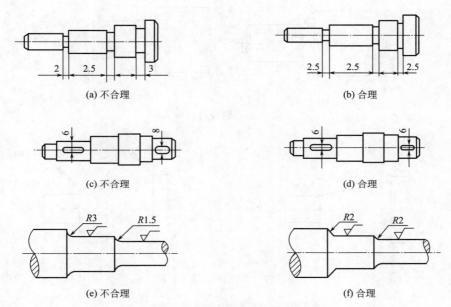

图6-30　轴上圆角、倒角、环槽、键槽

轴上不同轴段的键槽应布置在轴的同一母线上，以便一次装夹后用铣刀铣出。如果布置成图6-31（a）所示的两键槽位置不在同一方向，则加工时需二次定位，工艺性差。图6-31（b）所示为合理结构。

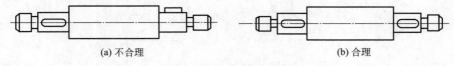

图6-31　轴上键槽的布置

② 越程槽与退刀槽　轴的结构中，应设有加工工艺所需的结构要素。例如，需要磨削的轴段，阶梯处应设砂轮越程槽（图6-32）；需切削螺纹的轴段，应设螺纹退刀槽（图6-33）。

图6-34（a）所示结构，锥面两端退刀困难，耗费工时，可改为图6-34（b）的结构，则比较合理。

③ 轴结构应有利于切削及切削量少　轴的结构设计应有利于切削，一般而言，球面、锥面应尽量避免，而优先选用柱面（图6-35）。图6-35（a）所示结构看上去比图6-35（b）所示结构简单，实则不然。图6-35（b）所示结构用车削加工能加工全长，而图6-35（a）所示结构则要进行几次加工。同理，图6-33（a）的轴端结构也不利于加工，应改为图6-33（b）

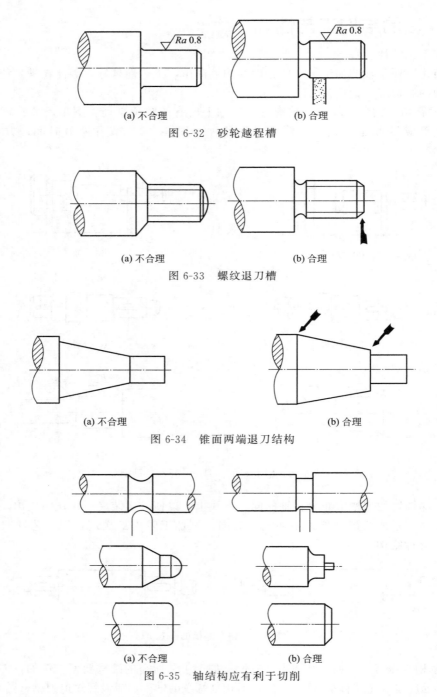

(a) 不合理　　　　　　　　(b) 合理

图 6-32　砂轮越程槽

(a) 不合理　　　　　　　　(b) 合理

图 6-33　螺纹退刀槽

(a) 不合理　　　　　　　　(b) 合理

图 6-34　锥面两端退刀结构

(a) 不合理　　　　　　　　(b) 合理

图 6-35　轴结构应有利于切削

的结构较为合理。

　　轴结构设计应尽量减少切削量，图 6-36(a) 所示结构有切削量过大问题，可以考虑将整体结构改为组合结构，如图 6-36(b) 所示，可以减少切削量，降低成本。又如图 6-37(a) 结构切削量也过大，且受力状况不良，可考虑在不妨碍功能的前提下改为图 6-37(b) 所示的平稳过渡的结构。

　　④ 轴的毛坯　轴采用自由锻毛坯时，应尽量简化锻件形状，局部尺寸可由锻后加工来

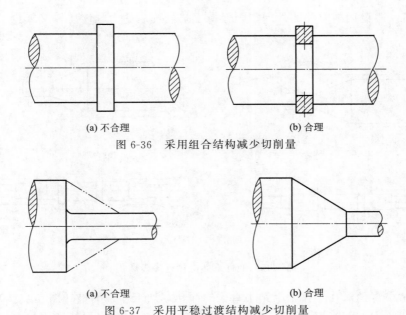

(a) 不合理   (b) 合理

图 6-36 采用组合结构减少切削量

(a) 不合理   (b) 合理

图 6-37 采用平稳过渡结构减少切削量

实现，如图 6-38 所示。

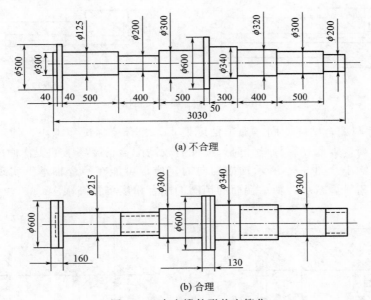

(a) 不合理

(b) 合理

图 6-38 自由锻件形状宜简化

轴采用自由锻件，应尽量避免锥形和倾斜平面（图 6-39）。

不论是锻造还是轧制，毛坯心部的力学性能都大大低于表面，因此应尽量锻造成接近最

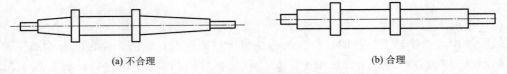

(a) 不合理   (b) 合理

图 6-39 自由锻件避免锥形和倾斜平面

终形状的毛坯，避免切削零件的外周，既保持了热处理后的力学性质，又减少了机械加工的工作量（图 6-40）。

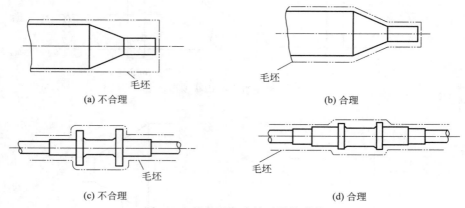

图 6-40   锻件毛坯应接近最终形状

⑤ 轴上钻小直径深孔   在轴上钻小直径的深孔，加工非常困难［图 6-41（a）］，钻头易折断，钻头折断了取出也非常困难，所以一般要根据孔的深度尽可能选用稍大的孔径，或者采用向内依次递减直径的方法［图 6-41（b）］。

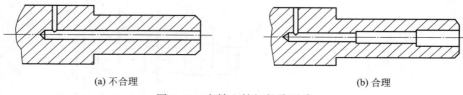

图 6-41   在轴上钻细长孔困难

⑥ 配合尺寸与配合精度   同样加工精度要求，配合公称尺寸越小，加工越容易，加工精度也越容易提高，因此在结构设计时，应使有较高配合精度要求的工作面的面积和两配合之间的距离尽可能小。图 6-42 所示轴的轴向固定应尽可能在一个轴承上实现，这样由于两配合面之间的距离显著减小，轴承端面的挡圈的配合精度可提高很多。

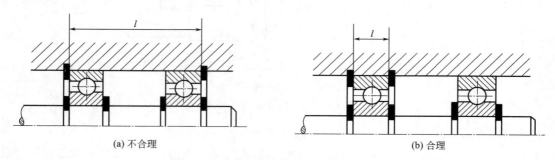

图 6-42   减小配合公称尺寸提高配合精度

（2）装配工艺性

轴的结构应便于轴上零件的装拆。为避免装拆时擦伤配合表面，应将配合的圆柱表面制成阶梯形（图 6-43）；为防止毂在轴上楔住，可增加导向长度（图 6-44）；轴上过盈配合轴段的装入端应设倒角或加工成导向锥面，若还附加有键，则键槽应延长到圆锥面处，以便装拆时轮毂上键槽与键对中；也可在同一轴段的两个部位采用不同的尺寸公差，如图 6-44(d) 所示，装配时前段采用间隙配合 H7/d11，后段采用过盈配合 H7/r6，这样也可使轴与齿轮的装配较为方便。

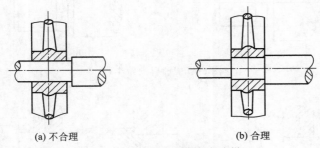

(a) 不合理　　　　　　　　　　　(b) 合理

图 6-43　配合圆柱面应有阶梯

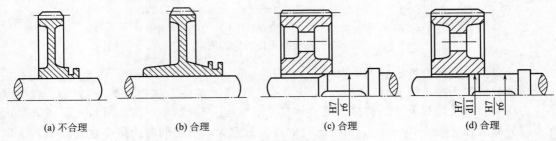

(a) 不合理　　　　(b) 合理　　　　(c) 合理　　　　(d) 合理

图 6-44　轴毂连接导向结构

固定轴承的轴肩高度应低于轴承内圈厚度，一般不大于内圈厚度的 3/4（图 6-45）。如轴肩过高，如图 6-45 双点划线所示，将不便于轴承的拆卸。

图 6-46 是一热装在轴颈上的金属环，若如图 6-46(a) 所示结构，拆下金属环将是很困难的。需在一端留有槽，以便拆卸工具有着力点［图 6-46(b)］。

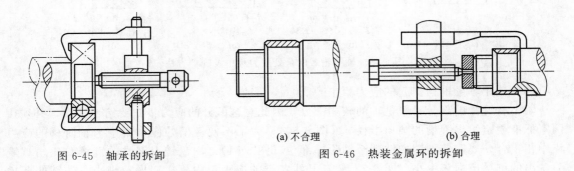

图 6-45　轴承的拆卸　　　　　　　(a) 不合理　　　　　　(b) 合理

　　　　　　　　　　　　　　　　图 6-46　热装金属环的拆卸

6.2.5　提高轴的疲劳强度

大多数轴是在变应力条件下工作的，其疲劳损坏多发生于应力集中部位，因此设计轴的结构必须要尽量减少应力集中源和降低应力集中的程度。常用的措施如下。

（1）避免轴的剖面形状及尺寸急剧变化

在轴径变化处尽量采用较大的圆角过渡（图 6-47），当圆角半径的增大受到限制时，可采用凹切圆角、过渡肩环等结构（图 6-48）。

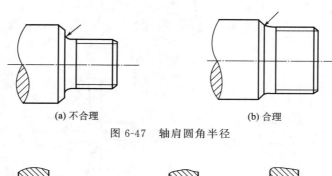

图 6-47　轴肩圆角半径

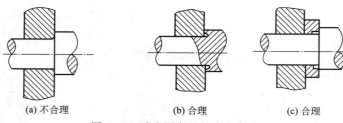

图 6-48　减小圆角处的应力集中

（2）降低过盈配合处的应力集中

当轴与轮毂为过盈配合时，配合的边缘处会产生较大的应力集中［图 6-49(a)］，为减小应力集中，可在轮毂上开卸载槽［图 6-49(b)］、轴上开卸载槽［图 6-49(c)］或者加大配合部分的直径［图 6-49(d)］。由于配合的过盈量愈大，引起的应力集中也愈严重，所以在设计中应合理选择零件与轴的配合。

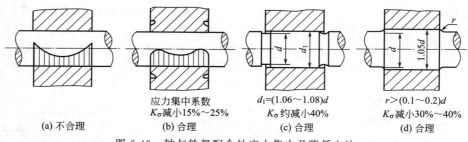

图 6-49　轴与轮毂配合处应力集中及降低方法

（3）减小轴上键槽引起的应力集中

轴上有键槽的部分一般是轴的较弱部分，因此对这部分的应力集中要给予注意，必须按国家标准规定给出键槽的圆角半径 r（图 6-50）；为了不使键槽的应力集中与轴阶梯的应力集中相重合，要避免把键槽铣削至轴阶梯部位（图 6-51）；用盘铣刀铣出的键槽要比用端铣刀铣出的键槽应力集中小（图 6-52）；渐开线花键的应力集中要比矩形花键小，花键的环槽

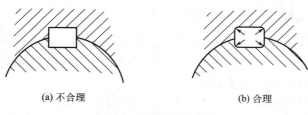

图 6-50　键槽圆角半径

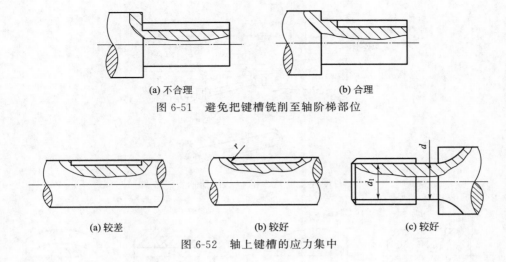

(a) 不合理　　　　　　　　　　(b) 合理

图 6-51　避免把键槽铣削至轴阶梯部位

(a) 较差　　　　　　　(b) 较好　　　　　　(c) 较好

图 6-52　轴上键槽的应力集中

直径 d 不宜过小，可取其等于花键的内径 d_1。

（4）改善轴的表面质量

轴表面的加工刀痕，也是一种应力集中源，因此对受变载荷的重要的轴，可采用精车或磨削加工，以减小表面粗糙度值，将有利于减小应力集中，提高轴的疲劳强度。

6.2.6　符合力学要求的轴结构设计

（1）空心轴工作应力分布合理节省材料

对于大直径圆截面轴，做成空心环形截面能使轴在受弯矩时的正应力和受扭转时的切应力得到合理分布，使材料得到充分利用，如采用型材，则更能提高经济效益。例如图 6-53 所示，汽车的传动轴 AB 在同等强度的条件下，空心轴的重量仅为实心轴重量的 1/3，节省大量材料，经济效益好。两种方案有关数据对比列于表 6-1。

表 6-1　汽车的传动轴方案对比

项目	空　心　轴	实　心　轴
材料	45 钢管	45 钢
外径/mm	90	53
壁厚/mm	2.5	—
强度	相同	
重量比	1∶3	
结构性能	合理	不合理

对于传递较大功率的曲轴，也可采用中空结构，采用中空结构的曲轴不但可以减轻轴的重量和减小其旋转惯性力，还可以提高曲轴的疲劳强度。若采用图 6-54（a）的实心结构，应力集中比较严重，尤其是在曲柄与曲轴连接的两侧处，对曲轴承受疲劳交变载荷极为不利。图 6-54（b）所示结构不但可使原应力集中区的应力分布均匀，使圆角过渡部分应力平坦化，而且有利于后工艺热处理所引发的残余应力的消除。

值得指出的是，在空心轴上使用键连接时，必须注意轴的壁厚，注意不要造成因开设键槽，而使键槽部位的壁厚变薄［图 6-55（a）］，因为这有可能使轴的强度过分变弱，从而导

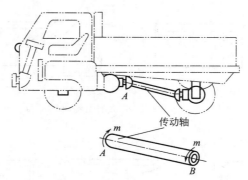

图 6-53   汽车的空心传动轴

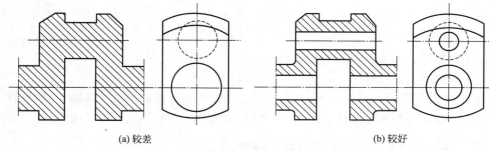

(a) 较差   (b) 较好

图 6-54   曲轴结构

致轴的破坏，因此一般空心轴上均选用薄型键。此外对需要开键槽的空心轴，仍要适当增加其壁厚［图 6-55(b)］。

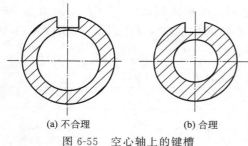

(a) 不合理   (b) 合理

图 6-55   空心轴上的键槽

（2）等强度设计原则

轴的强度条件是通过最大工作应力等于或小于材料许用应力来满足的，这样，最大应力以外的地方的应力均未达到许用值，材料未得到充分利用，造成浪费，重量大，运转时也耗能，解决此问题的理想做法是使轴的应力处处相等，即等强度［图 6-56(a)］，但实际上由于轴结构设计的相关因素太多，只能大体上遵循这一原则。例如图 6-56(b) 的阶梯轴，中段直径大于两侧轴径，基本上符合等强度原则，而图 6-56(c) 则不可取。图 6-57(a) 减速器的齿轮轴，其中段齿根圆直径小于两侧的轴径，则违背等强度原则，可考虑修改轴的结构，或重新调整齿轮传动的有关参数，如图 6-57(b) 则较为合理。

（3）不宜在大轴的轴端直接连接小轴

在有些情况下，从主动轴端直接连接出一根小轴［图 6-58(a)］，用以带动润滑油泵或其它辅助传动，这种结构由于大轴与小轴直径相差较大，两轴轴承的间隙也有较大差别，磨损情况也很不相同，再者这种连接方式大、小轴的同轴度很难保证，因此小轴的轴承承受不合理的附加载荷，运转不平稳，容易破损。

如为保证大、小轴同轴度，直接在大轴的轴端车削出小轴的传动方式也不可取［图 6-58(b)］，因为将大直径轴车削成很小直径的轴，车至棒料心部，小轴材料力学性能

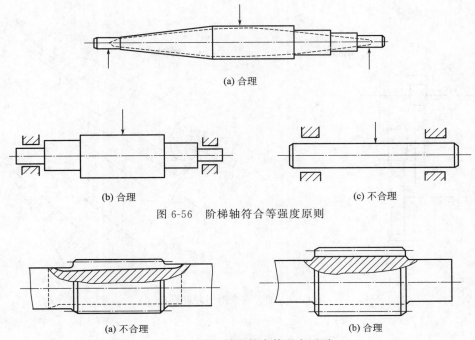

(a) 合理

(b) 合理　　　　　　　　　　　　　　　　(c) 不合理

图 6-56　阶梯轴符合等强度原则

(a) 不合理　　　　　　　　　　　　　　　(b) 合理

图 6-57　齿轮轴应符合等强度原则

降低；其次由于直径相差很大，给热处理工艺带来困难，在搬运过程中，小轴也容易损坏，另外小轴部分发生故障，也将影响到大轴的修配。所以要尽量避免这种大、小轴直接传动的方式，如有必要，也要采用与这种传动不相关的连接方式 [图 6-58(c)]。

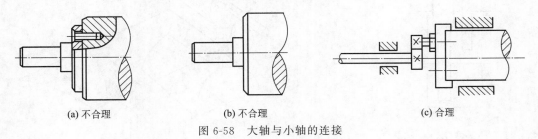

(a) 不合理　　　　　　　　(b) 不合理　　　　　　　　(c) 合理

图 6-58　大轴与小轴的连接

6.2.7　轴的刚度与轴上零件布置

（1）轴上齿轮非对称布置应远离转矩输入端

当轴上齿轮处于非对称布置时，例如两级圆柱齿轮减速器高速轴上的小齿轮 [图 6-59(a)]，由于轴受载荷后弯曲变形，小齿轮轴线 O_1O_1 不再与大齿轮轴线 O_2O_2 平行，因而造成两轮沿接触线载荷分布不均，即载荷集中，这种由弯曲变形造成的偏载情况可大致用图 6-59(b) 描述。又由于轴与齿轮的扭转变形也会产生偏载，如图 6-60 所示，当转矩 T_1 由主动轮的左端输入 [图 6-60(a)]，左端扭角大，则载荷偏向齿的左端，其偏载情况如图 6-60(b) 中的曲线 c；而当转矩由右端输入 [图 6-59(a)]，则载荷偏向齿的右端，其偏载情况如图 6-60(b) 中的曲线 d。

综合图 6-59 与图 6-60 弯曲变形和扭转变形的共同作用，显然转矩从右端输入，即齿轮远离转矩输入端 [图 6-59(a)]，可以使轴的扭转变形补偿一部分轴的弯曲变形引起的沿轮

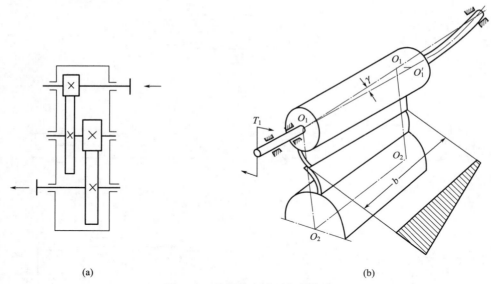

(a)　　　　　　　　　　　　　　　(b)

图 6-59　轴弯曲变形引起的偏载

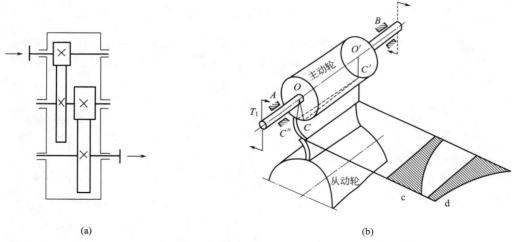

(a)　　　　　　　　　　　　　　　(b)

图 6-60　轴扭转变形引起的偏载

齿方向的载荷分布不均，使偏载现象得以缓解。而图 6-60(a) 则为不合理的布置，此方案弯曲变形与扭转变形引起的偏载的综合作用，将使载荷集中现象更为严重。

（2）轴的变形应协调

轴与轮毂的配合常采用键与过盈配合的方法，此时在轴的结构设计上要注意轴与轮毂之间的变形协调。如图 6-61 轴与轴上零件布置的两种方案：图 6-61(a) 中 x 处轴和轮毂扭转变形的方向相反，即两者的变形差很大，严重的变形不协调将导致较高的应力集中，降低结构的强度，当转矩有波动时，轴毂间易产生相对滑动，引起磨损，加大疲劳断裂的危险；图 6-61(b) 所示结构，在 x 处轴和轮毂扭转变形的方向相同，变形不协调情况大为改善，强度得到很大提高。

变形的不协调，不仅会导致应力集中，降低轴的强度，还可能损害机械的功能。例如在轴两端驱动车轮或杠杆一类构件时，采用图 6-62(a) 的非等距中央驱动结构，则由于驱动力

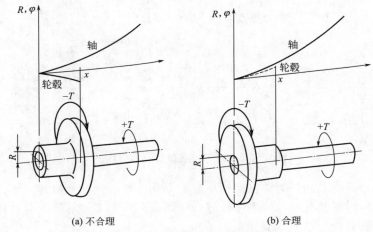

(a) 不合理　　　　　(b) 合理

图 6-61　轴与轮毂变形应协调

到两边车轮的力流路程不同，轴的两端将引起扭转变形差，从而导致轴左、右两端相互动作失调，为防止产生左、右两端扭转变形差，除特殊需要，一般均采取等距的中央驱动，如图 6-62(b) 所示，轴的直径也应大一些为好。

(a) 不合理　　　　　(b) 合理

图 6-62　等距与非等距中央驱动的轴

如因结构和其它条件的制约，不能采用等距中央驱动，应采取其它措施。例如图 6-63(a) 所示起重机行走机构的驱动轴结构是不合理的，此方案从齿轮到两端行走轮的力流路程不同，所以两行走轮因轴变形而引起的扭角也不同，这种变形的不协调，将使起重机的行走总有自动转弯的趋势，完全损害了起重机的行走功能，是不可取的。为防止轴两端的扭转变形差，应设法将驱动齿轮两侧轴的扭转刚度设计得相等，如图 6-63(b) 所示。

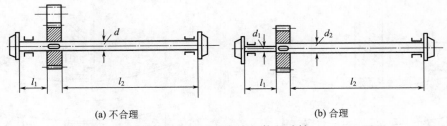

(a) 不合理　　　　　(b) 合理

图 6-63　起重机行走机构驱动轴

（3）轴的刚度与轴承的组合方式

支承方式和位置对轴的刚度影响很大，简支梁的挠度与支点距的三次方（集中载荷）或四次方（分布载荷）成正比，所以减小支点距离能有效地提高梁的刚度。

尽量避免采用悬臂结构，必须采用时，也应尽量减小悬臂长度。图 6-64 所示悬臂结构

［图 6-64(a)］、球轴承简支结构［图 6-64(b)］和滚子轴承简支结构［图 6-64(c)］，它们的最大弯矩之比为 4：2：1，最大挠度之比为 16：4：1。

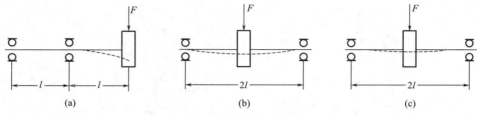

图 6-64　支承方式和位置与轴的挠度

对于分别处于两支点的一对角接触轴承应根据具体载荷位置分析其刚性，载荷作用在两轴承之间时，面对面安装布置的轴系刚性好；而当载荷作用在轴承外侧时，背对背安装布置的轴系刚性好。其分析见第 2 章表 2-2。

对于一对角接触轴承并列组合为一个支点时，其组合方式不同，支承刚性也不同，轴系的刚性也不同。如第 2 章图 2-76(a)、(b)，背对背安装方案（反装）两轴支反力在轴上的作用点距离为 B_2，大于面对面安装方案（正装）两轴在轴上的作用点距离 B_1，所以采用图 2-76(b) 所示的方案时，支承对轴的刚性较图 2-76(a) 所示的方案大。

6.2.8　轴的刚度与轴上零件结构

（1）合理选择轴承类型与结构

轴承是轴系组成中的一个重要零件，其刚度将直接影响到轴系的刚度。对刚度要求较大的轴系，选择轴承类型时，宽系列优于窄系列，滚子轴承优于球轴承，双列优于单列，小游隙优于大游隙。选用调心类轴承可降低轴系刚度。

对于滑动轴承，由于弯曲载荷作用，轴在轴承端边常会出现端边挤压，从而引起轴承磨损［图 6-65(a)］。为避免对轴承的损害，对于轴径较长（宽径比 $B/d > 1.5$）的轴承，可采用图 6-65(b) 的结构，此时轴系刚度降低，但轴与轴承变形较为协调，可减轻磨损，提高轴承寿命。

（2）受冲击载荷轴结构刚度

通常人们认为轴的刚度越大，强度也越高，但这不尽然，受冲击载荷作用的结构，有时

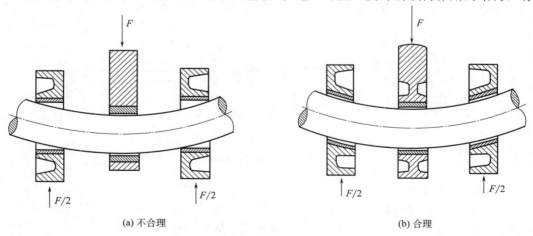

(a) 不合理　　　　　　　　　　　(b) 合理

图 6-65　轴与轴承协调变形结构

刚度增大反而会导致强度下降，这是因为冲击载荷随着结构刚度的增大而增大。轿车刚性越大，在发生车祸时，其所遭受的冲击力也越大，其中的驾乘人员也就更危险。同理，作用在轴上的冲击载荷，也随着轴结构刚度的增大而增大，因而轴的强度下降。所以欲提高轴的抗冲击能力，应适当降低轴刚度，增大其柔性。例如图 6-66 所示的飞轮在突然刹车时，轴受冲击扭矩，图 6-66(a) 较图 6-66(b) 加大了轴的长度，即 $l > l'$，图 6-66(a) 的扭转刚度下降，冲击扭矩也随之下降，所以轴的抗剪强度反而上升。这种受冲击载荷结构柔性设计准则，对受冲击载荷轴的结构设计也是非常适用的。

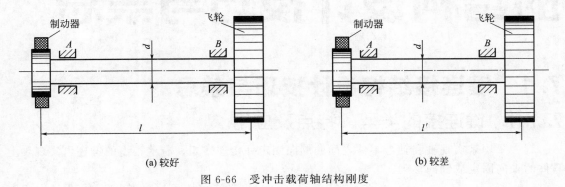

(a) 较好 　　　　　　　　　　　　　　　　　　(b) 较差

图 6-66　受冲击载荷轴结构刚度

第7章

键、花键、销及其它连接的结构设计技巧与禁忌

7.1 键连接结构设计技巧与禁忌

7.1.1 键连接的类型、特点及应用

键主要用来实现轴和轴上零件之间的周向固定并传递转矩。有些类型的键还可实现轴上零件的轴向固定或轴向移动。

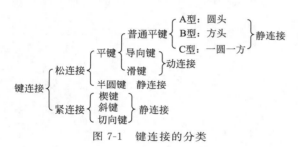

图 7-1 键连接的分类

键连接按不同的装配形式可分为两大类，即松连接和紧连接，松连接是靠侧面挤压进行工作的，工程中用得较多。轴毂间相互固定、不能进行相对运动的称为静连接，能进行相对运动的称为动连接。键连接的具体分类如图 7-1 所示。

常用键连接的类型、特点及应用见表 7-1。

表 7-1 常用键连接的类型、特点及应用

类型			结构简图	特点	应用
松键连接	平键	普通平键	(a) 圆头 (b) 方头 (c) 一端圆头一端方头	键的上表面与毂不接触，有间隙，侧面与轴槽及轮毂槽间为配合尺寸，两侧面为工作面，靠键与槽的挤压和键的剪切传递转矩 A 型的圆头平键连接，轴上的槽用指状铣刀加工，由于指状铣刀圆角半径小，因此轴键槽的应力集中较大，降低了轴的疲劳强度；B 型键轴上键槽用盘铣刀加工，盘铣刀圆角半径大，所以对轴键槽产生的应力集中小；C 型键与 A 型键加工方法相同	应用最广，适用于精度、速度较高或承受变载、冲击的场合。如在轴上固定齿轮、带轮、链轮、凸轮等回转零件 A 型键与槽同形，定位好，工程上最常用 B 型键因键与槽不同形，所以轴向定位效果不好，常用紧定螺钉紧固 C 型键由于一侧是圆头一侧是方头，所以常用在轴端

续表

类型			结构简图	特点	应用
松键连接	平键	导向平键	 (a) 导向平键结构 (b) 导向平键形式	键用螺钉固定在轴槽中，键与轮毂键槽为间隙配合，键不动，轮毂轴向移动。为了装拆方便，设有起键螺孔。导向键结构有圆头和方头两种	用于轴上零件能做短距离轴向移动的场合。如变速滑移齿轮
		滑键		键固定在毂上，随毂一同沿着轴上键槽移动，键与轴槽之间的配合为间隙配合	滑键用于轴向移动距离较大时，因如用导向键，键将很长，增加制造的困难
		半圆键		轴槽用与半圆键形状相同的铣刀加工，键能在槽中绕几何中心摆动，键的侧面为工作面，工作时靠其侧面的挤压来传递转矩。工艺性好，装配方便	适用于轴系刚度较差的场合，尤其适用于锥形轴与轮毂的连接。缺点是轴槽对轴的强度削弱较大。只适宜轻载连接
紧键连接	楔键		≥1:100 普通楔键 钩头楔键	楔键连接靠键的上下表面与毂孔及轴槽之间的楔紧产生的摩擦力传递转矩，并可传递小部分单向轴向力。分为普通楔键和钩头楔键两种，普通楔键也有圆头、方头及单圆头三种。上、下面为工作表面，有 1∶100 斜度，侧面有间隙	适用于低速轻载、精度要求不高的场合。这种连接对中性较差，有偏心，不宜用于高速和精度要求高的场合，变载下易松动。钩头楔键只用于轴端连接，且为了安全要罩上。如在中间使用，则键槽应比键长大 2 倍才能装入

续表

类型		结构简图	特点	应用
紧键连接	切向键	工作面 120°	切向键连接是由两个斜度为1：100的楔键组成，靠工作面与轴及轮毂相挤压来传递转矩。切向键的上、下两面为工作面，布置在圆周的切向。一个切向键连接只能单向传动。如果要求双向传动时，必须用两个切向键且成120°布置，以便不至于严重削弱轴与轮毂的强度	能传递较大的转矩。因为键槽对轴强度削弱较大，因此适于重型机械中直径 $d > 100mm$ 的轴，且对中要求不高时采用。不宜用于要求准确定心、高速和承受冲击、振动或变载的连接。近年来它的应用范围已经缩小

7.1.2　键连接的结构设计技巧与禁忌

（1）提高键连接强度的结构设计技巧与禁忌

① 空心轴上开键槽深度要合理　在空心轴上开键槽时，开键槽后轴的剩余壁厚太小是不合理的，如图 7-2(a) 所示，因为这样会严重影响轴的强度。在空心轴上开键槽时应该选用薄型键，或对需要开槽的空心轴适当增加轴的壁厚，如图 7-2(b) 所示。

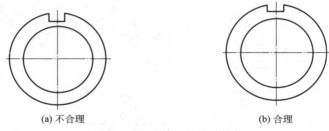

(a) 不合理　　　　　　　　　　　　(b) 合理

图 7-2　空心轴上键槽的结构

② 同一根轴上半圆键位置设计禁忌　如果在同一根轴上采用两个半圆键时，不应该布置在如图 7-3(a) 所示轴的同一剖面内相距 180° 的位置，因为半圆键键槽较深，对轴的强度削弱较大；因为半圆键的长度较小，所以应该布置在如图 7-3(b) 所示的位置，即轴的同一母线上。

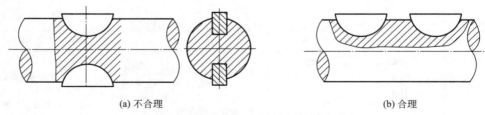

(a) 不合理　　　　　　　　　　　　(b) 合理

图 7-3　同一根轴上两个半圆键的位置

③ 轮毂键槽剩余部分不应太薄　轮毂上开了键槽后剩余部分不应太薄，如图 7-4(a) 所示的结构，因为这样做的结果一是会削弱轮毂的强度，二是如果轮毂是需要热处理的零件（例如齿轮），开了键槽后再进行热处理时，轮毂上开了键槽后剩余部分由于尺寸小、冷却速度快而产生断裂，所以设计时应适当增加这一部分轮毂的厚度，如图 7-4(b) 所示。

④ 键槽底部应有过渡圆角　在轮毂或轴上开有键槽的部位不应做成直角或太小的圆角，

如图 7-5(a) 所示，因为这样容易产生很大的应力集中，容易产生裂纹而破坏。应在键槽部分制出适合于键宽的过渡圆角半径 R，如图 7-5(b) 所示。

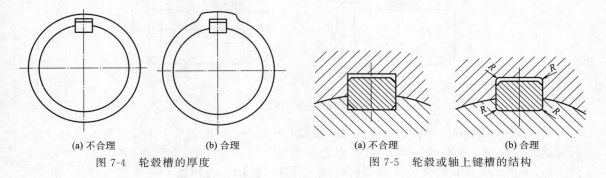

| (a) 不合理 | (b) 合理 | (a) 不合理 | (b) 合理 |

图 7-4 轮毂槽的厚度　　　　　　图 7-5 轮毂或轴上键槽的结构

⑤ 轮毂键槽周向位置设计禁忌　设计键连接时，不应如图 7-6(a) 所示在轮毂键槽的上方开工艺孔，这样会造成局部应力过大，或造成轮毂上开了键槽后剩余部分由于尺寸小而削弱了轮毂的强度；同时，如果轮毂是需要热处理的零件，在进行热处理时，由于尺寸小、冷却速度快容易产生断裂。改进后的设计如图 7-6(b) 所示。同理，设计特殊零件的键连接例如凸轮时，轮毂槽不应开在如图 7-6(c) 所示的薄弱方位上，应将轮毂槽开在强度较高的位置，如图 7-6(d) 所示的位置。

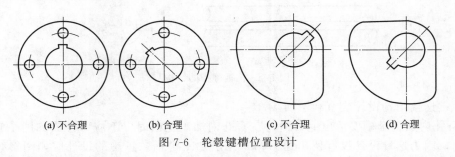

| (a) 不合理 | (b) 合理 | (c) 不合理 | (d) 合理 |

图 7-6 轮毂键槽位置设计

⑥ 轴上键槽位置应避免应力集中　键槽位置设计时，不应如图 7-7(a) 所示在轴的阶梯处开键槽，因为轴的阶梯处的截面是应力集中的主要地方，有圆角和直径过渡两个应力集中源，如果键槽也开在此平面上，则由键槽引起的应力集中也会叠加在此平面上，这个危险截面很快会疲劳断裂。应该将键槽设计到距离轴的阶梯处约 3～5mm 处，如图 7-7(b) 所示。

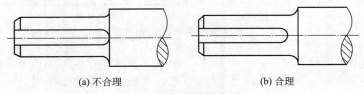

| (a) 不合理 | (b) 合理 |

图 7-7 轴上键槽位置

(2) 提高键连接刚度的结构设计技巧与禁忌

① 键长不只取决于强度　如图 7-8(a) 所示，把由键的强度计算确定出键的最小长度作为键长是不对的，因为这样键的长度太短，轮毂容易受力不均，产生轴向歪斜。设计时，键长应由键所在的轴段长（或轮毂宽）决定，即由该轴段长减掉 5～10mm（或轴段两边各留2～5mm），使键槽离开阶梯轴的直径变化处，以避免该截面产生过大的应力集中，并且按

国家标准选出接近的标准长度作为键长，再进行强度校核。正确结构如图 7-8(b) 所示。

　　另外，键的位置应靠近装入端，否则装配轮毂时不容易对正。

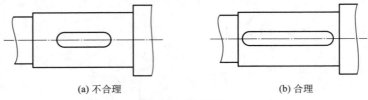

(a) 不合理　　　　　　　　　　(b) 合理

图 7-8　键的长度

　　② 长轴开多个连续键槽的布置　如果长轴上有多个连续的键槽，不应如图 7-9(a) 所示开在轴的同一侧，这样会使轴所受的应力不平衡，容易发生弯曲变形。改正后的结构如图 7-9(b) 所示，即键槽交错开在轴的两面。同理，特别长的轴也不应如图 7-9(c) 所示开一个很长的键槽，应将长的键设计成双键开在轴的对称面（成 180°布置），以使轴的受力平衡，如图 7-9(d) 所示。

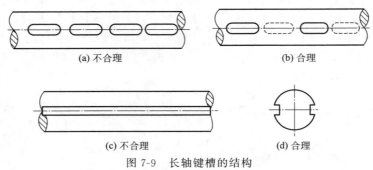

(a) 不合理　　　　　　　　　　(b) 合理

(c) 不合理　　　　　　　　　　(d) 合理

图 7-9　长轴键槽的结构

　　(3) 键连接结构设计应有利于加工

　　① 盲孔内加工键槽要留出退刀槽　在盲孔内加工键槽时，不应设计成如图 7-10(a) 所示的结构，因为这种设计没有留出退刀槽，无法加工键槽。正确的设计应如图 7-10(b) 所示，留出退刀槽。

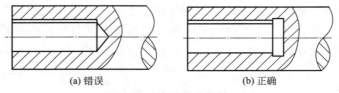

(a) 错误　　　　　　　　　　(b) 正确

图 7-10　盲孔内的键槽

　　② 同一根轴上键槽位置应在同一母线上　在同一根轴上开有两个或两个以上键槽时（不是很长的轴），不要开在如图 7-11(a) 所示的不同的母线上，应将键槽设计在如图 7-11(b) 所示的同一条母线上，是为了铣制键槽时一次装夹工件，方便加工，减少装夹和调整次数。

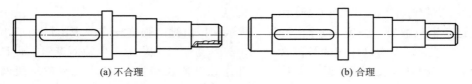

(a) 不合理　　　　　　　　　　(b) 合理

图 7-11　同一根轴上键槽位置

③ 锥形轴处平键连接的结构　在锥形轴处设计平键连接时，一般不能如图 7-12（a）所示，将平键设计成与轴的母线相平行，因为键槽加工不方便。如果设计成键槽平行于轴线，如图 7-12（b）所示的结构，则键槽的加工就方便多了，只有当轴的锥度很大（大于 1：10）或键很长时才采用键与轴的母线相平行的结构。

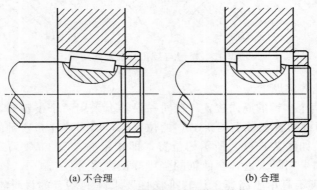

(a) 不合理　　　　　　　　　　(b) 合理
图 7-12　锥形轴处平键连接的结构

（4）键连接工作面设计禁忌

① 键宽与轮毂槽宽配合要适当　平键是以侧面进行工作来传递转矩的，所以设计时，不应使键宽与轮毂槽宽有间隙或是间隙配合［图 7-13（a）］，因间隙将造成轮毂与轴的相对转动，尤其在交变载荷作用下情况更加严重，使键和键槽的侧面受反复冲击而破坏。因此，设计时应使键宽与轮毂槽宽选过渡配合的公差。因为键是标准件，所以选择轮毂槽宽为 Js9 的公差比较合适，如图 7-13（b）所示。

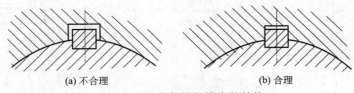

(a) 不合理　　　　　　　　　　(b) 合理
图 7-13　键宽与轮毂槽宽的结构

② 平键顶面与轮槽顶面必须留有一定间隙　平键的顶面不是工作面，所以进行平键设计时，将轮毂槽顶面与键的顶面设计成没有间隙或配合尺寸都是不对的，如图 7-14（a）所示。为了保证键的侧面与轮毂槽宽的配合，平键的顶面与轮毂槽顶面不能再配合，必须留有一定间隙，如图 7-14（b）所示。

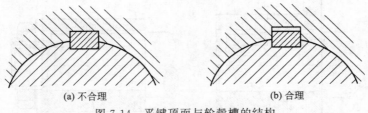

(a) 不合理　　　　　　　　　　(b) 合理
图 7-14　平键顶面与轮毂槽的结构

③ 楔键连接工作面设计禁忌　楔键连接以上、下面为工作面，两侧面为非工作面，靠上、下面与毂孔及轴槽之间楔紧产生的摩擦力传递转矩，所以键的上、下面与毂孔及轴槽间

无间隙，而两侧面与毂孔及轴槽间有间隙。图 7-15（a）结构不合理，图 7-15（b）结构合理。

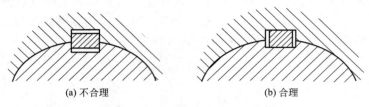

(a) 不合理　　　　　　　　　　　　　(b) 合理

图 7-15　楔键与毂孔及轴槽间结构

（5）键连接的配置问题

① 同一根轴上两个楔键的周向位置　在同一根轴上采用两个楔键时，不要设计成图 7-16（a）所示的结构，即键布置在轴上相距 180°的位置上，因为这样布置键能传递的转矩与一个键相同，应该布置在如图 7-16（b）所示的位置，即相距 90°～120°效果最好，相距越近传递的转矩越大，但是如果相距太近，会使轴的强度降低太多。

② 楔键或切向键不宜用于高速、运转平稳性要求高的场合　设计键连接时，应用楔键或切向键要慎重，对于高速、运转平稳性要求很高的场合不宜采用楔键或切向键。从图 7-17 可以看出，因为楔键或切向键是靠楔紧后键的上、下面与轮毂槽之间产生的摩擦力进行工作的，因此造成轴与轮毂的不同心，在冲击、振动或变载下容易松动，所以这两种键一般只适用于低速、重载且对运转平稳性要求不高的场合。

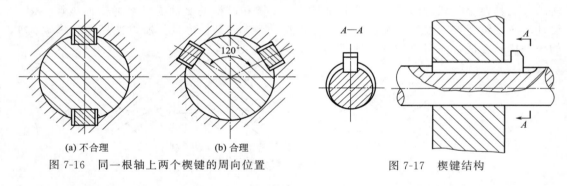

(a) 不合理　　　　　　　　(b) 合理

图 7-16　同一根轴上两个楔键的周向位置

图 7-17　楔键结构

③ 平键连接不宜用紧定螺钉固定　设计平键连接时，如果用图 7-18（a）所示的结构，即平键连接的零件用紧定螺钉顶在平键上面进行轴向固定，这样做虽然也能固定零件的轴向位置，但是会使轴上零件产生偏心。正确的设计应该是再加一个轴向固定的装置，如图 7-18（b）所示的圆螺母。

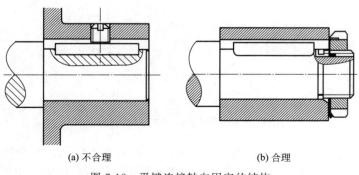

(a) 不合理　　　　　　　　　　　　(b) 合理

图 7-18　平键连接轴向固定的结构

7.2 花键连接结构设计技巧与禁忌

7.2.1 花键连接的类型、特点及应用

轴和轮毂孔周向均布的多个键齿构成的连接，称为花键连接。图 7-19(a) 所示为外花键，图 7-19(b) 所示为内花键。齿的侧面为工作面。由于是多齿传递载荷，所以花键连接比平键连接的承载能力高，对轴的削弱程度小，定心和导向性能好。它适用于定心精度要求高、载荷大或经常滑移的连接。

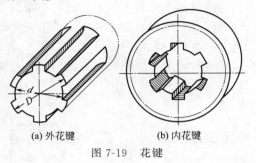

(a) 外花键　　　　(b) 内花键

图 7-19 花键

按齿形不同，花键连接可分为矩形花键连接和渐开线花键连接。花键连接的类型、特点及应用见表 7-2。

表 7-2 花键连接的类型、特点及应用

类型	结构简图	特点	应用
矩形花键连接		形状较为简单，加工方便，可用磨削方法获得较高精度，定心精度高，应力集中较小，承载能力较大。新标准规定矩形花键以内径定心，有轻、中两个系列	轻系列承载能力较小，一般用于轻载连接或静连接；中系列用于中等载荷的连接，应用广泛
渐开线花键连接	压力角30°的渐开线花键 细齿渐开线花键	齿廓为渐开线，分度圆压力角有30°和45°两种。工艺性好，制造精度较高；齿根强度高，齿根圆角大，应力集中小，承载能力大，使用寿命长；易于定心，定心精度高。加工需专用设备，成本高	常用于载荷较大、尺寸也较大、定心精度要求较高的场合 细齿渐开线花键（有时也做成三角形）适用于载荷很轻或薄壁零件的轴毂连接，也可用作锥形轴上的辅助连接

7.2.2 花键连接的结构设计技巧与禁忌

（1）提高花键连接的强度

设计花键连接时，不应设计成图 7-20(a) 所示的结构，因为花键连接的轴上由 *B* 至 *A*

处轴所受的转矩逐渐增大，因此在 $A—A$ 截面不仅受很大转矩，还受花键根部的弯曲应力，所以该截面强度必须加强。正确的设计应把花键小径加大，一般取轴径的 1.15～1.2 倍，如图 7-20(b) 所示。

（2）花键轮毂刚度分布应合理

当轮毂刚度分布不同时，花键各部分受力也不同。如图 7-21(a) 所示，因为轮毂右部的刚度比较小，所以转矩主要由左部的花键进行传递，即转矩只由部分花键传递，因此沿整个长度受力不均，此结构不合理。如果改为图 7-21(b) 所示的结构，轮辐向右移，即增大了轮毂右部的刚度，则使花键齿面沿整个长度均匀受力，结构比较合理。

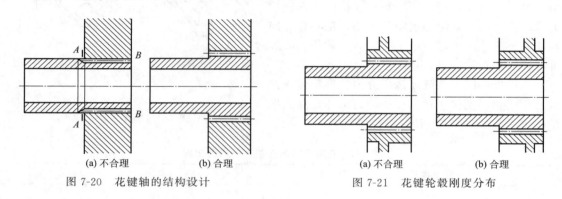

(a) 不合理　　　　(b) 合理　　　　　　　　(a) 不合理　　　　(b) 合理

图 7-20　花键轴的结构设计　　　　　　图 7-21　花键轮毂刚度分布

（3）薄壁容器花键选择

薄壁容器选择矩形花键、普通渐开线花键连接是不对的，因为矩形花键和普通渐开线花键的齿比较深，对薄壁容器将有较大的削弱，因此应该选用三角形花键（细齿渐开线花键）连接，三角形花键的齿比较浅，从而对于薄壁容器的削弱比较小。

（4）高速轴毂花键选择

高速高精度的轴毂连接不应选择矩形花键，因为矩形花键虽然制造容易，但是定心精度不高，尤其是侧面定心精度更不容易保证。应当选择渐开线花键，渐开线花键为齿形定心，当齿受力时，齿上的径向力能起到自动定心的作用。

7.3　销连接结构设计技巧与禁忌

7.3.1　销连接的类型、特点及应用

销主要用作装配定位，也可用来连接或固定零件，还可作为安全装置中的过载剪断元件。销的类型、尺寸、材料和热处理以及技术要求都有标准规定。

销的类型按不同的方法可以有以下几种。

（1）按用途分

按用途分，销可分为定位销、连接销、安全销。

定位销主要用于固定零件间的位置，不受载荷或受很小载荷，其直径可按结构确定，数目不得少于两个。

连接销用于连接，可传递不大的载荷，其直径可根据连接的结构特点按经验确定，必要时再验算强度。

安全销可作安全保护装置中的剪断元件，如用在剪销安全离合器中的销。

（2）按形状分

按形状分，销可为圆柱销、圆锥销、带螺纹锥销、开尾圆锥销、槽销、弹性圆柱销、开口销等。

销连接的类型、特点及应用见表 7-3。

表 7-3　销连接的类型、特点及应用

类型		结构简图	特点	应用
圆柱销连接	圆柱销	(a) 定位圆柱销 销钉 钢套 (b) 安全销	定位圆柱销利用微量过盈固定在铰光的销孔中，不能多次装拆，否则定位精度下降 安全销在过载时应被剪断，以保护机器中的重要零件，销的直径应按过载时被剪断的条件确定	定位圆柱销主要用于固定零件间的位置，不受载荷或受很小载荷，其直径可按结构确定，数目不得少于两个 安全销可作安全保护装置中的剪断元件，如用在剪销安全离合器中
	弹性圆柱销		弹性圆柱销由带钢料卷成，并经淬火，比实心销轻，销孔无需铰光	由于弹性大，这种销钉可在很广的公差范围内装入孔中，甚至在冲击载荷下接合能力仍然很高，而且在多次拆装后还可保持
圆锥销连接	圆锥销	(c) 定位圆锥销	定位圆锥销锥度为 1:50，可自锁，靠锥挤作用固定在铰光的销孔中，定位精度较高	定位圆锥销主要用于固定零件间的位置，便于拆卸且允许多次装拆
		(d) 连接圆锥销	连接圆锥销尺寸可根据连接的结构特点按经验确定，必要时再验算强度	连接圆锥销主要用于传递不大载荷的连接中，例如轴毂连接
	带螺纹圆锥销	(a)　(b)　(c)	图 (a) 圆锥销大端带外螺纹 图 (b) 圆锥销大端带内螺纹 图 (c) 圆锥销小端带外螺纹	图 (a)、图 (b) 所示圆锥销用于孔没有开通或拆卸困难的场合，图 (c) 所示圆锥销用于冲击、振动或变载的场合，防止销松脱

类型		结构简图	特点	应用
圆锥销连接	开尾圆锥销		连接后将销尾部向两侧掰开	适用于冲击、振动或变载的场合,防止销松脱
	槽销连接	(a)　　(b)	槽销上有碾压或模锻出的三条纵向沟槽,不需要铰孔,当销钉被打入时,在制造销钉时从槽中压出的材料做相反方向的变形,这样就产生高的局部压力,使销钉稳固地固定在孔中,见图(a)。图(b)中,细线为打入前,粗线为打入后	适用于振动和变载的场合,可重复拆装
	开口销连接	*A*向 A	装配时将开口销末端分开并弯折,以防脱落	除与销轴配用外,还常用于螺纹连接的防松装置中

7.3.2　销连接的结构设计技巧与禁忌

（1）定位销配置禁忌

① 禁忌两个物体上配置定位销　图 7-22（a）所示的箱体由上下两半合成,用螺栓连接（图中未表示）。侧盖固定在箱体侧面,两定位销分别置于两个物体上,此结构不好,不容易准确定位。如果改成图 7-22（b）所示的结构,两定位销置于同一物体上,一般以固定在下箱上比较好,则结构比较合理。

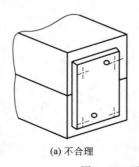
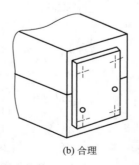

(a) 不合理　　　　　　　　　　　　　(b) 合理

图 7-22　两定位销不可置于两个物体上

② 定位销禁忌与接合面不垂直 图 7-23(a) 所示的结构是错误的，因为定位销与接合面不垂直，销钉的位置不易保持精确，定位效果较差。如果改成图 7-23(b) 所示的结构，定位销垂直于接合面就比较合理。

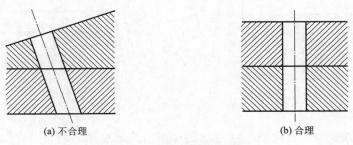

图 7-23 定位销应垂直于接合面

③ 两定位销位置不应太近 定位销在零件上的位置不应过于靠近。为了确定零件位置，经常用两个定位销，如图 7-24(a) 所示，两个定位销在零件上的位置太近，即距离太小，定位效果不好，应尽可能采取距离较大的布置方案，如图 7-24(b) 所示，这样可以获得较高的定位精度。

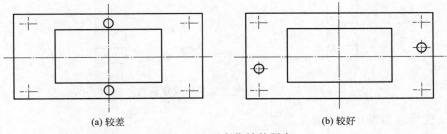

图 7-24 两定位销的距离

④ 定位销不可对称布置 定位销在零件上不可对称布置，如果将定位销如图 7-25(a) 所示，置于零件的对称位置，安装时有可能会反转安装，即反转 180°安装，这样不能满足定位精度。应改为图 7-25(b) 所示，定位销布置在零件的非对称位置，可准确定位，避免反转安装。

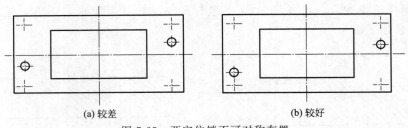

图 7-25 两定位销不可对称布置

(2) 销连接应符合力学要求

① 禁忌销钉传力不平衡 图 7-26(a) 所示的结构为销钉联轴器，用一个销钉传力时，销钉受力为 $F=T/r$，T 为所传递的转矩，此力对轴有弯曲作用。如果改成如图 7-26(b) 所示的结构，用一对销钉，每个销钉受力为 $F'=T/(2r)$，二力组成一个力偶，对轴无弯曲作用。

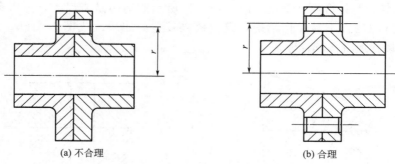

(a) 不合理   (b) 合理

图 7-26 　定位销传力避免不平衡

② 过盈配合面禁忌放定位销　　在过盈配合面上放定位销是错误的，因为如果在过盈配合面上设置了销钉孔，如图 7-27(a) 所示，由于钻销孔而使配合面张力减小，减小了配合面的固定效果。正确的结构如图 7-27(b) 所示，过盈配合面上不能放定位销。

(a) 不合理   (b) 合理

图 7-27 　过盈配合面禁忌放定位销

（3）销连接结构设计应有利于加工

① 销钉孔禁忌分开加工　　图 7-28(a) 所示是错误的结构，因为用划线定位、分别加工的方法不能满足要求，精度不高。如果改成如图 7-28(b) 所示的结构，即对相配零件的销钉孔，一般采用配钻、铰的加工方法，能保证孔的精度和可靠的对中性。

② 淬火零件销钉孔的配作　　图 7-29(a) 所示的结构是错误的，因为零件淬火后硬度太高，销钉孔不能配钻、铰，无法与铸铁件配作。如果改成图 7-29(b) 所示的结构，即在淬火件上先制出一个较大的孔（大于销钉直径），淬火后，在孔中装入由软钢制造的环形件 A，此环与淬火钢件过盈配合。再在件 A 孔中进行配钻、铰（装配时，件 A 的孔小于销钉直径），就比较合理了。

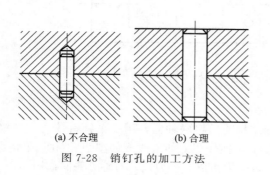

(a) 不合理   (b) 合理

图 7-28 　销钉孔的加工方法

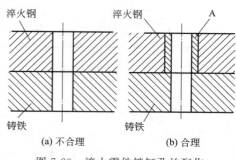

(a) 不合理   (b) 合理

图 7-29 　淬火零件销钉孔的配作

（4）销连接结构应有利于装拆

① 避免销钉装配困难　图 7-30(a) 所示的结构，在底座上有两个销钉，上盖上面有两个销孔，装配时难以观察销孔的对中情况，装配困难。如果改成图 7-30(b) 所示的结构，把两个销钉设计成不同长度，装配时依次装入，就比较容易；或将销钉加长，端部有锥度以便对准，如图 7-30(c) 所示。

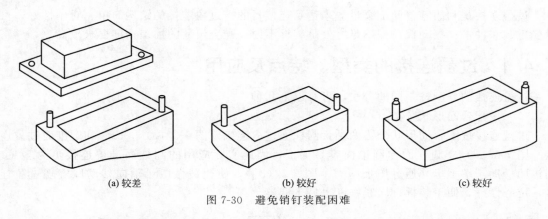

(a) 较差　　　　　　　　(b) 较好　　　　　　　　(c) 较好

图 7-30　避免销钉装配困难

② 安装定位销禁忌妨碍零件拆卸　如图 7-31(a) 所示的结构，安装定位销会妨碍零件拆卸。支持转子的滑动轴承轴瓦，只要把转子稍微吊起，转动轴瓦即可拆下，如果在轴瓦下部安装防止轴瓦转动的定位销，则上述装拆方法不能使用，必须把轴完全吊起，才能拆卸轴瓦。应采用图 7-31(b) 所示的结构，不必安装定位销。

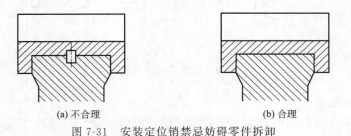

(a) 不合理　　　　　　　　(b) 合理

图 7-31　安装定位销禁忌妨碍零件拆卸

③ 定位销应方便装拆　设计定位销一定要考虑安装时如何能方便地装和拆，尤其是如何方便地从销钉孔中取出、拆下。图 7-32(a) 所示的结构不容易取出销钉，并且，对没有通气孔的盲孔，销很难装入和拔出。改进方法是如图 7-32(b) 所示，为便于拆卸把销钉孔制

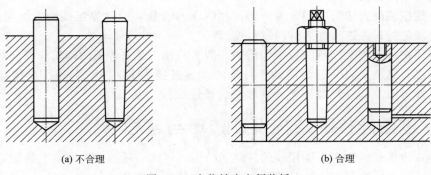

(a) 不合理　　　　　　　　(b) 合理

图 7-32　定位销应方便装拆

成通孔，采用带螺纹尾的销钉（有内螺纹和外螺纹）等，对于盲孔，为避免孔中封入气体引起装拆困难，应该有通气孔。

7.4 过盈连接结构设计技巧与禁忌

过盈连接是利用零件间配合过盈来达到连接目的。过盈连接的结构简单、对中性好，可承受重载和冲击、振动载荷。不足之处是装拆不便，配合尺寸的加工精度要求较高。

7.4.1 过盈连接的类型、特点及应用

过盈连接的类型按不同的分法，可有以下几种。

（1）按配合面形状分类

过盈连接按配合面形状分为两类：圆柱面过盈连接［图 7-33(a)～(c)］和圆锥面过盈连接［图 7-33(d)］。圆柱面比圆锥面容易加工，因此实际应用的圆柱面过盈连接更为多见。圆锥面借助于端螺母并通过压板施力［图 7-33(d)］，使轮毂做微量轴向移动以实现过盈连接，定心性好，便于装拆，压紧程度也易于调整。

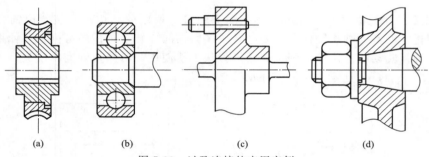

（a）　　　　　（b）　　　　　（c）　　　　　（d）

图 7-33　过盈连接的应用实例

（2）按是否有辅助件分类

过盈连接按是否有辅助件分为两类：无辅助件过盈连接和有辅助件过盈连接。无辅助件结构简单，周向受力均衡，配合精度高，应用广泛，但其传递的力受过盈量和摩擦力的限制，其典型应用如滚动轴承内圈与轴［图 7-33(b)］。为使工作更可靠，过盈连接常有辅助件，如蜗轮轮缘与轮芯常配有连接螺钉［图 5-36(b)］，轮毂与轴常有平键连接（图 6-2）或半圆键连接［图 5-29(c)］。

（3）按装配方法的不同分类

过盈连接按装配方法的不同分为两类：利用压入法装配的过盈连接称为纵向过盈连接；利用胀缩法装配的过盈连接称为横向过盈连接。

过盈连接在工程中有广泛的应用，例如，图 7-33(a) 是锡青铜的蜗轮轮缘与灰铸铁的轮芯的过盈连接；图 7-33(b) 是滚动轴承与轴的过盈连接；图 7-33(c) 是行星传动转臂与销轴的过盈连接；图 7-33(d) 是圆锥面轴毂的过盈连接。

7.4.2 过盈连接的结构设计技巧与禁忌

过盈连接的承载能力与被连接件的材料、结构、尺寸、过盈量、制造、装配以及工作条件有关。结构设计应有利于连接承载能力的提高和易于制造及装配等。

（1）过盈连接结构设计应有利于提高承载能力

① 过盈连接均载结构设计　过盈连接结合压力沿结合面长度的分布是不均匀的，两端会出现应力集中，如图 7-34（a）所示；此外，由于轴的扭转刚度低于轮毂，轴的扭转变形大于轮毂，会在端部产生扭转滑动，如图 7-34（b）所示，图中的 aa' 为相对滑动量。当转矩变化时，扭转滑动会导致局部磨损而使连接松动。

为了减轻或避免上述情况，从而保证连接的承载能力，可采取下列均载结构设计：如图 7-35（a）所示，减小配合部分两端处的轴径，并在剖面过渡处取较大的圆角半径，可取 $d_1 \leqslant 0.95d$，$r \geqslant (0.1 \sim 0.2)d$；在轴的配合部分两端切制卸载槽，如图 7-35（b）所示；在轮毂端面切制卸载环形槽，如图 7-35（c）所示；减小轮毂端部的厚度，如图 7-35（d）所示。

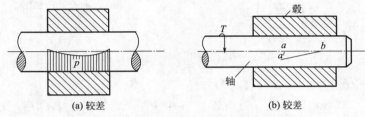

图 7-34　过盈连接压力分布和端部滑动

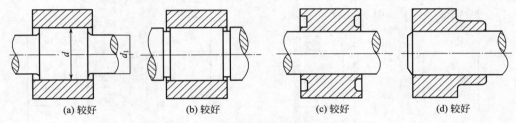

图 7-35　过盈连接的均载结构设计

② 热压配合面上禁忌装销、键　图 7-36 所示的结构是齿轮的齿环热装在轮芯上的情况，如果在热压配合面上装键或销是错误的结构，如图 7-36（a）、（b）所示，因为热装齿环的紧固力是由齿环和轮芯的环箍张紧而得以保持，如果在热压配合面上开孔则环箍张紧被切断，而使紧固力异常降低，丧失了热压配合的效果。因此，如图 7-36（c）所示的结构是正确的。

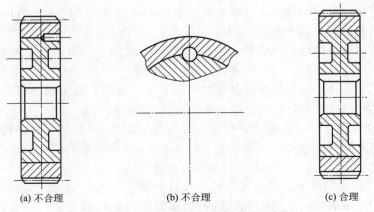

图 7-36　热压配合面上禁忌装销、键

③ 在铸铁件中嵌装的小轴容易松动　如图 7-37（a）所示，在铸铁圆盘上用过盈配合安装的曲柄销，由于铸铁没有明显的屈服强度，所以在外载荷的作用下，配合孔边反复承受压力而产生松动。若铸铁圆盘改为钢制则较为合理，如图 7-37（b）所示。

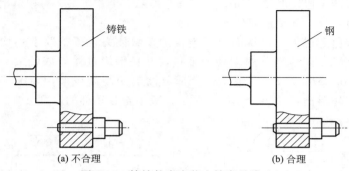

图 7-37　铸铁件中嵌装小轴容易松动

（2）考虑装拆方便的结构设计技巧与禁忌

① 过盈连接入口端角度设计　过盈连接被连接件配合面的入口端应制成倒角，使装配方便、对中良好和接触均匀，提高紧固性。但是倒角的大小会影响装配性能，如图 7-38（a）所示的过盈连接，进入端的倒角为 90°，被进入端的倒角为 100°，对装配性能不会有太大提高。正确的倒角大小应如图 7-38（b）所示。

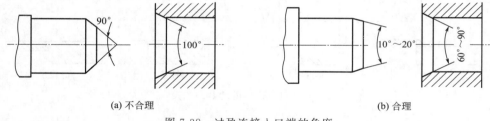

图 7-38　过盈连接入口端的角度

② 过盈连接拆卸结构设计　过盈连接要考虑拆卸问题，否则很难进行拆卸。如图 7-39（a）、（b）所示的两个滚动轴承，轴肩和套筒都超过或等于滚动轴承的内圈高，因此轴承拆卸器无法抓住滚动轴承的内圈，无法拆卸滚动轴承。如改成图 7-39（c）、（d）、（e）所示的结构，就会顺利地卸下滚动轴承。

如图 7-39（f）所示的轴与套的过盈连接也是无法拆卸的，如改成图 7-39（g）、（h）所示的结构，就会顺利地卸下轴上的套。图 7-39（g）所示的结构是在套上加工内螺纹，拆卸时利用螺纹连接力矩产生的轴向力使套卸下。图 7-39（h）所示的结构给套留出一个拆卸的空间，原理同图 7-39（c）、（d）、（e）所示，因此可以拆下。

图 7-39（i）所示的结构为热压配合，拆卸是非常困难的，可采用施加油压的拔出方式，如图 7-39（j）所示，或采用圆锥配合，如图 7-39（k）所示。

③ 过盈深度设计　过盈连接的深度不宜太深，如图 7-40（a）所示的结构，过盈量的嵌入深度太深，很难嵌装和拔出，如改成图 7-40（b）、（c）所示的结构，使过盈量的嵌入深度最小，装拆都方便。

④ 避免同一配合尺寸装入多个过盈配合件　如图 7-41（a）所示的结构，同一轴上同一配合尺寸有两处过盈配合，或如图 7-41（b）所示的结构，具有三处过盈配合，设计成等直

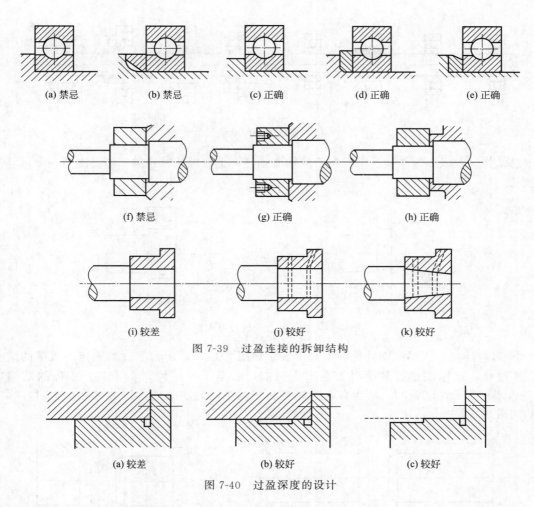

(a) 禁忌　　(b) 禁忌　　(c) 正确　　(d) 正确　　(e) 正确

(f) 禁忌　　(g) 正确　　(h) 正确

(i) 较差　　(j) 较好　　(k) 较好

图 7-39　过盈连接的拆卸结构

(a) 较差　　(b) 较好　　(c) 较好

图 7-40　过盈深度的设计

径，则不好安装、拆卸，同时也难以保证精度。应设计成如图 7-41(c) 所示的结构，将具有相同直径过盈量的安装部位给予少许的阶梯差，安装部位以外最好不要给过盈量。

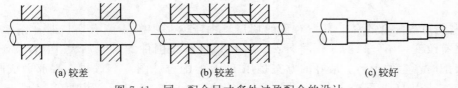

(a) 较差　　　　　　(b) 较差　　　　　　(c) 较好

图 7-41　同一配合尺寸多处过盈配合的设计

⑤ 同一根轴安装多个滚动轴承　图 7-42(a) 所示的结构，同一轴上安装有 4 个滚动轴承，因为滚动轴承是标准件，内孔的尺寸是固定的，因此不能把轴设计成多个阶梯。可以改成图 7-42(b) 所示的结构，即用斜紧固套进行安装。

(3) 避免装配时被连接件变形

① 热压配合的轴环要有一定厚度　如图 7-43(a) 所示，很薄的轴环热压配合到阶梯轴上，由于轴环左边的直径比右边的直径大很多，因此对于相同的过盈量轴的反抗力不同，因此轴环会形成如图虚线所示的翻伞状。为防止出现这种情况，可将轴环加厚，如图 7-43(b)

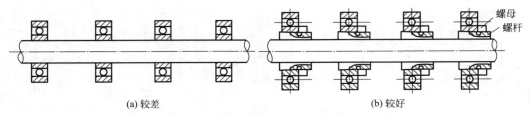

(a) 较差   (b) 较好

图 7-42　同一根轴多个滚动轴承的安装

所示的结构。如果因为结构受限实在不能加厚轴环，也可以从轴粗的一侧到细的一侧调整其过盈量。

(a) 较差   (b) 较好

图 7-43　热压配合的轴环厚度设计

② 过盈连接进入端的结合长度不宜过长　如图 7-44(a) 所示的过盈连接进入端的结合长度 l 过长，这样使过盈装配时容易产生挠曲，以至于使零件产生歪斜。正确的结构如图 7-44(b) 所示，以 $l<1.6d$ 为宜，这样有利于加工时减小挠曲，压装时减小歪斜，热装时均匀散热。

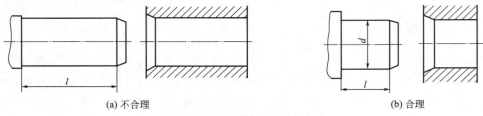

(a) 不合理   (b) 合理

图 7-44　过盈连接进入端的长度

③ 避免过盈配合的套上有不对称的切口　由于套形零件一侧有切口时 [图 7-45(a)]，其外形将有改变，不开口的一侧将外凸。在切口处将包围件的尺寸加大 [图 7-45(b)]，可以避免装配时产生的干涉。最好的方案是用 H/h 的配合 [图 7-45(c)]，端部做成凸缘，用螺钉固定。或用 H/h 配合，在套上制出开通的缺口 [图 7-45(d)]，用螺钉固定。

（4）过盈配合要考虑加工

① 同时有多个配合面的结构设计　如图 7-46(a) 所示的结构，同时使多个面的相关尺寸正确地配合非常困难。即使在制造时能正确地加工，但由于使用中温度变化等原因，也会使配合脱开。因此一般只使一个面接触，如图 7-46(b)、(c) 所示的结构是正确的。当两处都需要接触时，要采用单独压紧的方式。

如果使锥度配合与阶梯配合同时起作用是困难的，如图 7-46(d) 所示的结构，除非尺寸精度是理想的，否则不能判断在阶梯配合的位置上锥度部分是否达到预计的过盈量。改为图 7-46(e)、(f) 的结构是正确的，因为圆柱轴端的阶梯配合是确实可靠的。

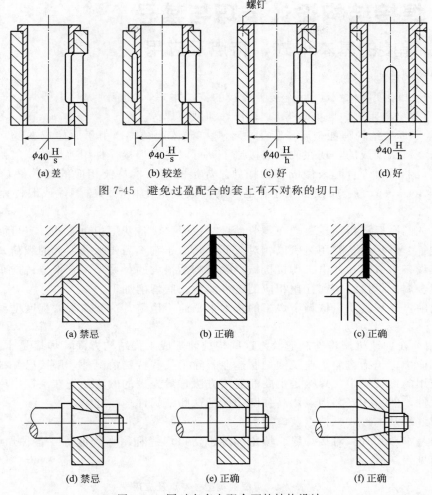

图 7-45 避免过盈配合的套上有不对称的切口

图 7-46 同时有多个配合面的结构设计

② 压入衬套内径缩小加工时要考虑加工余量 为了不使轴承衬套［图 7-47(a)］在安装以后松弛，在安装时要给以足够的过盈量。由于过盈配合，安装后的衬套内径比安装前的尺寸缩小，因此要估计此缩小量，而在加工时，相应加大内径尺寸。图 7-47(b) 为不合理结构，图 7-47(c) 为合理结构。

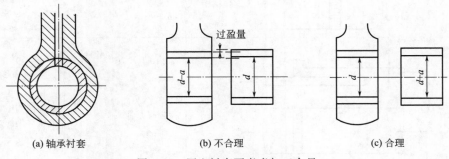

图 7-47 压入衬套要考虑加工余量

7.5 焊接结构设计技巧与禁忌

7.5.1 焊接的基本形式、特点及应用

（1）焊接的类型、特点和应用

① 类型 焊接是一种不可拆连接。焊接的方法很多，如熔融焊（电弧焊、气焊、电渣焊等）、压力焊（电阻焊、摩擦焊等）、软钎焊和硬钎焊等。

② 特点 焊接结构消耗金属量显著少于铆接或铸造结构。由于原始成本低，许多机械构件从前用浇铸法制成的，现在改用焊接法了。可以先将焊接零件用剪切法或气割法从热轧钢板上割出，然后再焊合起来做成各种构件。焊接的钢结构件比相应的铸铁件轻50%，而比铸钢件轻30%，节约金属较多。轧制毛坯的焊接价格比相应的铸钢件或锻件差不多要便宜50%。

焊接工艺的高经济指标还表现在：劳动量小；焊接设备费用相对较低；有可能实现焊接过程自动化等。焊接设备费用之所以相对较低，是由于它不需要承受很大的载荷，而在锻造及压力加工设备中（包括冲击、铆接机械）载荷则是很大的。另外，它不像铸造车间那样需要熔化大量金属。焊接结构往往比相应的铸件要少一些切削加工。

焊接的缺点是焊缝质量依赖于焊工的技术水平而不稳定，这就在很大程度上要求采用自动焊工艺。

③ 应用 在加速机械构件制造及将这些构件装配成工程结构方面，焊接是重要的环节。现在，在工业中，包括造船工业及锅炉制造业，除了某些特殊情况外，铆接已经被焊接所代替。在建筑用的钢结构中，焊接是主要的连接方法，最先进的做法是先在工厂中用焊接方法制成钢结构件，然后在安装地点用高强度螺栓把这些结构件连接起来。

（2）焊缝的基本形式、特点及应用

焊缝的基本形式有：对接焊缝、填角焊缝、切口焊缝和塞形焊缝等。各种焊缝的类型、特点及应用见表7-4。

表7-4 焊缝的类型、特点及应用

类型	焊缝式样	特点	应用
对接焊缝		结合平稳,受力均匀,是最合理、最基本的焊缝。被焊件较厚时,必须开坡口或带搭板	用于连接位于同一平面内的两个被焊接件,是常采用的焊缝
填角焊缝	(a)	图(a)为端焊缝,焊缝与载荷方向垂直;	用于连接位于不同平面的两个被焊接件,是常采用的焊缝

续表

类型	焊缝式样	特点	应用
填角焊缝	(b) (c) (d)	图(b)为侧焊缝,焊缝与载荷方向平行; 图(c)为斜焊缝,焊缝与载荷方向既不平行也不垂直; 图(d)为组合焊缝,兼有以上三种情况	用于连接位于不同平面的两个被焊接件,是常采用的焊缝
切口焊缝 塞形焊缝		局部焊,弥补主焊缝强度的不足,不是承受载荷的主要焊缝	一般只用作辅助焊缝,以弥补主焊缝强度的不足,或用来使被连接件互相贴紧

7.5.2　焊接的结构设计技巧与禁忌

（1）避免焊接结构受力过大

① 禁忌焊缝受力过大　焊缝应安排在受力较小的部位。图 7-48(a) 所示的轮毂与轮圈之间的焊缝距回转中心太近。如果将图 7-48(a) 改为图 7-48(b) 所示的结构，则焊缝距回转中心比较远，可以减小焊缝受力。

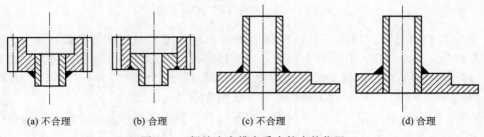

(a) 不合理　　(b) 合理　　(c) 不合理　　(d) 合理

图 7-48　焊缝应安排在受力较小的位置

图 7-48(c) 所示的套管与板的连接结构，也是焊缝的受力太大。将图 7-48(c) 改为图 7-48(d) 所示的结构，先将套管插入板孔，再进行焊接，这种结构可以减小焊缝的受力。

② 禁忌焊缝受剪力或集中力   图 7-49(a) 所示的法兰直接焊在管子上的结构，焊缝受剪力和弯矩。如果改为图 7-49(b) 所示的结构，可以避免焊缝受剪力。图 7-49(c) 所示的结构，焊缝直接受集中力作用，同时受最大弯曲应力。如果改为图 7-49(d) 所示的结构，焊缝就避开了受弯曲应力最大的部位，结构合理。

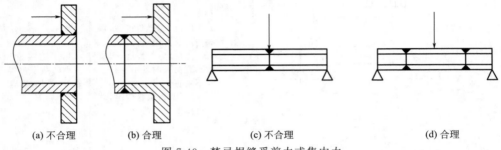

(a) 不合理   (b) 合理   (c) 不合理   (d) 合理

图 7-49   禁忌焊缝受剪力或集中力

③ 在断面转折处布置焊缝易产生裂纹   图 7-50(a) 所示的结构，在断面转折处布置了焊缝，这样容易断裂。如果确实需要，则焊缝在断面转折处不应中断，否则容易产生裂纹。如果改为如图 7-50(b) 所示的结构，比较合理。

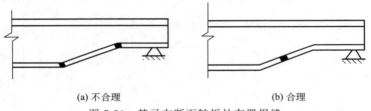

(a) 不合理   (b) 合理

图 7-50   禁忌在断面转折处布置焊缝

④ 焊接密封容器应设放气孔   图 7-51(a) 所示的焊接密闭容器，预先没有设计放气孔，因此气体可能释放出来而导致不易焊牢。如果改为图 7-51(b) 所示的结构，即预先设计放气孔，使气体能够释放则有利于焊接，结构合理。

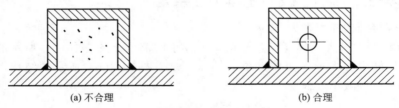

(a) 不合理   (b) 合理

图 7-51   焊接密封容器应设放气孔

⑤ 避免纯侧面角焊   如图 7-52(a) 所示的结构，采用了只用侧面角焊缝的搭接接头，这样，不但侧焊缝中切应力分布极不均匀，而且搭接板中的正应力分布也不均匀。如果改为图 7-52(b) 所示的结构，即增加了正面角焊缝，使搭接板中正应力分布较均匀，侧焊缝中的最大切应力也降低了，还可减少搭接长度，结构合理。

再如图 7-52(c) 所示的结构，在加盖板的搭接接头中，仅用侧面角焊缝的接头，在盖板范围内各横截面正应力分布非常不均匀。如果改为图 7-52(d) 所示的结构，即增加了正面角焊缝后，正应力分布得到明显改善，应力集中大大降低，还能减少搭接长度。

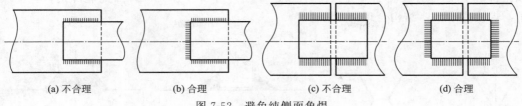

(a) 不合理　　　　(b) 合理　　　　(c) 不合理　　　　(d) 合理

图 7-52　避免纯侧面角焊

⑥ 焊缝受力方向应合理　图 7-53(a) 所示的焊缝方向在右侧，这种受力情况使焊缝的根部处于受拉应力状态，应予避免。如改为图 7-53(b) 所示的焊缝方向在左侧，可改善受力状况，提高连接强度。同理，图 7-53(c) 所示的焊缝方向使焊缝的根部处于受拉应力状态，应改为图 7-53(d) 所示的焊缝方向。

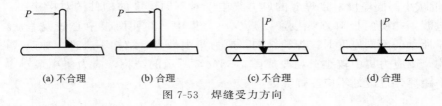

(a) 不合理　　　　(b) 合理　　　　(c) 不合理　　　　(d) 合理

图 7-53　焊缝受力方向

(2) 减小焊缝应力集中设计技巧与禁忌

① 焊缝与母材交界处不宜为尖角　图 7-54(a) 所示的焊缝与母材交界处为尖角，因此应力集中比较大。如果改为图 7-54(b) 所示的结构，即焊缝与母材交界处用砂轮打磨，能够增大过渡区半径，从而可减小应力集中。对承受冲击载荷的结构，应采用图 7-54(c) 所示的结构，将焊缝高出的部分打磨光。

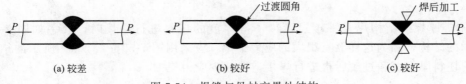

(a) 较差　　　　(b) 较好　　　　(c) 较好

图 7-54　焊缝与母材交界处结构

② 避免端面角焊缝应力集中　端面角焊缝的焊缝截面形状对应力分布有较大影响，如图 7-55(a) 所示，A、B 两处应力集中最大，A 点的应力集中随 θ 角增大而增加。图 7-55(a)、(b) 所示的端面角焊缝应力集中最大，图 7-55(c)、(d) 的焊缝应力集中较小，图 7-55(e) 中的 A 点的应力集中最小，但需要加工，焊条消耗较大，经济性差。

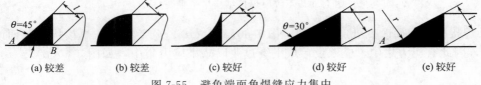

(a) 较差　　　　(b) 较差　　　　(c) 较好　　　　(d) 较好　　　　(e) 较好

图 7-55　避免端面角焊缝应力集中

③ 避免焊缝汇合、集中在一处　几条焊缝汇合的地方容易出现不完全焊接，所以焊缝要尽量成 T 形，应避免十字焊缝或多条焊缝聚集在一起，如图 7-56(a) 所示。应尽量使焊缝部位互相错开，不要汇集在一处，如图 7-56(b) 所示。

④ 十字接头焊缝应开坡口　图 7-57(a) 所示受力的十字接头，因未开坡口，焊缝根部 A 和趾部 B 两处都有较高的应力集中。图 7-57(b) 所示开了坡口，因此能焊透，应力集中较小，焊接变形小，结构合理。

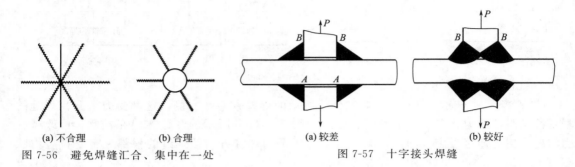

(a) 不合理　(b) 合理

图 7-56　避免焊缝汇合、集中在一处

P
B
B
A
A
P
B
B
P

(a) 较差　(b) 较好

图 7-57　十字接头焊缝

⑤ 尽量减小不同厚度对接焊缝的应力集中　对不同厚度的构件的对接接头，应尽可能采用圆弧过渡，并使两板对称焊接，以减少应力集中，并使两板中心线偏差 e 尽量减小。图 7-58(a) 所示的不同厚度对接焊缝结构，应力集中最大，结构不合理。如改成图 7-58(b) 所示的结构，则应力集中较小；如改成图 7-58(c) 所示的结构，应力集中最小。一般 h 应有一段水平距离，过渡处不应在焊缝处。

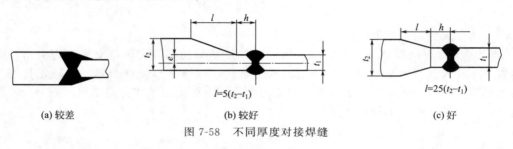

l
h
t2
e
t1
l=5(t2–t1)
l
h
t2
t1
l=25(t2–t1)

(a) 较差　(b) 较好　(c) 好

图 7-58　不同厚度对接焊缝

⑥ 不等厚焊接结构尽量平缓过渡　不等厚度的坯料进行焊接时，禁忌如图 7-59(a)、(b) 所示的结构，因为这样会有很大的应力集中。应采用图 7-59(c)、(d) 所示的结构，使被焊接的坯料厚度缓和过渡后再进行焊接，以减少应力集中。

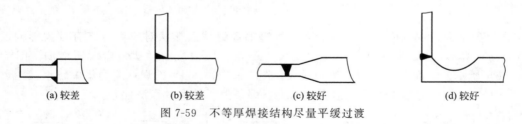

(a) 较差　(b) 较差　(c) 较好　(d) 较好

图 7-59　不等厚焊接结构尽量平缓过渡

⑦ 焊接构件截面改变处避免尖角　图 7-60(a)、(b)、(c) 所示的焊接构件截面改变处有尖角，因此有应力集中，应该设计成平缓过渡以减小应力集中，如图 7-60(d)、(e)、(f) 所示。

⑧ 搭接接头应力集中大　图 7-61(a)、(d)、(f)、(h) 所示的焊缝结构，因为是搭接接头焊缝，所以存在很大的应力集中，容易产生断裂现象，因此要避免搭接接头焊缝的结构，改正后为图 7-61(b)、(c)、(e)、(g)、(i) 所示的焊缝结构。

⑨ 避免在截面突变处焊接　图 7-62(a) 所示是几种在截面突变处进行焊接的焊接结构

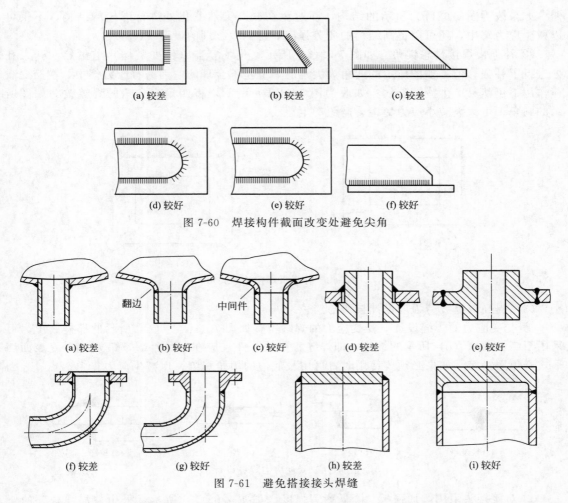

图 7-60 焊接构件截面改变处避免尖角

图 7-61 避免搭接接头焊缝

形式，这些结构在焊接处存在很大的应力集中现象，降低了构件的疲劳强度，是不合理的焊接结构。

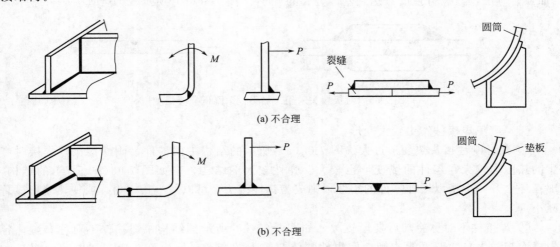

图 7-62 避免在截面突变处焊接

如果改为图 7-62(b) 所示的结构，即避免在截面突然变化处进行焊接的结构，不仅可以减少应力集中，还可以提高结构的疲劳强度，是比较合理的设计。

⑩ 补强板焊接禁忌尖角　如图 7-63(a) 所示，化工容器（例如塔体）上虽然在开人孔处进行了补强，但是如图所示的四角为尖角的焊缝是不合理的，因为有应力集中，在交变载荷作用下仍然易产生疲劳裂纹；如改为图 7-63(b) 所示，将四角为尖角的焊缝改为如图所示的圆角，可大大减小应力集中，避免产生裂纹。

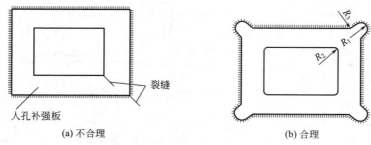

(a) 不合理　　　　　　　　　　　　　(b) 合理

图 7-63　补强板焊接禁忌尖角

（3）提高焊缝疲劳强度设计技巧与禁忌

① 受变应力的焊缝设计　受变应力的焊缝不宜如图 7-64(a)、(b) 所示的那样凸出，可采用图 7-64(c)、(d) 所示的结构，即焊缝宜平缓，并且应在背面补焊，最好将焊缝表面切平，避免用搭接。如果必须要使用时，可用长底边的填角焊缝，以减少应力集中。

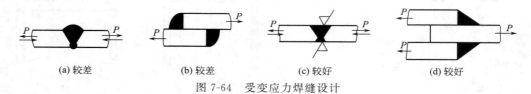

(a) 较差　　　　　(b) 较差　　　　　(c) 较好　　　　　(d) 较好

图 7-64　受变应力焊缝设计

② 对接接头采用"加强板"降低疲劳强度　如图 7-65(a) 所示，采用"加强板"的对接接头是极不合理的，因为原来疲劳强度较高的对接接头被大大地削弱了。试验表明，此种"加强"方法，其疲劳强度只达到基体金属的 49%。图 7-65(b) 所示较为合理。

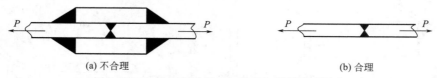

(a) 不合理　　　　　　　　　　　　　(b) 合理

图 7-65　对接接头采用"加强板"降低疲劳强度

（4）避免焊接件发生较大变形

① 禁忌刚性接头热变形过大　图 7-66(a) 所示的结构中两零件为刚性接头，焊接时产生的热应力较大，零件的热变形也较大。弹性较大的结构，应如图 7-66(b) 所示的结构，即在环上开一个槽以增加零件的柔性，则成为弹性接头，可以减小热应力，或使热变形显著减小。

② 焊接件不对称冷却后变形较大　如图 7-67(a) 所示的结构，焊接件不对称布置，各焊缝冷却时力与变形不能均衡，使焊件整体有较大的变形，结构不合理。如果改为图 7-67(b) 或（c）所示的结构，焊接件具有对称性，焊缝布置与焊接顺序也应对称，这样，就可

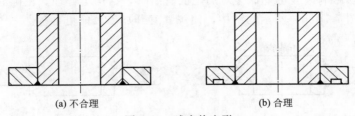

(a) 不合理　　　　　　(b) 合理

图 7-66　减小热变形

以利用各条焊缝冷却时的力和变形的互相均衡，以得到焊件整体的较小变形，结构合理。

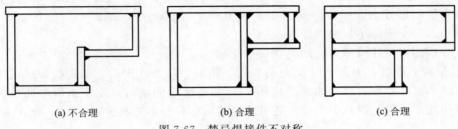

(a) 不合理　　　　　　(b) 合理　　　　　　(c) 合理

图 7-67　禁忌焊接件不对称

③ 薄板焊接件易起拱变形　　如图 7-68(a) 所示，薄板焊接时的结构是不合理的，因为焊接受热后，会发生起拱现象，为避免起拱现象，应考虑开孔焊接，如图 7-68(b) 所示。

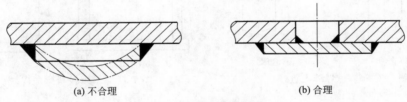

(a) 不合理　　　　　　(b) 合理

图 7-68　薄板焊接结构

④ 焊缝位置应选择刚度较大的一侧　　如图 7-69(a) 所示的焊接零件中，底座顶板的内侧刚度大，如果在刚度小的外侧开坡口进行焊接，则顶板的变形角度为 α，如图 7-69(b) 所示。如果在刚度大的内侧开坡口进行焊接，则顶板的变形角度为 β，如图 7-69(c) 所示。可以明显地看出，$\alpha > \beta$，因此在刚度小的外侧进行焊接顶板变形量大，结构不合理。结论是：焊缝的位置应选择在刚度大的位置以减小变形量，图 7-69(c) 的结构合理。

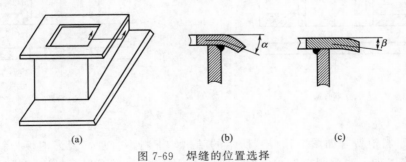

(a)　　　　　　(b)　　　　　　(c)

图 7-69　焊缝的位置选择

⑤ 避免焊缝热变形对加工面的影响　　如图 7-70(a) 所示的结构，焊缝距离加工表面太

近，因此焊缝的热影响区或热变形会对加工面有影响，结构不合理。正确的设计应该是焊接后加工，或采用图 7-70(b) 所示的结构，使焊缝避开加工表面更合理。

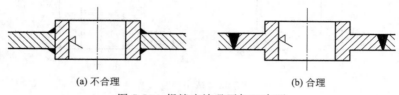

(a) 不合理　　　　　　　　(b) 合理

图 7-70　焊缝应该避开加工表面

⑥ 禁忌焊缝太近使热变形大　如图 7-71(a) 所示的结构，两条焊缝距离太近，热影响很大，使管子变形较大，强度降低。如果改为图 7-71(b) 所示的结构，使各条焊缝错开，热影响较小，管子变形小，强度提高。

（5）焊接结构设计应考虑易加工、成本低

① 尽量减少焊缝，力求工时少、成本低　如图 7-72(a) 所示，用钢板焊接的零件，具有四条焊缝，且外形不美观。如果改成图 7-72(b) 所示的结构，先将钢板弯曲成一定形状后再进行焊接，不但可以减少焊缝，还可使焊缝对称和外形美观。

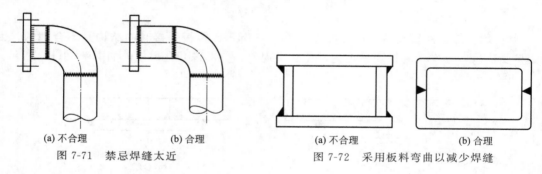

(a) 不合理　　　　　　(b) 合理　　　　　　　(a) 不合理　　　　　　(b) 合理

图 7-71　禁忌焊缝太近　　　　　　　　图 7-72　采用板料弯曲以减少焊缝

② 禁忌浪费板料　如图 7-73(a) 所示的结构，底板冲下的圆板为废料，比较浪费。如果改为图 7-73(b) 所示的结构比较合理，因为可以利用这块圆板制成零件顶部的圆板，废料大为减少。

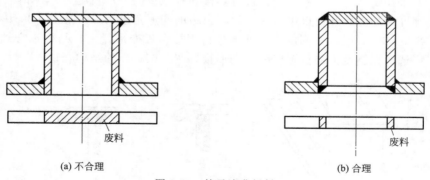

(a) 不合理　　　　　　　　　　　　　　(b) 合理

图 7-73　禁忌浪费板料

③ 禁忌下料浪费　如图 7-74(a) 所示的结构，下料不合理，因为钢板为斜料，容易造成边角料较多。如果改为图 7-74(b) 所示的结构比较合理，因为下料比较规范，因此边角废料较少，结构合理。

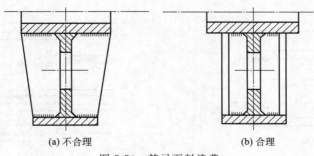

(a) 不合理　　　　　　　(b) 合理

图 7-74　禁忌下料浪费

（6）不允许液体溢出的焊缝设计　图 7-75(a) 所示的焊缝结构是不合理的，因为液体可能从螺孔或其它地方溢出。如在强度允许的情况下，加强内部密封焊接，改为图 7-75(b) 所示的结构就不会发生液体溢出。也可以设计成图 7-75(c) 所示的结构以防止液体溢出。

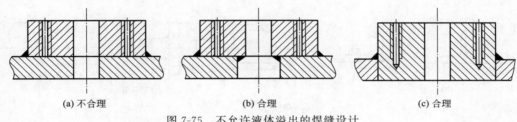

(a) 不合理　　　　　　　　(b) 合理　　　　　　　　(c) 合理

图 7-75　不允许液体溢出的焊缝设计

7.6　胶接结构设计技巧与禁忌

7.6.1　胶接的结构形式、特点及应用

（1）胶接接头结构形式

胶接接头可分为对接接头、正交接头和搭接接头。其典型结构见图 7-76。

（2）胶接的特点

胶接的优点如下。

① 能够连接不同材料的零件。任何形状的厚、薄材料都可以连接，任何成分、相同或不同的材料都可以应用。

② 胶接一般都显示着良好的耐疲劳或循环载荷的特性，并有助于减振。

③ 胶接能保证连接的气密性，也可避免随焊接而产生的翘曲和残余应力。

④ 胶接层可以减少或避免不同金属之间的电化学腐蚀。

⑤ 胶接结构工艺简单，生产效率高，投资少，经济效益高。

胶接的缺点如下。

① 对不均匀扯离的抵抗力较差。

② 可靠度和稳定性受环境影响较大。

（3）胶接的应用

胶接的应用历史很久，早期用于各种非金属材料元件间的连接，而用于金属材料、金属与非金属材料元件间的连接历史并不长。目前胶接在机床、汽车、造船、化工、仪表、航空以及航天等工业部门中的应用日渐广泛，这主要归功于胶接机理研究的不断进展和新型胶接剂的不断出现。

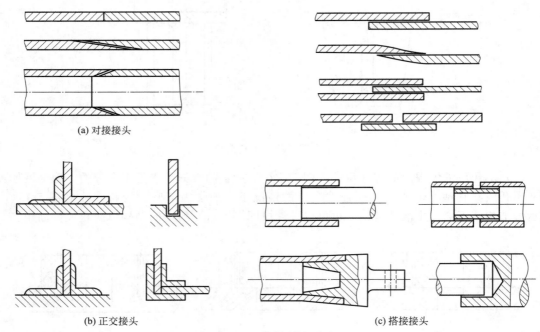

(a) 对接接头

(b) 正交接头　　　　　　　　　　　　　　　　　　(c) 搭接接头

图 7-76　胶接接头形式

　　由于胶接对不均匀扯离的抵抗能力较差，所以应尽量采用受剪切、拉和压的搭接胶接接头，或增大连接处的接触面积。为了保证足够的强度，对接接头端要做成坡口（榫槽）或带搭板的结构。如果要求接头特别坚固，能够承受住包括不均匀扯离及振动在内的任何载荷作用，则应设计成胶接与螺纹连接、铆接或焊接联合使用的混合接头。

7.6.2　胶接的结构设计技巧与禁忌

（1）避免胶接结构受力过大

　　① 正交胶接接头应尽量避免受撕扯　图 7-77（a）所示为单面正交胶接接头，其结构是不太好的，因为这种接头在受到拉伸和弯曲载荷时，容易使胶接接缝受到撕扯，发生如图 7-77（b）所示的撕扯情况。在这种情况下，载荷集中作用在很小的面积上，最容易失效，设计时应尽量避免。如改用图 7-77(c) 所示的结构，即双面 T 形接头，情况就好多了。

(a) 较差　　　　　　　(b) 较差　　　　　　　(c) 较好

图 7-77　正交胶接接头应尽量避免受撕扯

　　② 受力大的粘接件应增强　如图 7-78(a) 所示的粘接件，由于端部受力较大，容易损坏。如果改为图 7-78(b) 所示的结构，在端部增加固定螺钉，结构更合理。或者设计成如图 7-78(c) 所示的结构，将端部尺寸加大，也是合理的结构。图 7-78(b)、(c) 的结构都可提高连接强度。

(a) 较差 (b) 较好 (c) 较好

图 7-78 受力大的粘接件应增强

③ 尽量避免粘接面受纯剪 如图 7-79(a) 所示，粘接面受剪力，容易松开。改成如图 7-79(b) 所示的结构，使载荷由钢板承受，则可以减小接头的受力，结构合理。

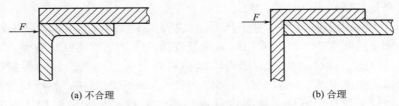

(a) 不合理 (b) 合理

图 7-79 尽量避免粘接面受纯剪

（2）提高胶接强度的结构

① 避免粘接面积太小 图 7-80(a) 所示的粘接面积太小，因此连接强度不高。如果改成图 7-80(b) 所示的结构，即在连接处的两圆柱体外面附加增强的粘接套管；或如图 7-80(c) 所示的结构，在圆柱体内部钻孔，置入附加连接柱与圆柱体粘接，能够达到增大接触面积的作用，从而增大了连接强度。

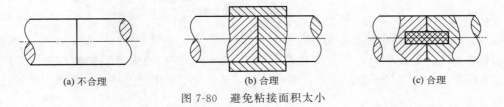

(a) 不合理 (b) 合理 (c) 合理

图 7-80 避免粘接面积太小

② 有斜度的对接胶接接头可提高强度 图 7-81(a) 所示的对接胶接接头结构形式是不合理的，因为胶接接头的面积太小，满足不了强度的要求。如改用图 7-81(b) 所示的结构形式，即将胶接接头部分加工成一定的斜度再胶接，该对接胶接接头是常用的对接胶接形式，称为嵌接，在拉力载荷作用下，接合面同时承受拉伸和剪切作用。这种结构的应力集中影响也很小。

(a) 不合理 (b) 合理

图 7-81 对接胶接接头结构

③ 避免搭接胶接接头末端应力集中 图 7-82(a) 所示的搭接胶接接头结构形式是不合理的，因为胶接接头的末端应力集中比较严重，满足不了强度的要求。如改用图 7-82(b)、(c) 所示的结构形式，即将端部加工成一定的斜度，使其刚性减小，试验证明能够缓和应力集中现象。为了避免搭接接缝中载荷的偏心作用，也可采用图 7-82(d) 所示的双搭接形式的胶接接头。

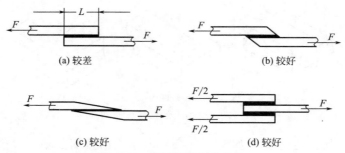

图 7-82 搭接胶接接头结构

（3）胶接修复的结构设计技巧与禁忌

① 胶接修复应加大胶接面积　对于产生裂纹甚至断裂的零件，可以采用胶接工艺修复。如图 7-83（a）所示的断裂的零件，采用简单涂胶胶接的方法不能达到强度要求，因为胶接面积太小。如果采用图 7-83（b）所示的结构，即在轴外加一个补充的套筒再胶接，就增加了胶接面积，达到了强度要求。或者设计成如图 7-83（c）所示的结构，将断口处加工成相配的轴与孔再胶接，也是较好的方法。如果设计成如图 7-83（d）所示的结构，即把轴的断口加工得细一点，外面加一层套连接，是更好的方法。

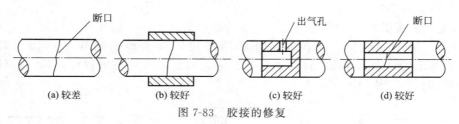

图 7-83　胶接的修复

② 重型零件修复不可只采用胶接　图 7-84（a）所示的重型零件（大型轴承座）断裂后，只采用胶粘的方法进行断口的修复连接是不行的，因为胶接后的强度不能满足重型零件的要求，应采用图 7-84（b）所示的结构，即除胶接外，还应采用波形链连接，以增加连接的强度。

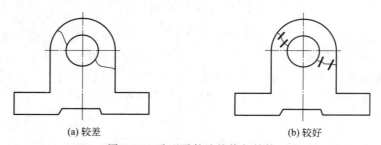

图 7-84　重型零件胶接修复结构

7.7　铆接结构设计技巧与禁忌

7.7.1　铆接的结构形式、特点及应用

（1）铆钉和铆钉连接的结构形式

① 铆钉的结构形式　如图 7-85 所示为具有不同头部形状的标准铆钉，图（a）为圆头

铆钉；图（b）为圆锥头铆钉；图（c）为沉头铆钉；图（d）为椭圆头沉头铆钉；图（e）为半孔圆头铆钉；图（f）为盲管铆钉。

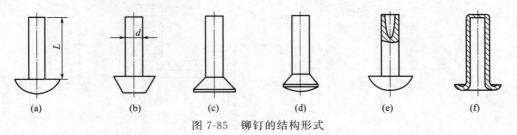

图 7-85　铆钉的结构形式

② 铆钉连接的结构形式　在结构上，铆钉连接分为搭接和对接。如图 7-86 所示，图（a）为搭接；图（b）为单搭板对接；图（c）为双搭板对接。

按铆钉排数分，有单排、双排和多排。

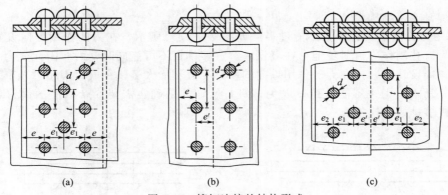

图 7-86　铆钉连接的结构形式

（2）铆接的特点及应用

铆接优于焊接的地方是其稳定性较好，而且容易检查质量，以及如果连接必须被拆开时，被连接件受到的破坏较小。但铆接需要较多的金属、较高的成本以及必须把被连接板交叠或采用专门的盖板。现今，铆接在大部分领域中已被焊接所取代，随着更有效的焊接技术的发展，铆接领域正在缩小。

目前，铆接的实际应用领域只限于下列场合：

① 连接中因焊接所需要的加热，有可能使构件受到回火处理，或使已经过精加工的构件发生挠曲。

② 不可焊材料的连接。

③ 直接承受强烈的重复性冲击和振动的连接。

根据工作要求，铆钉连接分为：a.强固铆接，主要用在机器、建筑物和桥梁的钢结构上；b.强密铆接，用在工作中承受压力的锅炉、罐体和管道上；c.紧密铆接，用在船舶、液体箱、排液管、低压气体管道等。

用铆钉来紧固连接件被广泛应用于建筑物、桥梁、锅炉、罐体、船舶及各种构架工程中〔图 7-87(a)〕。

铆钉连接也用于一般用途的机械零件，例如，两个齿轮的铆接〔图 7-87(b)〕、蜗轮齿圈和轮毂的连接〔图 7-87(c)〕、汽轮机的叶片和叶轮盘、重要的机架元件的连接以及汽车轮等。

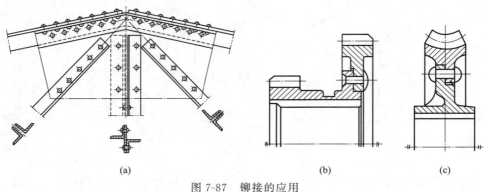

图 7-87　铆接的应用

7.7.2　铆接的结构设计技巧与禁忌

（1）铆钉连接结构设计

① 作用力方向上铆钉个数不能过多　如图 7-88（a）所示，在力的作用方向设置 8 个铆钉，则因为钉孔制作不可避免地存在着误差，许多铆钉不可能同时受力，因此受力不均。在进行铆钉连接设计时，排在力的作用方向的铆钉个数不能太多，一般以不超过 6 个为宜，如图 7-88（b）所示。但也不能太少，以免铆钉打转，如果确实需要 6 个以上的铆钉，可以设计成两排或多排铆钉连接。

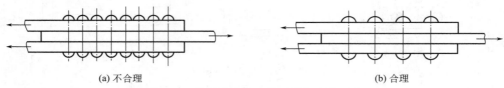

(a) 不合理　　　　　　　　　　　　　　　　(b) 合理

图 7-88　作用力方向上禁忌铆钉个数过多

② 禁忌铆钉布置不合理　一组铆钉用于连接，共同承受载荷，要根据载荷大小和方向合理布置铆钉。不一定是铆钉越多连接强度就越好。例如，图 7-89 所示为承受横向力的两种铆钉布置方案。设铆钉材料的许用应力 $[\tau]=115\text{MPa}$，铆钉直径 $d=20\text{mm}$，计算表明（计算过程略）：图 7-89（a）所示方案能承受的最大载荷为 90275N，而图 7-89（b）所示方案能承受的最大载荷为 89330N。可见，虽然图 7-89（a）的铆接件有较多的铆钉，且制造费用也较多，但承载能力却小于图 7-89（b）的对称铆接件。

③ 多层板铆接禁忌　多层板进行铆接时，图 7-90（a）所示的结构是不好的，因为将各层板的接头放在了一个断面内，将使结构整体产生一个薄弱截面，这是不合理的。应改成图 7-90（b）所示的结构，将各层板的接头相互错开。

（2）禁忌铆接件产生变形

① 薄板铆接禁忌翘曲　图 7-91 所示为薄板铆接装置，对上板、下板进行铆接时，如果只有锤体，在锤体下行时，将会使较薄的上板产生翘曲，如图 7-91（a）所示。改进方法是：在锤体落至下限前，先由矫正环将上板的四周压牢后再进行铆接，就防止了上板的翘曲，详细结构如图 7-91（b）所示。

② 铆接后禁忌再进行焊接　进行铆接设计时，不可将铆接结构再进行焊接。因为焊接产生的应力和变形将会破坏铆钉的连接状态，甚至使铆钉失效，起不到双重保险的作用，反

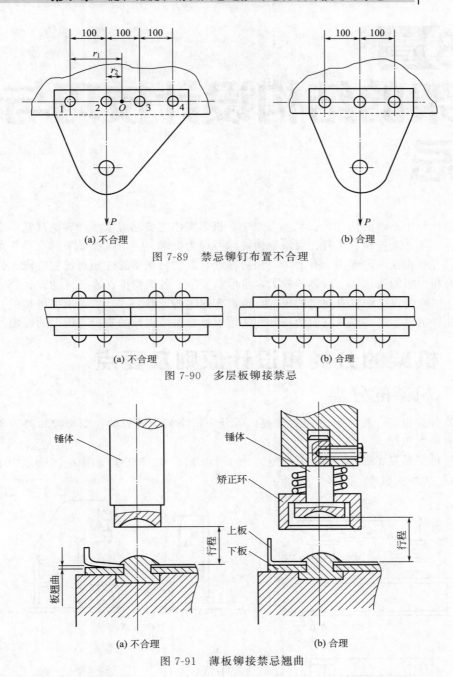

(a) 不合理　　　　　　　　　　　　　　(b) 合理

图 7-89　禁忌铆钉布置不合理

(a) 不合理　　　　　　　　　　　　　　(b) 合理

图 7-90　多层板铆接禁忌

(a) 不合理　　　　　　　　　　　　　　(b) 合理

图 7-91　薄板铆接禁忌翘曲

而增加了发生事故的隐患。因此，图 7-92(a) 所示的结构是错误的。应采用如图 7-92(b) 所示的结构，即铆接后禁止再进行焊接。

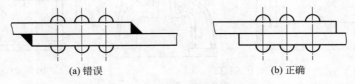

(a) 错误　　　　　　　　　　　　　　(b) 正确

图 7-92　铆接后禁忌再进行焊接

第**8**章 ▷▷▷ ▷ ▷

机架的结构设计技巧与禁忌

　　机架是机械中不动的构件，在机械系统中，机架实体主要起着支承和容纳其它零部件的作用。支架、箱体、工作台、床身、底座等构件均可视为机架。一个机械系统的支承件可能不止一个，它们有的相互固定连接，有的可以相对移动，以满足调整部件相对位置要求。机架零件承受各种力和力矩的作用，一般体积较大，且形状复杂。各类构件、零部件的设计都有一定的设计模式，机架的设计则没有固定的模式，也没有固定的计算公式，需要根据机械的总体结构和设计经验确定机架的结构，它们的设计和制造质量对整个机械的质量有很大的影响。

8.1 机架的分类和设计原则及要点

8.1.1 机架的分类

　　机架的种类很多，按机器的构造形式，可分为机座类、基板类、框架类和箱体类。

　　(1) 机座类机架

　　机座类机架常见的形式有卧式机座 [图 8-1(a)]、立式机座 [图 8-1(b)]、门式机座 [图 8-1(c)] 和环式机座 [图 8-1(d)]。

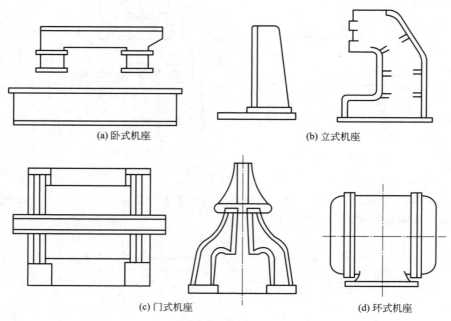

(a) 卧式机座　　　　　　　　　　(b) 立式机座

(c) 门式机座　　　　　　　　　　(d) 环式机座

图 8-1 机座类机架典型构造外形

（2）基板类机架

基板类机架常见的形式有基础板式 [图 8-2(a)]、机座板式 [图 8-2(b)] 和台架式 [图 8-2(c)]。

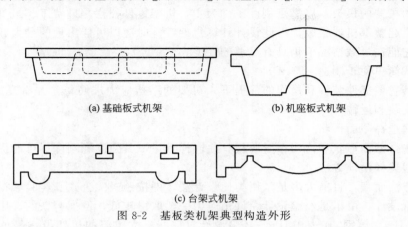

(a) 基础板式机架　　　　(b) 机座板式机架

(c) 台架式机架

图 8-2　基板类机架典型构造外形

（3）框架类机架

框架类机架常见的形式有桁架式 [图 8-3(a)] 和支架式 [图 8-3(b)]。

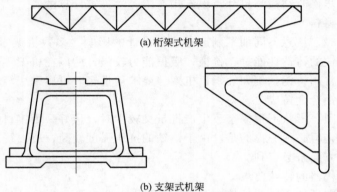

(a) 桁架式机架

(b) 支架式机架

图 8-3　框架类机架典型构造外形

（4）箱体类机架

箱体类机架常见的形式有箱壳式 [图 8-4(a)] 和盖及外罩式 [图 8-4(b)]。

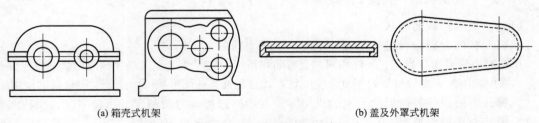

(a) 箱壳式机架　　　　　　　　(b) 盖及外罩式机架

图 8-4　箱体类机架典型构造外形

8.1.2　机架结构设计原则

机架多数处于复杂受载状态，外形结构复杂，这里只能概括地谈几点一般的设计原则，详细的设计要求需参见相关的专业书籍。

（1）确保足够的强度和刚度

例如锻压机床、冲剪机床等机器的机架，以满足强度条件为主。金属切削机床及其它要求精确运转的机器的机架，以满足刚度条件为主。机架零件往往是最费工、最贵的零件，损坏后又常会引起整部机器报废，因此设计计算机架零件时应以可能出现的最大载荷作为计算载荷，以便它能在过载情况下仍具有足够的强度。

（2）形状简单便于制造

在便于其它零部件装拆和操作的前提下，机架的结构应力求简单，并有良好的工艺性，便于制造、安装和运输。

（3）合理选择截面形状

应合理选择截面形状和恰当布置肋板，使同样重量下其强度和刚度尽可能提高。

（4）合理选择设计方法

就设计方法而言，目前大多是采用类比设计法，即按照经验公式、经验数据或比照现有同类机架进行设计。由于是经验设计，许用应力一般取得较低，例如铸铁的许用弯曲应力一般取 20～30MPa。铸钢 40～60MPa。经验设计对那些不太重要的机架虽然是可行的，但终究带有一定的盲目性，使设计的机架过于笨重。例如，许多传统机床的机座的设计就是如此。因而对重要的机架，在经验设计的基础上，还需要用模型或实物进行试验测试，以便根据测试的数据进一步修改结构与尺寸。也有用有限元法进行计算的。

（5）合理选择材料

注意材料的选择，注意不同加工制造方法对设计的影响。多数机架零件由于形状复杂，故多采用铸件。铸铁的铸造性能好、价廉、吸振能力较强，所以在机架零件中应用最广。受载情况严重的机架常用铸钢，例如轧钢机机架。要求重量轻时可以采用轻合金，例如飞机发动机的汽缸体多用铝合金铸成。

在载荷比较强烈、形状不很复杂、生产批量又较少时，最好采用钢材焊接机架。焊接零件虽然有很多优点，但必须一提的是，由于铸铁的抗压强度较高，所以受压的机架如采用焊接机架在减轻重量方面未必有利。

（6）满足特定机器的特殊要求

设计时应注意满足特定机器的特殊要求。例如，兼作导轨、缸体的机架，其导轨、缸体部分应具有足够的耐磨性；对承受动载荷的机架，应有较好的吸振与抗振性能；对于高精度机械的机架，应有较小的热变形等。

8.1.3　机架结构设计要点

（1）合理选择截面形状

截面形状的合理选择是机架设计中的一个重要问题。

由材料力学可知，当其它条件相同，受弯曲和扭转的零件通过合理改变截面形状，可以提高零件的强度和刚度。多数机架处于复杂受载状态，合理选择截面形状可以充分发挥材料的作用。

几种截面面积相等而形状不同的机架零件在弯曲强度、弯曲刚度、扭转强度、扭转刚度等方面的相对比较值见表 8-1。从表中可以看出，主要受弯曲的零件以选用工字形截面为最好，弯曲强度和刚度都以它为最大。主要受扭转的零件，从强度方面考虑，以圆管形截面为最好，空心矩形次之，其它两种的强度则比前两种小许多倍；从刚度方面考虑，则以选用空心矩形截面的最为合理。由于机架受载情况一般都比较复杂（拉压、弯曲、扭转可能同时存在），对刚度要求又较高，因而综合各方面的情况考虑，以选用空心矩形截面比较有利，这种截面的机架也便于附装其它零件，所以多数机架的截面都以空心矩形为基础。

表 8-1　各种截面形状梁的相对强度和相对刚度对比（截面面积≈2900mm²）

相对比较内容		Ⅰ(基型)	Ⅱ	Ⅲ	Ⅳ
相对强度	弯曲	1	1.2	1.4(较好)	1.8(好)
	扭转	1	43(好)	38.5(较好)	4.5
相对刚度	弯曲	1	1.15	1.6(较好)	1.8(好)
	扭转	1	8.8(较好)	31.4(好)	1.9
综合结论		较差	较好	最好	较好

受动载荷的机架零件，为了提高它的吸振能力，也应采用合理的截面形状。各种工字形截面在受弯曲作用时所能吸收的最大变形能的相对比较值见表 8-2。从表中可知，方案Ⅱ的动载性能比方案Ⅰ大 13%，而重量降低 18%，但静载强度同时降低约 10%（比较抗弯截面系数）。将受压翼缘缩短 40mm、受拉翼缘放宽 10mm 的方案Ⅲ则较好，重量减少约 11%，静载强度不变，而动载性能约增加 21%。由此可见，只要合理设计截面形状，即使截面面积并不增加，也可以提高机架承受动载的能力。

表 8-2　不同尺寸的工字形截面梁在受弯曲作用时的相对性能比较

相对比较内容	Ⅰ(基型)	Ⅱ	Ⅲ
相对惯性矩	1(4.5)	0.72(3.26)	0.82(3.68)
相对截面系数	1(90)	0.91(81.5)	1(90)
相对重量	1	0.82	0.89
相对最大变形能	1	1.13	1.21
综合结论	较差	较好	最好

注：括号内的数字第一行为惯性矩 $I \times 10^{-6}$，mm⁴；第二行为抗弯截面系数 $W \times 10^{-3}$，mm³。

为了得到最大的弯曲刚度和扭转刚度，还应在设计机架时尽量使材料沿截面周边分布。截面面积相等而材料分布不同的几种梁在相对弯曲刚度方面的比较见表 8-3，方案Ⅲ比方案Ⅰ大 49 倍，比方案Ⅱ大 10 倍。

（2）合理布置间壁和加强肋

一般来说，提高机架零件的强度和刚度可采用两种方法：增加壁厚和在壁与壁之间设置间壁和肋。增加壁厚的方法并非在任何情况下都能见效，即使见效，也多半不符合经济原则。设置间壁和肋在提高强度和刚度方面常常是最有效的，因此经常采用。设置间壁和肋的效果在很大程度上取决于布置是否正确，不适当的布置效果不显著，甚至会增加铸造难度和浪费材料。

表 8-3   材料分布不同的矩形截面梁的相对弯曲刚度比较（截面面积＝3600mm²）

相对比较内容	Ⅰ(基型)	Ⅱ	Ⅲ
	60 60	100 100 10	303 303 3
相对弯曲刚度	1	4.55	50
结论	较差	较好	最好

① 间壁   也称隔板，实际上是一种内壁，它可连接两个或两个以上的外壁。几种设置间壁方法不同的空心矩形梁在弯曲刚度、扭转刚度方面的比较见表 8-4。从表中可知，方案Ⅴ的斜间壁具有显著效果，弯曲刚度比方案Ⅰ约大半倍，扭转刚度比方案Ⅰ约大两倍，而重量仅约增 26%。方案Ⅳ的交叉间壁虽然弯曲刚度和扭转刚度都有所增加，但材料却要多耗费 49%。若以相对刚度和相对重量之比作为评定间壁设置的经济指标，则显然可见，方案Ⅴ比方案Ⅳ好，方案Ⅱ、Ⅲ的弯曲刚度相对增加值反不如重量的相对增加值，其比值小于1，说明这种间壁设置是不可取的。

表 8-4   不同形式间壁的梁在刚度方面的相对比较

相对比较内容		Ⅰ(基型)	Ⅱ	Ⅲ	Ⅳ	Ⅴ
相对重量		1	1.14	1.38(较大)	1.49(最大)	1.26(较大)
相对刚度	弯曲	1	1.08	1.17(较好)	1.78(好)	1.55(好)
	扭转	1	2.04	2.16(较好)	3.68(好)	2.94(好)
相对刚度/ 相对重量	弯曲	1	0.95(较差)	0.85(差)	1.20(好)	1.23(好)
	扭转	1	1.79	1.56(较差)	2.47(好)	2.34(好)
综合结论		不宜	不宜	不宜	较好	最好

② 加强肋   其作用主要在于提高机架壁的局部刚度。如图 8-5(a) 所示，减速器箱体轴承座下部没有加强肋，则支承刚度较差。如图 8-5(b) 所示，在下箱外壁加肋，则提高了支承刚度。

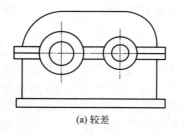
(a) 较差

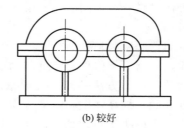
(b) 较好

图 8-5   减速器箱体加强肋

加强肋有时布置在壁的内侧，有时布置在壳体外侧。图 8-6 所示为用于壁板面积大于 400mm×400mm 的构件，以防止产生薄壁振动和局部变形。其中，图 8-6(a) 的结构最简单、工艺性最好，但刚度也最低，可用于较窄或受力较小的板形机架上；图 8-6(c) 的结构刚度最高，但铸造工艺性差，需要几种不同泥芯，成本较高；图 8-6(b) 结构居于上述两者之间。常见的还有米字形和蜂窝形肋，刚度更高，工艺性也更差，仅用于非常重要的机架上。肋的高度一般可取为壁厚的 4～5 倍，肋的厚度可取为壁厚的 0.8 倍左右。三种结构形式的对比见表 8-5。

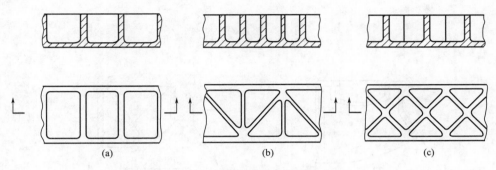

图 8-6　加强肋的几种常见形式

表 8-5　图 8-6 中三种结构形式对比

项　目	图(a)	图(b)	图(c)
刚度	较差	较好	好
受力情况	较小	较大	大
工艺性	好	较差	差
应用场合	轻载	中载	重载

（3）采用隔振措施

任何机械都会发生不同程度的振动。动力、锻压一类机械尤为严重。即使是旋转机械，也常因轴系的质量不平衡等多种原因而引起振动。若不采取隔振措施，振波将通过机器底座传给基础和建筑结构，从而影响周围环境，干扰相邻机械，使产品质量有所降低。振动频率若与建筑物的固有频率相近，则又有发生共振的危险。对精密加工机床和精密测量设备来说，如不采取隔振措施，要得到很高的加工精度或测量精度是不可能的。除影响产品的精度之外，还有可能造成连接的松动、零件的疲劳，从而降低机器的使用寿命，甚至造成严重破坏。由于振动及其传输所引发的噪声也会使操作人员思想不集中、困乏，影响健康。

隔振的目的就是要尽量隔离和减轻振动波的传递。常用的方法是在机器或仪器的底座与基础之间设置弹性零件，通常称为隔振器或隔振垫，使振动的传递很快衰减。使用隔振器不需要对机器进行任何变动，简便易行，效果极好，是目前普遍使用的隔振方法。

隔振器中的弹性零件可以是金属弹簧，也可以是橡胶弹簧。几种机器安放隔振器的实例见图 8-7。隔振器由专门工厂生产，可根据产品样本选用。安装隔振器的机器或设备应注意：要留有一定的空间，允许它能自由地振动；凡有和外界相连的管路、电路、联轴器等，在连接处都应设有挠性零件，以免降低或破坏隔振效果。

增加阻尼可以提高抗振性。铸铁材料的阻尼比钢的大。在铸造的机架中保留砂芯，在焊接件中填充砂子或混凝土，均可增加阻尼。图 8-8 所示为某车床床身有无砂芯两种情况下固

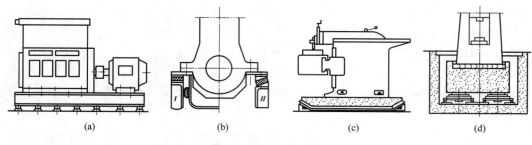

图 8-7　机器隔振举例

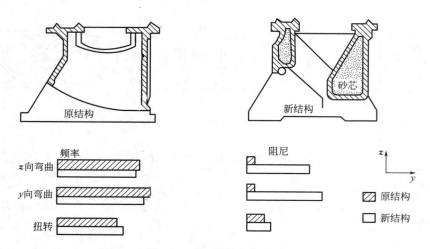

图 8-8　床身结构的抗振性

有频率和阻尼的比较。由图可见，虽然两者的固有频率相差不多，但新结构由于砂芯的吸振作用使阻尼增大很多，从而提高了床身的抗振性。而原结构的抗振性则较差。

(4) 合理开孔和加盖

在机架壁上开孔会降低刚度，但因结构和工艺要求常常需要开孔。当开孔面积小于所在壁面积的 0.2 时，对刚度影响较小；当大于 0.2 时，抗扭刚度降低很多。故孔宽或孔径以不大于壁宽的 1/4 为宜，且应开在支承件壁的几何中心附近或中心线附近。

开口对抗弯刚度影响较小，若加盖且拧紧螺栓，抗弯刚度可接近未开孔的水平，且嵌入盖比覆盖盖效果更好。抗扭刚度在加盖后可恢复到原来的 35%～41% 左右。

8.2　机架结构设计技巧与禁忌

8.2.1　铸造机架结构设计基本原则

大多数机壳型构件都是铸铁的，这是因为，铸铁具有可获得复杂的几何形状以及在成批生产时价格较低的优点。铸造机架在实际应用中占有相当大的比例，因此，下面对铸造机架设计中的基本问题进行说明。铸造机架结构设计的主要原则如下。

(1) 考虑铸造工艺性

铸造工艺性涉及的问题很多，一般主要考虑以下几点。

① 壁厚的选取　铸铁机架的壁厚可由当量尺寸 N 按表 8-6 选取，表中推荐的是铸件最薄部分的壁厚。支承面、凸台等应根据强度、刚度及结构的需要适当加厚。

表 8-6　铸造机架的壁厚

当量尺寸	灰铸铁		可锻铸铁	球墨铸铁
	外壁厚/mm	内壁厚/mm	壁厚/mm	壁厚/mm
0.3	6	5	壁厚比灰铸铁减少 15%～20%	壁厚比灰铸铁增加 15%～20%
0.75	8	6		
1.0	10	8		
1.5	12	10		
1.8	14	12		
2.0	16	12		
2.5	18	14		
3.0	20	16		

当量尺寸

$$N = \frac{2L + B + H}{3}$$

式中　L——铸件的长度；

　　　B——铸件的宽度；

　　　H——铸件的高度。

② 内腔尽量简单　铸造箱体内腔形状应尽量简单，便于造芯，如有可能最好做成开式的，不需要型芯。

③ 分型力求简单　铸件外形应使分型简单方便，而且要尽量减少分型面，以便保证尺寸的准确性。

④ 应有利于排渣排气　铸件应力求使金属中的夹杂物、气体容易上浮而排出，以避免出现气孔、渣眼和夹砂。

⑤ 有利于机械加工

a. 避免在内部深处有加工面以及有倾斜面的加工。

b. 加工面应集中在少数几个方向上，以减少加工时的翻转和调头次数。

c. 所有加工面都应有较大的基准支承面，以便于加工时的定位、测量和夹紧。

d. 箱体加工时，避免设计工艺性差的盲孔、阶梯孔和交叉孔。

e. 箱体上的紧固孔和螺纹孔的尺寸规格尽量一致，以减少刀具数量和换刀次数。

f. 同轴线上的孔径应尽量避免中间间壁上的孔径大于外壁上的孔径。

g. 慎防冷却速度不同造成内应力。

(2) 加强肋尺寸的确定

设置肋与间壁可以提高机架的强度与刚度。间壁与肋的重要作用在前面已经述及，除了注意正确选择肋及间壁的形式外，还应注意正确选择有关尺寸。铸造机架的加强肋的尺寸按表 8-7 选取，为防止铸铁平板变形而设的加强肋高度按表 8-8 选取。

表 8-7　加强肋的尺寸

铸件外表面上肋的厚度	铸件内腔肋厚度	肋的高度
0.8s	(0.6～0.7)s	≤5s

注：s 为肋所在的壁厚。

表 8-8　铸铁平板上加强肋的尺寸　　　　　　　　　　　　mm

简　图	最大轮廓尺寸	当宽度为下列尺寸时,平板加强肋的高度 H	
	L	$B<0.5L$	$B>0.6L$
	$501\sim800$	75	100
	$801\sim1200$	100	150
	$1201\sim2000$	150	200
	$2001\sim3000$	200	300
	$3001\sim4000$	300	400
	$4001\sim5000$	400	450

（3）连接结构的设计

为保证机架与地基及机架各段之间的连接刚度,应注意以下问题。

① 重要接合面的粗糙度一般应不低于 $Ra3.2\mu m$,最好能经过粗刮工序,每 25mm×25mm 面积内的接触点数不少于 4～8 点。

② 连接螺栓应有足够的总截面积,以期有足够的抗拉刚度;数量需充分,一般为 8～12 个,布置在接合部位四周（比两边或三边固紧的刚度大得多）。

③ 设计合适的凸缘结构,凸缘结构形式可参考机械设计手册。

8.2.2　铸造机架结构设计技巧与禁忌

（1）机架受力应合理

① 根据受力方向确定间壁布置方式　对梁形支承件来说,间壁有纵向（图 8-9）、横向（图 8-10）和斜向（图 8-11）之分。纵向间壁的抗弯效果好,而横向间壁的抗扭作用大,此外,增加横向间壁还会减小壁的翘曲和截面畸变,斜向隔板则介于上述两者之间。所以,应根据支承件的受力特点来选择间壁的类型和布置方式。

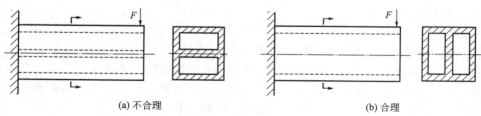

(a) 不合理　　　　　　　　　　　　　　　(b) 合理

图 8-9　纵向间壁的布置

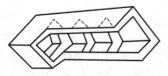

图 8-10　横向间壁的布置

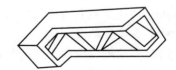

图 8-11　斜向间壁的布置

应该注意,纵向间壁布置在弯曲平面内才能有效地提高抗弯刚度,因为此时间壁的抗弯惯性矩最大。图 8-9(a) 是不合理的纵向间壁布置,图 8-9(b) 是合理的纵向间壁布置。

② 铸铁件加强肋应承受压力为宜　铸铁的抗压强度比抗拉强度高很多,所以如果设计成肋板受拉力 [图 8-12(a)] 则结构不合理。应改为使肋板受压力,如图 8-12(b) 所示。

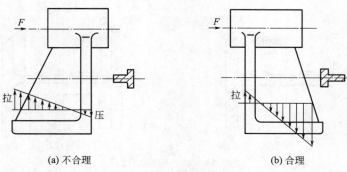

(a) 不合理   (b) 合理

图 8-12 铸铁支座的受力

③ 禁忌肋的设置结构不稳定 构件内部肋的安置要考虑几何原理与受力。如图 8-13(a) 所示，加强肋按矩形分布，对铸件强度和刚度只有较小的影响，因为矩形是不稳定的形状。若按三角形安置，形状稳定，造型较好，结构比较合理，如图 8-13(b) 所示。

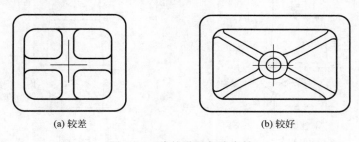

(a) 较差   (b) 较好

图 8-13 肋的设置与稳定性

④ 箱体应合理传力和支持 铸造箱体的箱壁应能可靠地支持在地面上，以保持它的强度和刚度。如图 8-14(a) 所示，因底座与地面支承面积太小，且位于箱壁之外，故传力不如图 8-14(b) 合理。

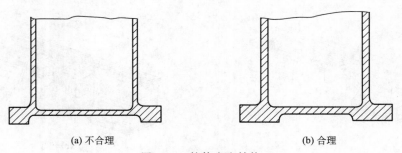

(a) 不合理   (b) 合理

图 8-14 箱体底座结构

(2) 提高机架刚度的结构设计技巧与禁忌

① 尽量减小壁厚 如图 8-15(a) 所示，机架壁太厚，材料多、重量大。可设置加强肋，减小壁厚，改为图 8-15(b) 所示的结构形式。减小壁厚可以减轻机架重量，节约材料，在保证强度和刚度条件下，采用加强肋以减小壁厚较为合理。

② 机座壳体应有足够刚度以避免振动 图 8-16(a) 中电动机装在机座上，经联轴器带动水泵。由于机座刚度不足，振动和噪声很大。图 8-16(b) 中增加了机座的厚度，并在其内部增加了肋，提高了刚度，使振动和噪声显著降低。

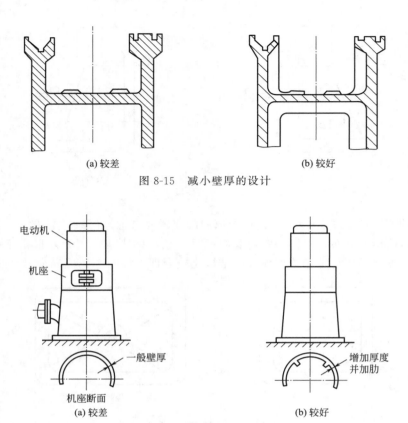

(a) 较差   (b) 较好

图 8-15   减小壁厚的设计

电动机

机座

一般壁厚

机座断面

(a) 较差   (b) 较好

增加厚度并加肋

图 8-16   机座应有足够刚度防振

③ 机床床身隔板刚度结构设计   隔板在机床的开式床身中，对加强刚度作用很大。这种床身因排屑要求床身不能做成封闭形断面。图 8-17 所示为四种隔板结构形式：图 8-17(a) 为 T 形隔板，抗弯、抗扭刚度均较低；图 8-17(b) 抗弯刚度较图 8-17(a) 有明显提高；

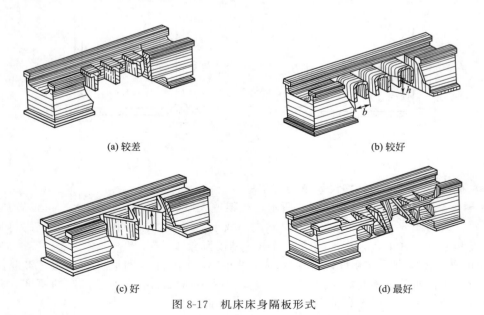

(a) 较差   (b) 较好

(c) 好   (d) 最好

图 8-17   机床床身隔板形式

图 8-17(c) 的对角隔板与床身壁板组成三角形刚性结构,明显提高了扭转刚度;图 8-17(d)的床身部分为封闭断面再加隔板,所以刚度最高,仅用于刚度要求较高的车床。

④ 提高机架局部刚度和接触刚度 局部刚度是指支承件上与其它零件或地基相连部分的刚度。当为凸缘连接时,其局部刚度主要取决于凸缘刚度、螺栓刚度和接触刚度;当为导轨连接时,则主要反映在导轨与本体连接处的刚度上。

为保证接触刚度,应使结合面上的压强不小于 $1.5 \times 10^6 \sim 2 \times 10^6 \mathrm{Pa}$,表面粗糙度 Rz 不能超过 $8\mu m$。同时,应适当确定螺栓直径、数量和布置形式,例如从抗弯考虑螺栓应力集中在受拉一面;从抗扭出发则要求螺栓均布在四周。

a.提高螺栓连接处局部刚度 用螺栓连接时,连接部分可有不同的形式,如图 8-18 所示。其中图 8-18(a) 的结构简单,但局部刚度差,为提高局部刚度,可采用图 8-18(b) 的结构形式。

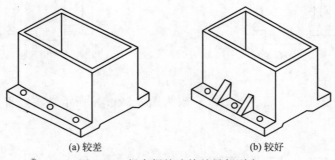

(a) 较差   (b) 较好

图 8-18 提高螺栓连接处局部刚度

b.提高导轨连接处局部刚度 图 8-19(a) 为龙门刨床床身,其中 V 形导轨处的局部刚度低,若改为如图 8-19(b) 所示的结构,即加一纵向肋板,则刚度得到提高。

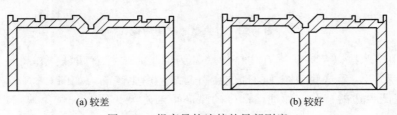

(a) 较差   (b) 较好

图 8-19 提高导轨连接处局部刚度

c.提高地脚底座局部刚度 图 8-20 所示为减速器地脚底座,用螺栓将底座固定在基础上。图 8-20(a) 所示地脚底座局部刚度不足。设计时应保证底座凸缘有足够的刚度,为此,图 8-20(b) 中相关尺寸 C_1、C_2、B、H 等应按标准选取,不可随意确定。

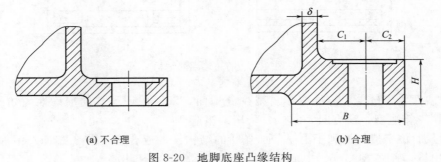

(a) 不合理   (b) 合理

图 8-20 地脚底座凸缘结构

（3）机架铸造工艺性设计技巧与禁忌

为了便于制造和降低成本，机座和箱体应具有良好的铸造工艺性。

① 改变内腔结构保证芯铁强度和便于清砂　对于需要用大型芯的床身、立柱等，在布肋时，要考虑能方便地取出芯铁。图 8-21（a）所示结构肋板之间太宽，为加补该处的强度，将芯铁设计成城墙垛的形状，这种形状不便于清砂，改成图 8-21（b）所示结构较合理。

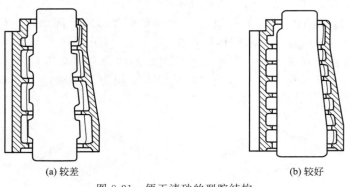

(a) 较差　　　　　　　　　(b) 较好

图 8-21　便于清砂的型腔结构

② 改进结构省去型芯　将图 8-22（a）改为图 8-22（b）所示结构，省去了型芯，简化了铸型的装配。

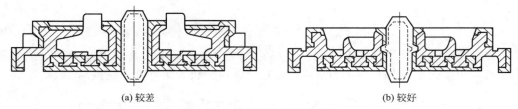

(a) 较差　　　　　　　　　(b) 较好

图 8-22　省去型芯结构的设计

③ 避免用型芯撑以免渗漏　有些铸件底部为油槽，要注意防漏。在铸造油槽时，安装型芯撑以支持型芯，而这些型芯撑的部位会引起缺陷产生渗漏，如图 8-23（a）所示。槽底面应设计成有高凸台边的铸孔，而油槽部分的型芯可通过型头固定，避免缺陷，如图 8-23（b）所示。

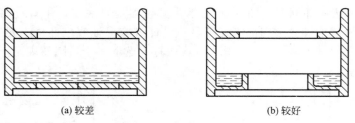

(a) 较差　　　　　　　　　(b) 较好

图 8-23　防止渗漏的结构

④ 分型面要尽量少　铸件应尽量减少分型面，以便保证尺寸的准确性，如图 8-24（a）所示，采用三箱造型，没有图 8-24（b）采用两箱造型好。

⑤ 加强肋位于造型面利于出模　加强肋的结构设计应合理，图 8-25（a）中加强肋的位置不利于出模，而图 8-25（b）中加强肋位于造型面上，利用出模。

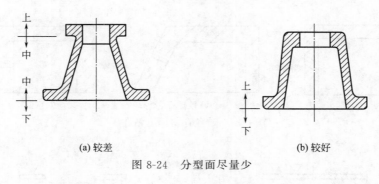

(a) 较差　　　　　　　　　　　　　　(b) 较好

图 8-24　分型面尽量少

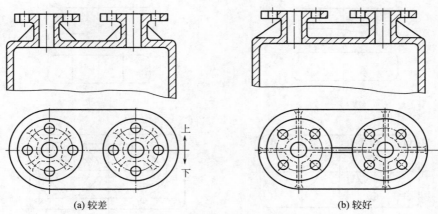

(a) 较差　　　　　　　　　　　　　　(b) 较好

图 8-25　加强肋位于造型面利于出模

　　⑥ 防止铸件冷却变形　为消除金属冷却时的变形和提高加工机架时的刚度，可在门形机架的两腿之间加横向连接肋，加工后将该肋去除，图 8-26 所示。

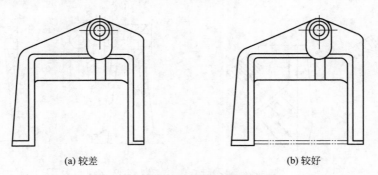

(a) 较差　　　　　　　　　　　　　　(b) 较好

图 8-26　门形机架防冷却变形结构

（4）机架机械加工工艺性设计技巧与禁忌

　　① 避免在斜面上钻孔　如图 8-27（a）所示，在斜面上钻孔，不但位置不准确，而且容易损伤刀具，应尽量避免，可改变孔的位置或改变零件表面形状使零件表面与孔中心线垂直来解决，如图 8-27（b）、（c）所示。

　　② 减少机械加工的面积　如图 8-28 所示的机座底面，图 8-28（a）、（c）加工面积大，图 8-28（b）、（d）较好。

　　③ 应保证加工面能够方便加工　如图 8-29（a）所示，刀具与机座凸缘干涉，无法加工沉头孔，图 8-29（b）设计是正确的。

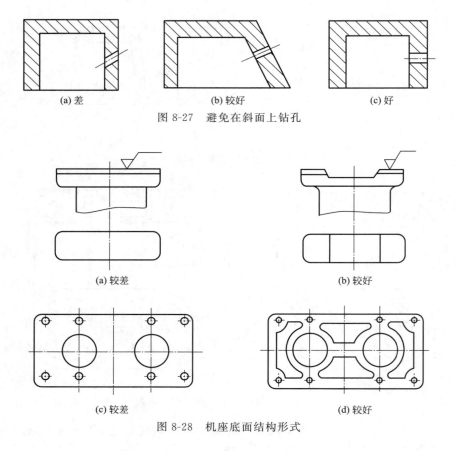

图 8-27　避免在斜面上钻孔

图 8-28　机座底面结构形式

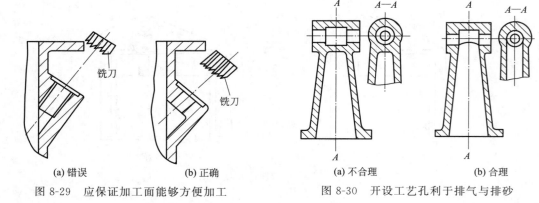

(a) 错误　　　　(b) 正确

图 8-29　应保证加工面能够方便加工

图 8-30　开设工艺孔利于排气与排砂

④ 开设工艺孔利于排气与排砂　图 8-30(a) 所示结构不利于型芯中的气体排出和排砂。图 8-30(b) 中在铸件上开设一工艺孔，不影响使用性能，改善了型芯的固定，更有利于型芯中的气体排出和排砂。

⑤ 避免机座无测量基准　如图 8-31(a) 所示的铸铁底座，要求 A、B 两个凸台表面平行，并要求 C、D 两个凸台等高，而且平行，每个面都很窄，很难测量。图 8-31(b) 增加了一个测量用的工艺基准面 E（同时可作安装其它零件的底面），解决了测量问题。

⑥ 避免加工中多次固定　在加工机械零件的不同表面时，应避免多次装夹，希望能在

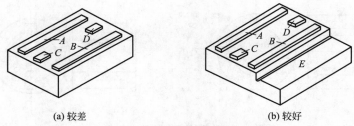

(a) 较差   (b) 较好

图 8-31　考虑测量基准面的底座结构

一次固定中加工尽可能多的零件表面。这样，不但可以节约加工时间，而且可以提高加工精度。如图 8-32(a) 所示的机座，在加工孔的端面后，要将零件转过 90°才能加工地脚螺栓凸台面。可改成如图 8-32(b) 所示，在一次加工中完成。

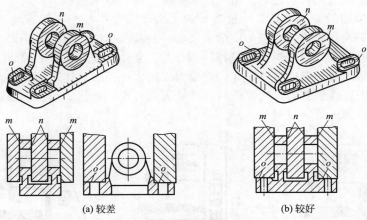

(a) 较差   (b) 较好

图 8-32　避免加工中多次固定

⑦ 考虑加工时的刚度与刀具的寿命

a. 导轨的机架加工应有足够的刚度　如图 8-33(a) 所示，导轨刚度不足，加工时会变形，既影响加工精度，又影响刀具寿命。图 8-33(b) 为合理的结构。

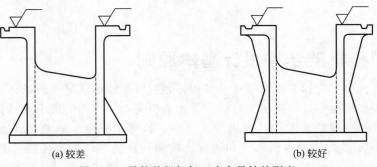

(a) 较差   (b) 较好

图 8-33　导轨的机架加工应有足够的刚度

b. 避免加工中的冲击和振动　车、磨等工艺是连续切削，工作中没有振动，易得到光洁表面。但如设计结构不当，会产生不连续的切削，因而产生振动，不但影响加工质量，而且降低刀具寿命。如图 8-34(a) 所示的肋在车削外圆时即产生冲击、振动。如图 8-34(b) 所示，降低肋的高度，可避免加工时的冲击和振动。

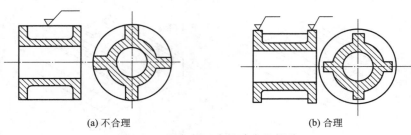

(a) 不合理   (b) 合理

图 8-34 避免加工中的冲击和振动

（5）经济、美观、实用的机体造型

现代工业产品对造型的要求是：在满足性能的前提下，把技术与艺术有机结合起来，创造实用、美观、经济的外形。图 8-35 所示为机床的三种几何造型，图 8-35（a）机体采用长方形，各平面转折处采用直线过渡，给人产生一种坚硬、锋利感，但却缺乏亲近感。

图 8-35（b）采用的是小圆弧面间过渡形式，由于圆弧半径小，使人感到柔和且轮廓线清晰，这种过渡形式是现代工业产品广为采用的一种基本形式。如果采用大半径的圆弧面来过渡，虽然柔和感增强，但轮廓线易模糊、不肯定，会使人产生臃肿和绵软乏力的感觉。

图 8-35（c）采用的是斜面过渡形式，过渡斜面的大小可视具体产品而定，产品的立体修棱和倒角都属斜面过渡的范畴，简单而明快，给人以轻松、舒适、亲近的感觉，它既能满足工艺要求，也能达到审美的目的。

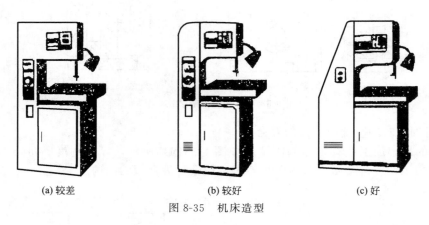

(a) 较差   (b) 较好   (c) 好

图 8-35 机床造型

8.2.3 焊接机架结构设计基本原则

有很多金属构架、容器和壳体是焊接结构。制造巨型或形状复杂的机架用分开制造再焊接的方法。在很多场合下，焊接机架可以代替铸造机架，如铸件的最小壁厚受铸造工艺的限制，常大于强度和刚度的需要，如改为焊接毛坯，就可采用较小的壁厚，重量可平均降低30％。图 8-36 所示是焊接的电机外壳和铆钉机机架。这类零件的毛坯通常是铸造的，但如果生产批量很小，在总成本中制模费将要占很大的比重，就往往不如采用焊接毛坯经济。下面对焊接机架设计中的基本问题进行说明。

（1）设计原则

① 材料可焊性 焊接机架要考虑材料的可焊性，可焊性差的材料会造成焊接困难，使焊缝可焊性降低。

② 合理布置焊缝 焊缝应置于低应力区，以获得大的承载能力；还要减小焊缝应力集

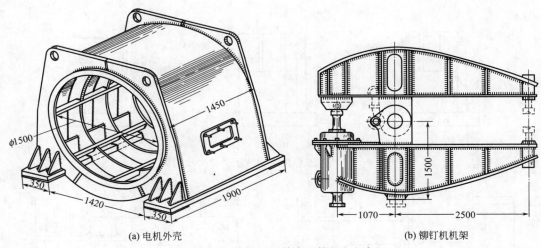

(a) 电机外壳　　　　　　　　　　　(b) 铆钉机机架

图 8-36　焊接的电机外壳和铆钉机机架

中和变形，焊缝尽量对称布置，最好至中性轴距离相等；尽量减少焊缝数量和尺寸，并使焊线尽量短；焊缝不要布置在加工面和要处理的部位。

③ 提高抗振能力　由于普通钢材的吸振能力低于铸铁，所以对于抗振能力要求高的焊接件要采取抗振措施，可以利用板间的摩擦力来吸振或利用填充物吸振。

④ 合理选择截面、合理布置肋　合理选择截面、合理布置肋以提高焊接件的刚度和固有频率，防止出现翘曲和共振。

⑤ 合理选取壁厚　钢板焊接机架的壁厚，应主要按刚度（尤其振动刚度）要求确定，焊接壁厚应为相应铸件壁厚的 2/3～4/5。

⑥ 提高焊缝抗疲劳能力及抗脆断能力　减少应力集中，尽量采用对接接头；减少或消除焊接残余应力；减小结构刚度，以降低应力集中和附加应力的影响；调整残余应力场。

⑦ 坯料选择的经济性　尽可能选标准型材、板材、棒料，减少加工用量。

⑧ 操作方便　避免仰焊缝，减少立焊缝，尽量采用自动焊接，减少手工焊接。

（2）焊缝尺寸的确定

焊缝尺寸一般按以下原则确定：按焊缝的工作应力；按等强度原则；按刚度条件。

由于焊接机床的床身、立柱、横梁和箱体等一般按刚度设计，故焊缝尺寸宜采用后一种方法。

按刚度条件选择角焊缝尺寸的经验做法是：根据被焊钢板中较薄的钢板强度的 33%、50% 和 100% 作为焊缝强度来确定焊缝尺寸。其焊角尺寸 K 为：100% 强度焊缝，$K=3/4\delta$；50% 强度焊缝，$K=3/8\delta$；33% 强度焊缝，$K=1/4\delta$（δ 为较薄钢板的厚度）。

8.2.4　焊接机架结构设计技巧与禁忌

（1）机架受力应合理

① 丝杠座宜受压力　如图 8-37（a）所示为承受大的压载荷的丝杠座，不宜采用仅由焊缝来承担剪切和拉伸的全部载荷，应设计成台阶形式，以承受较大的压载荷，如图 8-37（b）、（c）所示。

② 机械压力机底座主要承力构件焊接结构　如图 8-38（a）所示压力机底座，作为主要承力构件的前后墙板，被横板隔断，焊缝布置在横板厚度方向，连接处的焊缝受力大，易产生层状撕裂，故应避免采用。应改为图 8-38（b）形式，结构简单，焊缝受力小。

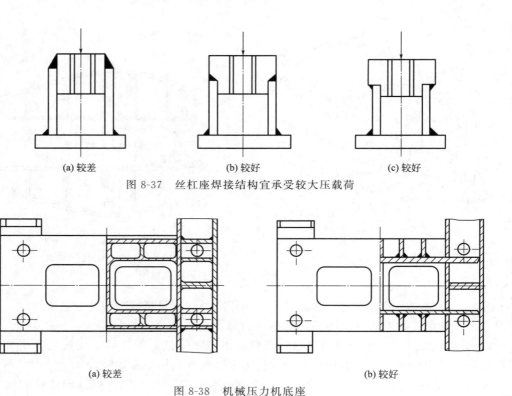

(a) 较差   (b) 较好   (c) 较好

图 8-37　丝杠座焊接结构宜承受较大压载荷

(a) 较差   (b) 较好

图 8-38　机械压力机底座

③ 桁架结构设计要注意构件惯性中心　桁架结构均按节点受力计算，构件只受拉力或压力，并以强度和压杆稳定性选取杆件断面。理论计算均是以杆件的惯性中心线为基础的。图 8-39(a) 的设计没有考虑这一设计原则，中心杆受偏心载荷，当压力过大时容易失去稳定，而且所有的连接板在连接处均有尖角，焊接时产生较大应力集中，易使焊缝开裂，应改为图 8-39(b) 所示，注意到构件的惯性中心线，杆件不受偏心载荷，而且连接板无尖角，避免了焊接应力集中。

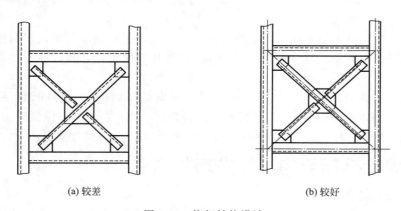

(a) 较差   (b) 较好

图 8-39　桁架结构设计

④ 球形罐支承禁忌　球形罐的体积和重量都很大，在底部支承将使壳体受到很大的局部压力，而失去稳定性，如图 8-40(a) 所示。应改为如图 8-40(b)、(c) 所示，支承在中部。

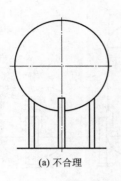 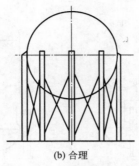 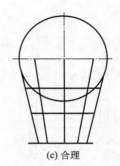

(a) 不合理   (b) 合理   (c) 合理

图 8-40 球形罐的支承

⑤ 圆锥形容器的支承禁忌 当圆锥形容器上部有旋转机器的时候,支架如果采用如图 8-41(a) 所示的形式,材料消耗较大,特别是对于较高的支架,承受机器产生的扭矩能力差,图 8-41(b)、(c) 两种形式材料较为节省,能承受较大扭矩。

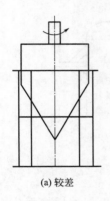 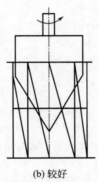 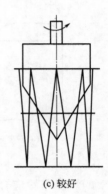

(a) 较差   (b) 较好   (c) 较好

图 8-41 圆锥形容器的支承

⑥ 容器支脚、流体进出管结构设计

a.压力容器上焊接机架慎防壳体龟裂 如图 8-42(a) 所示在压力容器上焊接机架并安装机械,由于机械产生振动,在压力容器壳体焊接部位容易产生龟裂。图 8-42(b) 结构在机架的安装及支脚处使用了垫板,为合理的结构。

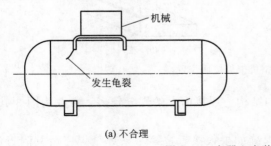 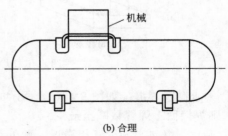

(a) 不合理   (b) 合理

图 8-42 容器上安装机械应加垫板

b.容器支脚等处的垫板应设圆角 如图 8-43(a) 所示的立式压力容器,因其支脚处的垫板没有圆角,焊接时四角产生的应力集中过大,产生龟裂。如图 8-43(b) 所示,垫板设有圆角,是正确的结构。

c.避免在容器上有振动的部位焊接细管 在受振动的容器上或在容器之间直接焊接细

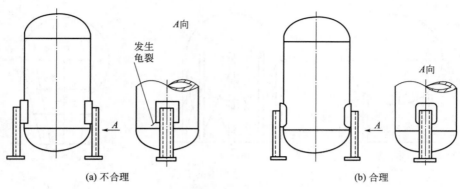

图 8-43　容器支脚垫板应设圆角

管，如图 8-44（a）所示，其连接根部容易受到过量载荷。如果必须采用这种结构，则必须加强连接根部，避免载荷过分集中，如图 8-44（b）所示。

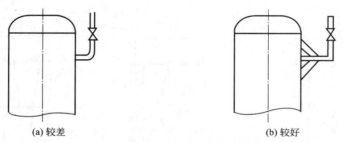

图 8-44　避免在有振动的部分焊接细管

（2）机架的焊缝布置应合理

① 焊接面应置于低应力区　如图 8-45（a）所示大型焊接机架，焊接面应力较大。而图 8-45（b）所示结构焊接面位于低应力区，应力较小。

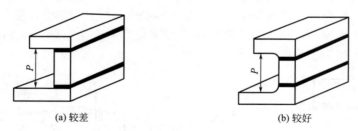

图 8-45　大型机架焊接面位置

② 力求减少焊缝　如图 8-46（a）所示的结构，焊接面上的焊缝较多，可改为图 8-46（b）形式，则焊接面上焊缝数减至最少。

③ 避免焊缝热影响区互相靠近　两处焊缝如果很接近，第一条焊缝焊完后其附近温度较高，焊第二条焊缝时焊缝两边温度会不同，影响焊接质量［图 8-47（a）］。为了避免这种情况，最好使各焊缝相互离开一些距离［图 8-47（b）］。

④ 避免将压力容器的焊缝设置在最下部　容器内的最下部容易受到腐蚀［图 8-48（a）］，而且难以修补，所以应尽量避免将焊缝设置在最下部［图 8-48（b）］。对于横置的圆筒容器，应将纵向焊缝设置在下部 15°范围之外［图 8-48（c）］。

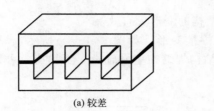
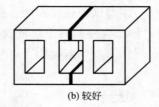

(a) 较差   (b) 较好

图 8-46 减少焊缝的结构

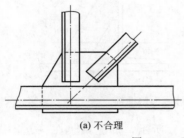
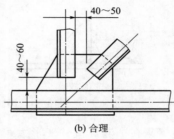

(a) 不合理   (b) 合理

图 8-47 避免热影响区互相靠近

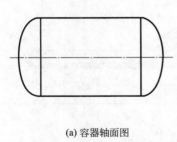
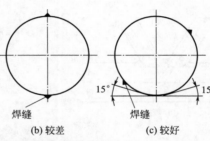

(a) 容器轴面图   (b) 较差   (c) 较好

图 8-48 避免将压力容器的焊缝设置在最下部

⑤ 避免焊接的起点和终点形成缺陷 焊接的起点和终点容易形成缺陷,所以在不允许有缺陷的情况下,尽量使焊接的起点和终点设置在工作区以外的部分。在不能采取这种方法的场合,要采取环绕全周进行焊接,以消除起点和终点。

⑥ 避免产生温度差的垫板断续焊接 在一些承受温度的压力容器上,垫板和壳体之间有温度差,如果用断续焊接将垫板焊接在壳体上,则在焊接条件最差的起点和终点处产生拉伸应力而容易产生裂纹。对于这种情况,垫板要采用全周连续焊接。

(3) 避免焊接机架发生较大变形

① 防止薄板结构变形 图 8-49(a) 所示的薄板结构采用肋板焊接,不如图 8-49(b) 所

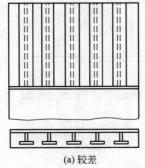
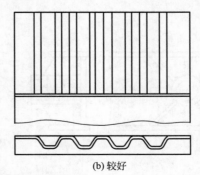

(a) 较差   (b) 较好

图 8-49 防止薄板结构变形

示压型结构焊接。压型结构焊接对防止薄板结构的变形更有效。

② 焊缝应对称于构件截面中性轴以减少焊接变形 如图 8-50(a) 所示,焊缝集中在截面中性轴下方,焊接变形较大,图 8-50(b) 结构焊缝在中性轴上、下均有,可以减少变形,结构比较合理。

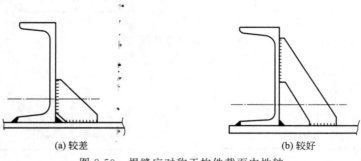

(a) 较差   (b) 较好

图 8-50 焊缝应对称于构件截面中性轴

③ 焊缝聚集在一起焊接件变形大 如图 8-51(a) 所示,焊缝聚集在一起,焊接件容易产生变形。改成图 8-51(b) 的形式,将焊缝连成一条线,可减少变形。

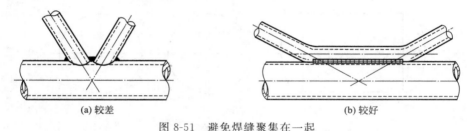

(a) 较差   (b) 较好

图 8-51 避免焊缝聚集在一起

④ 避免对长件不同时焊接两侧而出现弯曲 对于长件如果不是两侧同时进行焊接,就会出现弯曲,所以要两侧同时焊接。

⑤ 要进行退火的焊接件不要制成空间封闭部分 封闭在密封空间的空气,会由于退火时受热膨胀,从而引起变形。

(4) 肋及支撑板的结构设计

① 合理选择加强肋的形状和位置 合理选择加强肋的形状,适当安排肋板的位置,可以减少焊缝,提高肋板加固的效果。图 8-52(a) 所示的肋板结构虽密集,但效果却没有图 8-52(b) 好。

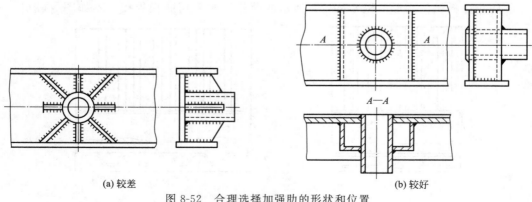

(a) 较差   (b) 较好

图 8-52 合理选择加强肋的形状和位置

② 双板式结构中，板间支撑应容易定位　图 8-53（a）所示的双板式结构中，两板间需焊上支撑，但焊接结构不易定位（尤其是大型机架），可改为图 8-53（b）、（c）的结构形式，容易定位。

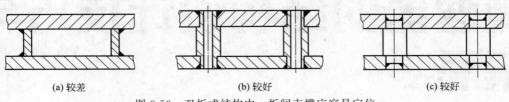

(a) 较差　　　　　　　　　(b) 较好　　　　　　　　　(c) 较好

图 8-53　双板式结构中，板间支撑应容易定位

第9章

减速器的结构设计技巧与禁忌

9.1 常用减速器的形式、特点及应用

减速器的形式很多，可以满足各种机器的不同要求。按传动类型，可分为齿轮、蜗杆、蜗杆-齿轮等减速器；按传动的级数，可分为单级和多级减速器；按轴在空间的相互位置，可分为卧式和立式减速器；按传动的布置形式，可分为展开式、同轴式和分流式减速器。表 9-1～表 9-3 列出了常用的减速器形式、特点及应用。

表 9-1　常用圆柱齿轮减速器形式、特点及应用

类　型	简　图	传动比范围	特　点　及　应　用
单级圆柱齿轮减速器		直齿 $i \leqslant 5$，斜齿、人字齿 $i \leqslant 10$	齿轮可做成直齿、斜齿或人字齿。直齿用于速度较低（$v < 8 \mathrm{m/s}$）或负荷较轻的传动；斜齿或人字齿用于速度较高或负荷较重的传动。箱体通常采用铸铁做成，很少用焊接或铸钢。轴承采用滚动轴承，只在重型或特高速时，才采用滑动轴承。其它形式减速器与此类同
两级圆柱齿轮减速器	展开式	$i = 8 \sim 40$	是两级减速器中最普通的一种，结构简单，但齿轮相对轴承的位置不对称，因此，轴应设计得具有较大的刚度，并使高速级齿轮布置在远离转矩的输入端，这样，轴在转矩作用下产生的扭转变形将减弱轴在弯矩作用下产生弯曲变形所引起的载荷沿齿宽分布不均的现象。建议用于载荷比较平稳的场合。高速级可做成斜齿，低速级可做成直齿或斜齿
	分流式	$i = 8 \sim 40$	高速级是双斜齿轮传动，低速级是人字齿或直齿。结构复杂，但低速级齿轮与轴承对称，载荷沿齿宽分布均匀，轴承受载也平均分配。中间轴危险断面上的转矩是传动转矩的一半。建议用于变载荷的场合
	同轴式	$i = 8 \sim 40$	减速器长度较短，两对齿轮浸入油中深度大致相等。但减速器的轴向尺寸及重量较大；高速级齿轮的承载能力难于充分利用；中间轴较长，刚性差，载荷沿齿宽分布不均，仅能有一个输入和输出轴端，限制了传动布置的灵活性

表 9-2 常用圆锥及圆锥-圆柱齿轮减速器形式、特点及应用

类 型	简 图	传动比范围	特 点 及 应 用
单级圆锥齿轮减速器		直齿 $i \leqslant 3$，斜齿、曲齿 $i \leqslant 6$	用于输入轴和输出轴两轴线垂直相交的传动，可做成卧式或立式。由于锥齿轮制造较复杂，仅在传动布置需要时才采用
圆锥-圆柱齿轮减速器		$i = 8 \sim 15$	特点同单级锥齿轮减速器。锥齿轮应布置在高速级，以使锥齿轮的尺寸不致过大，否则加工困难，锥齿轮可做成直齿、斜齿或曲齿，圆柱齿轮可做成直齿或斜齿

表 9-3 常用蜗杆及蜗杆-齿轮减速器形式、特点及应用

类 型		简 图	传动比范围	特 点 及 应 用
单级蜗杆减速器	蜗杆下置式		$i = 10 \sim 80$	蜗杆布置在蜗轮的下边，啮合处的冷却和润滑都较好，同时蜗杆轴承的润滑也较方便。但蜗杆圆周速度太大时，油的搅动损失太大，一般用于蜗杆圆周速度 $v < 4 \sim 5 \text{m/s}$
	蜗杆上置式		$i = 10 \sim 80$	蜗杆布置在蜗轮的上边，装拆方便，蜗杆的圆周速度允许高一些，但蜗杆轴承润滑不太方便，需采用特殊的结构措施
齿轮-蜗杆减速器		$a_h \approx a_1/2$	$i = 35 \sim 150$	齿轮在高速级，蜗杆在低速级，结构紧凑
蜗杆-齿轮减速器			$i = 50 \sim 250$	蜗杆在高速级，齿轮在低速级，效率较高

9.2 常用减速器形式选择技巧与禁忌

　　减速器的主要功能是降低转速和增大转矩。它是一个重要传力部件，因此其结构设计着重解决的问题是：在传递要求功率和实现一定传动比的前提下，使结构尽量紧凑，并具有较高的承载能力。

9.2.1 圆柱齿轮减速器形式选择技巧与禁忌

　　（1）两级展开式圆柱齿轮减速器形式选择

　　① 采用斜齿轮时应注意的问题　斜齿轮传动由于重合度大、传动平稳等优点，适于高速，所以展开式圆柱齿轮减速器的高速级宜采用斜齿轮，低速级可采用直齿轮［图9-1(a)］或斜齿轮［图9-1(b)］。若反之，高速级采用直齿低速级采用斜齿［图9-1(c)］则是不合理的。

　　若高速级与低速级均采用斜齿轮，应注意中间轴上两斜齿轮的齿轮旋向，应能使其轴向力互相抵消一部分（或全部抵消），如图9-1(b)所示，而图9-1(d)所示齿轮旋向不符合上述要求，是不合理的。

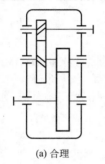 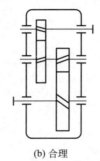 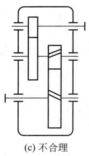 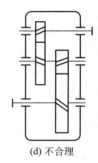

(a) 合理　　　　　　　(b) 合理　　　　　　　(c) 不合理　　　　　　　(d) 不合理

图 9-1　两级展开式圆柱齿轮减速器的不同形式

　　② 应使高速级齿轮远离转矩输入端　两级展开式圆柱齿轮减速器的齿轮为非对称布置，齿轮受力后使轴弯曲变形，引起齿轮沿宽度方向的载荷分布不均，图9-2(a)高速级齿轮靠近转矩输入端，载荷分布不均现象比图9-2(b)严重，设计时应避免。若将高速级齿轮布置在远离转矩输入端［图9-2(b)］，这样轴和齿轮的扭转变形可以部分地改善因弯曲变形引起的齿轮沿宽度方向的载荷分布不均。

　　（2）两级分流式圆柱齿轮减速器形式选择

　　① 传递大功率宜采用分流传动　大功率减速器采用分流传动可以减小传动件尺寸。如两级展开式齿轮减速器［图9-3(a)］低速级采用分流传动［图9-3(b)］，轴受力是对称的，齿轮接触情况较好，轴承受载也平均分配。所以大功率传动宜选用分流式减速器。

　　② 频繁约束载荷下宜采用分流传动　图9-4为混凝土穿孔钻具简图，采用两级齿轮减速电动机直接驱动钻具的结构（齿轮1、2为第一级，齿轮3、4为第二级）。图（a）为两级展开式，为减小齿轮减速机构体积，将电动机出轴做成轴齿轮（齿轮1）。正常作业时，一般不会有什么问题，但当过载时，如钻具碰到混凝土中的钢肋之类物件后，穿孔阻力矩将增加许多倍，这样大大增加了齿轮啮合面上的作用力，使悬臂安装的电动机轴齿轮发生挠曲变形，同齿轮2的正常啮合受到破坏，因此极易发生异常磨损而破坏。图（b）在电动机出轴两侧对称配置了齿轮2和齿轮3，使电动机的轴齿轮由一侧啮合变成两侧啮合，使载荷得到分流，齿面上受力降低了一半，同时也防止了轴较大的挠曲变形，因而避免齿轮因异常磨损而损坏。

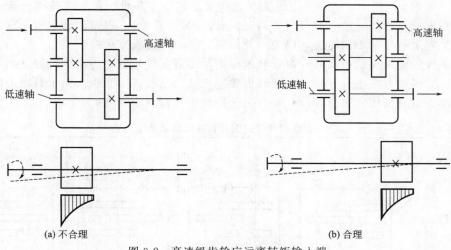

(a) 不合理　　　　　　　　　　　　(b) 合理

图 9-2　高速级齿轮应远离转矩输入端

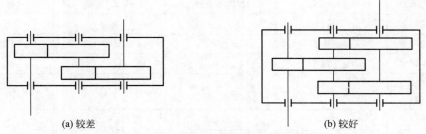

(a) 较差　　　　　　　　　　　　(b) 较好

图 9-3　传递大功率宜采用分流传动

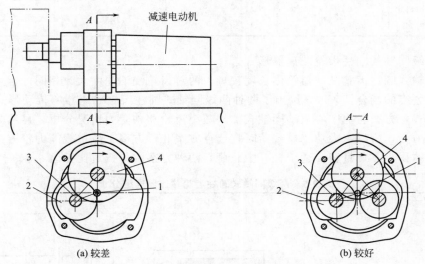

(a) 较差　　　　　　　　　　　　(b) 较好

图 9-4　频繁约束载荷下宜采用分流传动

③ 两级分流式圆柱齿轮减速器选型分析　两级分流式圆柱齿轮减速器，由于齿轮两侧的轴承对称布置，载荷沿齿宽的分布情况比展开式好，常用于大功率及变载荷的场合。由于低速级齿轮受力较大，所以使低速级齿轮单位载荷分布均匀尤为重要，现列出四种传动形式

进行分析，如表 9-4 所示，方案Ⅰ、Ⅱ为低速级分流式，方案Ⅲ、Ⅳ为高速级分流式，分流级的齿轮均做成斜齿，一边右旋（左旋），另一边左旋（右旋），以抵消轴向力，这时应使其中的一根轴能进行小量轴向游动，以免卡死齿轮，另一级为人字齿或直齿。

当低速级齿轮采用软齿面时，由于软齿面接触疲劳强度较低，为减少每对低速级齿轮传递的转矩，宜采用方案Ⅰ或Ⅱ；当低速级齿轮采用硬齿面时，由于硬齿面承载能力较强，并从结构紧凑出发宜采用方案Ⅲ和Ⅳ，各方案选择对比分析列于表 9-4 中。

表 9-4　两级分流式圆柱齿轮减速器选型分析

方　案		Ⅰ	Ⅱ	Ⅲ	Ⅳ
简　图		(3)　(2)　(1)	(3)　(2)　(1)	(3)　(2)　(1)	(3)　(2)　(1)
高速级	齿轮布置	两轴承中间	两轴承中间	靠近轴承	靠近轴承
	齿轮转矩	$T_{输入}$	$T_{输入}$	$T_{输入}/2$	$T_{输入}/2$
低速级	齿轮布置	靠近轴承	靠近轴承	两轴承中间	两轴承中间
	齿轮转矩	$T_{输入}i_{高}/2$	$T_{输入}i_{高}/2$	$T_{输入}i_{高}$	$T_{输入}i_{高}$
中间轴危险截面受转矩		$T_{输入}i_{高}/2$	$T_{输入}i_{高}/2$	$T_{输入}i_{高}/2$	$T_{输入}i_{高}/2$
游动支承		(2)	(1)(2)	(1)(2)	(1)
结论	低速轴齿轮软齿面	较好	较好	较差	较差
	低速轴齿轮硬齿面	较差	较差	较好	较好

（3）两级同轴式圆柱齿轮减速器形式选择

两级同轴式圆柱齿轮减速器箱体长度较短，两对齿轮浸油深度大致相同，常用于长度方向要求结构紧凑的场合。表 9-5 给出了两种两级同轴式圆柱齿轮减速器的传动形式，方案Ⅰ为普通同轴式，方案Ⅱ为中心驱动同轴式。从减小齿轮和轴受力情况分析，显然方案Ⅱ比方案Ⅰ承载能力大，所以，大功率重载荷时宜选择方案Ⅱ；方案Ⅰ虽承载能力较方案Ⅱ低，但结构简单，体积小，重量轻，适于轻、中载荷，两种方案的分析对比见表 9-5。

表 9-5　两级同轴式圆柱齿轮减速器选型分析

方　　案	Ⅰ	Ⅱ
简　　图	(2)　(1)　$T_{输入}$　(3)	(2)　(1)　(2)　$T_{输入}$　(3)

续表

方　案	Ⅰ	Ⅱ
高速级齿轮受转矩	$T_{输入}$	$T_{输入}/2$
低速级齿轮受转矩	$T_{输入}i_{高}$	$T_{输入}i_{高}/2$
中间轴受转矩	$T_{输入}i_{高}$	$T_{输入}i_{高}/2$
(1)(3)轴是否受转矩	受	不受

结论	轻、中载荷	较好	较差
	重载荷	较差	较好

9.2.2　圆锥-圆柱齿轮减速器形式选择技巧与禁忌

（1）圆锥齿轮传动应布置在高速级　如图 9-5(a) 所示，将圆锥齿轮布置在低速级不合理。由于加工较大尺寸的圆锥齿轮有一定困难，且圆锥齿轮常常是悬臂布置，为使其受力小些，应将圆锥齿轮传动作为圆锥-圆柱齿轮减速器的高速级（载荷较小），如图 9-5(b) 所示，这样圆锥齿轮的尺寸可以比布置在低速级 [图 9-5(a)] 减小，便于制造加工。

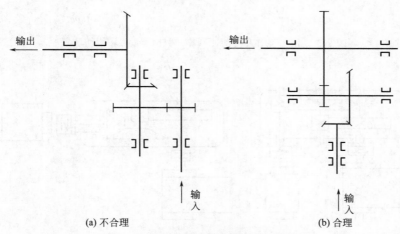

图 9-5　圆锥齿轮传动应布置在高速级

（2）不宜选用大传动比的圆锥-圆柱齿轮散装传动装置　对于要求传动比较大，而且对其工作位置有一定要求的传动装置，往往传动级数较多，结构也比较复杂。例如图 9-6 所示的链式悬挂运输机的传动装置，电动机水平布置，链轮轴与地面垂直而且转速很低，这就要求传动比大，而且轴要成 90°。如采用图 9-6(a) 所示的圆锥-圆柱齿轮传动的结构，这些传动装置作为散件安装，精度不高，缺乏润滑，安装困难，寿命较短；若改为传动比较大的一级蜗杆传动 [图 9-6(b)]，安装方便，但效率较低；采用传动比大、效率高的行星传动或摆线针轮减速器，改用立式电动机直接装在减速器上，是很好的方案 [图 9-6(c)]。

（3）两级圆柱齿轮减速器与圆锥-圆柱齿轮减速器的对比选择

圆柱齿轮尤其是斜齿圆柱齿轮传动，具有传动平稳、承载能力高、容易制造等优点，应优先选用。

如图 9-7 所示为带式运输机的两种传动方案，图 9-7(a) 采用两级展开式圆柱齿轮减速器，图 9-7(b) 采用圆锥-圆柱齿轮减速器。由于圆柱齿轮制造简单，运转平稳，承载能力高，宜优先选用。

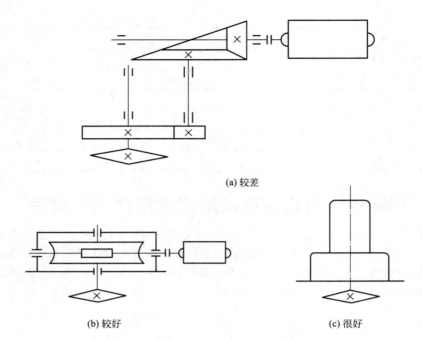

图 9-6   不宜选用大传动比圆锥-圆柱齿轮散装传动装置

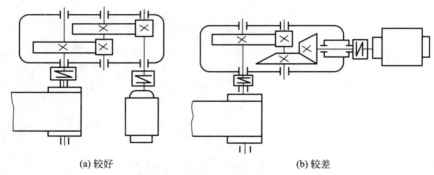

图 9-7   带式运输机的传动装置

9.2.3   蜗杆及蜗杆-齿轮减速器形式选择技巧与禁忌

（1）单级蜗杆减速器形式选择   单级蜗杆减速器主要有蜗杆在上和蜗杆在下两种不同形式（表 9-6）。选择时，应尽可能地选用蜗杆在下的结构，因为此时的润滑和冷却问题较容易解决，同时蜗杆轴承的润滑也很方便。但当蜗杆的圆周速度大于 $4\sim5\mathrm{m/s}$ 时，为了减少搅油和飞溅时的功率损耗，可采用上置蜗杆结构，两种方案分析对比见表 9-6。

（2）蜗杆-齿轮减速器形式选择   这类减速器有两种，一种是齿轮传动在高速级，另一种是蜗杆传动在高速级。前者即齿轮-蜗杆减速器，因齿轮常悬臂布置，传动性能和承载能力下降，同时蜗杆传动布置在低速级，不利于齿面压力油膜的建立，又增大了传动的负载，使磨损增大，效率较低，因此当以传递动力为主时，不宜采用这种形式，而应采用蜗杆传动布置在高速级的结构。但齿轮-蜗杆减速器比蜗杆-齿轮减速器结构紧凑，所以在结构要求紧凑的场合下，可选用此种形式。有关两种方案分析对比见表 9-7。

表 9-6 单级蜗杆减速器选型分析

方案	蜗杆下置	蜗杆上置
简图	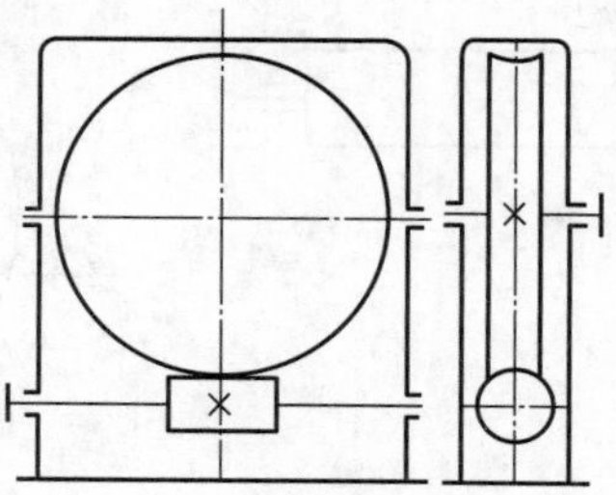	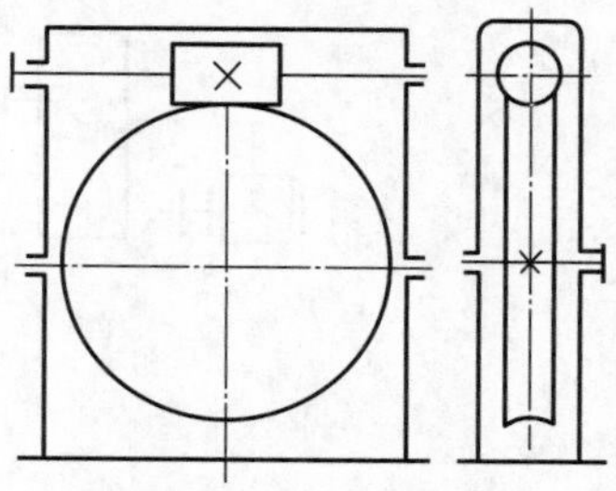
润滑、散热	方便	不方便
搅油、飞溅功耗	较大	较小
结论　蜗杆圆周速度 $v < 4 \sim 5 \mathrm{m/s}$	较好	较差
蜗杆圆周速度 $v > 4 \sim 5 \mathrm{m/s}$	较差	较好

表 9-7 蜗杆-齿轮减速器选型分析

方案	齿轮-蜗杆	蜗杆-齿轮
简图	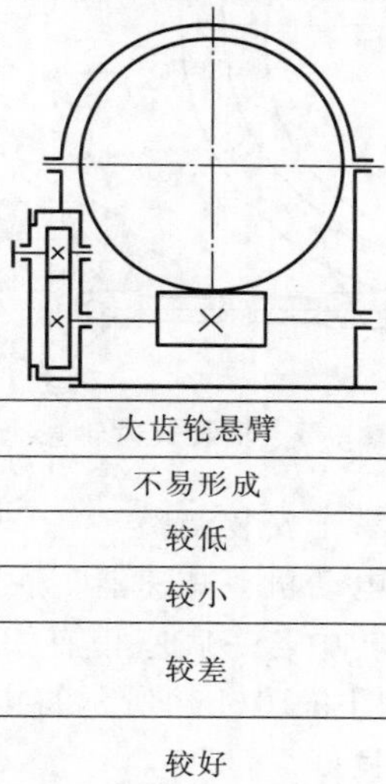	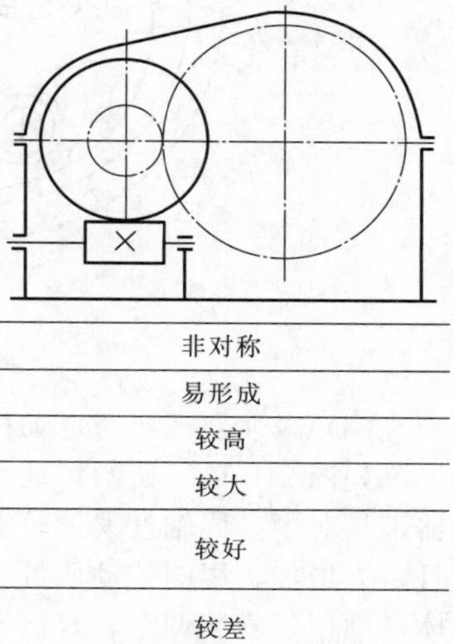
齿轮布置	大齿轮悬臂	非对称
蜗杆传动油膜	不易形成	易形成
承载能力	较低	较高
结构尺寸	较小	较大
结论　传力为主 $(i = 35 \sim 150)$	较差	较好
要求结构紧凑 $(i = 50 \sim 250)$	较好	较差

9.2.4 减速器与电动机一体便于安装调整

（1）轴装式减速器便于安装调整

许多机械的传动装置，例如图 9-8(a)，常可以分为电动机、减速器、工作机（图中所示为运输机滚筒）三个部分，各用螺栓固定在地基或机架上。各部分之间用联轴器连接，这些联轴器一般都用挠性的，即对其对中要求较低。但是为了提高传动效率，减少磨损和联轴器产生的附加力，在安装时还是尽量提高对准的精度，这就使安装调整的工作繁重。若改用轴装式减速器［图 9-8(b)］就可避免这些麻烦。减速器的伸出端上装有带轮，用带传动连接电动机和减速器，减速器输出轴为空心轴，套在滚筒轴上，并用键连接传递转矩，轴装式减速器不需要底座，在减速器的壳体上装有支撑杆，杆的另一端可以固定在适当的位置以防止减速器转动。输入轴可围绕输出轴调整到任意合适的位置。

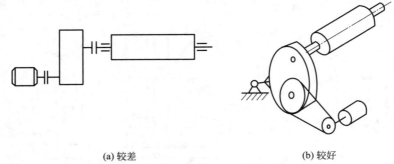

(a) 较差　　　　　　　　　　　　(b) 较好

图 9-8　轴装式齿轮减速器便于安装调整

轴装式齿轮减速器具体形式见图 9-9。

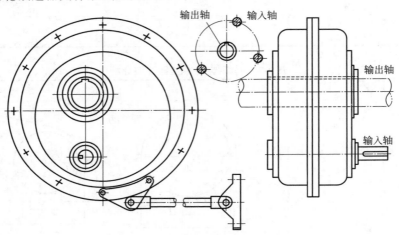

图 9-9　轴装式齿轮减速器

（2）减速器底座与电动机一体易于安装调整

如图 9-10(a) 所示传动系统，电动机、减速器、底座分别设置，安装时，电动机、减速器不易对中，同轴度误差较大，运转中若一底座稍有松动，将会造成整个系统运转不平稳，且阻力增加，影响传动质量。若如图 9-10(b) 所示将电动机底座与减速器底座制成一个整体，则便于安装调整，且运转情况良好。

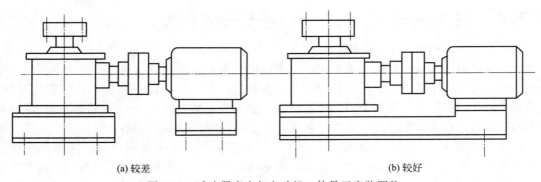

(a) 较差　　　　　　　　　　　　(b) 较好

图 9-10　减速器底座与电动机一体易于安装调整

9.2.5 减速器形式选择其它有关问题

（1）尽量避免采用立式减速器

减速器各轴排列在一条垂直线上时称为立式减速器［图 9-11(a)］，其主要缺点是最上面的传动件润滑困难，分箱面容易漏油。在无特殊要求时，采用普通卧式减速器［图 9-11(b)］较好。

（2）减速器装置应力求组成一个组件

如图 9-12 所示减速器传动装置，一般由传动件、轴、轴承和支座等组成。这些零件如果分散地装在总体上［图 9-12(a)］，则装配费时，调整麻烦，而且难以保证传动质量，因为各轴之间的平行度、中心距等难以达到较高的精度。若把轴承的支座连成一体，轴承、轴、传动件等都固定在它的上面，再由箱体把这些零件封闭成一个整体［图 9-12(b)］，则不但可以解决单元性和安装精度问题，而且可以改善润滑，隔离噪声，防尘防锈，保证安全，延长寿命等，传动质量进一步提高。

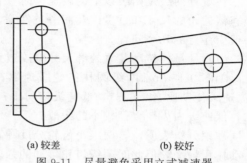

(a) 较差　　　(b) 较好

图 9-11 尽量避免采用立式减速器

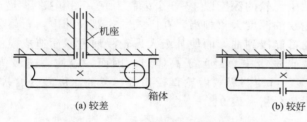

图 9-12 减速器装置应力求组成一个组件

图 9-12(a) 所示蜗杆传动，蜗轮装在机座上，蜗杆固定在箱体上，再把箱体固定在机座上，难以达到高精度，若采用图 9-12(b) 结构，蜗杆、蜗轮都安装在箱体中，再将箱体固定在机座上，则质量有很大提高。

9.3 减速器传动比分配技巧与禁忌

9.3.1 单级减速器传动比的选择

当减速器的传动比较大时，如果仅采用一对齿轮传动（单级传动），必然会使两齿轮的尺寸相差很大，影响减速器的平面布局，使其结构不够紧凑，例如图 9-13(a) 所示的传动比 $i=6$ 的单级圆柱齿轮减速器，就比图 9-13(b) 的 $i=6=i_1 i_2=2\times3$ 的两级圆柱齿轮减速器所占的平面面积大很多，所以单级减速器的传动比不宜过大。一般对于圆柱齿轮，当传动比 $i\leqslant5$ 时，可采用单级传动，大于 5 时，最好选用两级（$i=6\sim40$）和三级（$i>40$）的减速器。

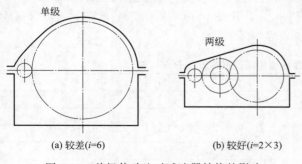

(a) 较差($i=6$)　　(b) 较好($i=2\times3$)

图 9-13 单级传动比对减速器结构的影响

对于圆锥齿轮减速器，采用直齿时单级传动比 $i \leqslant 3$，斜齿或曲齿时，单级传动比 $i \leqslant 6$，对于蜗杆减速器，单级传动比为 $i = 10 \sim 80$。

9.3.2　两级和两级以上减速器传动比分配

在设计两级及两级以上的减速器时，合理地分配各级传动比是很重要的，因为它将影响减速器的轮廓尺寸和重量以及润滑条件等，现以两级圆柱齿轮减速器为例，说明传动比分配一般应注意的几个问题。

（1）尽量使传动装置外廓尺寸紧凑或重量较小

如图 9-14 所示两级圆柱齿轮减速器，在总中心距和传动比相同时，粗实线所示方案（高速级传动比 $i_1 = 5.51$，低速级传动比 $i_2 = 3.63$）具有较小的外廓尺寸，这是由于 i_2 较小时，低速级大齿轮直径较小的缘故。

理论分析表明，若两级小齿轮分度圆直径相同，两级传动比分配相等时，可使两级齿轮传动体积最小，但此时两级齿轮传动的强度相差较大，一般对于精密机械，特别是移动式精密机械，常采用这一分配原则。

（2）尽量使各级大齿轮浸油深度合理

圆周速度 $v \leqslant 12 \sim 15 \text{m/s}$ 的齿轮减速器广泛采用油池润滑，自然冷却。为减少齿轮运动的阻力和油的温升，浸入油中齿轮的深度以 $1 \sim 2$ 个齿高为宜（图 9-15），最深不得超过 1/3 的齿轮半径。为使各级齿轮浸油深度大致相当，在卧式减速器设计中，希望各级大齿轮直径相近，以避免为了各级齿轮都能浸到油，而使某级大齿轮浸油过深而造成搅油功耗增加。通常两级圆柱齿轮减速器中，低速级中心距大于高速级，因而，应使高速级传动比大于低速级，例如图 9-14 粗实线方案，可使两级大齿轮直径相近，浸油深度较为合理。图 9-14 中粗实线与细实线两种方案的对比分析见表 9-8。

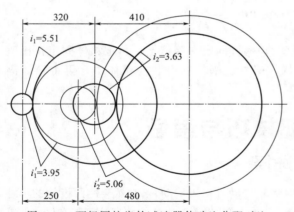

图 9-14　两级圆柱齿轮减速器传动比分配对比
（粗实线方案较好，细实线方案较差）

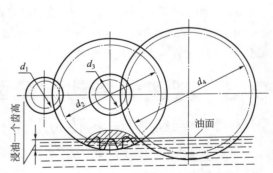

图 9-15　两级展开式圆柱齿轮减速器浸油润滑

表 9-8　两级展开式圆柱齿轮减速器传动比分配比较

方案	I（图 9-14 中粗实线）	II（图 9-14 中细实线）
总传动比 i	20	20
总中心距 a/mm	730	730
高速级传动比 i_1	5.51	3.95
低速级传动比 i_2	3.63	5.06
高速级中心距 a_1/mm	320	250

续表

方 案	Ⅰ（图 9-14 中粗实线）	Ⅱ（图 9-14 中细实线）
低速级中心距 a_2/mm	410	480
两级大齿轮浸油深度	合理	不合理
外廓尺寸	较小	较大
结 论	较好	较差

对于两级展开式圆柱齿轮减速器，一般主要是考虑满足浸油润滑的要求，如图 9-15 所示，如前所述应使两个大齿轮直径 d_2、d_4 大小相近。在两对齿轮配对材料相同、两级齿宽系数 ψ_{d1}、ψ_{d2} 相等情况下，其传动比分配，可按图 9-16 中的展开式曲线选取，这时结构也比较紧凑。

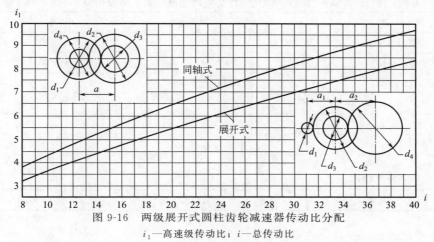

图 9-16 两级展开式圆柱齿轮减速器传动比分配
i_1—高速级传动比；i—总传动比

对于两级同轴式圆柱齿轮减速器，为使两级大齿轮浸油深度相等，即 $d_2 = d_4$，两级传动比分配可取 $i_1 = i_2 = i^{1/2}$（i 为总传动比；i_1、i_2 分别为高速级与低速级传动比）。此种传动比分配方案虽润滑条件较好，但不能使两级齿轮等强度，高速级强度有富裕，所以其减速器外廓尺寸比较大，如图 9-17 中的细实线所示，图中粗实线为按接触强度相等条件进行传动比分配（按图 9-16）的尺寸，显然比前者结构紧凑，但后者高速级的大齿轮浸油深度较大，搅油损耗略为增加，两种方案对比见表 9-9。

（3）使各级传动承载能力近于相等的传动比分配原则

对于两级展开式和分流式圆柱齿轮减速器，当高速级和低速级传动的材料相同，齿宽系数相等，按轮齿接触强度相等条件进行传动比分配时，应取高速级的传动比 i_1 为

$$i_1 = \frac{i - 1.5\sqrt[3]{i}}{1.5\sqrt[3]{i} - 1}$$

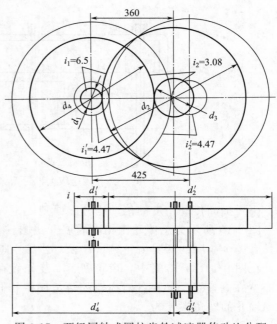

图 9-17 两级同轴式圆柱齿轮减速器传动比分配
（粗实线方案为两级强度相近；细实线方案为等润滑）

式中　i——减速器的总传动比。

对于两级同轴式圆柱齿轮减速器，为使两级在齿轮中心距相等情况下，能达到两对齿轮的接触强度相等的要求，在两对齿轮配对材料相同，齿宽系数 $\psi_{d1}/\psi_{d2}=1.2$ 的条件下，其传动比分配可按图 9-16 中同轴式曲线选取。这种传动比分配的结果，高速级大齿轮 d_2 会略大于低速级大齿轮 d_4（见图 9-17 中的粗实线），这样高速级大齿轮浸油比低速级大齿轮深，搅油损耗会略增加。前例总传动比 $i=20$ 条件下，按等润滑和等强度分配传动比的两种方案的对比见图 9-17 和表 9-9。

一般在传递功率较大时，应尽量考虑按等强度原则分配传动比。

表 9-9　两级同轴式圆柱齿轮减速器传动比分配比较

方　案		Ⅰ（图 9-17 中粗实线）	Ⅱ（图 9-17 中细实线）
总传动比 i		20	20
高速级传动比 i_1		由图 9-16，$i_1=6.5$	$i_1=i^{1/2}=20^{1/2}=4.47$
低速级传动比 i_2		$i_2=i/i_1=3.08$	$i_2=i_1=4.47$
高速级中心距 a_1/mm		360	425
低速级中心距 a_2/mm		360	425
结　论	满足等润滑	较差（$d_2>d_4$）	较好（$d_4'=d_2'$）
	满足等强度（传递功率较大）	较好	较差
	结构紧凑	较好	较差

（4）要考虑各传动件彼此之间不发生干涉碰撞

图 9-18 所示两级展开式圆柱齿轮减速器中，由于高速级传动比分配过大，例如取 $i_1=2i_2$，致使高速级的大齿轮轮缘（即齿顶）与低速级的大齿轮轴相碰。

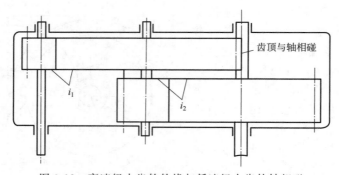

图 9-18　高速级大齿轮轮缘与低速级大齿轮轴相碰

（5）提高传动精度的传动比分配原则

图 9-19 所示为总传动比相同的展开式圆柱齿轮减速传动的两种传动比分配方案，它们都具有完全相同的两对齿轮 A、B 及 C、D，其中 $i_{AB}=2$，$i_{CD}=3$。显然两种方案的不同点是：在图 9-19（a）方案中，齿轮副 A、B 布置在高速级；而图 9-19（b）方案中，齿轮副 C、D 布置在高速级。如果各对齿轮的转角误差相同，既 $\Delta\varphi_{AB}=\Delta\varphi_{CD}$，则图 9-19（a）方案中，从动轴Ⅱ的转角误差为

$$\Delta\varphi_a=\Delta\varphi_{CD}+\Delta\varphi_{AB}/i_{CD}=\Delta\varphi_{CD}+\Delta\varphi_{AB}/3$$

而图 9-19（b）方案中，从动轴Ⅱ的转角误差为

$$\Delta\varphi_b = \Delta\varphi_{AB} + \Delta\varphi_{CD}/i_{AB} = \Delta\varphi_{AB} + \Delta\varphi_{CD}/2$$

比较以上两式，可见 $\Delta\varphi_b > \Delta\varphi_a$，所以按图 9-19(a) 方案，使靠近原动轴的前几级齿轮的传动比取得小一些，而后面靠近负载轴的齿轮传动比取得大些，即"先小后大"的传动比分配原则，可使传动系统获得较高的传动精度。因此，对于传动精度要求较高的精密齿轮传动减速器，应遵循"由小到大"的分配原则。

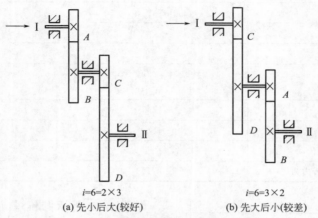

(a) 先小后大(较好)　　(b) 先大后小(较差)

图 9-19　总传动比相同的两种传动比分配

同理，图 9-20(a) 的齿轮-蜗杆减速器，由于齿轮传动单级传动比较蜗杆传动小很多，所以它比蜗杆-齿轮减速器 [图 9-20(b)] 的传动精度高，但若以传力为主，由于蜗杆传动在高速级易形成油膜，承载能力比前者大，所以要求传动精度高的精密机械应选用齿轮-蜗杆减速器，而传递大功率以传力为主时，则应选择蜗杆-齿轮减速器。两种方案的对比分析见表 9-10。

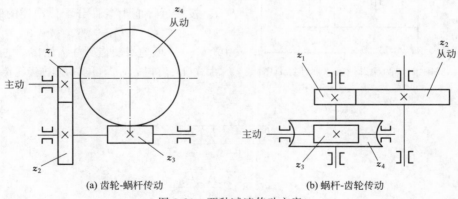

(a) 齿轮-蜗杆传动　　(b) 蜗杆-齿轮传动

图 9-20　两种减速传动方案

对于齿轮-蜗杆减速器，一般情况下，为了箱体结构紧凑和便于润滑，通常取齿轮传动的传动比 $i_{齿轮} \leqslant 2\sim2.5$；当分配蜗杆-齿轮减速器的传动比时，应取 $i_{齿轮}=(0.03\sim0.06)i$（i 为总传动比）。

(6) 采用计算机辅助设计进行传动比分配

上述一些传动比分配原则，要想严格地同时满足，原则上是不可能的，一般是根据使用要求、结构要求和工作条件等，区分主次，灵活运用这些原则，合理进行各级传动比的分配。但由于多数分配原则采用经验公式进行传动比分配，算法粗糙，常需反复试算、修正才能得到满意的结果，手工计算十分麻烦，如果对各级传动比分配原则，给出理论计算式，并采用计算机辅助设计，则可以大大提高其设计速度与设计质量，现举例说明如下。

表 9-10   齿轮-蜗杆传动与蜗杆-齿轮传动方案对比

方 案	I［图 9-20(a)］	II［图 9-20(b)］
高速级	齿轮传动	蜗杆传动
低速级	蜗杆传动	齿轮传动
转角误差	$\Delta\varphi_{齿轮}=\Delta\varphi_{蜗杆}$	
传动比	$i_总=90；i_{齿轮}=3；i_{蜗杆}=30$	
输出轴 转角误差	$\Delta\varphi_a=\Delta\varphi_{齿轮}/30+\Delta\varphi_{蜗杆}$ （较小）	$\Delta\varphi_b=\Delta\varphi_{蜗杆}/3+\Delta\varphi_{齿轮}$ （较大）
传动精度	较高	较低
承载能力	较小	较大
结论 精密传动	推荐	不宜
结论 大功率传力为主	不宜	推荐

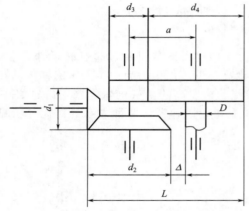

图 9-21   圆锥-斜齿圆柱齿轮减速器计算简图

如图 9-21 所示圆锥-斜齿圆柱齿轮减速器，已知总传动比 $i=15$，小圆锥齿轮上的工作转矩 $T_1=44.5\mathrm{N\cdot m}$，两级传动载荷系数 $K_1=K_2=1.2$，许用接触应力 $[\sigma_{H1}]=[\sigma_{H2}]=675\mathrm{MPa}$，圆锥齿轮齿宽系数 $\psi_R=0.3$，圆柱齿轮齿宽系数 $\psi_d=1$，试按等润滑条件、最小间隙（Δ）条件（大圆锥齿轮与低速轴不相碰条件）及最小长度（L）条件分配传动比。

① 按接近等润滑条件分配传动比的解析式

$$i_2^3(i_2+1)-1.52C^3i=0 \qquad (9\text{-}1)$$

式中 i_2——低速级斜齿圆柱齿轮传动的传动比。

由式(1) 解得 i_2，即可求得圆锥齿轮传动比 i_1。

$$C=\frac{C_1}{C_2}$$

$$C_1=586\sqrt[3]{\frac{K_1T_1}{\psi_R(1-0.5\psi_R)^2[\sigma_{H1}]^2}}$$

$$C_2=378\sqrt[3]{\frac{K_2T_1}{\psi_d[\sigma_{H2}]^2}}$$

式(9-1) 为既满足强度条件又满足接近等润滑条件的最佳传动比方程，该方程为一高次方程，一般手工计算很困难，可通过计算机求解。

② 按最小间隙（Δ）分配传动比的解析式

$$i_2\geqslant\sqrt[4]{\frac{8C^3i}{(1.92-G)^3}}-1 \qquad (9\text{-}2)$$

$$G=\frac{D}{a}$$

式中 a——直齿圆柱齿轮传动中心距；

D——低速级轴径。

a、D 可由强度计算及结构确定。式(9-2) 满足最小间隙 $\Delta \approx 0.04a$。

③ 按最小长度（L）条件分配传动比的解析式

$$-2C\sqrt[3]{\frac{i^2}{i_2^5}}+2(i_2-1)\sqrt[3]{\frac{i(i_2+1)}{i_2^5}}+(2i_2+1)\sqrt[3]{\frac{i}{i_2^2(i_2+1)^2}}=0 \qquad (9\text{-}3)$$

式(9-3) 为既满足强度条件又满足最小长度条件的最佳传动比方程。由式(9-3) 解得的 i_2 可求得 i_1，式(9-3) 为一超越方程，手工计算很困难，可通过计算机求解。

将已知数据代入式(9-1)～式(9-3)，通过计算机可迅速准确求得满足上述不同传动比分配原则的各级传动比，见表 9-11。式(9-1)～式(9-3) 的推导见有关文献[1]。

表 9-11 圆锥-圆柱齿轮减速器传动比分配理论计算值分析

分配原则	接近等润滑	最小间隙条件	最小长度条件
总传动比	$i=i_1i_2=15$		
圆锥齿轮传动 （高速级）	$i_1=3.55$	$i_1<3.88$	$i_1=5.81$
圆柱齿轮传动 （低速级）	$i_2=4.22$	$i_2 \geqslant 3.86$	$i_2=2.58$
计算结构分析	满足：①等润滑 ②最小间隙	满足：最小间隙 不满足：等润滑	满足：最小长度 不满足：最小间隙 大锥轮与低速轴相碰
结论	较好	较差	错误

由计算结果可以看出，按等润滑条件确定的传动比也同时满足最小间隙条件（$i_1=3.55<3.88$，$i_2=4.22>3.86$），而按最小长度条件分配的传动比不满足最小间隙条件（$i_1=5.81>3.88$，$i_2=2.58<3.86$），应予以舍去，所以最佳的传动比分配方案为 $i_1=3.55$，$i_2=4.22$。

本例如按常规设计，一般按经验公式取圆锥齿轮传动比 $i_1\approx(0.22\sim0.28)i$，至于最小间隙条件需试算、试画，最后才能决定取舍，设计比较麻烦。

（7）减速器传动比分配的其它有关问题

① 减速器实际传动比的确定 上述各级传动比的分配只是初步选定的数值，实际传动比要由传动件参数准确计算，确定各轮齿数 z_1、z_2、z_3、…、z_n 之后，才能最后确定。一般由强度计算、配凑中心距等要求，各级传动的齿数之比（传动比）很难与初始分配的传动比完全符合，工程中允许有一定误差，对单级齿轮传动，允许传动比误差 $\Delta i \leqslant \pm(1\sim2)\%$，两级以上传动允许 $\Delta i \leqslant \pm(3\sim5)\%$。若不满足则应重新调整传动件参数，甚至重新分配传动比。

减速器装配工作图上的技术特性表中，必须标注最后计算出的实际传动比，标注初始分配的传动比是错误的。例如，某两级展开式圆柱齿轮减速器，其总传动比 $i=11.42$，其初始传动比分配与实际传动比的确定及标注见表 9-12。

② 传动比的取值数 对平稳载荷，各级传动比可取整数；对周期性变载荷，各级传动比宜取质数，或有小数的数，以防止部分齿轮过早损坏。

---

[1] Zuoliang Pan and Chengyi Pan. The Calculation of Optimum Speed Ratio of Bevel-helical Reducing Gear. Proceeding of Tenth World Congress on the Theory of Machines and Mechanisms. Finland. 1999

③ 标准减速器传动比分配　对标准减速器，应按标准系列分配各级传动比。对非标准减速器，可参考上述各传动比分配原则。

表 9-12　两级圆柱齿轮减速器传动比的确定及标注

各级传动比	高速级传动比 i_1	低速级传动比 i_2	说明与结论
总传动比	$i=11.42$		方案给定
初始传动比分配	$i_1=3.85$	$i_2=2.96$	试分配
各轮齿数	$z_1=33$ $z_2=126$	$z_3=35$ $z_4=102$	经设计得
各级实际传动比	$i_1'=z_2/z_1=3.82$	$i_2'=z_4/z_3=2.91$	满足传动比误差 $\|\Delta i\|<(3\sim5)\%$
各级实际传动比误差	$\|\Delta i_1'\|=0.8\%$	$\|\Delta i_2'\|=1.7\%$	$<2\%$,合适
实际总传动比	$i'=11.12$		实际值
实际总传动比误差	$\|\Delta i'\|=2.6\%$		$<(2\sim3)\%$,合适
装配图上技术特性表中标注	总传动比	11.12		正确
		11.42		错误
	各级传动比	3.82	2.91	正确
		3.85	2.96	错误

9.4　减速器结构设计技巧与禁忌

9.4.1　减速器的箱体应具有足够的刚度

减速器的箱体刚度不足，会在加工和工作过程中产生不允许的变形，引起轴承座孔中心歪斜，在传动中产生偏载，影响减速器的正常工作。因此在设计箱体时，首先应保证轴承座的刚度。

（1）保证轴承座具有足够的刚度

① 在轴承座附近加支撑肋　图 9-22(a) 所示轴承座附近没有加支撑肋，箱体刚性较差。为使轴和轴承在外力作用下不发生偏斜，确保传动的正确啮合和运转平稳，轴承支座必须具有足够的刚度，为此应使轴承座有足够的厚度，并在轴承座附近加支撑肋，如图 9-22(b) 所示。

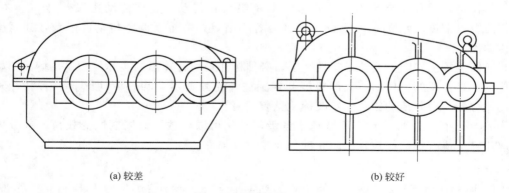

(a) 较差　　　　　　　　　　　　　　　　(b) 较好

图 9-22　轴承座附近加支撑肋提高箱体刚度

② 剖分式箱体要加强轴承座处的连接刚度　为便于轴系部件安装和拆卸，减速器箱体常制成沿轴心线平行剖分式。对于这种剖分式箱体，在安装轴承处，必须注意提高轴承座的连接刚度，禁止采用图 9-23(a) 结构，因为其支承刚性不足，会造成轴承提前损坏。为此轴承座孔附近应做出凸台，以加强其刚度 [图 9-23(b)]，两侧的连接螺栓也应尽量靠近（以不与端盖螺钉孔干涉为原则），以增加连接的紧密性和刚度。

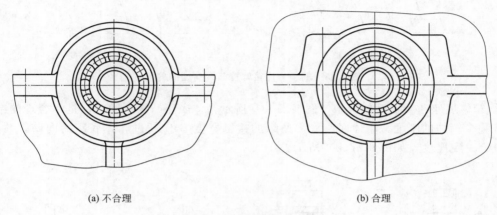

(a) 不合理　　　　　(b) 合理

图 9-23　剖分式轴承座的刚度

③ 轴承座宽度与轴承旁连接螺栓凸台高度的确定　对于剖分式箱体，设计轴承座宽度时，必须考虑螺栓扳手操作空间。图 9-24(a) 所示结构扳手难操作，图 9-24(b) 则比较合理。轴承座宽度的具体值 L 与机盖厚 δ、螺栓扳手操作空间 C_1、C_2 等有关 [图 9-24(c)]。

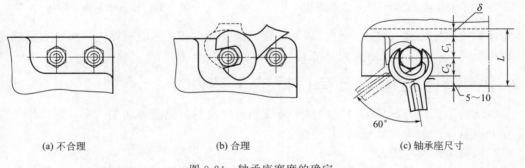

(a) 不合理　　　(b) 合理　　　(c) 轴承座尺寸

图 9-24　轴承座宽度的确定

轴承旁连接螺栓凸台高度的设计，也应满足扳手操作要求，一般在轴承尺寸最大的轴承旁螺栓中心线确定后，根据螺栓直径确定扳手空间 C_1、C_2，最后确定凸台的高度。图 9-25(a) 不能满足扳手空间要求，因为凸台高度不够。图 9-25(b) 满足扳手空间要求。

（2）箱缘连接凸缘与底座凸缘的设计

① 箱缘连接凸缘应有一定的厚度　为保证整个箱体的刚度，对于剖分式箱体必须首先保证上箱盖与下箱体连接的刚度。如果将凸缘厚度取为与箱体壁厚相同 [图 9-26(a)]，将不能满足箱缘连接刚度的要求，是不合理的。为此，箱缘连接凸缘应取得厚些，一般按设计规范确定，如图 9-26(b) 所示。

箱缘连接凸缘宽度设计也应满足扳手空间，一般也是根据箱缘连接螺栓的直径确定相应的扳手空间 C_1、C_2 后，再进一步确定箱缘凸缘的宽度。

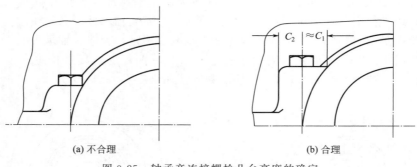

(a) 不合理　　　　　　　　　(b) 合理

图 9-25　轴承旁连接螺栓凸台高度的确定

② 箱体底座凸缘宽度的确定　图 9-27(a) 所示箱体底座凸缘刚度差，是不合理的结构。为保证整个箱体的刚度，箱体底座底部凸缘的接触宽度 B 应超过箱体底座的内壁，并且凸缘应具有一定厚度，如图 9-27(b) 所示。

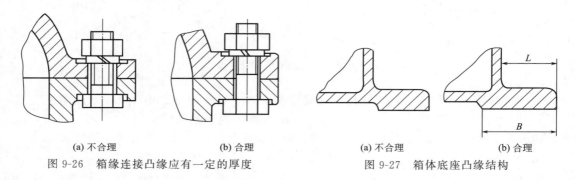

(a) 不合理　　　　　　　　(b) 合理　　　　　　　(a) 不合理　　　　　(b) 合理

图 9-26　箱缘连接凸缘应有一定的厚度　　　　图 9-27　箱体底座凸缘结构

箱体底座箱壁外侧长度 L，也应满足地脚螺栓扳手空间，一般根据地脚螺栓直径确定相应的扳手空间 L_1、L_2（见有关设计规范），应使 $L=L_1+L_2$。

9.4.2　箱体结构要具有良好的工艺性

箱体结构工艺性的好坏，对提高加工精度和装配质量、提高劳动生产率，以及便于检修维护等方面有直接影响，故应特别注意。

(1) 铸造工艺的要求

在设计铸造箱体时，应考虑到铸造工艺特点，力求形状简单、壁厚均匀、过渡平稳、金属不要局部积聚。有关应注意的问题分述如下。

① 不要使金属局部积聚　由于铸造工艺的特点，金属局部积聚容易形成缩孔，如图 9-28(a) 轴承座结构和图 9-28(c) 形成锐角的倾斜肋，均属不好的结构，而图 9-28(b) 和图 9-28(d) 所示属较好的结构。

② 箱体外形宜简单使拔模方便　设计箱体时，应使箱体外形简单，以使拔模方便。如图 9-29(a) 中窥视孔凸台的形状 Ⅰ 将影响拔模，如改为图 9-29(b) 中 Ⅱ 的形状，则可顺利拔模。为了便于拔模，铸件沿拔模方向应有 (1∶10)～(1∶20) 的拔模斜度。

③ 尽量减少沿拔模方向的凸起结构　铸件表面如有凸起结构，在造型时就要增加活块，所以在沿拔模方向的表面上，应尽量减少凸起，以减少拔模困难。图 9-30 示出有活块模型的拔模过程，当箱体表面有几个凸起部分时，应尽量将其连成一体，以简化取模过程。例如图 9-31(a) 所示结构需用两个活块，而图 9-31(b) 结构则不用活块，拔模方便。

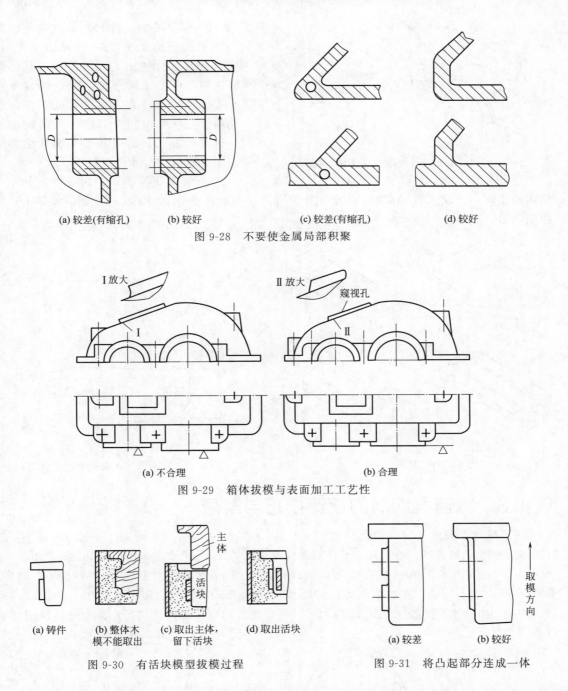

(a) 较差(有缩孔)　　(b) 较好　　　　　(c) 较差(有缩孔)　　　　(d) 较好

图 9-28　不要使金属局部积聚

Ⅰ放大　　　　　　Ⅱ放大　窥视孔

Ⅰ　　　　　　　　　　Ⅱ

(a) 不合理　　　　　　　　　　(b) 合理

图 9-29　箱体拔模与表面加工工艺性

主体

活块

(a) 铸件　(b) 整体木　(c) 取出主体，　(d) 取出活块
　　　　　　模不能取出　留下活块

图 9-30　有活块模型拔模过程

取模方向

(a) 较差　　　(b) 较好

图 9-31　将凸起部分连成一体

　　④ 较接近的两凸台应连在一起避免狭缝　箱体上应尽量避免出现狭缝，否则砂型强度不够，在取模和浇注时极易形成废品。例如图 9-32(a) 中两凸台距离太近，应将其连在一起，如图 9-32(b) 所示。

　　(2) 机械加工的要求

　　① 尽可能减少机械加工面积　设计箱体结构形状时，应尽可能减少机械加工面积，以提高劳动生产率，并减少刀具磨损，在图 9-33 所示的箱体底面结构中，图 9-33(a)、(b) 结构较差，小型箱体多采用图 9-33(c) 结构，图 9-33(d) 结构最好。

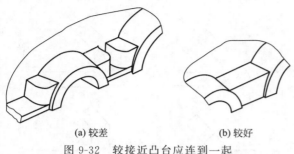

(a) 较差　　　　　　　　(b) 较好

图 9-32　较接近凸台应连到一起

② 尽量减少工件和刀具的调整次数

为了保证加工精度并缩短加工工时，应尽量减少机械加工时工件和刀具的调整次数。例如，同一轴心线的两轴承座孔直径应尽量一致，以便镗孔和保证镗孔精度。又如，同一方向的平面应尽量一次调整加工，所以各轴承座端面都应在同一平面上，如图 9-29 所示。

③ 加工面与非加工面应严格分开

箱体的任何一处加工面与非加工面必须严格分开。例如，箱体上的轴承座端面需要加工，因而应凸出，如图 9-34 所示。

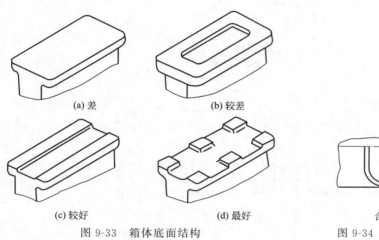

(a) 差　　　　　　　　　　(b) 较差

(c) 较好　　　　　　　　　　(d) 最好

图 9-33　箱体底面结构

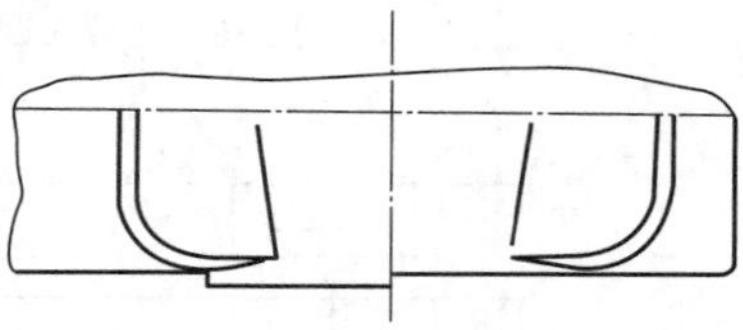

合理　　　　不合理

图 9-34　加工面与非加工面应分开

9.4.3　减速器润滑的设计技巧与禁忌

（1）减速器箱座高度的确定

对于大多数减速器，由于其传动件的圆周速度 $v<12\mathrm{m/s}$，故常采用浸油润滑。图 9-35(a) 所示大齿轮齿顶圆距油池底部太近，油搅动时容易沉渣泛起，不合理，应将箱体加高。图 9-35(b) 表示传动件在油池中的浸油深度，对于圆柱齿轮一般应浸入油中一个齿高，但不应小于 10mm，同时为避免传动件回转时将油池底部沉积的污物搅起，大齿轮齿顶圆到油

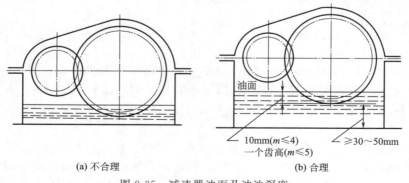

油面

10mm($m\leqslant4$)
一个齿高($m\leqslant5$)　　　$\geqslant30\sim50$mm

(a) 不合理　　　　　　　　　　(b) 合理

图 9-35　减速器油面及油池深度

池底面的距离应不小于 $30\sim50\text{mm}$。

当油面及油池深确定后，箱座高度也基本确定，然后再计算出实际装油量 V_0 及传动的需油量 V，设计时应满足 $V_0 \geqslant V$，若不满足应适当加高箱座高度，直到满足为止。

（2）输油沟与轴承盖导油孔的设计

① 正确开设输油沟　当轴承利用齿轮飞溅起来的润滑油润滑时，应在箱座的箱缘上开设输油沟，输油沟设计时应使溅起的油能顺利地沿箱盖内壁经斜面流入输油沟内。图 9-36（a）、（b）所示的油沟设计，箱盖内壁的油无法或很难流入输油沟内，均属不合理结构。正确结构如图 9-36（c）所示。

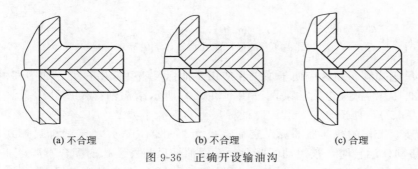

| (a) 不合理 | (b) 不合理 | (c) 合理 |

图 9-36　正确开设输油沟

又如图 9-37（a）所示，输油沟位置开设不正确，润滑油大部分流回油池，也属不正确结构，应改为图 9-37（b）所示形式。

② 轴承盖上应开设导油孔　为使输油沟中的润滑油顺利流入轴承，必须在轴承盖上开设导油孔，如图 9-37（b）所示，而图 9-37（c）由于轴承盖上没有开设导油孔，润滑油将无法流入轴承进行润滑。

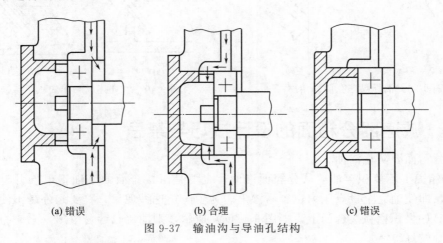

| (a) 错误 | (b) 合理 | (c) 错误 |

图 9-37　输油沟与导油孔结构

（3）油面指示装置设计

油面指示装置的种类很多，有油标尺、圆形油标、长形油标、管状油标等。油标尺由于结构简单，在减速器中应用较广，下面就有关油标尺结构设计应注意的问题分述如下。

① 油标尺座孔在箱体上的高度应设置合理　如图 9-38（a）所示，油标尺座孔在箱体上的高度太低，油易从油标尺座孔溢出，图 9-38（b）所示则比较合理。

又如图 9-38（c）所示，油标尺座孔太高或油标尺太短，不能反映下油面的位置，图 9-38（b）所示比较合理。

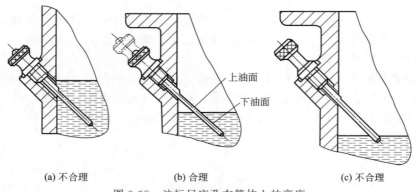

(a) 不合理   (b) 合理   (c) 不合理

图 9-38   油标尺座孔在箱体上的高度

　② 油标尺座孔倾斜角度应便于加工和使用　油标尺座孔倾斜过大，如图 9-39（a）所示，座孔将无法加工，油标尺也无法装配。图 9-39（b）所示结构油标尺座孔位置高低、倾斜角度适中（常为 45°），便于加工，装配时油标尺不与箱缘干涉。

　③ 长期连续工作的减速器油标尺宜加隔离套　图 9-40（a）所示油标尺形式，虽然结构简单，但当传动件运转时，被搅动的润滑油常因油标尺与安装孔的配合不严，而极易冒出箱外，特别是对于长期连续工作的减速器更易漏油。可在油标尺安装孔内加一根套管，如图 9-40（b）所示，润滑油主要在上部被搅动，而油池下层的油动荡较小，从而避免了漏油。

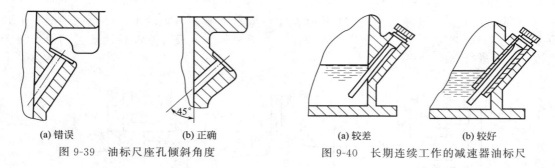

(a) 错误   (b) 正确   (a) 较差   (b) 较好

图 9-39   油标尺座孔倾斜角度   图 9-40   长期连续工作的减速器油标尺

9.4.4　减速器分箱面的设计技巧与禁忌

　（1）分箱面要防止渗油

　① 分箱面上不要积存油　从分箱面渗油，主要是由接合面的毛细管现象引起的，在这种情况下，即使油完全没有压力也容易渗出。为了防止这种现象，首要条件是不使油积存在接合面上。如果积存在接合面上，如图 9-41（a）所示，则油比较容易渗出，图 9-41（b）、（c）所示结构则较好。

　② 分箱面上不允许布置螺钉连接　轴承盖与箱体的螺钉连接，不应布置在分箱面上[图 9-42（a）]，因为这样会使箱体中的油沿剖分面通过螺纹连接缝隙渗出箱外，图 9-42（b）所示螺钉的布置比较合理。

　（2）禁止在分箱面上加任何填料

　为防止减速器箱体漏油，禁止在分箱面上加垫片等任何填料 [图 9-43（a）]，允许涂密封油漆或水玻璃 [图 9-43（b）]。因为垫片等有一定厚度，改变了箱体孔的尺寸（不能保证圆柱度），破坏了轴承外圈与箱体的配合性质，轴承不能正常工作，且轴承孔分箱面处漏油。

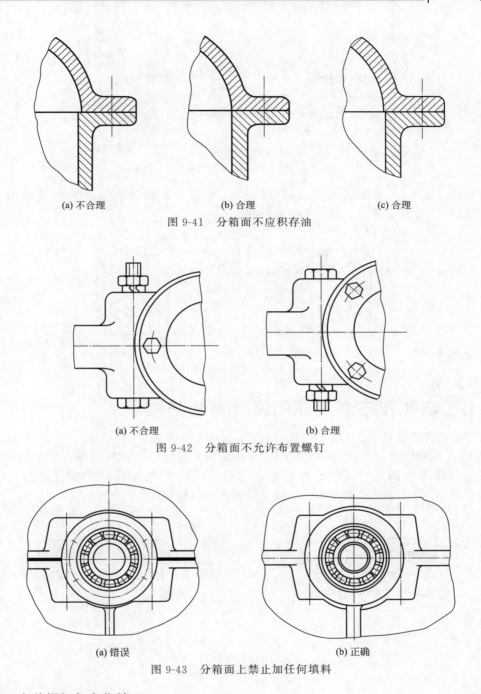

(a) 不合理　　　　　(b) 合理　　　　　(c) 合理

图 9-41　分箱面不应积存油

(a) 不合理　　　　　　　　(b) 合理

图 9-42　分箱面不允许布置螺钉

(a) 错误　　　　　　　　(b) 正确

图 9-43　分箱面上禁止加任何填料

（3）启盖螺钉与定位销

① 启盖螺钉的设计　为便于上、下箱启盖，在箱盖侧边的凸缘上装有 1～2 个启盖螺钉。启盖螺钉上的螺纹长度应大于凸缘厚度 [图 9-44(a)]，钉杆端部要制成圆柱形、大倒角或半圆形，以免顶坏螺纹。图 9-44(b) 结构启盖螺钉螺纹长度太短，启盖时比较困难。图 9-44(c) 下箱体上不应有螺纹，也属不合理结构。

② 定位销的设计　为保证剖分式箱体轴承座孔的加工精度和装配精度，在箱体连接凸缘的长度方向上应设置定位销，两定位销相距尽量远些，以提高定位精度。图 9-45(a) 所示

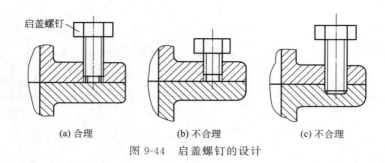

图 9-44 启盖螺钉的设计

结构定位销太短，安装拆卸不便。定位销的长度应大于箱盖和箱座连接凸缘的总厚度 [图 9-45(b)]，使两头露出，便于安装和拆卸。

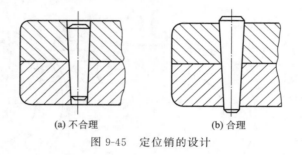

图 9-45 定位销的设计

9.4.5 窥视孔与通气器的设计技巧与禁忌

（1）窥视孔的设计

① 窥视孔的位置应合宜 图 9-46(a) 所示窥视孔设置在大齿轮顶端，观察和检查啮合区的工作情况均很困难，属不合理结构。窥视孔应设置在能看到传动件啮合区的位置 [图 9-46(b)]，并应有足够的大小，以便手能伸入进行操作。

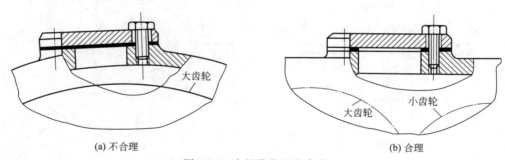

图 9-46 窥视孔位置应合宜

② 箱盖上开窥视孔处应有凸台 图 9-47(a) 箱盖在窥视孔处无凸起，不便于加工，且窥视孔距齿轮啮合处较远，不便观察和操作，窥视孔盖下也无垫片，易漏油，属不合理结构。箱盖上安放盖板的表面应进行刨削或铣削，故应有凸台 [图 9-47(b)]，且窥视孔盖板下应加防渗漏的垫片。

（2）减速器应设置通气器

图 9-48(a) 所示减速器未设置通气器，属不合理结构。减速器运转时，机体内温度升高，气压增大。由于箱体内有压力，容易从接合面处漏油，对减速器密封极为不利。所以应

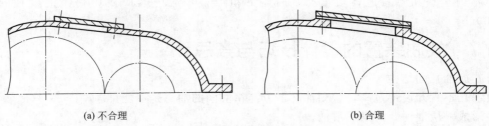

(a) 不合理   (b) 合理

图 9-47   箱盖上窥视孔处应有凸台

在箱盖顶部或窥视孔盖上安装通气器 [图 9-48(b)]，使箱体内热胀气体通过通气器自由逸出，以保证箱体内、外气压均衡，提高箱体有缝隙处的密封性能。

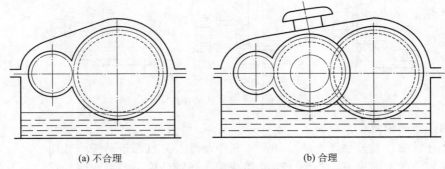

(a) 不合理   (b) 合理

图 9-48   减速器应设置通气器

9.4.6   起吊装置的设计技巧与禁忌

（1）吊环螺钉与箱盖连接的设计

① 吊环螺钉连接处凸台应有一定高度   如图 9-49(a) 所示，吊环螺钉连接处凸台高度不够，螺钉连接的圈数太少，连接强度不够，应考虑加高，如图 9-49(b) 所示。

② 吊环螺钉连接要考虑工艺性   如图 9-49(a) 所示，箱盖内表面螺钉处无凸台，加工时容易偏钻打刀；上部支承面未锪削出沉头座；螺钉根部的螺孔未扩孔，螺钉不能完全拧入，综上原因，吊环螺钉与箱体连接效果不好，图 9-49(b) 所示结构较为合理。

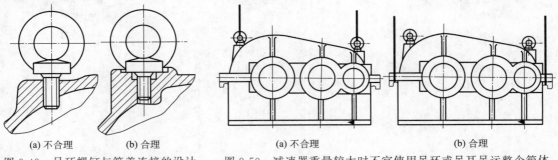

(a) 不合理   (b) 合理   (a) 不合理   (b) 合理

图 9-49   吊环螺钉与箱盖连接的设计   图 9-50   减速器重量较大时不宜使用吊环或吊耳吊运整个箱体

（2）减速器重量较大时不宜使用吊环或吊耳吊运整个箱体

减速器箱盖上设置的吊环或吊耳，主要是用来吊运箱盖的，当减速器重量较大时，禁止使用吊环或吊耳吊运整个箱体 [图 9-50(a)]，只有当减速器重量较轻时，才可以考虑使用吊环或吊耳吊运整机。减速器较重时，吊运下箱或整个减速器应使用箱座上设置的吊钩 [图 9-50(b)]。

9.4.7 放油装置的设计技巧与禁忌

（1）放油孔的结构

放油孔不宜开设得过高，否则油孔下方与箱底间的油总是不能排净 [图 9-51(a)]，时间久了会形成一层油污，污染润滑油。

螺孔内径应略低于箱体底面，并用扁铲铲出一块凹坑，以免钻孔时偏钻打刀 [图 9-51(b)]。图 9-51(c) 未铲出凹坑，加工工艺性不如图 9-51(b)。

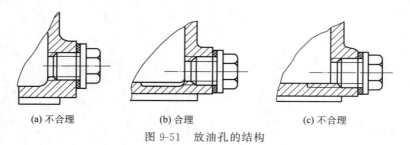

(a) 不合理   (b) 合理   (c) 不合理

图 9-51　放油孔的结构

（2）放油孔的位置

放油孔开设的位置要便于放油，如开在底脚凸缘上方且缩进凸缘里 [图 9-52(a)]，放油时油易在底脚凸缘上面横流，不便于接油和清理，底脚凸缘上容易产生油污。一般应使放油孔开在箱体侧面无底脚凸缘处 [图 9-52(b)] 或伸到底脚凸缘的外端面处 [图 9-52(c)]。

(a) 不合理   (b) 合理   (c) 合理

图 9-52　放油孔的位置

第⑩章 ▷▷▷
联轴器与离合器的结构设计技巧与禁忌

一些比较常用的联轴器或离合器已经标准化、系列化，有的已由专业工厂生产。因此，一般是根据使用条件、使用目的、使用环境进行选用。若现有的联轴器或离合器的工作性能不能满足要求，则需设计专用的。选择或设计比较恰当的联轴器或离合器，一般不仅要考虑整个机械的工作性能、载荷特性、使用寿命和经济性问题，同时也应考虑维修、保养等问题。

10.1 联轴器结构设计技巧与禁忌

10.1.1 联轴器的类型及结构形式

为了适应不同工作需要，人们设计了多种形式的联轴器，机械式联轴器的分类大致如图 10-1 所示。

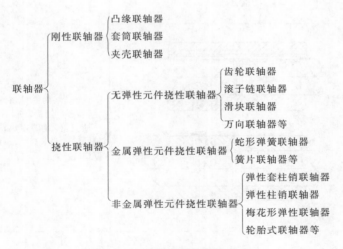

图 10-1　机械式联轴器的分类

刚性联轴器适用于两轴能严格对中，并在工作中不发生相对位移的地方；挠性联轴器适用于两轴有偏斜（可分为同轴线、平行轴线、相交轴线）或在工作中有相对位移（可分为轴向位移、径向位移、角位移、综合位移）的地方，如图 10-2 所示。挠性联轴器又有无弹性元件的、金属弹性元件的和非金属弹性元件的之分，后两种统称为弹性联轴器。

常用联轴器的结构、特点及应用列于表 10-1。

(a) 同轴线,轴向位移　　(b) 平行轴线,径向位移　　(c) 相交轴线,角位移　　(d) 相交轴线,综合位移

图 10-2　两轴相对位置和相对位移

表 10-1　常用联轴器的结构、特点及应用

序号	名称	结构	特点	应用
1	凸缘联轴器	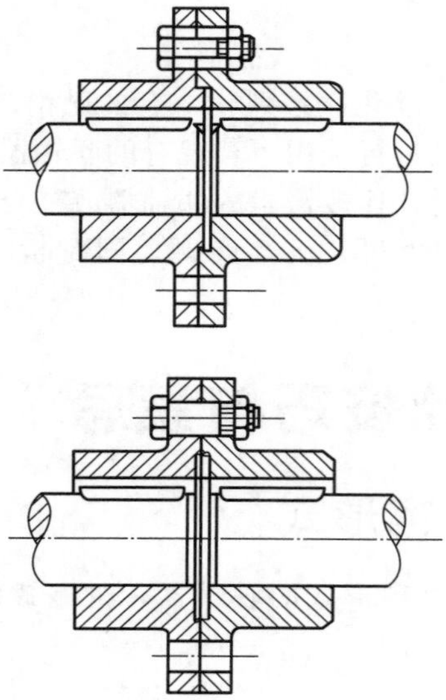	优点:构造简单,成本低,工作可靠,能传递较大转矩 缺点:不能消除冲击及有两轴倾斜或不同心而引起的不良后果	通常用于振动不大的条件下连接低速和刚性不大的两轴
2	套筒联轴器	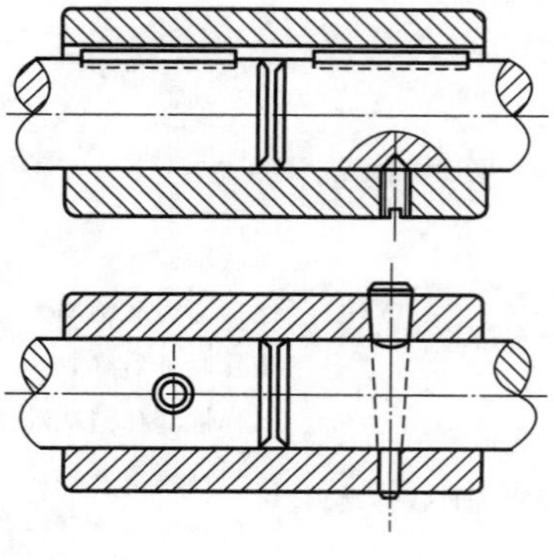	优点:结构简单,径向尺寸小,容易制造,成本低 缺点:传递转矩小,对两轴同轴度要求高,装拆时不方便	适于两轴对中性好工作平稳,传递转矩不大,径向尺寸受限,低速场合
3	夹壳联轴器	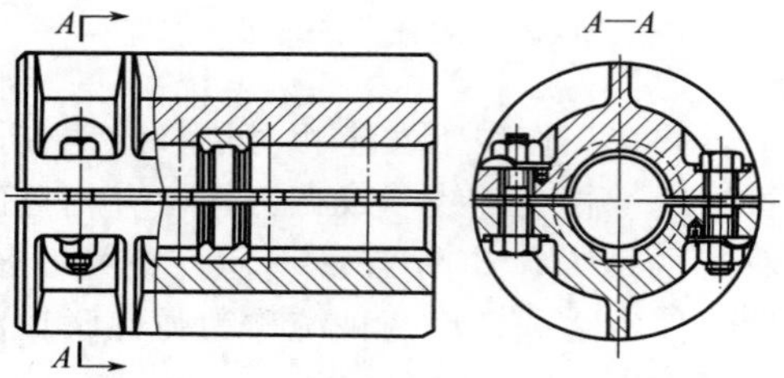	优点:装卸时不用移动轴,使用方便,构造简单,价格低 缺点:无法补偿两轴的偏斜和位移,对两轴对中性要求较高,缺乏缓冲和吸振能力	主要用于低速,外缘速度小于 5m/s,超过 5m/s 时需进行平衡检验

续表

序号	名称	结构	特点	应用
4	齿轮联轴器		优点：两面对称可互换，承载能力大，适用转速范围广，能良好地补偿两轴间综合相对位移 缺点：结构复杂，制造困难，成本高，不适于垂直轴连接及频繁启动的情况，传递运动精度差	两轴平行误差大，主要用于传力较大的重型机械及长轴；正反转变化多，要求传递运动非常准确时不宜采用
5	滚子链联轴器		优点：结构较简单，尺寸紧凑，重量轻，维护方便，寿命长，工作环境适应性强 缺点：频繁启动时经常反转易掉链，高速时冲击振动大，垂直布置工作效果不好	适用于潮湿、多尘、高温、载荷平稳速度不高的场合，不适宜频繁反向场合
6	十字滑块联轴器		优点：结构紧凑，尺寸小，使用寿命长 缺点：制造较为复杂，高速时磨损严重，需润滑	用于两轴径向位移较大、无冲击、低速的场合
7	万向联轴器		优点：允许两轴间有较大的偏角位移，最大夹角可达35°~45°，并允许轴间夹角发生变化 缺点：单万向联轴器不能保证主、从动轴同步转动，易引起动载荷	用于两轴有较大偏斜角或在工作中有较大角位移的地方，要求两轴同步转动的场合需采用双万向联轴器，多用于汽车、拖拉机等

续表

序号	名称	结构	特点	应用
8	弹性套柱销联轴器		优点:容易制造,能缓冲、吸振,成本低,装拆方便 缺点:寿命较低,弹性套易磨损,需经常更换	用于启动频繁、需正反转的中小功率传动,工作环境温度-20~70℃
9	弹性柱销联轴器		优点:结构简单,两面对称,可互换,寿命较长,允许有较大的轴向窜动,能缓冲、吸振,承载力较弹性套柱销联轴器大 缺点:与弹性套柱销联轴器相比,安装精度高,尼龙柱销有吸水性,尺寸稳定性差	适用于冲击载荷不大、轴向窜动较大、启动频繁、正反转多变的场合,工作环境温度-20~70℃
10	梅花形弹性联轴器		优点:结构简单、紧凑,费用便宜,无齿隙,有良好的减振和补偿位移的能力,维修和检查方便 缺点:更换弹性元件时必须移动半联轴器	适用于启动频繁、正反转、中高速、中等扭矩和要求高可靠性的工作场合,工作环境温度-35~80℃
11	轮胎式联轴器		优点:对两轴相对位移补偿能力较大,缓冲、减振性能好,不需润滑,两面对称,可互换 缺点:承载能力不高,径向尺寸大,工作时因轮胎变形易引起附加轴向力,对轴承不利	主要用于有较大冲击、需频繁启动或换向及潮湿、多尘的场合

续表

序号	名称	结构	特点	应用
12	蛇形弹簧联轴器		优点:体积小、强度高、传递转矩大,缓冲、吸振好,寿命长,耐腐蚀,耐热、耐寒 缺点:结构、制造工艺均较复杂,成本高,需润滑	适用于载荷较大、冲击、工作状况恶劣的重型机械中
13	径向簧片联轴器		优点:阻尼性、弹性、减振性好,安全可靠,不受温度、灰尘影响,不需经常维修 缺点:结构、制造工艺均较复杂,成本高,需充满润滑油	适用于载荷变动较大,有可能发生扭转振动的轴系,多用于各种中、高速大功率柴油机拖动的机组中

10.1.2 联轴器的类型选择技巧与禁忌

选择联轴器类型时应着重考虑以下几个方面:载荷的大小及性质;轴转速的高低;两轴相对位移的大小及性质;工作环境如温度、湿度、周围介质及允许的空间尺寸等;装拆、调整、维护等要求;价格等。例如,对载荷平稳的低速轴,如刚度大而对中严格的轴,可选用刚性联轴器;如有冲击振动及相对位移的高速轴,可采用弹性联轴器;对动载荷较大、转速很高的轴,宜选用重量轻、转动惯量小的联轴器;对有相对位移而工作环境恶劣的场合,可选用滚子链联轴器。有关各类联轴器的性能及特点详见有关设计手册。选择联轴器类型时还应注意如下实际问题。

(1) 单万向联轴器不能实现两轴间同步转动

应用于连接轴线相交的两轴的单万向联轴器,能可靠地传递转矩和两轴间的连续回转,但它不能保证主、从动轴之间的同步转动,即当主动轴以等角速度回转时,从动轴作变角速度转动,从而引起动载荷,对使用不利。上述有关结论的理论分析见有关资料。

由于单万向联轴器存在着上述缺点,所以在要求两轴同步转动的场合,不可采用单万向联轴器,而应采用双万向联轴器,即由两个单万向联轴器串接而成,如图 10-3(a)、(b) 所示。当主动轴 1 等角速度旋转时,带动十字轴式的中间件 C 作变角速度旋转,利用对应关系,再由中间件 C 带动从动轴 2 以与轴 1 相等的角速度旋转。因此安装十字轴式万向联轴器时,如要使主、从动轴的角速度相等,必须满足两个条件:主、从动轴与中间件的夹角必须相等,即 $\alpha_1 = \alpha_2$;中间件两端的叉面必须位于同一平面内 [图 10-3(a)、(b)]。如果 $\alpha_1 \neq \alpha_2$ [图 10-3(c)] 或中间两端面叉面不位于同一平面内,均不能使两轴同步转动。

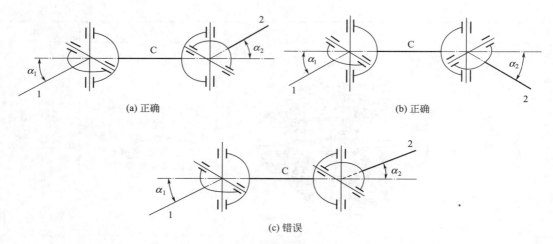

(a) 正确　　　　　　　　　　　(b) 正确

(c) 错误

图 10-3　双万向联轴器使两轴同步转动条件示意

（2）要求同步转动时不宜用有弹性元件的联轴器

在轴的两端被驱动的是车轮等一类的传动件，要求两端同步转动，否则会产生动作不协调或发生卡住现象，在这种场合下，如果采用联轴器和中间轴传动，则联轴器一定要采用无弹性元件的挠性联轴器［图 10-4(a)］。若采用有弹性元件的联轴器［图 10-4(b)］，会由于弹性元件的变形关系而使两端扭转变形不同，达不到两端同步转动。

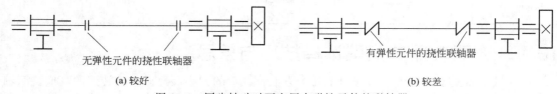

无弹性元件的挠性联轴器　　　　　　　　有弹性元件的挠性联轴器

(a) 较好　　　　　　　　　　　(b) 较差

图 10-4　同步转动时不宜用有弹性元件的联轴器

（3）中间轴无支承时两端不宜采用十字滑块联轴器

通过中间轴驱动传动件时，如果中间轴没有轴承支承［图 10-5(a)］，则在中间轴的两端不能采用十字滑块联轴器与其相邻的轴连接。因为十字滑块联轴器的十字盘是浮动的，容易造成中间轴运转不稳，甚至掉落，在这种情况下，应改用别的类型联轴器，例如采用具有中间轴的齿轮联轴器［图 10-5(b)］。

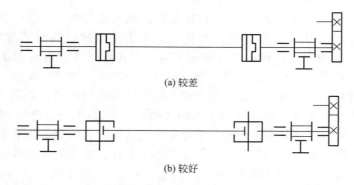

(a) 较差

(b) 较好

图 10-5　中间轴无支承时两端不宜用十字滑块联轴器

（4）在转矩变动源和飞轮之间不宜采用挠性联轴器

为了均衡机械的转矩变动而使用飞轮，在此转矩变动源和飞轮之间不宜采用挠性联轴器 [图 10-6(a)]，因为这会产生附加冲击、噪声，甚至损坏联轴器，在这种情况下，可在飞轮与电动机之间使用联轴器，转矩变动源与飞轮直接连接才有效果 [图 10-6(b)]。

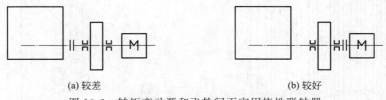

(a) 较差　　　　　　　　　　　　　　　(b) 较好

图 10-6　转矩变动源和飞轮间不宜用挠性联轴器

（5）载荷不稳定不宜选用磁粉联轴器

如图 10-7 所示，码头上安装的带式输送机，设计时采用头尾同时驱动方式，由于头、尾滚筒在实际运行中功率不平衡，功率大的驱动滚筒受力比较大，这种场合电动机与减速器之间不宜采用磁粉联轴器 [图 10-7(a)]，因为此种场合易使联轴器受力过大，长期使用磁粉易老化而损坏。可采用液力联轴器（液力偶合器），如图 10-7(b) 所示，头尾间载荷可自动平衡，工作可靠。

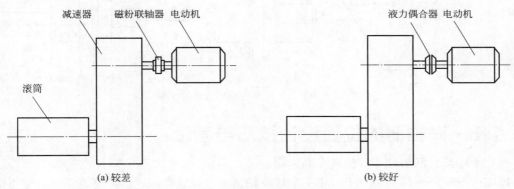

(a) 较差　　　　　　　　　　　　　　　(b) 较好

图 10-7　载荷不稳定不宜选用磁粉联轴器

（6）刚性联轴器不适于两轴径向位移较大的场合

刚性联轴器由刚性传力件组成，工作中要求两轴同轴度较高，因而这种联轴器不适于工作中两轴径向位移较大的场合，例如电除尘器振打装置的传动轴与除尘器通轴的连接，现具体分析如下。

图 10-8 所示为电除尘器的结构简图，采用机械锤击振打沉尘极框架的方法进行清理积尘。设计采用电动机通过减速装置和一级链传动（图中均为画出），带动一根贯通除尘器电场的通轴上的拨叉回转，拨叉每回转一圈则拨动固定在每一块框架侧端的振打锤举起，然后靠自重落下达到锤击框架的目的。传动轴与通轴的连接不宜采用刚性联轴器，因为由于电除尘器工作时通过的烟气温度一般在 250℃ 左右，在这种温度下工作的沉尘极框架产生变形，造成通轴的轴承移位，而传动轴支承则固定在除尘器的箱体上或外面的操作台上不产生变形，如此，造成传动轴与通轴的轴线发生偏斜，刚性联轴器不能补偿这一位移，工作中产生较大的附加力矩，甚至使通轴卡死无法转动。对这种径向位移较大的场合，可选用十字滑块联轴器，十字滑块联轴器主要用于两平行轴间的连接，工作时可自行补偿传动轴与通轴轴线

的径向偏移，从而保证振打装置的正常工作。

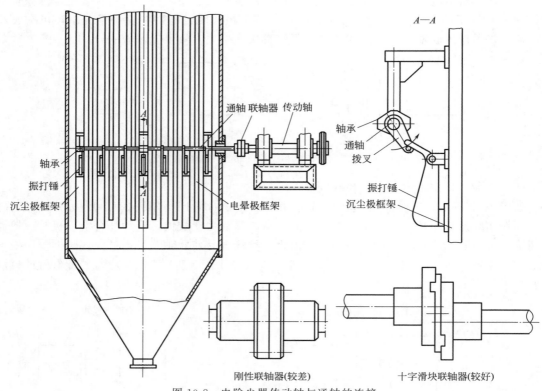

图 10-8 电除尘器传动轴与通轴的连接

10.1.3 联轴器的位置设计技巧与禁忌

（1）十字滑块联轴器不宜设置在高速端

图 10-9（a）所示传动装置中，十字滑块联轴器不宜设置在减速器的高速轴端，应与低速轴端的弹性套柱销联轴器对调，如图 10-9（b）所示。

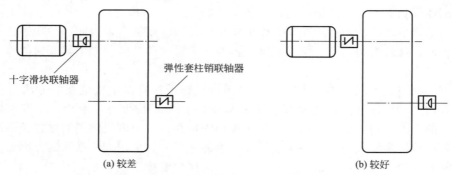

图 10-9 十字滑块联轴器不宜设置在高速端

十字滑块联轴器在两轴间有相对位移时，中间盘会产生离心力，速度较大时，将增大动载荷及其磨损，所以不适于高速条件下工作，而弹性套柱销联轴器由于有弹性元件可缓冲吸振，比较适于高速，所以两者对调比较合宜。

（2）高速轴的挠性联轴器应尽量靠近轴承

在高速旋转轴悬伸的轴端上安装挠性联轴器时，悬伸量越大，变形和不平衡重量越大，引起悬伸轴的振动也越大 ［图 10-10(a)］，因此在这种场合下，应使联轴器的位置尽量靠近轴承 ［图 10-10(b)］，并且最好选择重量轻的联轴器。

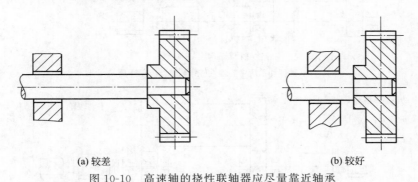

(a) 较差　　　　　　　　　　　　　　(b) 较好
图 10-10　高速轴的挠性联轴器应尽量靠近轴承

（3）液力联轴器的位置

如果液力联轴器置于减速器输出端，如图 10-11(a) 所示，电动机启动时，不但要带动泵轮启动，而且还要带动减速器启动，启动时间长，且会出现力矩特性变差。液力联轴器应放置在电动机附近，如图 10-11(b) 所示，一则是液力联轴器转速高其传递转矩大，二则是电动机启动时可只带泵轮转动，启动时间较短。

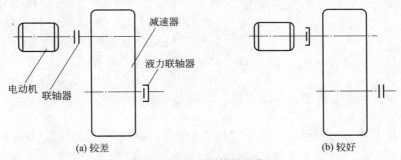

(a) 较差　　　　　　　　　　　　　　(b) 较好
图 10-11　液力联轴器的位置

（4）弹性柱销联轴器不适于多支承长轴的连接

如图 10-12 所示，圆形翻车机靠自重及货载重量压在两个主动辊轮和两个从动托辊上，当电动机转动时驱动减速器及辊轮旋转，从而使翻车机回转。

如采用图 10-12(a) 的结构，两主动辊轮由一根长轴驱动，长轴分为两段由弹性柱销联轴器连接，则由于长轴支承较多（4 个），同轴度难以保证，且在长轴上易产生较大的挠度和偏心振动，因而产生附加弯矩，对翻车机工作极为不利，特别是当翻车机上货载不均衡时，系统启动更为困难。欲解决上述问题，可考虑将长轴改为两段短轴，改成双电机分别驱动两主动辊轮的方案，如图 10-12(b) 所示。

10.1.4　联轴器的结构设计技巧与禁忌

（1）挠性联轴器缓冲元件宽度的设计

如果挠性联轴器的缓冲元件宽度比联轴器相应接触面的宽度大 ［图 10-13(a)］，则其端部被挤出部分，将使轴产生移动，所以一般缓冲元件应取稍小于相应接触宽度的尺寸

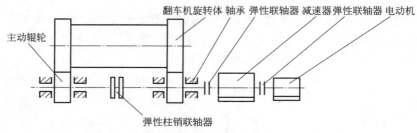

(a) 长轴传动系统中的弹性柱销联轴器(较差)

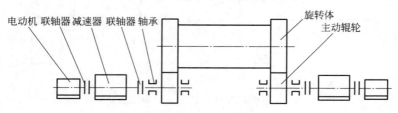

(b) 短轴传动系统中的弹性柱销联轴器(较好)

图 10-12   翻车机传动轴联轴器的设置

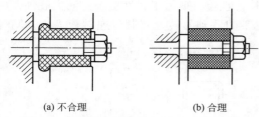

(a) 不合理   (b) 合理

图 10-13   挠性联轴器缓冲元件宽度的设计

［图 10-13（b）］，以防被从联轴器接触面挤出，妨碍联轴器的正常工作。

（2）销钉联轴器销钉的配置

如图 10-14（a）所示的销钉联轴器，用一个销钉传力时，如果联轴器传递的转矩为 T，则销钉受力 $F = T/r$（r 为销钉回转半径），此力对轴有弯曲作用，如果采用一对销钉［图 10-14（b）］，则每个销钉受力为 $F' = T/2r$，仅为前者的一半，而且二力组成一个力偶，对轴无弯曲作用。

（3）联轴器的平衡

联轴器本体一般为铸、锻件，并不是所有的表面都经过切削加工，因此要考虑其不平衡。若本体表面未经切削加工［图 10-15（a）］，则不利于联轴器的平衡。一般可根据速度的高低采用静平衡或动平衡。在高速条件下工作的联轴器本体应该是全部经过切削加工的表面［图 10-15（b）］。

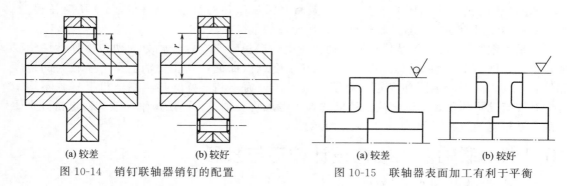

(a) 较差   (b) 较好   (a) 较差   (b) 较好

图 10-14   销钉联轴器销钉的配置   图 10-15   联轴器表面加工有利于平衡

（4）高速旋转的联轴器不应有凸出在外的凸起物

在高速旋转的条件下，如果联轴器连接螺栓的头、螺母或其它凸出物等从凸缘部分凸出

[图 10-16(a)]，则由于高速旋转而搅动空气，增加损耗，或成为其它不良影响的根源，而且还容易危及人身安全。所以，在高速旋转条件下的联轴器应考虑使凸出物埋入联轴器的防护边中，如图 10-16(b) 所示。

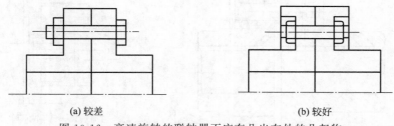

(a) 较差　　　　　　　　　　(b) 较好

图 10-16　高速旋转的联轴器不应有凸出在外的凸起物

（5）不要利用齿轮联轴器的外套作制动轮

在需要采用制动装置的机器中，在一定条件下，可利用联轴器中的半联轴器改为钢制后作为制动轮使用。但对于齿轮联轴器，由于它的外套是浮动的，当被连接的两轴有偏移时，外套会倾斜，因此，不宜将齿轮联轴器的浮动外套当作制动轮使用 [图 10-17(a)]，否则容易造成制动失灵。

只有在使用具有中间轴的齿轮联轴器的场合 [图 10-17(b)]，可以将其外套改制或连接制动轮使用，因为此时外套不是浮动的，不会发生与轴倾斜的情况。

(a) 不合理　　　　　　　　　　(b) 合理

图 10-17　不宜用齿轮联轴器外套作制动轮

（6）有凸肩和凹槽对中的联轴器要考虑轴的拆装

采用具有凸肩的半联轴器和具有凹槽的半联轴器相嵌合而对中的凸缘联轴器时，要考虑拆装时，轴必须轴向移动。如果在轴不能轴向移动或移动很困难的场合 [图 10-18(a)]，则不宜使用这种联轴器。因此，为了能对中而轴又不能轴向移动的场合，要考虑其它适当的连接方式，例如采用铰制孔装配螺栓对中 [图 10-18(b)]，或采用剖分环相配合对中 [图 10-18(c)]。

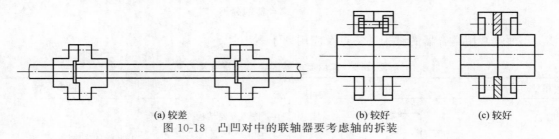

(a) 较差　　　　　　(b) 较好　　　　　(c) 较好

图 10-18　凸凹对中的联轴器要考虑轴的拆装

（7）联轴器的弹性柱销要有足够的装拆尺寸

弹性套柱销联轴器的弹性柱销，应在不移动其它零件的条件下自由装拆，如图 10-19(a) 所示，设计时尺寸 A 有一定要求，就是为拆装弹性柱销而定。如果装拆时尺寸 A 小于设计规定，如图 10-19（b）所示，右侧空间狭窄，手不能放入，拆装弹性套柱销时，必须卸下电动机才能进行处理，非常麻烦，应尽量避免。

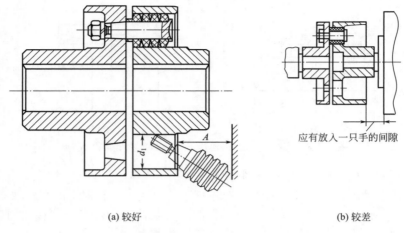

(a) 较好　　　　　　　　　　　　　(b) 较差

图 10-19　弹性套柱销的装拆尺寸

10.2　离合器结构设计技巧与禁忌

10.2.1　常用离合器类型、特点及应用

离合器的种类很多，部分已经标准化，可从有关样本或机械设计手册中选取。按照有关标准，离合器按离合方法分类大致如图 10-20 所示。

离合器 {
　操纵离合器 { 机械操纵离合器 / 液动操纵离合器 / 气动操纵离合器 / 电磁操纵离合器 }
　自动离合器 { 离心离合器 / 超越离合器 / 安全离合器 }
}

图 10-20　离合器的分类

几种较常用离合器的结构、特点及应用列于表 10-2。

表 10-2　常用离合器的结构、特点及应用

序号	名称	结构	特点	应用
1	牙嵌离合器		牙嵌离合器结构简单，外廓尺寸小，能传递较大的转矩，不打滑，运动精确　牙嵌离合器只宜在两轴不回转或转速差很小的时候才进行接合，否则牙齿可能会因此受到撞击而折断	主要用于低速、载荷较大机械的传动轴系　锯齿形牙嵌离合器只能单向工作，反转时由于有较大的轴向力，会使离合器自行分离

续表

序号	名称	结构	特点	应用
2	摩擦离合器	单圆盘式　多圆盘式　单圆锥式　双圆锥式	①对任何不同转速的两轴都可以在运转时接合或分离 ②接合时冲击和振动较小 ③过载时摩擦面间自动打滑,可防止其它零件损坏 ④调节摩擦面间压力,可改变从动轴加速时间和传递的转矩 ⑤接合与分离时,摩擦面间产生相对滑动,消耗一定能量,造成磨损和发热 ⑥结构较复杂,体积较大	单圆盘摩擦离合器当传递转矩很大时,需要很大的轴向力,或很大的摩擦盘直径,所以多用于传递转矩不大(小于 2000N·m)的轻型机械,如包装机械、纺织机械等 多圆盘式摩擦离合器常用于传递转矩较大,经常在运转中离合或频繁启动、重载的场合。广泛应用于汽车、拖拉机和各种机床中
3	磁粉离合器		优点是接合平稳,动作迅速,运行可靠,使用寿命较长,可远距离操纵,结构简单;缺点是重量大,工作一定时间后需更换磁粉	广泛应用于各行业,但应远离油箱、水箱或空气过于潮湿的场合,长期不用时不得与酸碱等腐蚀性物品同室存放
4	滚柱式超越离合器		径向尺寸较大,对制造精度和表面粗糙度要求很高,只能传递单向的转矩,可在机械中用来防止逆转	常用于高速单向传递较大转矩的场合,以及较精密的机器和运输机械中
5	弹簧-滚珠安全离合器		靠弹簧产生的压力和摩擦力实现离合,两轴分离后滚珠与接触件均产生磨损,故传递转矩受限	用于有安全性要求的场合,以及传递转矩较小的场合
6	棘轮式超越离合器	棘爪　内棘轮　外轮　轴　弹簧	结构简单,工作可靠,精度要求较低,与摩擦式离合器相比正压力不大 缺点是当只有一个棘爪工作时,轴上径向载荷增大	常用于单向传动、低转速的机械设备中

10.2.2　离合器的类型选择技巧与禁忌

（1）要求分离迅速场合不要采用油润滑的摩擦盘式离合器

在某些场合下，主、从动轴的分离要求迅速，在分离位置时没有拖滞，此时不宜采用油润滑的摩擦盘式离合器，因为由于油润滑具有黏性，使主、从动摩擦盘容易粘连，致使不易迅速分离，造成拖滞现象。若必须采用摩擦盘式离合器时，应采用干摩擦盘式离合器或将内摩擦盘做成碟形，松脱时，由于内盘的弹力作用可使其迅速与外盘分离。而环形内摩擦盘则不如碟形，分离时容易拖滞（图10-21）。

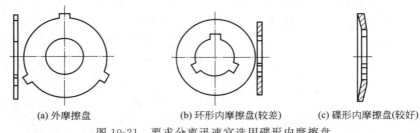

(a) 外摩擦盘　　　　　(b) 环形内摩擦盘(较差)　　　　　(c) 碟形内摩擦盘(较好)

图 10-21　要求分离迅速宜选用碟形内摩擦盘

（2）高温条件下不宜选用多圆盘摩擦离合器

多圆盘摩擦离合器［图10-22(a)］能够在结构空间很小的情况下传递较大的转矩，但是在高温条件下工作时间较长时，会产生大量的热，极易损坏离合器，此种场合，若必须使用摩擦盘式离合器，可考虑使用单圆盘摩擦离合器［图10-22(b)］，散热情况较好。

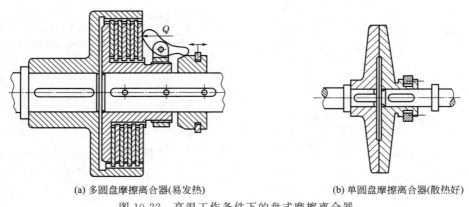

(a) 多圆盘摩擦离合器(易发热)　　　　　(b) 单圆盘摩擦离合器(散热好)

图 10-22　高温工作条件下的盘式摩擦离合器

（3）载荷变化大、启动频繁的场合不宜选用摩擦离合器

载荷变化较大且频繁启动的场合，例如挖掘机一类的传动系统，由于挖掘物料的物理性质变化大，阻力变化也大，使驱动机负荷变化范围大，且承受交变载荷，故要求驱动机有大的启动力矩和超载能力，碰到特殊情况还出现很大的堵转力矩，此时就要限制其继续转动，以免损坏设备，此种场合离合器既要适应变化的载荷，又要适应频繁离合，而摩擦离合器［图10-23(a)］虽能使设备不随主传动轴旋转，但发热很大，不适应于这种工程机械。

液力偶合器［图10-23(b)］具备载重启动、过载保护、减缓冲击、隔离振动等特点，可满足上述工况的要求，而且提高工作效率，并降低油耗。

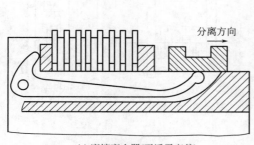

(a) 摩擦离合器(不适于变载)　　(b) 液力偶合器(适于变载)

图 10-23　载荷变化大、启动频繁的场合不宜选用摩擦离合器

10.2.3　离合器的位置设计技巧与禁忌

（1）机床中离合器的位置

在图 10-24(a) 中，机床的离合器装在主轴箱的输出轴上，当离合器在零位时，虽然机床并不工作，但主轴箱中的轴和齿轮都在转动，造成无用的功率消耗，并使箱中机件磨损加快，机床寿命降低，所以不应将离合器装在主轴箱的输出轴上，而应将离合器装在电动机输出轴上，如图 10-24(b) 所示，这样在电动机开动时，可避免箱中机件在机床启动前的不必要磨损，而且还能避免主轴箱中的机件由于骤然转动而遭受有害的冲击力。

（2）变速机构中离合器的位置

在自动或半自动机床等传动系统中，往往需要在运行过程中变换主轴转速，而机床主轴转速又较高，所以常采用摩擦离合器变速机构。设计传动系统时，对于摩擦离合器在传动系统中的安放位置，应注意避免出现超速现象。超速现象是指当一条传动路线工作时，在另一条不工作的传动路线上，传动构件（例如齿轮）出现高速空转现象。

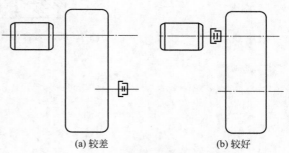

(a) 较差　　　　　(b) 较好

图 10-24　机床中离合器的位置

在图 10-25 中，Ⅰ轴为主动轴，Ⅱ轴为从动轴，各轮齿数为 $A=80$，$B=40$，$C=24$，$D=96$。当两个离合器都安装在主动轴上时 [图 10-25(a)]，在离合器 M_1 接通、M_2 断开的情况下，Ⅰ轴上的小齿轮 C 就会出现超速现象。这时候空转转速为Ⅰ轴的 8 倍，即 $(80/40) \times (96/24)=8$，由于Ⅰ轴与齿轮 C 的转动方向相同，所以离合器 M_2 的内、外摩擦片之间相对转速为 $8n_1-n_1=7n_1$。相对转速很高，不仅为离合器正常工作所不允许，而且会使空转功率显著增加，并使齿轮的噪声和磨损加剧。若将离合器安装在从动轴上 [图 10-25(c)]，当 M_1 接合、M_2 断开时，D 轮的空转转速为 $n_1/4$，Ⅱ轴的转速为 $2n_1$，则离合器 M_2 的内、外摩擦片之间相对转速为 $2n_1-n_1/4=1.75n_1$，相对转速较低，避免了超速现象。

有时为了减小轴向尺寸，把两个离合器分别安装在两个轴上，当离合器与小齿轮安装在一起 [图 10-25(b)]，则同样也会出现超速现象；若将离合器与大齿轮安装在一起 [图 10-25(d)]，就不会出现超速现象。

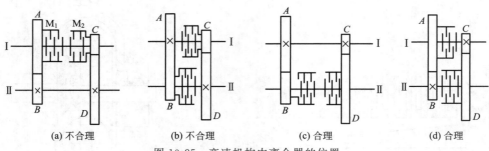

(a) 不合理   (b) 不合理   (c) 合理   (d) 合理

图 10-25   变速机构中离合器的位置

（3）离合器操纵环的位置

多数离合器采用机械操纵机构，最简单的是杠杆、拨叉和滑环所组成的杠杆操纵机构。

由于离合器在分离前和分离后，主动半离合器是转动的，而从动半离合器是不转动的，为了减少操纵环与半离合器之间的磨损，应尽可能将离合器操纵环安装在与从动轴相连的半离合器上（图 10-26）。

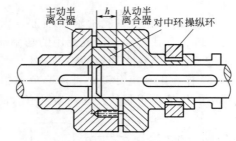

图 10-26   离合器操纵环的位置

第11章

弹簧的结构设计技巧与禁忌

弹簧是变形时产生力的一种机械零件。它的作用主要是减振、复位、夹紧、测力和储能等。弹簧在机械工程中应用极广，主要用于如下几方面。

① 用来施加力，为机构的构件提供约束力，以消除间隙对运动精度的影响。例如凸轮机构中可以用弹簧保持从动件紧贴凸轮。

② 储存或吸收能量，用作发动机。其能量借助于预先绕紧而积蓄在弹簧中，例如钟表发条。

③ 吸收冲击能，隔离振动。主要用于运输机械（汽车、铁路车辆等）、仪器以及机器的隔振基础等。

④ 提供弹性，根据弹性元件的弹性变形来测量力，例如用于测量仪器中。

11.1 弹簧的类型和结构

弹簧的种类很多，有不同的分类方法。按载荷形式可分为拉伸弹簧、压缩弹簧、扭转弹簧和弯曲弹簧；按几何形状可分为螺旋弹簧、环形弹簧、碟形弹簧、平面涡卷弹簧、片簧和板弹簧等。常用弹簧类型、特点及应用列于表11-1。表11-1中一般为金属弹簧，此外还有非金属弹簧，例如橡胶弹簧。

表 11-1　常用弹簧的类型、特点及应用

类型		结构简图	特点及应用
螺旋弹簧	圆柱螺旋弹簧	 圆柱螺旋压缩弹簧	自由状态下各圈之间有适当间隙，最大载荷时也必须保留一定间隙，以保持其弹性。空间尺寸相同时，矩形截面弹簧比圆形截面弹簧吸收能量大，刚度更接近常数。工作中承受压力，应用较广
		 圆柱螺旋拉伸弹簧	空载时各圈相互并紧，没有间隙。分为预应力拉伸弹簧和无预应力拉伸弹簧，前者较后者工作空间小

续表

类型		结构简图	特点及应用
螺旋弹簧	圆柱螺旋弹簧	 圆柱螺旋扭转弹簧	自由状态下各圈之间留有少量间隙，($\delta \approx 0.5mm$)，以防止各圈彼此接触，并产生摩擦和磨损。工作中承受转矩。主要用作压紧弹簧、储能弹簧和传力（转矩）弹簧
	圆锥螺旋弹簧	 圆锥螺旋压缩弹簧	弹簧圈从大端开始接触后特性线为非线性的，变刚度。可防止共振，稳定性好，结构紧凑。多用于承受较大载荷和减振装置
其它类型弹簧	碟形弹簧		由钢板冲压形成的碟状垫圈式弹簧。采用不同的组合，可得到不同的特性线。工作中承受压力，缓冲吸振性强，用于要求缓冲和减振能力强的重型机械
	环形弹簧		由带有内锥面的外圆环和带有外锥面的内圆环组成，圆锥面间具有较大的摩擦力，因而具有很高的减振能力。工作中承受压力，常用于重型设备的缓冲装置
	平面涡卷弹簧		工作中承受转矩。圈数多，变形角大，储能能力大。多用在精密机械中，如测量游丝、接触游丝和钟表中的储能发条
	片簧		片状结构的弹簧，有直片簧和弯片簧，后者用于空间较小、片簧较长处。主要用于弹簧工作行程和作用力均不大的情况下，如一些电器设备中
	板弹簧		采用钢板制成，缓冲、减振作用强，体积较大、较重。广泛用于汽车、铁道车辆及机械产品中的防振装置

11.2　弹簧结构设计技巧与禁忌

11.2.1　圆柱螺旋弹簧结构设计技巧与禁忌

（1）圆柱螺旋压缩弹簧受最大载荷时簧丝之间应有间隙

压缩弹簧随着弹簧受力不断增加，弹簧的簧丝逐渐靠近，在达到最大工作载荷时，簧丝之间仍应留有一定的间隙，保证此时弹簧仍有弹性。否则，弹簧将失去弹性，无法工作。图 11-1(a) 是错误的结构，图 11-1(b) 是正确的结构。

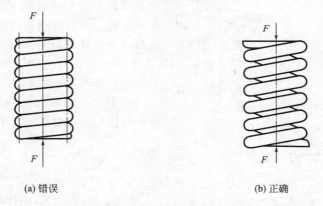

(a) 错误 (b) 正确

图 11-1 圆柱螺旋压缩弹簧受最大载荷时簧丝之间应有间隙

(2) 压缩弹簧必须满足不失稳条件

当压缩弹簧的圈数较多、高径比较大时，还应满足稳定性指标，以免工作时造成弹簧的侧向弯曲（失稳），如图 11-2(a) 所示。用高径比 $H_0/D_2 \leqslant b$ 来表征弹簧的稳定性。弹簧不失稳的极限高径比与弹簧两端支承情况有关。为了保证弹簧不失稳，一般应满足下列条件：当弹簧两端均为回转端时 ［图 11-2(b)］，$b \leqslant 2.6$；当弹簧两端均为固定端时 ［图 11-2(c)］，$b \leqslant 5.3$；当弹簧两端为一端固定、一端回转时，$b \leqslant 3.7$。如果不满足上述条件，应在弹簧内侧加导向杆 ［图 11-2(d)］ 或在弹簧外侧加导向套 ［图 11-2(e)］。

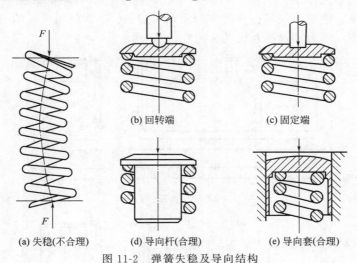

(b) 回转端 (c) 固定端

(a) 失稳(不合理) (d) 导向杆(合理) (e) 导向套(合理)

图 11-2 弹簧失稳及导向结构

(3) 压缩弹簧受变载荷的重要场合应采用并紧磨平端

压缩弹簧两端各有 0.75～1.25 圈与弹簧座相接触的支承圈，俗称死圈。死圈不参加弹簧变形，其端面应垂直于弹簧轴线。在受变载荷的重要场合中，如弹簧端部死圈不磨平，如图 11-3(a) 所示，则附加动载荷较大，此时应采用并紧磨平端，如图 11-3(b) 所示较好。死圈的磨平长度应不小于一圈弹簧圆周长度的 1/4，末端厚度应约为 $0.25d$ （d 为弹簧丝直径）。

(a) 并紧不磨平端(较差)

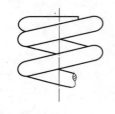

(b) 并紧磨平端(较好)

图 11-3　压缩弹簧的端部结构形式

（4）组合弹簧旋向应相反

圆柱螺旋弹簧受力较大而空间受到限制时，可以采用组合螺旋弹簧，使小弹簧装在大弹簧里面，可制成双层甚至三层的结构，为避免弹簧丝的互相嵌入，内外弹簧旋向不应相同[图 11-4(a)]，而应相反 [图 11-4(b)]。

（5）柴油发电机隔振系统弹簧不可过软

图 11-5(a) 所示为柴油发电机隔振系统，由于过于追求隔振效果，隔振弹簧过软，使得

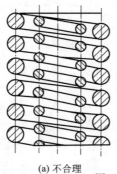

(a) 不合理

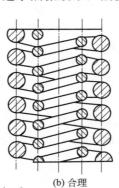

(b) 合理

图 11-4　组合弹簧旋向应相反

机座横向振摆，振动失稳，该阶固有频率接近于柴油机排气频率，机体摇摆振动的振幅越来越大，致使柴油机组无法正常工作。如图 11-5(b) 所示，适当降低一次隔振弹簧的高度或改用其它类型弹簧，改变二次隔振弹簧的跨距，增加一、二次隔振弹簧的刚度，使摇摆振动频率远离排气频率，可大大提高系统的稳定性。

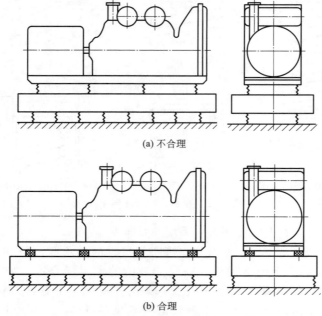

图 11-5　柴油发电机隔振系统弹簧设计

（6）自动上料装配弹簧避免互相缠绕

有些弹簧在机械上自动装配，用自动上料装置送到装配工位，这种弹簧设计时应避免有钩、凹槽［图 11-6(a)］，以免在供料时互相接触而嵌入纠结。弹簧应采用封闭端结构，如图 11-6(b) 所示，将拉伸弹簧端部的钩改为环状。

（7）有初应力拉伸弹簧比无初应力拉伸弹簧安装空间小

有初应力拉伸弹簧通过特殊的卷绕方法，使簧丝截面产生初应力，这种初应力力图使簧圈并紧，因此簧圈之间产生了圈间压力。只有当外力大于圈间压力时，弹簧才开始变形。而无初应力拉伸弹簧则没有这一特点。图 11-7 所示的弹簧 1 和弹簧 2 分别为无初应力和有初应力弹簧，如要求两弹簧产生相同的拉力 F，且两弹簧工作行程 λ_g 和刚度相同，则由图可见，有初应力弹簧的安装空间明显比无初应力弹簧小。

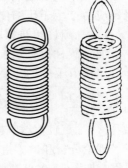

(a) 不合理　(b) 合理

图 11-6　自动上料装配
弹簧避免互相缠绕

（8）圆柱螺旋扭转弹簧的加力方向应使弹簧所受横向力小

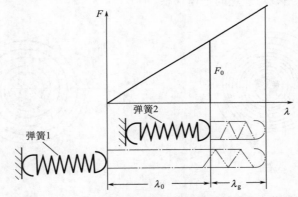

图 11-7　有初应力弹簧和无初应力弹簧特性线和安装空间

图 11-8(a) 所示弹簧两端加力方向相同，弹簧受的横向力是 P_1、P_2 之和，使弹簧受横向力大。图 11-8(b) 所示 P_1、P_2 方向相反，弹簧受的横向力是 P_1、P_2 之差，使弹簧受横向力小，因而此种结构设计较好。

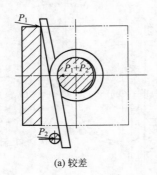
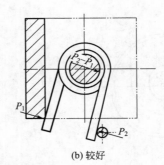

(a) 较差　　　　　　(b) 较好

图 11-8　扭转弹簧的加力方向

（9）圆柱螺旋拉伸弹簧应有保护装置

圆柱螺旋拉伸弹簧应有安全保护装置，拉伸弹簧不同于压缩弹簧（它没有自己的保护装置），应有防护罩或外壳等保护，防止一旦弹簧被拉断或脱钩，弹簧飞出伤人。

（10）注意圆柱螺旋扭转弹簧扭转方向和应力的关系

一般来说承受压缩应力较承受拉伸应力安全，较不易损坏，所以在实际设计弹簧时，使最大应力产生于压缩侧，并顺着弹簧的卷绕方向加载是有利的，应避免加错方向。

（11）圆柱扭转螺旋弹簧的圈数应大于 3 圈

如果圆柱扭转螺旋弹簧的圈数小于 3 圈，就容易受末端的影响，使弹簧在承载时簧圈各部分作用着不等的弯矩，降低弹簧强度和寿命。

11.2.2 游丝结构设计技巧与禁忌

（1）避免游丝扭转后偏心

理论分析和试验指出：由于游丝外圈固定方法不完善，使游丝扭转后，各圈之间产生偏心现象，如图 11-9(a) 所示。这种偏心现象随着游丝每一圈转角的增大而增大，图 11-9(a) 表示出游丝轴转动后游丝各圈出现偏心的方向，图中箭头表示偏心分布的游丝对转轴产生的侧向力，这个侧向力对游丝正常工作是不利的。所以游丝转角较大时，其圈数也应增多，使每圈的转角减小。图 11-9(b) 是较为理想的工作状态。

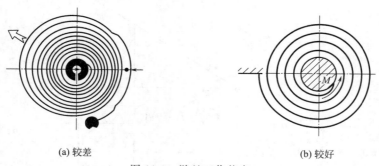

(a) 较差　　　　　　　　　　　(b) 较好

图 11-9　游丝工作状态

（2）用于消除空回的游丝必须安装在传动链的最后一环

图 11-10 所示为常见的百分表结构，其中游丝的作用是产生反力矩，迫使各级齿轮在传动时总在固定齿面啮合，从而消除了侧隙对空回的影响。

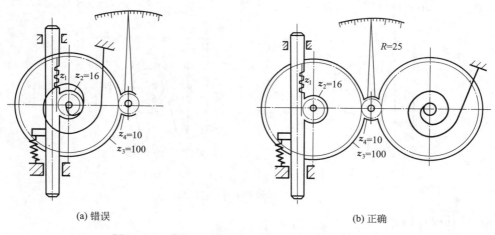

(a) 错误　　　　　　　　　　　(b) 正确

图 11-10　消除空回的游丝应放在传动链的最后一环

结构设计时注意，游丝必须安装在传动链的最后一环，才能把传动链中所有的齿轮都保持单面压紧，不致出现测量变化而指示值不变的情况。如果将游丝安装在齿轮 3 的轴上［图 11-10 (a)］，则是错误的，因为这样 3 轮和 4 轮间的侧隙不能消除，仍将产生空回测量误差。图 11-10（b）所示增加一个大齿轮的结构是正确的，游丝安装在该大齿轮的轴上，可消除整个传动系统的空回误差。另外，如果将游丝安装在小齿轮 4 的轴上，游丝转的圈数过多，偏心严重，甚至碰圈，也不合理。

（3）游丝的外径受相邻零件外径的限制

设计游丝的外径时应考虑其受相邻零件外径的限制。游丝的外径一般不大于与其同轴的齿轮或其它盘状零件的外径，以避免游丝碰圈，并使结构紧凑。图 11-11 所示为钟表机构振荡系统的游丝。

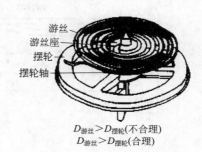

$D_{游丝} > D_{摆轮}$(不合理)
$D_{游丝} > D_{摆轮}$(合理)

图 11-11　游丝外径不应大于同轴零件外径

11.2.3　片簧结构设计技巧与禁忌

（1）片簧固定防转结构

图 11-12 所示是最常用的螺钉固定片簧结构，为使片簧固定可靠，不能只采用一个螺钉固定［图 11-12(a)］，而必须采用两个螺钉固定［图 11-12(b)］，目的是为了防止片簧转动。如果由于位置关系，当只有一个螺钉固定片簧时，为防止片簧转动，可采用图 11-12(c) 或图 11-12(d) 的结构。

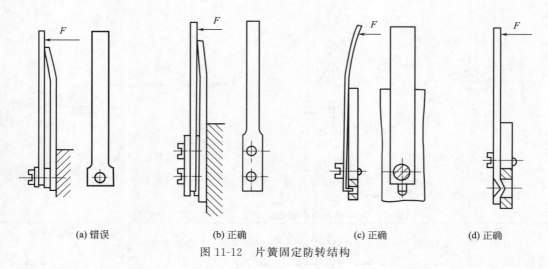

(a) 错误　　　　(b) 正确　　　　(c) 正确　　　　(d) 正确

图 11-12　片簧固定防转结构

（2）减小应力集中

当片簧固定部分宽于工作部分时，两部分不宜采用直角衔接［图 11-13(a)］，而应采用光滑圆角过渡［图 11-13(b)］，以减小应力集中。

（3）弯片簧比直片簧节省安装空间

当安放片簧的结构空间较小，而又必须增大片簧的工作长度时，可采用弯片簧。

（4）振动条件下宜采用有初应力片簧

直片簧可分为有初应力［图 11-14(a)］和无初应力［图 11-14(b)］两种。受单向载荷

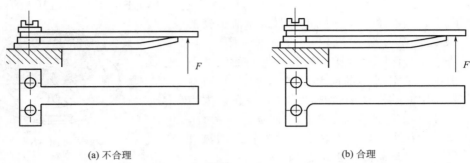

(a) 不合理   (b) 合理

图 11-13 片簧固定部分与工作部分应设圆角过渡

作用的片簧，通常采用有初应力片簧。如图 11-14(a) 所示，位置 1 为有初应力片簧的自由状态，安装时，在刚性较大的支片 A 作用下，受作用力 F_1，产生了初挠度而处于位置 2。当外力小于 F_1 时，片簧不再变形，只有当外力大于 F_1 时，片簧才与支片 A 分离而变形，所以有初应力片簧在振动条件下仍能可靠工作（当惯性力不大于 F_1 时），而无初应力片簧在振动条件下位置误差比较大，即振动条件下宜采用有初应力片簧。

（5）有初应力片簧对安装误差不敏感

由图 11-14 还可以看出，在同样工作要求下，即在载荷 F_2 作用下，两种片簧从安装位置产生相同的挠度 λ_2，有初应力片簧安装时已有初挠度 λ_1，所以在载荷 F_2 的作用下，总挠度 $\lambda = \lambda_1 + \lambda_2$，因此片簧弹性特性具有较小的斜率。如因制造、装配引起片簧位置的误差相同时（例如等于 $\pm \Delta$），则有初应力片簧中所产生的力的变化，将比无初应力片簧要小，即有初应力片簧对安装误差不敏感，精度要求高时宜采用有初应力片簧。工作中两者力的变化对比见表 11-2。

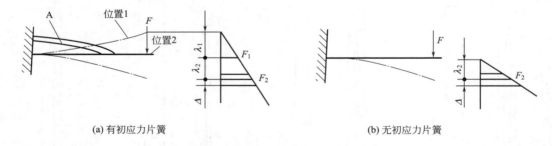

(a) 有初应力片簧   (b) 无初应力片簧

图 11-14 有初应力片簧和无初应力片簧的特性比较

表 11-2 有初应力与无初应力片簧工作中受力变化对比

项目	安装时受力	工作载荷	工作中力的变化	工作变形	对安装误差 Δ 的敏感性	结论
有初应力	F_1	F_2	$F_2 - F_1$(小)	λ_2	不敏感	较好
无初应力	0	F_2	F_2(大)	λ_2	敏感	较差

（6）表层应变相同的变截面片簧

直片簧按其截面形状，可分为等截面和变截面两种。变截面片簧的截面，沿其长度方向是变化的（图 11-15）。工程力学中已证明，在载荷的作用下，沿长度方向，图 11-15(a)、(b) 所示变截面片簧表层各处应变相同。所以常在其上粘贴应变丝，用来进行力和力矩的测量，图 11-15(c) 所示是其具体应用。

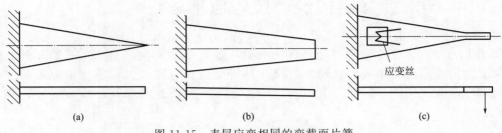

图 11-15　表层应变相同的变截面片簧

11.2.4　环形弹簧结构设计技巧与禁忌

（1）环形弹簧应考虑其复位问题

环形弹簧靠内环的收缩和外环的膨胀产生变形，而锥面相对滑动产生轴向变形。这种弹簧摩擦很大，摩擦所消耗的功可占加载所做功的 60%～70%。因此，这种结构的弹簧一般不易复位 [图 11-16(a)]。可考虑设置另一圆柱螺旋压缩弹簧以帮助其复位，如图 11-16(b) 所示。

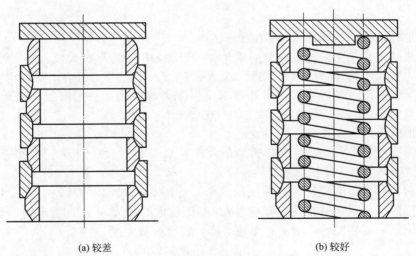

(a) 较差　　　　　　　　　　(b) 较好

图 11-16　环形弹簧的复位结构

（2）接触面的倾斜度以 1：4 为宜

因为摩擦因数大的情况下，摩擦角如果大于倾斜角，则卸载时将产生自锁，即不能回弹。所以摩擦角在任何情况下都不能大于倾斜角，为满足此条件，设计时接触面的倾斜度以 1：4 为宜。

（3）圆环的高度应取为外环外径的 16%～20%

圆环的高度值若取得过小，则接触面的导向不足，若取得过大，则环的厚度相对较薄，制造困难，因此一般取圆环的高度为外环外径的 16%～20%。

（4）避免外环的厚度小于内环的厚度

环形弹簧受轴向压力时，外环受拉，内环受压。由于材料的拉伸疲劳强度较压缩疲劳强度低，所以为使内、外环等强度，设计时可使外环厚些，内环薄些，尤其要避免外环的厚度小于内环的厚度。

11.2.5　碟形弹簧结构设计技巧与禁忌

（1）防止碟片变形量过大

如图 11-17（a）、（b）所示的组合碟形弹簧，碟片厚度不同或叠合的片数不同。受力较大时，为防止厚度较小或片数较少的碟片被压平而使应力过大，应该采取结构上的措施，例如在碟片之间加一衬环［图 11-17（c）］等，来保证这些碟片的最大变形在规定范围之内。

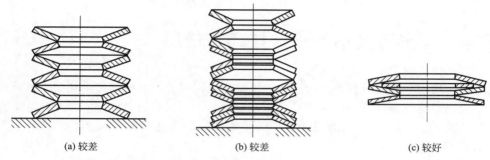

(a) 较差　　　　　　　　(b) 较差　　　　　　　　(c) 较好

图 11-17　组合碟形弹簧防止较薄、较少碟片变形过大

（2）碟形弹簧外、内径比值 D/d 的选取

碟形弹簧的外径尺寸应在安装空间所允许的限度内尽量选取较大值，至于外、内径之比的取值范围，如仅考虑弹簧的效率问题，应选取 $D/d=1.7\sim3$，但由于受规定空间的限制，也可取值于上述范围之外的数值，如果 D/d 过小将难以制造，一般应使其大于 1.25，而上限值实用上可取小于 3.5。有关尺寸见图 11-18（a）。

（3）碟形弹簧最大变形量 $\lambda_{\max}$ 禁忌

考虑弹簧强度要求，禁忌碟形弹簧的最大变形 $\lambda_{\max}$ 超过截圆锥高 h 的 80％。

（4）h/t 对碟形弹簧特性线的影响

理论分析表明，碟形弹簧的特性线很复杂，如图 11-18（b）所示，h 为截圆锥高，t 为碟片厚度，比值 h/t 对弹簧特性线影响很大，h/t 越大的弹簧，在开始压缩的前一阶段，刚性很大，等压到一定程度后，刚度又迅速下降，甚至为负刚度。

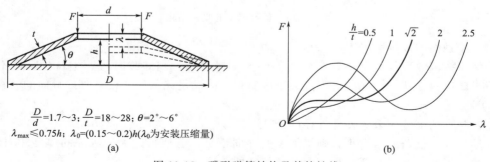

$\dfrac{D}{d}=1.7\sim3;\ \dfrac{D}{t}=18\sim28;\ \theta=2°\sim6°$
$\lambda_{\max}\leqslant0.75h;\ \lambda_0=(0.15\sim0.2)h(\lambda_0$ 为安装压缩量)
(a)　　　　　　　　　　　　　　　　　(b)

图 11-18　碟形弹簧结构及其特性线

特别是 $h/t\approx\sqrt{2}$ 的弹簧［图 11-18（b）中粗实线］，它在某一区间内，即使变形有变化，而载荷却近于不变。这一特性很重要，它提供了在一定变形范围内保持载荷恒定的方法。

11.2.6　橡胶弹簧结构设计技巧与禁忌

（1）橡胶弹簧能承受多方向的载荷利于简化结构

与其它弹簧相比，橡胶弹簧能承受多方向的载荷，这种特点有利于悬挂系统结构的简化。而且橡胶弹簧可以做成需要的形状以适应不同方向的刚度要求。橡胶弹簧根据承受载荷的形式可设计成如图 11-19 所示的结构，分别为压缩弹簧、剪切弹簧（平板式和圆筒式）、扭转弹簧。

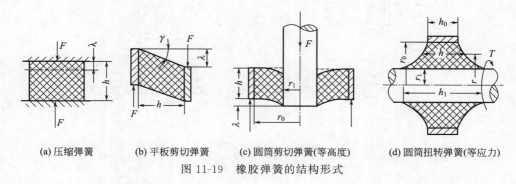

(a) 压缩弹簧　　(b) 平板剪切弹簧　　(c) 圆筒剪切弹簧(等高度)　　(d) 圆筒扭转弹簧(等应力)

图 11-19　橡胶弹簧的结构形式

（2）禁忌橡胶弹簧被封闭在限定空间内

橡胶是可压缩物质，受载后能改变其形状，但不能改变其体积，设计时一定要避免将橡胶弹簧封闭在一限定空间内，如图 11-20（a）所示。应给以橡胶自由变形的充分空间，如图 11-20（b）所示。

（3）防止橡胶弹簧产生接触应力和磨损

橡胶弹簧在变形过程中，其横截面不应与其它结构零件接触，以避免产生接触应力和磨损。图 11-21（a）所示为不适当的设计，图 11-21（b）所示为较好的设计。

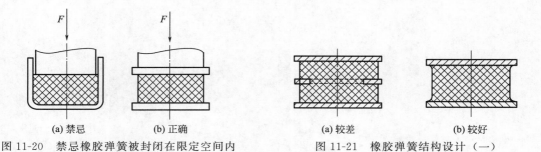

(a) 禁忌　　(b) 正确　　　　　　(a) 较差　　　(b) 较好

图 11-20　禁忌橡胶弹簧被封闭在限定空间内　　　图 11-21　橡胶弹簧结构设计（一）

（4）防止形成应力集中源

为防止形成应力集中源，橡胶弹簧金属配件表面不应有锐角、凸起、沟和孔，并应使橡胶元件的变形尽量均匀。图 11-22（a）所示为不适当的设计，图 11-22（b）所示为较好的设计。

（5）带有金属配件的橡胶弹簧与金属结合必须牢固

带有金属配件的橡胶弹簧，其寿命主要取决于橡胶与金属结合的牢固程度，故在结合前，金属配件表面的锈蚀、油污和灰尘等必须消除干净。胶黏剂的涂布和干燥必须按规定的工艺，在规定的温度和环境下进行。

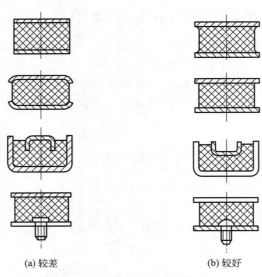

(a) 较差   (b) 较好

图 11-22　橡胶弹簧结构设计（二）

第**12**章 ▷▷▷ ▷▷
密封的结构设计技巧与禁忌

12.1 密封的结构类型

在工程结构中密封起着非常重要的作用,它防止渗漏、减少物料浪费,也可避免那些易燃、易爆、放射性或有毒物质泄漏对人身体和环境造成危害。

密封结构按不同的分类方式有多种,具体类型如下。

① 根据密封零件表面间有无相对运动,可将密封分为静密封与动密封两大类。工作零件间无相对运动的密封称为静密封;工作零件间有相对运动的密封称为动密封。

② 根据所采用的密封件的材料和性能不同,将密封分为密封圈密封、密封垫密封、胶密封、填料密封等。

③ 根据密封面间间隙状态,可将密封分为接触密封与非接触密封。借助密封力使密封面互相接触或嵌入以减少或消除间隙的各类密封称为接触密封;密封面间预留固定的装配间隙,无需密封力压紧密封面的各类密封称为非接触密封。

几乎全部静密封都属于接触密封,如密封圈密封、密封垫密封、胶密封、填料密封等。动密封既有接触密封,也有非接触密封,如毡圈密封和唇形密封圈密封属于接触密封,油沟密封和迷宫密封属于非接触。若非接触式动密封中由动力元件产生压头克服泄漏,则称为动力密封,如离心密封、甩油密封等。

常用静密封结构类型、特点及应用列于表 12-1 中;动密封结构类型、特点及应用列于表 12-2 中。

表 12-1 常用静密封结构类型、特点及应用

类型		结构简图	特点	应用范围	
				压力/MPa	工作温度/℃
垫片密封	纤维质橡胶塑料金属		靠外力压紧垫片,使之产生弹性变形以填塞密封面上的不平,从而消除间隙而密封 对加工精度要求精度不高,成本低廉。可根据工作条件选择适当的密封垫片材料	<2.5 <1.6 <0.6 <20	<200 −70~200 −180~250 <600

续表

类型		结构简图	特点	应用范围	
				压力 /MPa	工作温度 /℃
O形橡胶圈密封			静密封效果较好,已有国家标准(GB 3452.1—92),可直接选用 结合面应有适当的沟槽	＜100	−60～200
研合面密封			接合面需精密研磨加工,靠外力压紧接合面密封	＜100	＜550
密封胶密封	液态密封胶		可单独使用,也可与垫片配合使用 单独使用时两密封面间隙应不大于 0.1mm	＜1.6	＜300
	厌氧胶		一般用于不仅需要密封而且需要固定的接合面和承插部位。	＜5～30	100～150

表 12-2 常用动密封结构类型、特点及应用

类型		结构简图	特点	应用范围		
				速度 /(m/s)	压力 /MPa	最高工作温度/℃
接触式密封	毡圈密封		结构简单,成本低廉,尺寸紧凑。对轴的偏心与窜动不敏感,但摩擦阻力较大。适用于脂润滑当与其它密封组合使用时也可用于油润滑。轴表面最好经抛光。	＜5	＜0.1	＜90
	O形橡胶圈密封		利用安装沟槽使密封圈受到预压缩而密封,在介质压力作用下产生自紧作用增强密封效果 O形圈具有双向密封能力 已有国家标准可直接选用	＜3	＜35	−60～200

续表

类型		结构简图	特点	应用范围		
				速度/(m/s)	压力/MPa	最高工作温度/℃
接触式密封	有骨架唇形橡胶圈密封		箍紧弹簧使唇部对轴有较好的追随补偿性能,因而能以较小的唇口径向力获得良好的密封效果。密封圈内装有金属骨架,靠外圈与孔配合实现轴向固定。单向密封,双向密封需成对装填。结构简单,尺寸紧凑,成本低廉	<4~12	<0.3	−60~150
	无骨架唇形橡胶圈密封		性能、特点与有骨架唇形密封圈相同,但在橡胶密封圈内没有金属骨架,使用时必须轴向固定	<4~12	<0.3	−60~150
非接触式密封	油沟槽密封		适用于脂润滑。利用间隙的节流效应产生密封作用。沟槽数一般为三个,沟槽内涂满润滑脂　轴的转速受沟槽内润滑脂熔化温度的限制	<5~6	—	<润滑脂熔化温度
	迷宫式密封		脂润滑及油润滑均可用,如与其密封联用,则密封效果更好　间隙中充满润滑脂　轴的轴向窜动量应限制在迷宫轴向间隙数值的允许范围内	<30	<20	<600

12.2　毡圈密封结构设计技巧与禁忌

(1) 毡圈密封只能用于脂润滑情况

毡圈耐油性不好,因此只能用于脂润滑情况,主要是为了防止外界灰尘侵入。

(2) 毡圈接触面线速度应小于 5m/s

毡圈在高速下容易磨损,从而密封作用下降,因此使用毡圈时,要求与毡圈相接触的转

动零件表面线速度 $v < 5\text{m/s}$，若超过此线速度，应改用唇形密封圈密封或迷宫密封等其它密封结构形式。

（3）毡圈相关尺寸必须符合标准

毡圈及其安装槽都已标准化，不能随意设计，各相关尺寸均根据轴径确定，表 12-3 给出了毡圈及槽结构和相关尺寸。

（4）禁忌轴承盖与轴接触

图 12-1(a) 所示结构工作时，轴是转动的，而轴承盖是静止的，轴承盖与轴接触是不对的。轴承盖与轴之间必须留有间隙，运动件和静止件不能接触，靠毡圈与轴接触实现密封，如图 12-1(b) 所示，是正确的结构。

表 12-3　毡圈及槽结构和相关尺寸　　　　　　　　　　　　　　mm

轴径 d	毡圈			槽				
	D	d_1	b_1	D_0	d_0	b	B_{min}	
							钢	铸铁
15	29	14	6	28	16	5	10	12
20	33	19		32	21			
25	39	24	7	38	26	6		
30	45	29		44	31			
35	49	34		48	36			
40	53	39		52	41		12	15
45	61	44	8	60	46	7		
50	69	49		68	51			
55	74	53		72	56			
60	80	58		78	61			

标记示例：轴径 $d=40\text{mm}$ 的毡圈标记为
毡圈 40JB/ZQ 4606—1997

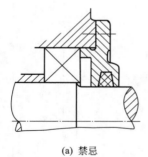

(a) 禁忌　　　　　　　　　　　(b) 正确

图 12-1　禁忌轴承盖与轴接触

（5）轴与毡圈接触表面粗糙度的选择

轴与毡圈接触处的圆周速度一般 $v < 3 \sim 5\text{mm/s}$。轴与毡圈接触表面粗糙度不能太低，例如 $Ra6.3\mu\text{m}$ [图 12-2(a)]。如果接触表面粗糙度太低，则不能很好地起到密封作用。一般可取 $Ra1.6\mu\text{m}$ 或 $Ra0.8\mu\text{m}$ 为宜 [图 12-2(b)]。

（6）毡圈密封不适于多尘、高温条件下使用

如在尘埃多，温度较高的条件下使用毡圈密封 [图 12-3(a)]，由于多尘且温度较高，密封圈密封性能下降，效果不好，往往漏油严重，可考虑在原结构基础上增加一骨架密封圈，

如图 12-3(b) 所示。

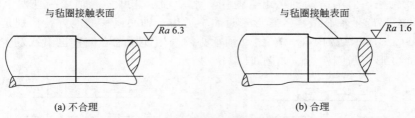

（a）不合理　　　　　　　　　　　　　（b）合理

图 12-2　轴与毡圈接触表面粗糙度

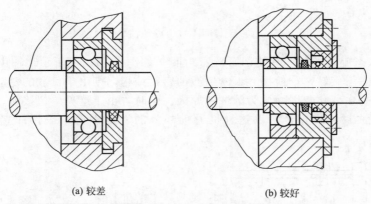

（a）较差　　　　　　　　　　　　（b）较好

图 12-3　毡圈密封不适于多尘、高温条件下使用

12.3　唇形密封圈密封结构设计技巧与禁忌

（1）唇形密封圈类型和结构

唇形密封圈分有骨架和无骨架两种，有骨架的唇形密封圈类型和结构见图 12-4。结构已标准化，使用时查阅有关标准。

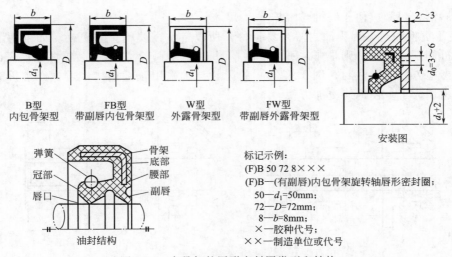

B 型
内包骨架型

FB 型
带副唇内包骨架型

W 型
外露骨架型

FW 型
带副唇外露骨架型

安装图

油封结构

标记示例：
(F)B 50 72 8×××
(F)B—(有副唇)内包骨架旋转轴唇形密封圈；
　　50—d_1=50mm；
　　72—D=72mm；
　　8—b=8mm；
　　×—胶种代号；
　　××—制造单位或代号

图 12-4　有骨架的唇形密封圈类型和结构

（2）不宜使用唇形密封圈的场合

① 唇形密封圈不宜与滑动轴承组合使用　滑动轴承会磨损。轴承一旦发生磨损，不论在静态还是动态都产生轴心偏移。唇形密封圈不适用于轴心偏移的地方，特别是动态偏移的地方。图 12-5（a）所示结构不合理。滑动轴承必须采用即使轴心偏移也不致发生故障的其它密封方法，如 O 形密封圈密封，如图 12-5（b）所示。

(a) 不合理　　　　　　　　　　　　　　　(b) 合理

图 12-5　唇形密封圈不宜与滑动轴承组合使用

② 呈弯曲状态旋转的轴不宜使用唇形密封圈　如图 12-6（a）所示，轴由于悬臂轴端的负载而在弯曲状态下旋转，如使用唇形密封圈的密封结构，则由于负载的变动，接触部分的单边接触程度也发生变化，因而成为漏油的原因。同时，由于这种单边接触，促进接触部分的损坏，起不了油封的作用，所以这种贯通轴部分的密封不得不采用非接触式油封，如图 12-6（b）所示。

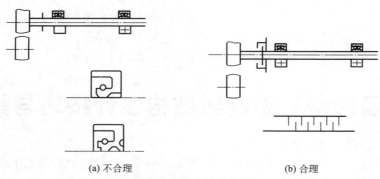

(a) 不合理　　　　　　　　　　　　　　　(b) 合理

图 12-6　呈弯曲状态旋转的轴不宜使用唇形密封圈

（3）唇形密封圈应便于装拆与维护

① 便于更换油封　因为油封等是易损件，所以常常需要检查和更换。如果为了更换油封而需要拆卸配合零件，则是非常不方便的 [图 12-7（a）]，经常拆卸会损坏配合表面。设计时就应该考虑方便更换油封，图 12-7（b）的齿轮与轴采用花键连接，适合经常拆卸。而且操作空间也增大了，使拆卸更加方便。

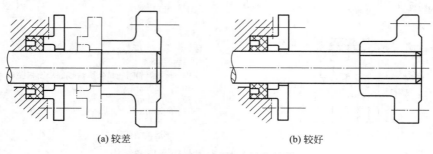

(a) 较差　　　　　　　　　　　　　　　(b) 较好

图 12-7　便于更换油封的结构

② 避免在安装和拆卸时划伤油封 油封的材质非常易被划伤。如果接触面被划伤，则不能起密封作用。在安装和拆卸油封时，以及将安装完油封的零件装入配合件内时，在其通道周围要完全没有棱角，以便能平滑地装入、平滑地移动，才不会划伤油封。图 12-8(a) 所示结构不好，图 12-8(b) 所示结构较好。

③ 油封安装的壳体上应有拆卸孔 油封安装的壳体上应钻有 $d_1=3\sim6mm$ 的小孔 3～4 个，以利于拆卸密封圈，图 12-9(a) 所示的密封圈很难拆下，拆卸孔有关尺寸如图 12-9(b) 所示。

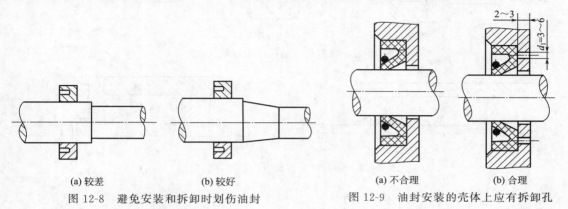

(a) 较差   (b) 较好
图 12-8 避免安装和拆卸时划伤油封

(a) 不合理   (b) 合理
图 12-9 油封安装的壳体上应有拆卸孔

④ 设安装倒角和采用辅助安装套筒 为使密封圈便于安装和避免安装时发生损伤，一般需在轴上倒角 15°～30°，与密封圈外径配合的孔也要设倒角，无倒角的结构都是不好的，如图 12-10(a) 所示。

如因结构的原因轴上不能设倒角，则装配时需用专门套筒，如图 12-10(b) 所示。

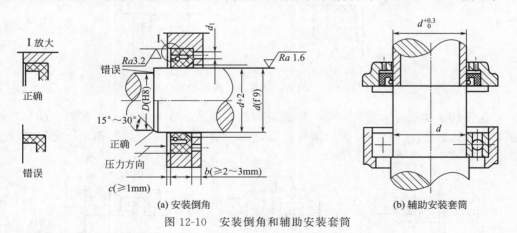

(a) 安装倒角   (b) 辅助安装套筒
图 12-10 安装倒角和辅助安装套筒

⑤ 油封外径表面避免接触孔或槽 油封外径的配合表面不应有孔、槽等 [图 12-11(a)、(b)]，以便在装入和取出油封时，油封外径不受损伤，如图 12-11(c) 所示。

⑥ 活塞杆上避免有损伤密封的结构 如图 12-12(a) 所示，活塞杆上面的连接螺纹与活塞杆尺寸相同，安装时会损伤密封圈。图 12-12(b) 结构中的螺纹直径较小，有倒角，并去掉锐边、毛刺，可以避免安装时密封表面的损伤。

⑦ 加垫圈支承油封两侧的压力差 当油封前后两面之间压力差大于 0.05MPa 而小于 0.3MPa 时，图 12-13(a) 所示结构无支承垫片，油封易损坏。此种情况，需用垫圈来支承压力小的一面，如图 12-13(b) 所示，注意安装方向。

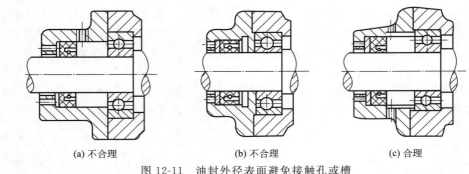

(a) 不合理　　　　　　　　(b) 不合理　　　　　　　　(c) 合理

图 12-11　油封外径表面避免接触孔或槽

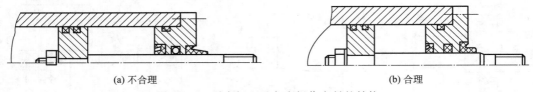

(a) 不合理　　　　　　　　　　　　　　(b) 合理

图 12-12　活塞杆上避免有损伤密封的结构

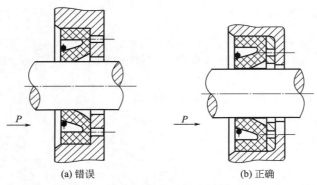

(a) 错误　　　　　　　　　(b) 正确

图 12-13　加垫圈支承油封两侧的压力差

⑧ 保证润滑油能流入密封部位　应保证润滑油能流入密封部位，在密封圈前不得安装挡油圈等。图 12-14(a)、(b) 所示结构错误，润滑油无法流入密封唇部位，密封圈没有起到作用。图 12-14(c) 所示结构正确。

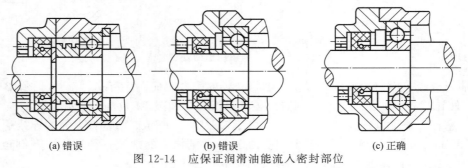

(a) 错误　　　　　　　　　(b) 错误　　　　　　　　(c) 正确

图 12-14　应保证润滑油能流入密封部位

（4）正确选择唇形密封圈安装方向

① 单向密封　使用唇形密封圈时要注意安装方向，禁忌密封唇朝向错误。如图 12-15(a) 所示单向密封中，密封唇朝里，目的是防漏油；图 12-15(b) 中密封唇朝外，目的是防灰尘、

杂质进入。如果两者密封唇朝向相互装反了，则不能满足预先的设计要求。两种情况安装正误见表 12-4。

表 12-4 单向密封时密封唇朝向正误

目　　的	防漏油		防尘	
密封唇朝向	朝里	朝外	朝里	朝外
结　　论	正确	错误	错误	正确

注：唇形密封圈为 B 型。

(a) 唇朝里防漏油　　　　　　　　　　(b) 唇朝外防尘

图 12-15 单向密封时密封唇安装方向

② 双向密封　既封油又防尘时要使用双向油封，油封的密封效果受其方向的限制。期望封住从内部来的漏油，同时又要阻止从外部侵入的灰尘时，一个油封不能完成 ［图 12-16(a)、(b)］，需把两个油封组合起来使用，而且注意油封安装方向，两个油封朝向相同是错误的 ［图 12-16(c)］。必须使两油封朝向方向相反，如图 12-16(d) 所示。有关正误见表 12-5。

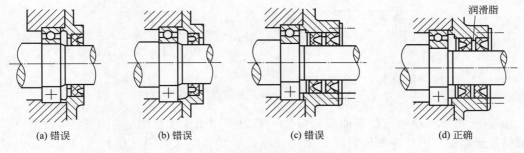

(a) 错误　　　　　　(b) 错误　　　　　　(c) 错误　　　　　　(d) 正确

图 12-16 双向密封时密封唇安装方向

表 12-5 双向密封时密封唇安装正误

密封圈个数	一个		两个			
密封唇朝向	朝内	朝外	同向唇朝内	同向唇朝外	反向唇相对	反向唇相反
结　　论	错误	错误	错误	错误	错误	正确

注：唇形密封圈为 B 型。

12.4 O 形密封圈密封结构设计技巧与禁忌

(1) 利于装拆与维护

① 避免安装和拆卸时划伤 O 形密封圈　O 形密封圈的材质非常容易被划伤，如果接触表面被划伤则不能起到密封作用，图 12-17(a) 所示结构安装时容易划伤 O 形密封圈。在安

装和拆卸 O 形密封圈时，以及将安装完成的零件装入配合件内时，零件结构形状应能保证顺利拆卸而不发生划伤，并且要慎重地进行操作，在其通道周围要完全没有棱角，以便平滑地装入、平滑地移动，如图 12-17（b）所示。

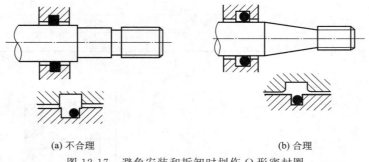

(a) 不合理　　　　　　　　　　　　(b) 合理

图 12-17　避免安装和拆卸时划伤 O 形密封圈

② 安装时密封圈不得偏离预定位置　应避免在安装作业中 O 形密封圈偏离安装的预定位置。以预定的正确状态将 O 形密封圈确实地安装在预定位置上是绝对必要的，一定不能使其发生从组装时定位的位置偏离、移动、下垂、部分挤出、部分咬入等问题 [图 12-18（a）]。图 12-18（b）为正确的安装。

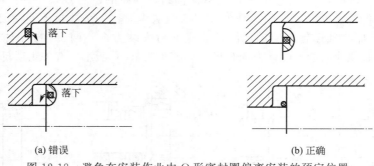

(a) 错误　　　　　　　　　　　　(b) 正确

图 12-18　避免在安装作业中 O 形密封圈偏离安装的预定位置

③ 内压和外压 O 形密封圈的安装位置　密封圈用于承受压力和用于真空两种情况下，与槽的接触部位不同。O 形密封圈的用法应该是在安装时就要使其接触处位于工作时接触的一边。图 12-19（a）所示密封圈工作时承受容器内压，所以位于槽左侧。图 12-19（b）所示工作时容器内真空，密封圈承受外压，所以位于槽右侧。

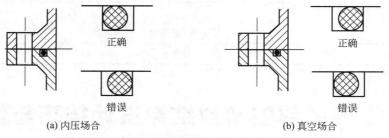

(a) 内压场合　　　　　　　　　　(b) 真空场合

图 12-19　内压和外压场合 O 形密封圈的安装位置

（2）完善使用环境和工作条件

① 与 O 形密封圈接触的表面应符合标准规范　如果与 O 形密封圈接触的配合表面粗糙

则不能很好地起到密封的作用，一旦用于粗糙表面，在密封圈的接触面上会产生伤痕，以后就不能使用。与 O 形密封圈接触的配合面，要确实地保持各自国家标准中规定的表面的状态。

② O 形密封圈用于高压场合要使用保护挡圈　　O 形密封圈用于高压场合，O 形密封圈有被挤出到间隙内发生损伤的情况 [图 12-20(a)]，为了防止出现这种情况要使用保护挡圈 [图 12-20(b)、(c)]。

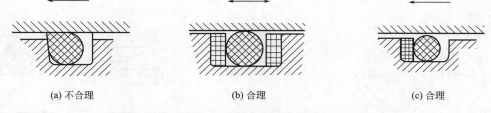

(a) 不合理　　　　　　　(b) 合理　　　　　　　(c) 合理

图 12-20　O 形密封圈用于高压场合要使用保护挡圈

③ 避免往复运动时损伤 O 形密封圈　　在 O 形密封圈用于换向阀等场合时，O 形密封圈每次移动都通过流道开口部。这时容易损伤 O 形密封圈 [图 12-21(a)]。为了使 O 形密封圈能顺利通过这种地方，不挤到角上，要使其通过的各个地方平滑 [图 12-21(b)]。

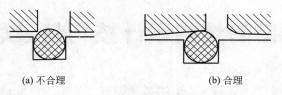

(a) 不合理　　　　　　　(b) 合理

图 12-21　避免往复运动时损伤 O 形密封圈

④ O 形密封圈的设置要选择装配时能监视的位置　　如图 12-22(a) 所示，O 形密封圈处于密闭室之中，安装时不能监视和确认有无异常情况。如图 12-22(b) 所示，O 形密封圈处于安装时可监视的状态，是比较合理的结构。

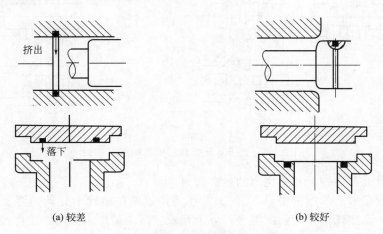

(a) 较差　　　　　　　(b) 较好

图 12-22　O 形密封圈位置设置

⑤ 避免截面直径小、周长大的 O 形密封圈由于重力而下垂　　如图 12-23(a) 所示，对于

使用截面直径小、周长大的 O 形密封圈的场合，组装前密封圈可能因重力而下垂，或组装时因挂住而拉伤。在使用这种尺寸 O 形密封圈的场合，要选择能具有不因重力而下垂的足够张力的周长和安装直径的尺寸，如图 12-23(b) 所示。

⑥ 避免安装在燕尾槽内的 O 形密封圈被夹住　在时而接触时而脱离的情况下使用的 O 形密封圈，为了使其脱离时不致脱落，有将其压入梯形燕尾槽安装。如果是具有图 12-24(a) 所示那样燕尾槽形状的场合，O 形密封圈受挤压时其边缘被夹住，因而容易被剪断。要设法使 O 形密封圈受挤压时不被夹住，图 12-24(b) 所示结构较好。

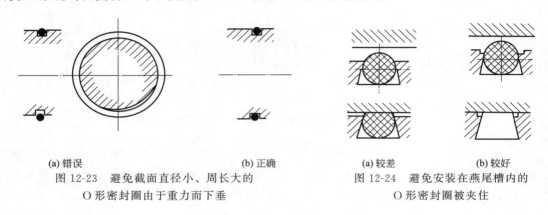

(a) 错误　　　　　　　　　　(b) 正确　　　　　　　　(a) 较差　　　　　　(b) 较好

图 12-23　避免截面直径小、周长大的　　　图 12-24　避免安装在燕尾槽内的
O 形密封圈由于重力而下垂　　　　　　　　　O 形密封圈被夹住

12.5　迷宫密封结构设计技巧与禁忌

（1）由于运转而伸缩的轴的迷宫密封

迷宫密封通道越狭窄，通道越复杂，其效果越好。但是，一般利用这种密封的机械，伴随由于运转中机内温度的上升，轴会发生伸缩。这种轴的伸缩可能使迷宫密封发生相互接触 [图 12-25(a)]。对于和箱体的相对伸缩量大的机械，必须使用不发生接触的单侧平型密封 [见图 12-25(b)]。

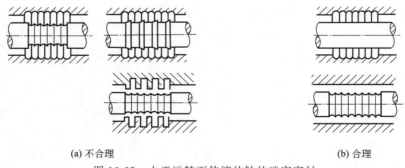

(a) 不合理　　　　　　　　　　　　　　　　　(b) 合理

图 12-25　由于运转而伸缩的轴的迷宫密封

（2）密封齿设置在轴上和机壳上的迷宫密封

密封齿设置在轴上的迷宫密封 [图 12-26(a)]，如果在运转中晃动，则容易和轴周边的特定部分接触，而使该部分的温度上升，成为轴发生弯曲的原因。轴发生弯曲是产生振动的原因。如果是齿在机壳上的迷宫密封 [图 12-26(b)]，则由于是机壳的特定部分接触，轴是全周接触，因而不易由于温度上升而发生弯曲。对于有可能接触的机械，采用齿在机壳上的迷宫密封是安全的。

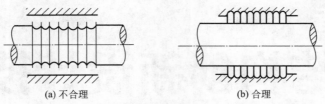

(a) 不合理   (b) 合理

图 12-26 密封齿设置在轴上和机壳上的迷宫密封

（3）减少迷宫密封的漏泄

非接触式的迷宫密封，没有可能实现完全意义上的阻断。因此，有可能使内部的流体流到外界，使外界的流体浸入机内［图 12-27(a)］，可考虑输入压力流体，使此流体介于中间，使机内和机外隔绝。此种场合有必要适当进行压力差的控制，如图 12-27(b) 所示。

(a) 较差   (b) 较好

图 12-27 迷宫密封压差的控制

（4）不要使迷宫密封因热膨胀差而松弛

齿在机壳上的迷宫密封也要更换，所以，通常是将迷宫密封加工成部分里衬嵌装在箱体上。这种场合，当迷宫密封的里衬和箱体的材质不同时，由于热膨胀的差别，嵌装部分会出现间隙，从而使相互中心偏移，有可能发生接触［图 12-28(a)］。材质不同时的嵌装槽要设计成即使有热膨胀的差别也不致发生中心偏移，如图 12-28(b) 所示。

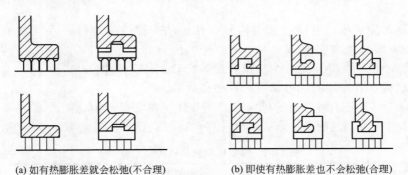

(a) 如有热膨胀差就会松弛(不合理)   (b) 即使有热膨胀差也不会松弛(合理)

图 12-28 迷宫密封嵌装槽设计

第13章

机械结构创新设计技巧与禁忌

近年来，随着新产品和新技术等的竞争日趋激烈，机械创新设计越来越受到人们的重视，其中必然包括机械结构创新设计。结构创新设计非常重要，新结构直接生成新产品，产生新功能，尤其可能通过巧妙的结构解决原有产品中存在的问题，获得超乎常规的特性和意想不到的效果。然而，任何创新都是有风险的，做得好则事半功倍；做得不好则可能出现设计禁忌，导致创新失败。因此，设计人员必须了解一些机械结构创新设计技巧与禁忌。

13.1 机构创新设计技巧与禁忌

13.1.1 常见机构的运动特性与设计禁忌

（1）常见机构的运动特性

一个机械装置的功能，通常通过传动装置和机构来实现。机构设计具有多样性和复杂性，一般在满足工作要求的条件下，可采用不同的机构类型。在进行机构设计时，除了要考虑满足基本的运动形式、运动规律或运动轨迹等工作要求外，还应注意以下几个方面的要求。

① 机构尽可能简单。可通过选用构件数和运动副较少的机构、适当选择运动副类型、适当选用原动机等方法来实现。

② 尽量缩小机构尺寸，以减少重量和提高机动、灵活性能。

③ 应使机构具有较好的动力学性能，提高效率。

在实际设计时，要求所选用的机构能实现某种所需的运动和功能，表 13-1 和表 13-2 归纳介绍了常见机构可实现的运动形式和性能特点，可为设计提供参考。

表 13-1　常见机构可实现的运动形式

	运动类型	连杆机构	凸轮机构	齿轮机构	其它机构
执行构件能实现的运动或功能	匀速转动	平行四边形机构	—	可以实现	摩擦轮机构 有级、无级变速机构
	非匀速转动	铰链四杆机构 转动导杆机构	—	非圆齿轮机构	组合机构
	往复移动	曲柄滑块机构	移动从动件凸轮机构	齿轮齿条机构	组合机构 气、液动机构
	往复摆动	曲柄摇杆机构 双摇杆机构	摆动从动件凸轮机构	齿轮式往复运动机构	组合机构 气、液动机构

续表

	运动类型	连杆机构	凸轮机构	齿轮机构	其它机构
执行构件能实现的运动或功能	间歇运动	可以实现	间歇凸轮机构	不完全齿轮机构	棘轮机构 槽轮机构 组合机构等
	增力及夹持	杠杆机构 肘杆机构	可以实现	可以实现	组合机构

表 13-2 常见机构的性能特点

指标	具体项目	特点			
		连杆机构	凸轮机构	齿轮机构	组合机构
运动性能	运动规律、轨迹	任意性较差,只能实现有限个精确位置	基本上任意	一般为定比转动或移动	基本上任意
	运动精度	较低	较高	高	较高
	运转速度	较低	较高	很高	较高
工作性能	效率	一般	一般	高	一般
	使用范围	较广	较广	广	较广
动力性能	承载能力	较大	较小	大	较大
	传力特性	一般	一般	较好	一般
	振动、噪声	较大	较小	小	较小
	耐磨性	好	差	较好	较好
经济性能	加工难易	易	难	较难	较难
	维护方便	方便	较麻烦	较方便	较方便
	能耗	一般	一般	一般	一般
结构紧凑性能	尺寸	较大	较小	较小	较小
	重量	较轻	较重	较重	较重
	结构复杂性	复杂	一般	简单	复杂

(2) 常见机构的运动特性设计禁忌

人们在进行机构运动形式选择时,容易受到惯性思维的影响,选用一些常规的机构,而忽视了某些实际问题,从而不能达到理想设计效果。常见情况如下。

① 实现间歇运动不宜仅限于常用间歇机构 在设计具有间歇运动形式的机械时,人们往往选择常用间歇机构,如棘轮机构、槽轮机构、不完全齿轮机构等,但连杆机构也具有非常好的间歇运动特性,经常容易被人忽视。连杆机构由于是由低副组成,通常能传递较大的载荷,并且经济性、耐用性、易加工性和和易维护性都比较好;缺点是尺寸较大。因此,在尺寸没有严格限制的情况下,选择间歇型运动时不宜将连杆机构排除在外。

例如,钢材步进输送机的驱动机构实现了横向移动间歇运动,如图 13-1 所示,当曲柄 1 整周转动时 $E(E')$ 的运动轨迹为图中点画线所示连杆曲线,$E(E')$ 行经该曲线上部水平线时,推杆 5 推动钢材 6 前进,$E(E')$ 行经该曲线的其它位置时,钢材 6 都停止不动。

又如,图 13-2(a) 所示的摆动导杆机构,曲柄 1 连续转动时,导杆 2 做连续摆动而无停歇。若把组成移动副元素之一的滑块结构形状改变成滚子,导杆 2 的导槽一部分做成圆弧

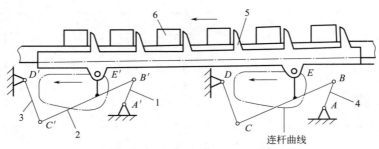

图 13-1　钢材步进输送机的驱动机构

1—曲柄；2—连杆；3—摇杆；4—机架；5—推杆；6—钢材

状，并且其槽中心线的圆弧半径等于曲柄 1 的长度，如图 13-2(b) 所示，则当曲柄 1 端部的滚子转入圆弧导槽时，导杆停歇，不仅实现了单侧间歇摆动的功能，而且结构简单，易于实现。

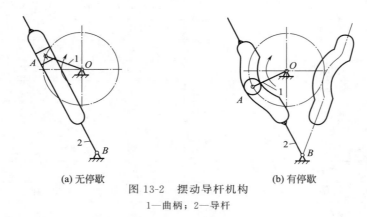

(a) 无停歇　　　　　　图 13-2　摆动导杆机构　　　　　　(b) 有停歇

1—曲柄；2—导杆

　　② 实现转动和移动相互转换的机构选择　　在需要实现转动和移动相互转换时，通常可采用连杆机构、齿轮-齿条机构或凸轮机构，然而这些机构亦有其不适合的情况，选择时要注意避开其缺点。如连杆机构运动精度低、尺寸相对较大，不适合要求高精度且结构紧凑的场合；齿轮-齿条机构比连杆机构加工成本高，在精度要求一般时不是首选，且不适合在较大尺寸时应用；凸轮机构不适合传递大的载荷，它主要是用作控制机构，精度较高，一般不用于传力；另外凸轮机构也不适合从动件移动距离较大的场合，否则容易导致凸轮过大，且凸轮加工成本相对较高，维护也比较麻烦。

　　除上述三种机构外，螺旋传动机构在将转动转换为移动方面也是不错的选择。螺旋传动机构经济性较好，结构紧凑，并在传递大载荷方面有比较好的优越性，且能自锁，防止反向运动，对机构有安全保护作用，但注意自锁时传动效率较低，在要求效率较高时不宜采用螺旋传动。

　　利用上述机构的组合机构还可以在机构创新设计中获得更加灵活方便的功能，整合掉单一机构的缺点。如图 13-3 所示的酒瓶开启器，即螺旋传动机构与齿轮-齿条机构的组合机构。图 13-3(a) 为初始状态，旋转螺杆，利用螺旋传动将螺杆旋入酒瓶软木塞，旋转过程中两侧手柄逐渐升高，摆动至最高点 [图 13-3(b)]，手柄相当于齿轮，螺杆亦相当于齿条，齿条带动齿轮转动，使手柄升高；然后，用力向下压两侧的手柄，则将螺杆和软木塞一起从酒瓶拔出 [图 13-3(c)]，直至图 13-3(a) 所示状态。该机构将螺旋传动机构与齿轮-齿条机构进行组合，利用螺杆和齿条合二为一，有效完成启瓶功能，使结构紧凑，利用了螺旋传动的自锁特性，同时又利用齿轮-齿条机构工作效率高的特性规避了自锁螺旋效率低的缺点。

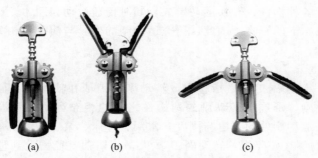

图 13-3　酒瓶开启器（螺旋传动机构与齿轮-齿条机构组合）

③ 尽量选用移动副少的连杆机构　由于转动副较移动副更易制造，更容易保证运动精度，传动效率较高，并可采用标准轴承实现高的精度、效率、灵敏度、标准化和系列化，而移动副的体积、重量较大，传动效率较低，实现高精度配合较难，润滑要求较高，又易发生楔紧、爬行或自锁现象，且滑块的惯性力完全平衡困难，因此，选择连杆机构时，最好选用移动副少的机构。含移动副的机构一般只宜用于做直线运动或将转动变为移动的场合。含有两个移动副的四杆机构，通常用来作为操纵机构、仪表机构等，而很少作为传动机构使用。

④ 连杆机构不宜用于精度要求高的场合　为了满足机构的工作要求，连杆机构通常具有较长的运动链，机构比较复杂，不仅发生自锁的可能性大，而且由于构件的尺寸误差和运动副中的间隙造成的累积误差较大，致使运动规律的偏差增大，运动精度降低。因此，连杆机构不宜用于精度要求高的场合。

⑤ 连杆机构不宜用于高速工作场合　连杆机构中做平面复杂运动和往复运动的构件所产生的惯性力难以平衡，高速时引起的动载、振动、噪声较大，因而不宜用于高速工作场合。对高速机械，选择机构时，要尽量考虑对称性，并对机构进行平衡，以平衡惯性力和减小动载荷。

⑥ 凸轮机构不宜传递较大载荷　凸轮机构属于高副机构，凸轮与从动件为点或线接触，接触应力高，容易磨损，磨损后运动失真，使运动精度下降，导致机构失效。同时，为获得较好的传力性能，使机构运动轻便灵活，要求凸轮机构的最大压力角 α 要尽量小，不能超过许用压力角 $[\alpha]$，否则将产生较大有害分力，使机构运动不灵活，甚至卡死，若采用增大凸轮基圆的办法，虽然能减小压力角 α，但凸轮尺寸过大将使机构变得笨重。所以，凸轮机构一般不宜传递较大载荷。

⑦ 大传动比不宜采用定轴齿轮系　当需要传递大传动比时，定轴齿轮系采用多个齿轮、多个轴、多对轴承，使结构复杂，并且占地空间大，因此不宜采用。可采用蜗轮-蜗杆传动或周转轮系。除一般行星轮系之外，工程上还常使用渐开线少齿差行星传动、摆线针轮行星传动和谐波齿轮传动，这些传动的共同特点是结构紧凑、传动比大、重量轻及效率高，因而应用较广，效果很好。

⑧ 不宜忽视机构的力学性能　选择机构时，不宜忽视机构的力学性能，应注意选用具有最大传动角、最大机械增益和较高效率的机构，以便减小原动机的功率和损耗，减小主动轴上的力矩和机构的重量及尺寸。

13.1.2　机构的变异、演化与设计禁忌

（1）运动副的变异与演化

运动副用来连接各种构件，转换运动形式，同时传递运动和动力。运动副特性会对机构的功能和性能产生根本上的影响。因此，研究运动副的变异与演化及相关设计禁忌对机构创新设计具有重要意义。

1）运动副尺寸变异

① 转动副扩大　转动副扩大是指将组成转动副的销轴和轴孔在直径上增大，而运动副性质不变，仍是转动副，形成该转动副的两构件之间的相对运动关系没有变。由于尺寸增大，提高了构件在该运动副处的强度与刚度，常用于冲床、泵、压缩机等。

如图 13-4 所示的颚式破碎机，转动副 B 扩大，其销轴直径增大到包括了转动副 A，此时，曲柄就变成了偏心盘，该机构实为一曲柄摇杆机构。类似的机构还有图 13-5 所示的冲压机构，也采用了偏心盘，该机构实为一曲柄滑块机构。

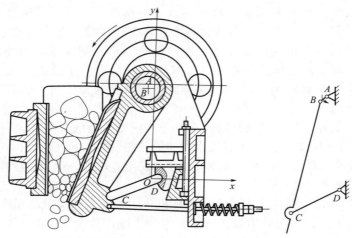

图 13-4　颚式破碎机中的转动副扩大

图 13-6 所示为另一种转动副扩大的形式，转动副 C 扩大，销轴直径增大至与摇块合为一体，该机构实为一种曲柄摇块机构，实现旋转泵的功能。

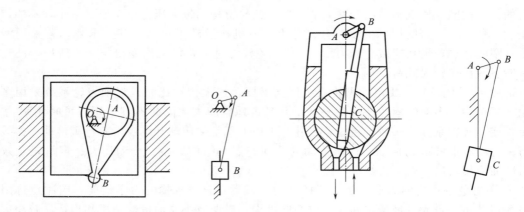

图 13-5　冲压机构中的转动副扩大和移动副扩大　　　　图 13-6　旋转泵中的转动副扩大

② 移动副扩大　移动副扩大是指组成移动副的滑块与导路尺寸增大，并且尺寸增大到将机构中其它运动副包含在其中。因滑块尺寸大，则质量较大，将产生较大的冲压力。常用在冲压、锻压机械中。

图 13-5 所示的冲压机构中，移动副扩大，并将转动副 O、A、B 均包含在其中。大质量的滑块将产生较大的惯性力，有利于冲压。

图 13-7 所示为一曲柄导杆机构，通过扩大水平移动副 C 演化为顶锻机构，大质量的滑块将会产生很大的顶锻压力。

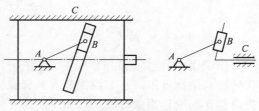

图 13-7　顶锻机构中的移动副扩大

2）运动副形状变异

① 运动副形状展直　运动副形状通过展直将变异、演化出新的机构。图 13-8 所示为曲柄摇杆机构通过展直摇杆上 C 点的运动轨迹演化为曲柄滑块机构。

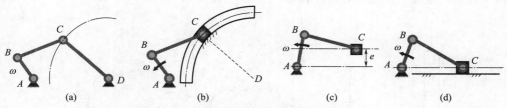

(a)　　　　　　(b)　　　　　　(c)　　　　　　(d)

图 13-8　转动副通过展直演化为移动副

图 13-9 所示为一不完全齿条机构，不完全齿条为不完全齿轮的展直变异。不完全齿条 1 主动，做往复移动，不完全齿扇 2 做往复摆动；图 13-10 是槽轮的展直变异。拨盘 1 主动，做连续转动，从动槽轮被展直并只采用一部分轮廓，成为从动件 2，从动件 2 做间歇移动。

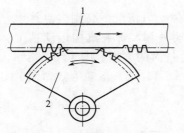

图 13-9　不完全齿轮的展直
1—不完全齿条；2—不完全齿扇

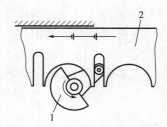

图 13-10　槽轮的展直
1—拨盘；2—从动件

② 运动副形状绕曲　运动副通过绕曲将变异、演化出新的机构。楔块机构的接触斜面 [图 13-11(a)] 若在其移动平面内进行绕曲，则演化成盘形凸轮机构的平面高副 [图 13-11(b)]；若在空间上绕曲，就演化成螺旋机构的螺旋副 [图 13-11(c)]。

3）运动副性质变异

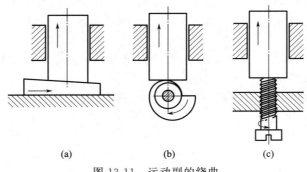

(a)　　　　　(b)　　　　　(c)

图 13-11　运动副的绕曲

① 摩擦性质改变　组成运动副的各构件之间的摩擦、磨损是不可避免的，对于面接触的运动副，采用滚动摩擦代替滑动摩擦可以减小摩擦因数，减轻摩擦、磨损，同时也使运动更轻便、灵活。运动副性质由移动副变异为滚滑副，如图 13-12 所示。滚滑副结构常见于凸轮机构的滚子从动件、滚动轴承、滚动导轨、滚珠丝杠、套筒滚子链等。实际应用中这种变异是可逆的，由移动副替代滚滑副可以增加连接的刚性。

② 空间副变异为平面副　空间副变异为平面副更容易加工制造。图 13-13 所示的球面副具有三个转动的自由度，它可用汇交于球心的三个转动副替代，更容易加工和制造，同时也提高了连接的刚度，常用于万向联轴器。

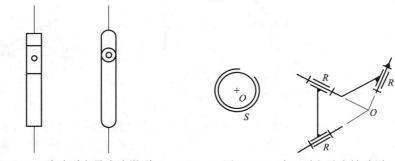

图 13-12　移动副变异为滚滑副　　　　图 13-13　球面副变异为转动副

③ 高副变异为低副　高副变异为低副可以改善受力情况。高副为点接触，单位面积上受力大，容易产生构件接触处的磨损，磨损后运动失真，影响机构运动精度。低副为面接触，单位面积上受力小，在受力较大时亦不会产生过大的磨损。图 13-14 所示为偏心盘凸轮机构通过高副低代形成的等效机构。图 13-14 中（a）和（b）运动等效，图 13-14 中（c）和（d）运动等效。

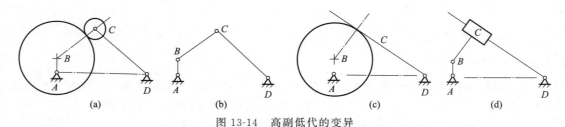

(a)　　　　　(b)　　　　　(c)　　　　　(d)

图 13-14　高副低代的变异

（2）构件的变异与演化

机构中构件的变异与演化通常从改善受力、调整运动规律、避免结构干涉和满足特定工作特性等方面考虑。

图 13-15 所示的周转轮系中系杆形状和行星轮个数产生了变异，图 13-15（a）的构件形式比图 13-15（b）的构件形式受力均衡，旋转精度高。

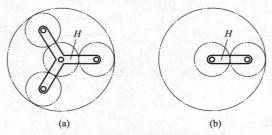

(a)　　　　　　　　　(b)

图 13-15　周转轮系中系杆和行星轮的变异

图 13-16（a）所示的正弦机构中，两移动副的导轨互相垂直，运动输出构件的行程等于两倍的曲柄长（$2r$）。如果改变运动输出构件的形状，使两移动导轨间的夹角为 α（$\alpha \neq 90°$），如图 13-16（b）所示，则运动输出构件的行程将增大为 $2r/\sin\alpha$。

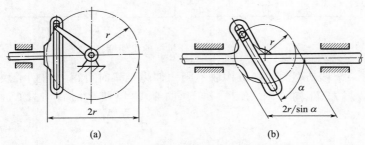

(a)　　　　　　　　　(b)

图 13-16　正弦机构中输出构件形状的变异

为避免摆杆与凸轮轮廓线发生运动干涉，如图 13-17 所示，经常把摆杆做成曲线状或弯臂状。图 13-17（a）为原机构，图 13-17（b）、（c）为摆杆变异后的机构。

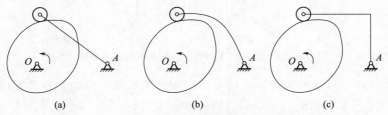

(a)　　　　　　(b)　　　　　　(c)

图 13-17　凸轮机构中摆杆形状的变异

图 13-18 所示为凸轮机构从动件末端形状的变异，常用的末端形状有尖顶 [图 13-18（a）]、滚子 [图 13-18（b）]、平面 [图 13-18（c）] 和球面 [图 13-18（d）] 等，不同的末端形状使机构的运动特性各不相同。

构件形状变异的形式还有很多，如齿轮有圆柱形、圆锥形、非圆形、扇形等；凸轮有盘形、圆柱形、圆锥形、曲面体等。

总体来讲，构件形状的变异规律，一般由直线形向圆形、曲线形以及空间曲线形变异，

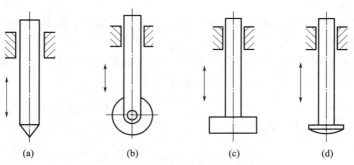

图 13-18　凸轮机构中从动件末端形状的变异

以获得新的功能。

（3）机架变换与演化

图 13-19 所示的铰链四杆机构取不同的构件为机架时可得：曲柄摇杆机构 ［图 13-19（a）、（b）］、双曲柄机构 ［图 13-19（c）］、双摇杆机构 ［图 13-19（d）］。

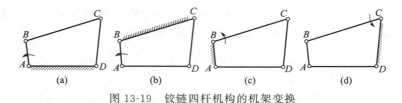

图 13-19　铰链四杆机构的机架变换

图 13-20 为含一个移动副的四杆机构取不同构件为机架时可得：曲柄滑块机构 ［图 13-20（a）］、转（摆）动导杆机构 ［图 13-20（b）］、曲柄摇块机构 ［图 13-20（c）］、定块机构 ［图 13-20（d）］。

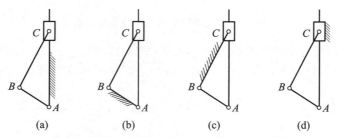

图 13-20　含一个移动副的四杆机构的机架变换

图 13-21 为含两个移动副的四杆机构取不同构件为机架时可得：双滑块机构 ［图 13-21（a）］、正弦机构 ［图 13-21（b）］、双转块机构 ［图 13-21（c）］。

凸轮机构机架变换后可产生很多新的运动形式。图 13-22（a）所示为一般摆动从动件盘形凸轮机构，凸轮 1 主动，摆杆 2 从动；若变换主动件，以摆杆 2 为主动件，则机构变为反凸轮机构 ［图 13-22（b）］；若变换机架，以摆杆 2 为机架，构件 3 主动，则机构成为浮动凸轮机构 ［图 13-22（c）］；若将凸轮固定，构件 3 主动，则机构成为固定凸轮机构 ［图 13-22（d）］。

图 13-23 所示为反凸轮机构的应用，摆杆 1 主动，做往复摆动，带动凸轮 2 做往复移动，凸轮 2 是采用局部凸轮轮廓（滚子所在的槽）并将构件形状变异成滑块。图 13-24 是固定凸轮机构的应用，圆柱凸轮 1 固定，构件 3 主动，当构件 3 绕固定轴 A 转动时，构件 2

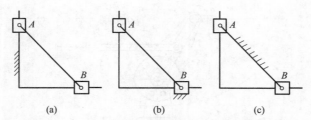

图 13-21　含二个移动副的四杆机构的机架变换

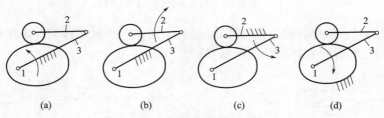

图 13-22　凸轮机构的机架变换
1—凸轮；2—摆杆；3—构件

在随构件 3 转动的同时，还按特定规律在移动副 B 中往复移动。

图 13-23　反凸轮机构的应用
1—摆杆；2—凸轮

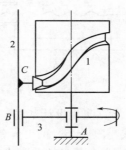

图 13-24　固定凸轮机构的应用
1—圆柱凸轮；2,3—构件

一般齿轮机构［图 13-25(a)］机架变换后就生成了行星齿轮机构［图 13-25(b)］。齿型带或链传动等挠性传动机构［图 13-26(a)］机架变换后也生成了各类行星传动机构［图 13-26(b)］。

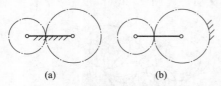

图 13-25　齿轮传动的机架变换

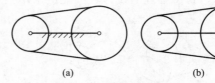

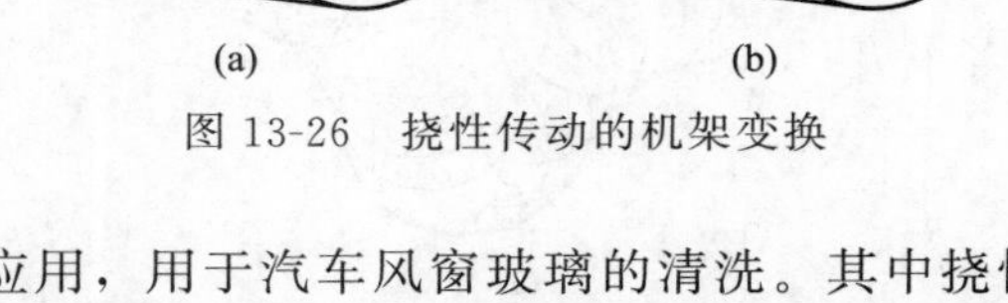

图 13-26　挠性传动的机架变换

图 13-27 所示为挠性件行星传动机构的应用，用于汽车风窗玻璃的清洗。其中挠性件 1 连接固定带轮 4 和行星带轮 3，转臂 2 的运动由连杆 5 传入。当转臂 2 摆动时，与行星带轮 3 固结的杆 a 及其上的刷子做复杂平面运动，实现清洗工作。

图 13-28 所示为螺旋传动中固定不同零件得到的不同运动形式：螺母固定、螺杆转动并

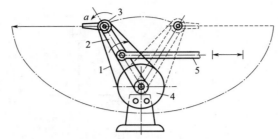

图 13-27   挠性件行星传动机构的应用

1—挠性件；2—转臂；3—行星带轮；4—固定带轮；5—连杆

移动 [图 13-28(a)]；螺杆转动、螺母移动 [图 13-28(b)]；螺母转动、螺杆移动 [图 13-28 (c)]；螺杆固定、螺母转动并移动 [图 13-28(d)]。

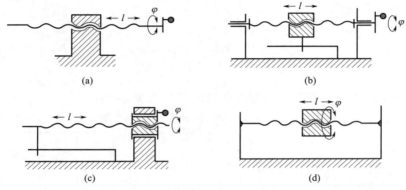

图 13-28   螺旋传动的机架变换

（4）机构变异、演化设计禁忌

① 凸轮廓线与滚子半径的变异禁忌   如图 13-29 所示，凸轮为外凸轮，r_T 为滚子半径；ρ 为凸轮理论轮廓 η 上某点的曲率半径；ρ_a 为实际轮廓 η' 上与该点对应点的曲率半径。

当凸轮轮廓存在局部内凹时，必须注意实际轮廓与理论轮廓的形状和尺寸的关系。理论轮廓为内凹时，如图 13-29(a) 所示，$\rho_a = \rho + r_T$。若 $\rho_a \geq r_T$，则实际轮廓总可以作出，设计合理。若 $\rho_a < r_T$，则滚子无法进入实际轮廓的内凹处，如图 13-29（b）所示，这种设计是不合理的，即便滚子能在凸轮表面滚过，这样的设计也是不能被允许的。如图 13-30 所示的绕线机中凸轮轮廓就属于这种情况，心形凸轮内凹轮廓的尖点附近是不能与滚子接触到的 [图 13-30(a)]，是不合理的设计，因此应采用尖顶从动件 [图 13-30(b)]。

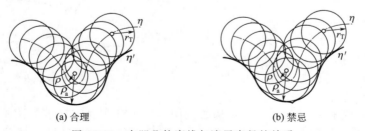

(a) 合理   (b) 禁忌

图 13-29   内凹凸轮廓线与滚子半径的关系

② 斜面起升机构升角设计禁忌   如图 13-31 所示某起升机构，受力不大，行程也较小，

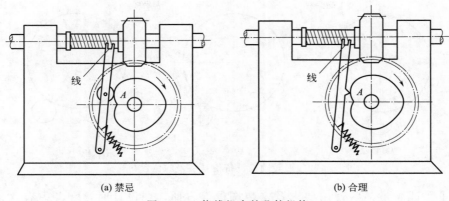

(a) 禁忌　　　　　　　　　　　　(b) 合理

图 13-30　绕线机中的凸轮机构

设计采用斜面机构，在固定支座中设计导套，顶杆在其中运动，顶杆下设滚轮与斜面接触，平移斜面时顶杆顶升或靠自重下降。图 13-31(a) 斜面升角 α 较大，摩擦阻力较大，若设计不当很可能发生自锁，致使无论滑块推力多大，都无法使顶杆上升，甚至会使顶杆在过大的水平推力下弯曲变形。为避免上述现象发生，需减小斜面升角 α [图 13-31(b)]。根据结构尺寸、摩擦系数等进行计算，使正行程时机构效率 η 大于零。

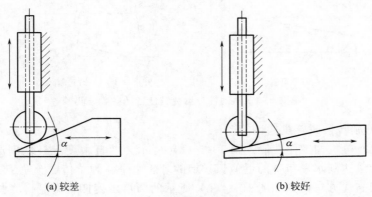

(a) 较差　　　　　　　　　　　　(b) 较好

图 13-31　斜面起升机构

③ 回转圆筒设备传动装置位置与转向设计禁忌　如图 13-32(a) 所示回转圆筒传动装置，采用开式齿轮做末级传动。为了简化设计，将传动小齿轮配置在筒体正下方，或在偏置位置 [13-32(b)]，筒体的旋转方向为：站在传动侧，面对筒体，筒体向下方旋转。这种配置方式将会引起轴承座的振动及润滑不良，齿轮啮合状况不佳，因为当小齿轮偏位角 α 大于一般齿轮压力角 20°时，小齿轮受力方向向上倾斜，有一向上垂直分力作用于小齿轮轴承座上，当轴承座水平布置时，轴承盖螺栓及轴承座螺栓均受拉力，螺栓伸长会引起振动。

这种用开式齿轮作为末级传动的回转圆筒设备，为了安装、调整方便，一般不应将主动齿轮配置在筒体中心线的正下方，而是偏离筒体中心线一侧。常用的偏角 $\alpha=30°\sim45°$。回转圆筒设备回转方向与将来传动质量的关系很大，其确定原则为不使主动小齿轮的受力向上。因为当小齿轮受力向下时，小齿轮轴承受压，避免因螺栓受拉伸长引起的振动及润滑不良等弊端。其判别方法为：站在传动侧看筒体，筒体由下向上旋转为正确，如图 13-32(c)所示。

④ 构件变异使运动参数可调　有些机构在工作中运动参数（如行程、摆角等）需要调

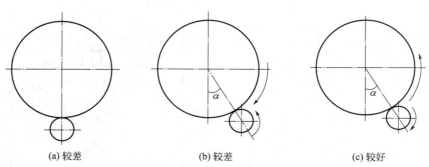

(a) 较差　　　　　　　(b) 较差　　　　　　　(c) 较好

图 13-32　回转圆筒设备传动装置的位置与转向

节，或为了保证满足某些使用要求及安装调试等方便，在设计时，常考虑有这种调节的可能。

图 13-33(a) 所示为一普通曲柄摇杆机构，摇杆的极限位置和摆角都不能调节。如果设计成如图 13-33(b) 所示的两个自由度的机构，其中 a 是主动原动件，b 为调节原动件，改变构件 b 的位置，摇杆的极限位置和摆角都会相应变化，调节适当之后使 b 杆固定，就变成一个自由度的机构了。

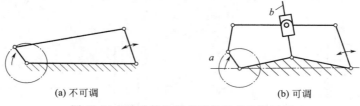

(a) 不可调　　　　　　　　(b) 可调

图 13-33　从动件位置变异使运动参数可调

⑤ 高副与低副转换改善机构性能

a. 低副高代改善机构工作性能　图 13-34(a) 所示为两自由度五杆低副送布机构，它的送布轨迹形状无法达到水平布置的近似长方形的理想水平。为了传送布轨迹能达到水平布置的长方形，低副高代方法得到如图 13-34(b) 所示的两自由度四杆高副送布机构，由于凸轮轮廓线形状可按理想送布轨迹要求来设计，它的送布轨迹大为改善。

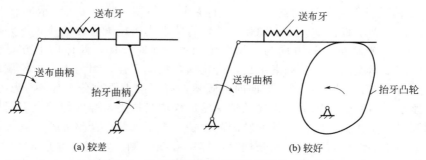

(a) 较差　　　　　　　　　　　(b) 较好

图 13-34　送布机构低副高代改善机构工作性能

图 13-35(a) 所示为共曲柄多滑块机构，1 为主动件，2、3、4、5 为连杆，运动中存在由于速度变化引起的冲击。若利用高副代换低副，如图 13-35(b) 所示，则演化为凸轮-滑块机构，动力性能会更加优越。图 13-35(b) 所示机构是结合了凸轮与曲柄滑块两种机构的结

构特点设计而成的,该机构用在泵上,蚕状凸轮 1 推动四个滚子 (2、3、4、5),从而推动四个活塞做往复移动。选取适当的凸轮廓线,该机构的工作效果比用低副组成的机构更好。

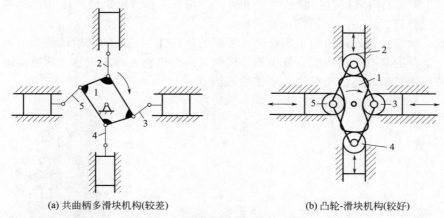

(a) 共曲柄多滑块机构(较差)   (b) 凸轮-滑块机构(较好)

图 13-35   共曲柄多滑块机构低副高代改善动力性能

1—主动件;2~5—连杆

b. 高副低代改善机构工作性能   图 13-36(a) 所示为某一型号绣花机的挑线刺布机构,它的供线-收线功能主要依靠凸轮来完成。为了避开专利并改善机构性能,可以采用高副低代方法,将凸轮副改为低副,其替代机构如图 13-36(b) 所示。为了简化结构,在图 13-36 (c) 中构件 1、2 处采用了高副接触的滑槽。经过高副低代后的机构不但避开了专利,还使挑线机构断线率极大下降,机械噪声也得到降低。

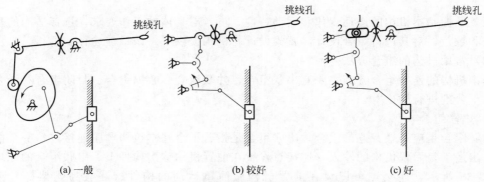

(a) 一般   (b) 较好   (c) 好

图 13-36   挑线刺布凸轮-连杆机构的改进

13.1.3   机构组合设计技巧与禁忌

(1) 机构组合的基本概念

在工程实际中,单一的基本机构应用较少,而基本机构的组合系统却应用于绝大多数机械装置中。因此,机构的组合是机械创新设计的重要手段。

任何复杂的机构系统都是由基本机构组合而成的。这些基本机构可以通过互相连接组合成各种各样的机械,也可以是互相之间不连接的单独工作的基本机构组成的机械系统,但各组成部分之间必须满足运动协调条件,互相配合,准确完成各种各样的所需动作。

如图 13-37 所示的药片压片机包含互相之间不连接的三个独立工作的基本机构。送料凸轮机构与上、下加压机构之间的运动不能发生运动干涉。送料凸轮机构必须在上加压机构上行到某一位置、下加压机构把药片送出行腔后，才开始送料，当上、下加压机构开始压紧动作时返回原始位置不动。

图 13-38 所示的内燃机包括曲柄滑块机构、凸轮机构和齿轮机构，这几种机构通过互相连接组成了内燃机。

机械的运动变换是通过机构来实现的。不同的机构能实现不同的运动变换，具有不同的运动特性。这里的基本机构主要有各类四杆机构、凸轮机构、齿轮机构、间歇运动机构、螺旋机构、带传动机构、链传动机构、摩擦轮机构等。

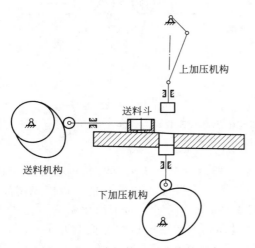

图 13-37　基本机构互不连接的组合

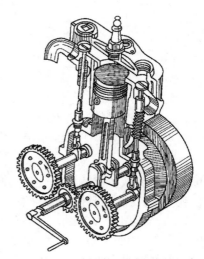

图 13-38　基本机构互相连接的组合

只要掌握基本机构的运动规律和运动特性，再考虑具体的工作要求，选择适当的基本机构类型和数量，对其进行组合设计，就为设计新机构提供了一条最佳途径。

（2）常用机构的组合方法

基本机构的连接组合方式主要有串联组合、并联组合、叠加组合、封闭组合和混合组合等。以下分别进行讨论。

1）串联组合

串联组合是应用最普遍的组合。串联组合是指若干个基本机构顺序连接，每一个前置机构的输出运动是后置机构的输入，连接点设置在前置机构输出构件上。串联组合的原理框图如图 13-39 所示。连接点可以设在前置机构做简单运动的构件（一般为连架杆）上，如图 13-39（a）所示，做简单运动的构件指做定轴旋转或往复直线移动的构件；连接点也可以设在前置机构的浮动构件上，如图 13-39（b）所示，浮动构件做平面复杂运动，一般为连杆或行星轮。

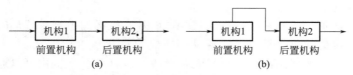

图 13-39　串联组合原理框图

串联组合中的各机构可以是同类型的机构，也可以是不同类型的机构。前置机构和后置机构没有严格区别，按工作需要选择即可。设计要点是两机构连接点的选择。

串联组合可以是两个基本机构的串联组合，也可以是多级串联组合，即指 3 个或 3 个以上基本机构的串联。串联组合可以改善机构的运动与动力特性，也可以实现工作要求的特殊运动规律。

图 13-40（a）所示为双曲柄机构与槽轮机构的串联组合，双曲柄机构为前置机构，槽轮机构的主动拨盘固连在双曲柄机构的 ABCD 从动曲柄 CD 上。对双曲柄机构进行尺寸综合设计，要求从动曲柄 E 点的变化速度能中和槽轮的转速变化，实现槽轮的近似等速转位。图 13-40（b）所示为经过优化设计获得的双曲柄槽轮机构与普通槽轮机构的角速度变化曲线的对照。其中横坐标 α 是槽轮动程时的转角，纵坐标 i 是从动槽轮与其主动件的角速度比。可以看出，经过串联组合的槽轮机构的运动与动力特性有了很大改善。

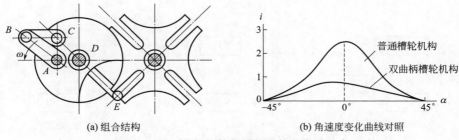

(a) 组合结构　　　　　　　　　　(b) 角速度变化曲线对照

图 13-40　双曲柄机构与槽轮机构的串联组合

工程中应用的原动机大都采用转速较高的电动机或内燃机，而后置机构一般要求转速较低。为实现后置机构的低速或变速的工作要求，前置机构经常采用齿轮机构与齿轮机构 [图 13-41（a）]、V 带传动机构与齿轮机构 [图 13-41（b）]、齿轮机构与链传动机构 [图 13-41（c）] 等进行串联组合，实现后置机构的速度变换。

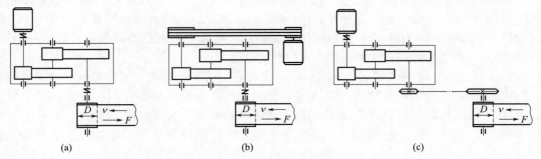

(a)　　　　　　　　　　　(b)　　　　　　　　　　　(c)

图 13-41　实现速度变换的串联组合

图 13-42 所示为一个具有间歇运动特性的连杆机构串联组合。前置机构为曲柄摇杆机构 OABD，其中连杆 E 点的轨迹为图中虚线所示。后置机构是一个具有两个自由度的五杆机构 BDEF。因连接点设在连杆的 E 点上，所以当 E 点运动轨迹为直线时，输出构件将实现停歇；当 E 点运动轨迹为曲线时，输出构件再摆动。实现了工作要求的特殊运动规律。

图 13-43 所示为家用缝纫机的驱动装置，该装置为连杆机构和带传动机构的串联组合，实现了将摆动转换成转动的运动要求。

2）并联组合

并联组合是指两个或多个基本机构并列布置，运动并行传递。机构的并联组合可实现机构的平衡，改善机构的动力特性，或完成复杂的需要互相配合的动作和运动。如图 13-44 所示，并联组合的类型有并列式 [图 13-44（a）]、时序式 [图 13-44（b）] 和合成式 [图 13-44（c）]。

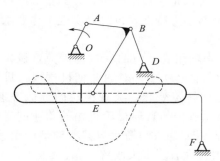

图 13-42　实现间歇运动特性的连杆机构串联组合　　图 13-43　连杆机构和带传动机构的串联组合

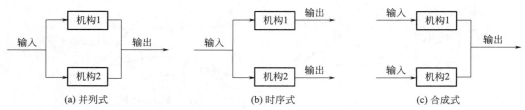

图 13-44　并联组合机构的类型

① 并列式　并列式并联组合要求两个并联的基本机构的类型、尺寸相同，对称布置。它主要用于改善机构的受力状态、动力特性、自身的动平衡、运动中的死点位置以及输出运动的可靠性等问题。并联的两个基本机构常采用连杆机构或齿轮机构，它们的输入或输出构件一般是两个基本机构共用的。有时是在机构串联组合的基础上再进行并联式组合。

图 13-45 所示是活塞机齿轮连杆机构的并联组合。其中两个尺寸相同的曲柄滑块机构 ABE 和 CDE 并联组合，同时与齿轮机构串联。AB 和 CD 与汽缸的轴线夹角相等，并且对称布置。齿轮转动时，活塞沿汽缸内壁往复移动。若机构中两齿轮与两个连杆的质量相同，则汽缸壁上将不会受到因构件的惯性力而引起的动压力。

图 13-46 所示为一压力机的螺旋连杆机构的并联组合。其中两个尺寸相同的双滑块机构 ABP 和 CBP 并联组合，并且两个滑块同时与输入构件 1 组成导程相同、旋向相反的螺旋副。构件 1 输入转动，使滑块 A 和 C 同时向内或向外移动，从而使构件 2 沿导路 P 上下移动，实现加压功能。由于并联组合，使滑块 2 沿导路移动时滑块与导路之间几乎没有摩擦阻力。

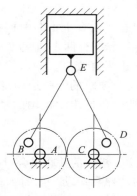

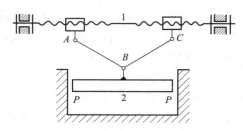

图 13-45　活塞机齿轮连杆机构的并联组合　　　图 13-46　螺旋连杆机构的并联组合

图 13-47 所示为铁路机车车轮，利用错位排列的两套曲柄滑块机构使车轮通过死点位置。

图 13-48 所示为某飞机上采用的襟翼操纵机构。它是由两个齿轮齿条机构并列组合而成，用两个直移电动机驱动。这种机构的特点是：两台电动机共同控制襟翼，襟翼的运动反应速度快，而且如果一台电动机发生故障，另一台电动机可以单独驱动（这时襟翼摆动速度减半），这样就增加了操纵系统的安全程度，即增强了输出运动的可靠性。

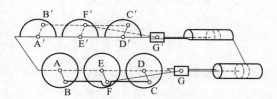

图 13-47 机车车轮的两套曲柄滑块机构并联组合

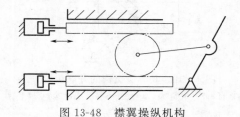

图 13-48 襟翼操纵机构

② 时序式 时序式并联组合要求输出的运动或动作严格符合一定的时序关系。它一般是同一个输入构件，通过两个基本机构的并联，分解成两个不同的输出，并且这两个输出运动具有一定的运动或动作的协调。这种并联组合机构可实现机构的惯性力完全平衡或部分平衡，还可实现运动分流。

图 13-49 所示为两个曲柄滑块机构的时序式并联组合，把两个机构曲柄连接在一起，成为共同的输入构件，两个滑块各自输出往复移动。这种采用相同结构对称布置的方法，可使机构总惯性力和惯性力矩达到完全平衡，从而提高连杆的强度和抗振性。

图 13-50 所示为某种冲压机构的时序式并联组合，齿轮机构先与凸轮机构串联，凸轮左侧驱动一摆杆，带动送料推杆；凸轮右侧驱动连杆，带动冲压头（滑块），实现冲压动作。两条驱动路线分别实现送料和冲压，动作协调配合，共同完成工作。

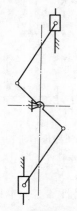

图 13-49 曲柄滑块机构并联组合

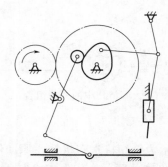

图 13-50 冲压机构中的并联组合

图 13-51 所示的双滑块驱动机构为摇杆滑块机构与反凸轮机构并联组合。共同的原动件是做往复摆动的摇杆 1，一个从动件是大滑块 2，另一个从动件是小滑块 4。两滑块运动规律不同。工作时，大滑块在右端位置先接受工件，然后左移，再由小滑块将工件推出，需使两滑块的动作协调配合。

图 13-52 所示为一冲压机构，该机构是移动从动件盘形凸轮机构与摆动从动件盘形凸轮机构的并联组合。共同的原动件是凸轮 1，凸轮 1 上有等距槽，通过滚子带动推杆 2，靠凸

轮 1 的外轮廓带动摆杆 3。工作时，推杆 2 负责输送工件，滑块 5 完成冲压。

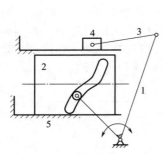

图 13-51 双滑块机构的并联组合

1—摇杆；2—大滑块；3—连杆；4—小滑块；5—机架

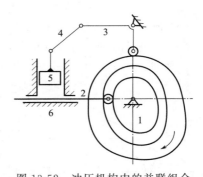

图 13-52 冲压机构中的并联组合

1—凸轮；2—推杆；3—摆杆；4—连杆；5—滑块；6—机架

③ 合成式 合成式并联组合是将并联的两个基本机构的运动最终合成，完成较复杂的运动规律或轨迹要求。两个基本机构可以是不同类型的机构，也可以是相同类型的机构。其工作原理是两基本机构的输出运动互相影响和作用，产生新的运动规律或轨迹，以满足机构的工作要求。

图 13-53 所示为一大筛机构，原动件分别为曲柄和凸轮，基本机构为连杆机构和凸轮机构，两机构并联，合成生成滑块（大筛）的输出运动。

图 13-54 所示为钉扣机的针杆传动机构，由曲柄滑块机构和摆动导杆机构并联组合而成。原动件分别为曲柄 1 和曲柄 6，从动件为针杆 3，可以实现平面复杂运动，以完成钉扣动作。设计时两个主动件一定要配合协调。

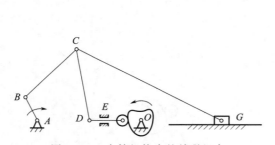

图 13-53 大筛机构中的并联组合

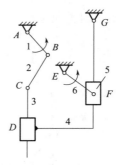

图 13-54 针杆传动机构中的并联组合

1,6—曲柄；2—连杆；3—针杆；4—摆杆；5—滑块

图 13-55 所示为缝纫机送布机构，原动件分别为凸轮 1 和摇杆 4，基本机构为凸轮机构和连杆机构，两机构并联，合成生成送布牙 3 的平面复合运动。

图 13-56 所示为小型压力机机构，由连杆机构和凸轮机构并联组合而成。齿轮 1 上固连偏心盘，通过偏心盘带动连杆 2、3、4；齿轮 6 上固连凸轮，通过凸轮带动滚子 5 和连杆 4，运动在连杆 4 上被合成，连杆 4 再带动压杆 8 完成输出动作。

3）叠加组合

机构叠加组合是指在一个基本机构的可动构件上再安装一个及以上基本机构的组合方式。把支撑其它机构的基本机构称为基础机构，安装在基础机构可动构件上的机构称为附加机构。

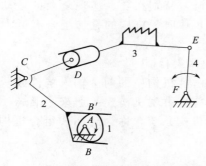

图 13-55 缝纫机送布机构中的并联组合

1—凸轮；2—连杆；3—送布牙；4—摇杆

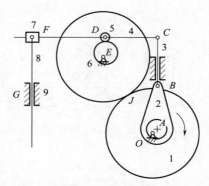

图 13-56 小型压力机机构中的并联组合

1,6—齿轮；2~4—连杆；5—滚子；

7—滑块；8—压杆；9—机架

机构叠加组合有两种类型：具有一个动力源的叠加组合 [图 13-57(a)]；具有两个及两个以上个动力源的叠加组合 [图 13-57(b)]。

图 13-57 叠加组合机构的类型

① 具有一个动力源 具有一个动力源的叠加组合是指附加机构安装在基础机构的可动件上，附加机构的输出构件驱动基础机构的某个构件运动，同时也可以有自己的运动输出。动力源安装在附加机构上，由附加机构输入运动。

具有一个动力源的叠加组合机构的典型应用有摇头电风扇（图 13-58）和组合轮系（图 13-59）。

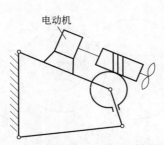

图 13-58 摇头电风扇机构中的叠加组合

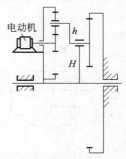

图 13-59 组合轮系机构中的叠加组合

② 具有两个及两个以上动力源 具有两个及两个以上动力源的叠加组合是指附加机构安装在基础机构的可动件上，再由设置在基础机构可动件上的动力源驱动附加机构运动。附加机构和基础机构分别有各自的动力源，或有各自的运动输入构件，最后由附加机构输出运动。进行多次叠加时，前一个机构即为后一个机构的基础机构。

具有两个及两个以上动力源的叠加组合机构的典型应用有户外摄影车（图 13-60）、机械手（图 13-61）。

图 13-60　户外摄影车机构中的叠加组合

机构的叠加组合为创建新机构提供了坚实的理论基础，特别在要求实现复杂的运动和特殊的运动规律时，机构的叠加组合有巨大的创新潜力。

4）封闭组合

两自由度机构中的两个输入构件或两个输出构件用单自由度机构连接起来，形成一个单自由度的机构系统，称为封闭式组合机构。将

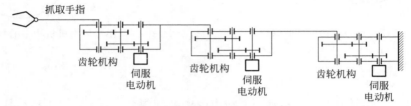

图 13-61　机械手机构中的叠加组合

两自由度机构称为基础机构，单自由度机构称为附加机构或封闭机构。

根据封闭式机构输入与输出特性的不同，分为三种封闭组合方法，其原理框图及对应的机构示例如图 13-62 所示。图 13-62（a）所示框图为一单自由度的附加机构封闭基础机构的两个输入或输出运动；图 13-62（b）所示框图为两个单自由度的附加机构封闭基础机构的两个输入或输出运动；图 13-62（c）所示框图为一单自由度附加机构分别封闭基础机构的输入和输出运动。

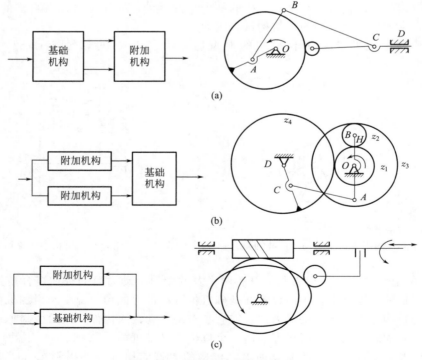

图 13-62　封闭组合机构的类型

图 13-62(a) 所示凸轮-连杆封闭组合机构中，五杆机构 $OABCD$ 为基础机构，凸轮机构为封闭机构。五杆机构的两个连架杆分别与凸轮和推杆固接。

图 13-62(b) 所示齿轮-连杆封闭组合机构中，齿轮 z_1、z_2、z_3 和系杆 H 组成的差动轮系为基础机构，四杆机构 $OACD$ 和由 z_1、z_4 组成的定轴齿轮机构为两个附加机构。

图 13-62(c) 所示蜗杆-凸轮封闭组合机构中，蜗杆机构为二自由度机构（蜗杆的转动和其轴向的移动），其中蜗杆的移动来自与蜗轮串接的凸轮机构的反馈。

封闭组合可实现优良的运动特性，如实现特定运动轨迹、特定运动速度、机构运动的反馈等。但它有时会产生机构内部的封闭功率流，降低了机械效率。所以，设计传力封闭组合机构时要进行封闭功率的计算。

5）混合组合

机构的混合组合是指联合使用上述组合方法，如串联组合后再并联组合，并联组合后再串联组合，串联组合后再叠加组合等，可得到复杂的机构系统。图 13-50、图 13-52、图 13-53、图 13-56、图 13-61 所示的机构都存在着混合组合。

（3）机构组合设计禁忌

1）机构必须有确定的运动规律

机构创新设计首先必须满足机构运动的合理性，具有确定的运动规律是机构设计的最基本要求，不能动或无规则乱动都是不合理的设计，即机构自由度应与原动件数相等。

如图 13-63(a) 所示的冲压机构，凸轮 1 与齿轮 $1'$ 一体，通过摆杆 2 带动冲压头 3，4 为机座，其机构运动简图如图 13-63(b) 所示，自由度 $F=3n-2P_L-P_H=3\times3-2\times4-1=0$（式中，$n$ 为活动构件数，P_L 为低副数，P_H 为高副数），所以是不能动的，是不合理的机构。从运动关系上看，连接构件 2 和构件 3 的铰链既要求其随构件 2 绕固定件 4 摆动，又要求其随构件 3 上下移动，而这两个运动是不能同时实现的，因此是不合理的设计。可以考虑增加一个滑块 5 和一个移动副来修改，如图 13-63(c) 所示，修改后机构的自由度 $F=3n-2P_L-P_H=3\times4-2\times5-1=1$，原动件数是 1（凸轮 1），因此是合理的。

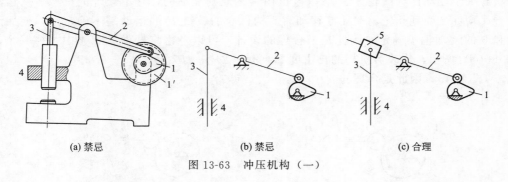

(a) 禁忌　　　　　(b) 禁忌　　　　　(c) 合理

图 13-63　冲压机构（一）

如图 13-64(a) 所示凸轮连杆组合机构中，转动副 D 既是构件 2 上的点，又是构件 1 上的点；但构件 1 做摆动，构件 2 做移动，要 D 点既做移动又做摆动，不可实现。因此，其自由度 $F=3\times3-2\times4-1=0$，故机构不能运动。应如图 13-64(b) 所示，执行构件 2 与机架以移动副连接，在构件 1 和构件 2 之间加入构件 3，并分别以转动副 D、E 连接。则自由度 $F=3\times4-2\times5-1=1$，机构可动且确动。

如图 13-65(a) 所示的切削机构，欲将构件 1 的连续转动转变为构件 4 的往复移动。其自由度 $F=3n-2P_L-P_H=3\times4-2\times6-0=0$，所以是不能动的，是不合理的机构。从运动关系上看，连接构件 3 和构件 4 的铰链 D 既要求其随 3 构件绕固定件 5 摆动，又要求其

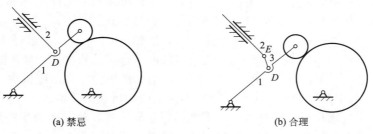

图 13-64　凸轮连杆组合机构

随构件 4 左右移动，而这两个运动是不能同时实现的，因此是不合理的设计。可以考虑增加一个杆件 6 和一个转动副来修改，如图 13-65(b) 所示，修改后机构的自由度 $F=3n-2P_{\mathrm{L}}-P_{\mathrm{H}}=3\times5-2\times7-0=1$，原动件数是 1（杆件 1），因此是合理的。

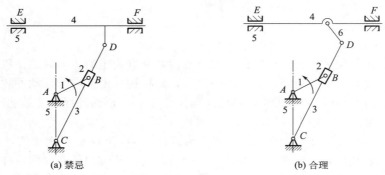

图 13-65　切削机构

如图 13-66(a) 所示的冲压机构，其自由度 $F=3n-2P_{\mathrm{L}}-P_{\mathrm{H}}=3\times5-2\times6-1=2$，而机构只有一个原动件（凸轮 1），所以该机构是无规则乱动的，是不合理的机构。从运动关系上看，构件 2 受到凸轮驱动往复移动时，构件 3 的铰链 F 的运动是不确定的，使后续构件 4 和 5 的运动也不确定，因此是不合理的设计。可以考虑将杆件 3 和 4 中去掉一个，如图 13-66(b) 所示，修改后机构的自由度 $F=3n-2P_{\mathrm{L}}-P_{\mathrm{H}}=3\times4-2\times5-1=1$，原动件数是 1（凸轮 1），因此是合理的。

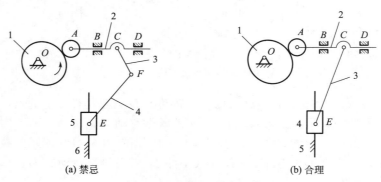

图 13-66　冲压机构（二）

2）串联组合的机构选取与布局

齿轮机构、连杆机构、凸轮机构与带、链、蜗杆传动等组成较为复杂的机械传动系统时，往往有不同的顺序布局和多种传动方案，这就需要将各种传动方案加以分析比较，针对具体情况择优选定。一般合理的传动方案除应满足机器预定的功能外，还要考虑结构简单、尺寸紧凑、工作可靠、制造方便、成本低廉、传动效率高和使用安全、维护方便等因素。为此，方案选择时，如前所述常将带传动置于高速级，链传动置于低速级，而将改变运动形式的连杆机构、凸轮机构等作为执行机构，布置在传动系统的末端，以实现预定的运动。

传动方案的选定是一项比较复杂的工作，需要综合运用多方面的技术知识和实践经验，从多方面分析比较，才能获得较为合理的传动方案。

例如图 13-67 所示的由功率 $P_m＝7.5kW$，满载转速 $n_m＝720r/min$ 的电动机驱动的剪铁机的各种传动方案，其活动刀剪每分钟往复摆动剪铁 23 次。现对图中七种方案进行分析。

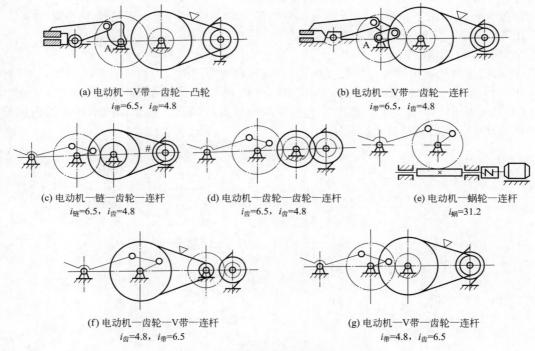

(a) 电动机—V带—齿轮—凸轮
$i_带＝6.5$，$i_齿＝4.8$

(b) 电动机—V带—齿轮—连杆
$i_带＝6.5$，$i_齿＝4.8$

(c) 电动机—链—齿轮—连杆
$i_链＝6.5$，$i_齿＝4.8$

(d) 电动机—齿轮—齿轮—连杆
$i_齿＝6.5$，$i_齿＝4.8$

(e) 电动机—蜗轮—连杆
$i_蜗＝31.2$

(f) 电动机—齿轮—V带—连杆
$i_齿＝4.8$，$i_带＝6.5$

(g) 电动机—V带—齿轮—连杆
$i_带＝4.8$，$i_齿＝6.5$

图 13-67　串联组合机构选取与布局

图 13-67(a) 和图 13-67(b) 从电动机到工作轴 A 的传动系统完全相同，由 $i_带＝6.5$ 的 V 带和 $i_齿＝4.8$ 的齿轮传动组成，其总传动比 $i＝i_带\,i_齿＝6.5×4.8＝31.2$，使工作轴 A 获得 $n_w＝n_m/i＝720/31.2≈23r/min$ 的连续回转运动。考虑到剪铁机工作速度低，载荷重且有冲击，对活动刀剪除要求适当的摆角、急回速比及增力性能外，对其运动规律并无特殊要求。图 13-67(b) 采用连杆机构变换运动形式，较图 13-67(a) 采用凸轮机构为佳，结构也简单得多。

图 13-67(b)～图 13-67(e) 在电动机到工作轴 A 之间采用了不同的传动机构，它们都能满足工作轴转速 23r/min 的要求，但图 13-67(b) 采用 V 带传动，可发挥其缓冲吸振的特点，使剪铁时的冲击振动不致传给电动机，且当过载时 V 带在带轮上打滑对机器的其它机件起安全保护作用。虽然图 13-67(b) 外廓尺寸大些，但结构和维护都较图 13-67(c)、(d)、(e) 方便。图 13-67(e) 采用单级蜗杆传动，虽具有外廓尺寸紧凑和传动平稳的优点，但这对剪铁机而言，显然并非主要矛盾；而传动效率低、能量损失大、使电动机功率增大且蜗杆传动制造费用高成为突出缺点；另外，蜗轮尺寸小虽属优点，但转动惯量也因而减小，可能

反而还要安装较大的飞轮，才能符合剪切要求，这样就更不合理了，故此方案在剪铁机中很少采用。

图 13-67(f) 与图 13-67(b) 相比，仅排列顺序不同，其齿轮传动在高速级，尺寸虽小些，但速度高，冲击、振动和噪声均较大，制造和安装精度以及润滑要求也较高，而带传动放在低速级，则不能发挥带传动能缓冲、吸振及工作平稳的优点，且带布置在低速级，转矩大，带的根数多，带轮尺寸和质量显著增大，显然是不合理的。

图 13-67(b)、图 13-67(g) 两方案所选机械类型、排列顺序、总传动比均相同，但传动比分配不同，图 13-67(b) 中 $i_带 > i_齿$，而图 13-67(g) 则相反，两者相比，图 13-67(b) 较好。这是因为图 13-67(b) 中大带轮直径和质量虽较大，但大齿轮尺寸可较小，使大齿轮制造会方便一些；另外，带轮相对大齿轮处于高速位置，其质量增大，转动惯量增大，在剪铁机短时最大负载作用下，可获得增加飞轮惯性的效果。权衡之下，还是利多于弊。综上所述，图 13-67(b) 方案应为首选方案。

3）机构组合应有利于简化结构

① 曲柄压力机结构尺寸的简化　图 13-68(a) 所示为曲柄压力机传动系统简图，电动机经一级带传动和并联的两级齿轮传动减速，使曲柄达到预定的转速，尺寸较大。改用图 13-68(b) 所示的传动方案，通过适当地增加每级的传动比，在保证曲柄转速的前提下，使结构简化了，机器的重量也减轻了。

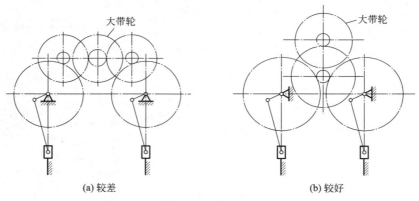

(a) 较差　　　　　　　　　　　　　(b) 较好

图 13-68　曲柄压力机传动系统结构的简化

② 行星齿轮机构的简化　图 13-69(a) 所示为行星齿轮机构，圆 O 为固定的内齿轮，圆 A 为行星轮，连架杆 1 为行星架，齿轮 4 为机架，其与行星轮 2 的齿数比为 $z_4/z_2 = 2$。当行星架 1 转动时，行星轮节圆上任意一点（例如 B 点）的轨迹均为通过 O 点的直线。并且当连架杆 1 转动一周时，B 点的行程是连架杆 1 长的 4 倍。因此，若在 B 点铰接一杆件，则可实现沿虚线 3 的往复移动；同理，若在 C 或 D 点铰接一杆件，则可实现沿虚线 5 或 6 的往复移动。

图 13-69(a) 所示的行星齿轮机构结构尺寸大，并且内齿轮加工成本高，给使用者带来诸多不便。为解决这一问题，可以利用具有不同结构但具有相同输入、输出的周转轮系进行等效代换。若将原来的内啮合变为外啮合，并保持传动比不变，即 $z_4/z_2 = 2$，同时增加一个介轮保持原来的转动方向不改变，就构造了一个与图 13-69(a) 完全等效的机构，见图 13-69(b)。若在行星轮 2 上固联一杆，并使 $AB = OA$，如图 13-69(c) 所示，当行星架 1 转动时，B 点输出移动的行程是连架杆 1 长的 4 倍。将机构进一步简化，用同步带或链传动代换外啮合的齿轮传动，可以去掉介轮，构造一个带有挠性件的周转轮系。若也在行星轮 2

上固结一杆，并使 $AB=OA$，如图 13-69(d) 所示。当行星架 1 转动时，B 点输出移动的行程是连架杆 1 长的 4 倍。该机构常用于有大行程要求的场合。

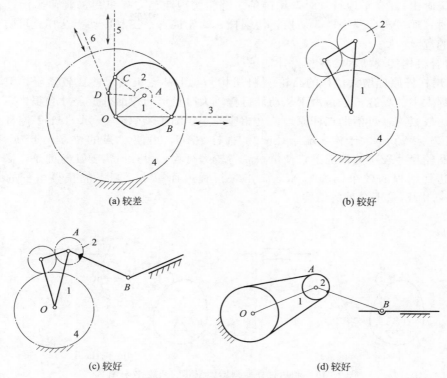

图 13-69 行星齿轮机构的简化

4）利用机构组合提高安全性

虽然机构创新设计力求简单和结构紧凑，但是不能以降低安全性为代价。因此，在安全为首要问题的情况下，必须进行必要的机构组合。

例如，手动轮椅必须乘坐舒适、操作简便、安全可靠、重量轻。图 13-70(a) 所示行走轮 1 和手轮 2 设计成一个整体，制动闸 3 必须安装在行走轮 1 的外周，以提高制动效果。这种结构使轮椅在平坡上行走时轻便灵活，但在倾斜路面行走时制动不可靠，上坡时易发生倒车，下坡时又会发生自溜（跑车）的危险，乘坐极不安全。

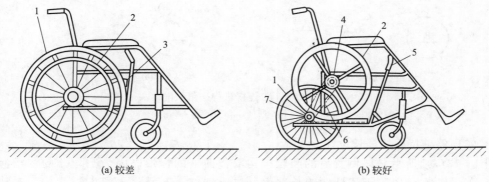

图 13-70 手动轮椅利用组合机构提高控制安全性

　　针对上述不足，提出如图 13-70(b) 所示的改进方案，把手轮与行走轮分离开。为使手轮直径比行走轮的大，在手轮与行走轮之间增设大链轮 4、小链轮 7、链条 6 和蜗杆传动装置（图中未画出）。在平地行驶时，用链条、链轮实现增速，操纵更加轻便灵活；在倾斜路面上行驶时，通过离合器手柄 5 切换，使蜗杆、蜗轮接入，控制传动，这样就可防止上述倒车和跑车的危险。

　　5）组合机构实现增程的杆长设计禁忌

　　① 利用杠杆原理增大位移的凸轮-连杆机构　　盘形凸轮机构尺寸比较紧凑，但不宜用于从动件行程太大的场合，这是由于从动件行程较大时盘形凸轮的外形尺寸会很大，为使盘形凸轮尺寸比较紧凑，可借助杠杆原理使之相应缩小。图 13-71(a) 所示的凸轮-连杆机构，利用一个输出端半径 r_2 大于输入端半径 r_1 的摇杆 BAC，可使 C 点的位移大于 B 点的位移，从而可在凸轮尺寸较小的情况下，使滑块获得较大行程。设计时需要注意的是，必须使 $r_2 > r_1$，才能达到增程的效果；若 $r_2 < r_1$，滑块行程反而减小，则不能获得增程的效果。如图 13-71(b) 所示是不合理的结构。

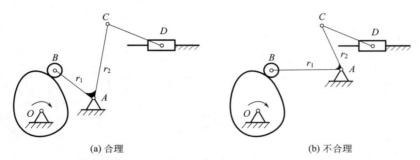

图 13-71　利用杠杆原理增大位移的凸轮-连杆机构

　　② 增大摆角的凸轮-连杆机构　　在凸轮机构中，摆杆的摆动角受机构传力要求的限制，应小于 2 倍的压力角，一般最大只能达到 50°。为了既实现运动规律的要求，又实现大摆角的输出，可采用凸轮机构与连杆机构串联组合形式。在图 13-72(a) 所示的凸轮连杆机构中，摆动从动件盘形凸轮机构为前置机构，摆动导杆机构为后置机构。图 13-72(a) 中增大摆杆 2 的尺寸，减小摆杆 5 的尺寸，即可使摆杆 5 输出较大的摆角。设计时需要注意的是，若增大摆杆 5 的尺寸及减小摆杆 2 的尺寸 [图 13-72(b)]，将适得其反，是不合理的结构。

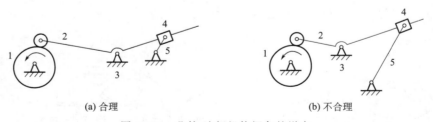

图 13-72　凸轮-连杆机构摆角的增大
1—凸轮；2,5—摆杆；3—机架；4—滑块

　　6）实现停歇特征的杆长设计

　　图 13-73(a) 所示是以倒置后的凸轮机构取代曲柄的情形。因为凸轮 5 的沟槽有一段凹圆弧 ab，其半径 R 等于连杆 3 的长度 L，故原动件 1 在转过 α 角的过程中，滑块处于停歇状态。

值得指出的是，只有圆弧 ab 半径 R 与连杆 3 的长度 L 相等时，组合机构才有停歇特征；而当 $R<L$ 或 $R>L$ 时，如图 13-73(b) 所示（$R>L$），都将不能获得停歇特征。

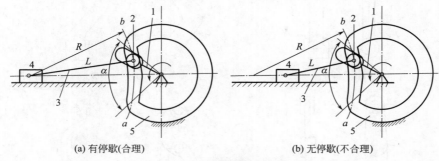

(a) 有停歇(合理)　　　　　　　　　(b) 无停歇(不合理)

图 13-73　实现停歇特征的杆长设计

1—原动件；2—滚子；3—连杆；4—滑块；5—凸轮

13.2　机械结构创新设计与禁忌

机械结构设计就是将原理方案设计结构化，即把机构系统转化为机械实体系统，这一过程中需要确定结构中零件的形状、尺寸、材料、加工方法、装配方法等。

一方面，原理方案设计需要通过机械结构设计得以具体实现；另一方面，机械结构设计不但要使零部件的形状和尺寸满足原理方案的功能要求，还必须解决与零部件结构有关的力学、工艺、材料、装配、使用、美观、成本、安全和环保等一系列问题。机械结构设计时，需要根据各种零部件的具体结构功能构造它们的形状，确定它们的位置、数量、连接方式等结构要素。

在机械结构创新设计的过程中，设计者不但应该掌握各种机械零部件实现其功能的工作原理，提高其工作性能的方法与措施，以及常规的设计方法，还应该根据实际情况善于运用组合、分解、移植、变异、类比、联想等创新设计方法，追求结构创新，获得更好的功能和工作特性，才能更好地设计出具有市场竞争力的产品。

13.2.1　结构元素的变异、演化与设计禁忌

（1）结构元素的变异与演化

结构元素在形状、数量、位置等方面的变异可以适应不同的工作要求，或比原结构具有更好和更完善的功能。下面简述几种有代表性的结构元素变异与演化。

① 杆状构件结构元素变异与演化　图 13-74 所示为一般连杆结构的几种形式。因运动副空间位置和数量不同，连杆的结构形状也随之产生变异。

② 螺纹紧固件结构元素变异与演化　常用的螺纹紧固件有螺栓、螺钉、双头螺柱、螺母、垫圈等，如图 13-75 所示。在不同的应用场合，由于工作要求不同，这些零件的结构就必须变异出所需的结构形状。

六角头螺栓拧紧力能比较大，紧固性好，但需和螺母配用，且需一定扳手操作空间，因而相关结构所占空间较大；

内六角头螺钉比外六角头螺钉头部所占空间小，拧紧时所需操作空间也小，因而适合要求结构紧凑的场合；

圆头螺钉拧紧后露在外面的钉头比较美观；

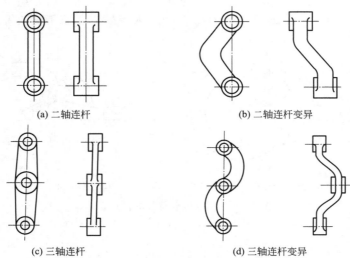

(a) 二轴连杆　　　　　　　　　　(b) 二轴连杆变异

(c) 三轴连杆　　　　　　　　　　(d) 三轴连杆变异

图 13-74　适应运动副空间位置和数量的连杆结构

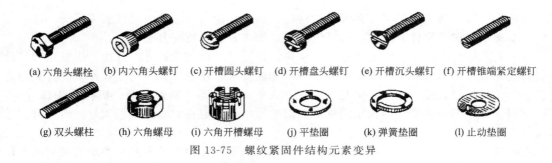

(a) 六角头螺栓　(b) 内六角头螺钉　(c) 开槽圆头螺钉　(d) 开槽盘头螺钉　(e) 开槽沉头螺钉　(f) 开槽锥端紧定螺钉

(g) 双头螺柱　　　(h) 六角螺母　　(i) 六角开槽螺母　(j) 平垫圈　　(k) 弹簧垫圈　　(l) 止动垫圈

图 13-75　螺纹紧固件结构元素变异

盘头螺钉可以用手拧，可作调整螺钉；

沉头螺钉的头部能拧进被连接件表面，使被连接件表面平整；

紧定螺钉用来确定零件相互位置和传力不大的场合；

双头螺柱适合经常拆卸的场合；

六角螺母是最常见的用于紧固性连接的；

开槽螺母是用来防松的；

平垫圈用来保护承压面；

弹簧垫圈和止动垫圈都是用来防松的。

③ 齿轮结构元素变异与演化　齿轮的结构元素变异包括：齿轮的整体形状变异、轮齿的方向变异和齿廓形状变异。

为传递不同空间位置的运动，齿轮整体形状可变异为圆柱形、圆锥形、齿条、蜗轮等。

为实现两轴的变转速，齿轮整体形状可变异为非圆齿轮和不完全齿轮。

为提高承载能力和平稳性，轮齿的方向可变异为直齿、斜齿、人字齿和曲齿等。

为适应不同的传力性能，齿廓形状可变异为渐开线形、圆弧形、摆线形，双圆弧形等，如图 13-76 所示。

④ 棘轮机构功能面结构元素变异与演化　在图 13-77 所示的棘轮机构中，棘爪头部的表面与棘轮齿形表面互相接触，是棘轮机构的功能面。通过变换功能面的形状可以得到

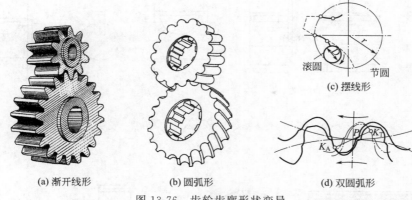

(a) 渐开线形　　　　(b) 圆弧形　　　　　(c) 摆线形

(d) 双圆弧形

图 13-76　齿轮齿廓形状变异

图 13-77 所示的多种结构方案，分别有滚子、尖底、平底等结构。其中，图 13-77（a）、（c）所示方案用于单向传动，图 13-77（b）所示的棘轮可用于双向传动。图 13-77（c）所示的功能面能承担较大的载荷，应用较普遍，但制造误差对承载能力影响较大。三种不同形式功能面的特点对比列于表 13-3。

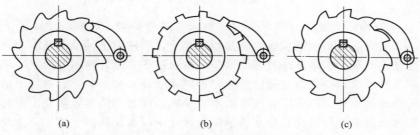

(a)　　　　　　　　(b)　　　　　　　　(c)

图 13-77　棘轮机构功能面结构元素变异

表 13-3　三种不同形式功能面特点对比

特点 ＼ 类型	方案（a）	方案（b）	方案（c）
棘爪头部形式	滚子	尖底	平底
棘轮齿的形式	三角形齿（双向不对称）	矩形齿（双向对称）	不对称梯形齿（双向不对称）
传动方向	单向	双向	单向
承载能力	一般	较小	较大
制造误差影响	一般	较小	较大
应用	常用，单向传动	较少，多用于双向传动	广泛，单向传动

⑤ 轴毂连接结构元素变异与演化　轴毂连接的主要结构形式是键连接。单键的结构形状有平键和半圆键等，平键又分为普通平键、导键和滑键，普通平键又分为 A 型、B 型、C 型。平键通常是单键连接，但当传递的转矩不能满足载荷要求时需要增加键的数量，就变为双键连接。若进一步增加其工作能力，就出现了花键。花键的形状又有矩形、梯形、三角形，以及滚珠花键。将花键的形状继续变换，由明显的凸凹形状变换为不明显的，则就产生了无键连接，即成形连接。轴毂连接结构元素变异与演化如图 13-78 所示。

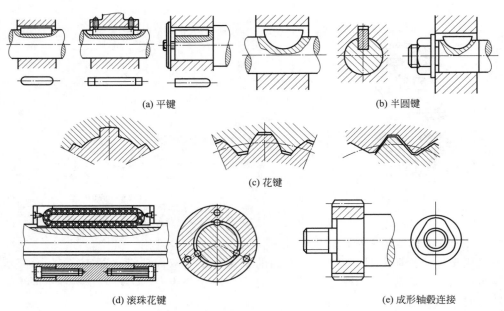

(a) 平键　　　　　　　　　　　　　　　　　　(b) 半圆键

(c) 花键

(d) 滚珠花键　　　　　　　　　　　　(e) 成形轴毂连接

图 13-78　轴毂连接结构元素变异与演化

⑥ 滚动轴承结构元素变异与演化　滚动轴承有多种类型，球形滚动体便于制造，成本低，摩擦力小，适合高速，但承载能力不如圆柱滚子。圆柱滚子轴承承载能力强，旋转精度高，可以做游动端支承。滚动体还有圆锥滚子、鼓形滚子和滚针等不同形状，用以获得不同的运动和承载特性。滚动体的数量随轴承规格不同而变异，在类型上有单排滚动体和双排滚动体。除传统滚动轴承外，随着工业技术的不断发展，通过结构变异演化出来的新型轴承非常多。对滚动体和滚道进行结构变异在轴承创新设计中应用比较多。例如，为改善润滑和应力集中，近年来出现了对数修形圆锥滚子轴承；为更好地适应振动冲击性载荷和改善轴承系统的润滑冷却条件，出现了空心圆柱滚子轴承；为承受双向轴向载荷，出现了四点接触球轴承。

⑦ 基于材料的结构元素变异与演化　图 13-79 是美国通用汽车公司设计的双稳态闭合门（美国专利 3541370 号），通过结构元素的材料变异演化出新结构，从工作原理上进行了结构创新。这种双稳态闭合门用挤压丙烯替代机械装置制成弹簧压紧装置，比一般金属零件组成的结构更为简单、方便，易于维护。

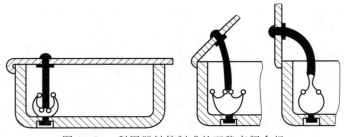

图 13-79　利用塑料件制成的双稳态闭合门

（2）结构元素变异与演化设计禁忌

① 摆杆和推杆端部球面位置设计禁忌　图 13-80 所示，主动摆杆 1 将力传递给从动推杆

2。图 13-80(a) 所示推杆末端为球面，此时推杆受力情况不好，推杆的受力方向为球面的法线方向，驱动力对推杆会产生横向分力，将推杆压向导路，推杆和导路之间产生有害的摩擦力，使推杆运动不灵活。若将球面的结构形状放在摆杆上，如图 13-80(b) 所示，则得到较好的传力效果，推杆的受力方向总垂直于平顶，即与推杆运动方向相同，推杆运动灵活、轻便。

(a) 较差　　　　　　　　　　(b) 较好

图 13-80　摆杆和推杆端部球面位置设计

② 降低接触应力　图 13-81 所示的结构中，从图 13-81(a)～图 13-81(c) 的高副接触中，综合曲率半径依次增大，接触应力依次减小，因此，图 13-81(c) 所示结构有利于改善球面支承的接触强度和刚度。

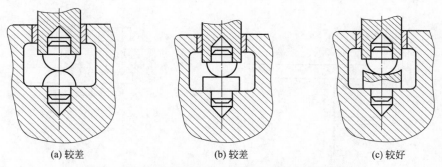

(a) 较差　　　　　　　(b) 较差　　　　　　　(c) 较好

图 13-81　零件接触处综合曲率半径影响接触应力

③ 旋塞阀节流孔形状设计禁忌　有色冶金工厂的矿浆输送系统和某些熔融金属液体输送系统中，要求设置流量调节阀以调节流量，调节范围在 20%～100% 之间。设计常采用通用型、结构简单的旋塞阀来调节流量。此种旋塞阀阀芯上的节流孔均为绕阀轴线立式配置的矩形孔，如图 13-82(a) 所示。通过旋转阀芯的转角，可达到调节节流孔大小开度，进而达到调节流量的目的。但是，在运转一段时间后，特别是频繁调节之后，节流孔容易被堵塞。主要原因是矿浆中的固相悬浮物的沉积或金属液体中常夹有浮渣等杂物，当阀芯节流孔调小后便很易被堵塞。矩形节流孔调节过程的变化如图 13-82(a) 所示，节流孔的高度不变，只改变其宽度。如宽为 20mm 的方形节流孔当其开口面积缩小到 20% 时，则节流孔的宽度只有 4mm，显然易于堵塞。

将节流孔改成菱形，如图 13-82(b) 所示，当调节节流口的面积时，其变化是外形相似地按比例缩小。如以边长为 20mm 菱形节流口为例，当面积缩小到 20% 时，孔宽仍有 9mm，这样节流过程的堵塞故障便可消除。

矩形和菱形的节流口的节流效果对比如图 13-82(c) 所示。图中 a 为矩形孔，b 为菱形孔，间隙即孔宽。

④ 液压缸排气孔位置设计禁忌　当油缸内残存空气时，工作时会产生爬行、颤抖、振动和噪声，破坏油缸正常运行，故要求速度稳定、水平安装的大型液压缸，设计排气装置。

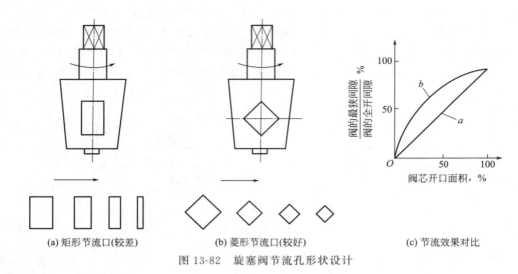

(a) 矩形节流口(较差)　　　(b) 菱形节流口(较好)　　　(c) 节流效果对比

图 13-82　旋塞阀节流孔形状设计

图 13-83(a) 的排气孔位置设置不当,不能将缸内空气完全排除干净,所以工作仍然不稳定,产生爬行、振动及噪声。图 13-83(b) 改变了排气孔位置及相关结构,可消除上述缺点。

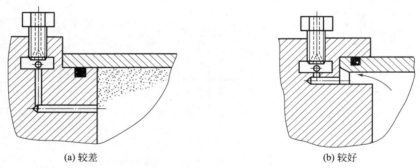

(a) 较差　　　　　　　　(b) 较好

图 13-83　液压缸排气孔位置设计

　　⑤ V 形滑动导轨上下位置变换改善润滑　在图 13-84(a) 所示的 V 形导轨结构中,上方零件为凹形,下方零件为凸形,这类导轨表面不易积尘,但在重力的作用下摩擦表面上的润滑剂会自然流失。如果变换凸、凹零件的位置,使上方零件为凸形,下方零件为凹形,如图 13-84(b) 所示,则可以有效地改善导轨的润滑状况。

(a) 较差　　　　　　　　(b) 较好

图 13-84　V 形滑动导轨上下位置变换改善润滑

　　⑥ 回转支承滚轮与轨道磨损问题的改善　在各类回转设备上经常采用滚轮式回转支承结构,滚轮采用单轮或带平衡梁的双滚轮结构,如图 13-85(a) 所示。为使结构简单,经常采用平踏面车轮和平面轨道。因中心距尺寸较小,双滚轮也直线排列。这种滚轮式回转支承中,在某一圆周角速度下运转的滚轮,由于轮宽的存在,轮子内侧与外侧存在速度差,滚轮

产生滑动，车轮和轨道很快磨损。可通过滚轮形状变异进行改善，如图 13-85（b）所示，遵守纯滚动原则，采用圆锥形滚轮，使滚轮与轨道间只有滚动而不产生附加滑动，则可减轻磨损、延长滚轮及轨道寿命，降低运行阻力及噪声。

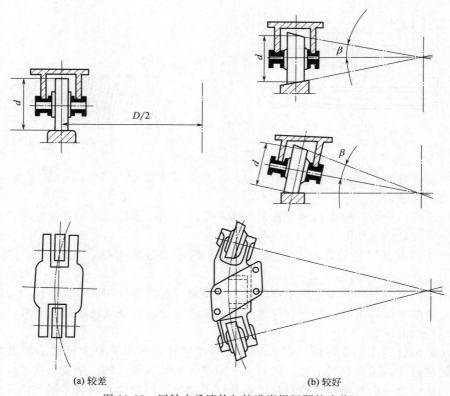

(a) 较差   (b) 较好

图 13-85 回转支承滚轮与轨道磨损问题的改善

13.2.2 实现功能要求结构创新设计技巧与禁忌

机械结构设计就是将原理设计方案具体化，即构造一个能够满足功能要求的三维实体的零部件及其装配关系。概括地讲，各种零件的结构功能主要是承受载荷、传递运动和动力，以及保证或保持有关零部件之间相对位置或运动轨迹关系等。功能要求是结构设计的主要依据和必须满足的要求。设计时，除根据零件的一般功能进行设计外，通常可以通过零件的功能分解、功能组合、功能移植等技巧来完成机械零件的结构功能设计。

（1）零件功能分解

每个零件的每个部位各承担着不同的功能，具有不同的工作原理。若将零件的功能分解、细化，则会有利于提高其工作性能，有利于开发新功能，也使零件整体功能更趋于完善。

例如，螺钉按功能可分解为螺钉头、螺钉体、螺钉尾三个部分。螺钉头的不同结构类型分别适用于不同的拧紧工具和连接件表面结构要求（图 13-75）。螺钉体有不同的螺纹牙形，如三角形螺纹（粗牙、细牙）、倒刺环纹螺纹等，分别适用于不同的连接紧固性。螺钉体除螺纹部分外，还有无螺纹部分。无螺纹部分也有制成细杆的，被称为柔性螺杆［图 13-86（a）］。柔性螺杆常用于冲击载荷，因为冲击载荷作用下这种螺杆将会提高疲劳强度，如发动机连杆的连接螺栓。为提高其疲劳寿命，可采用降低螺杆刚度的方法进行构型，例如，采用大柔度螺杆和空心螺杆［图 13-86(b)］。螺钉尾部带有倒角起到导向作用，方便安装；带有锥端、短圆柱端或球面等形状的尾部是为了紧定可靠、保护螺纹尾端不被压坏及碰伤。螺钉尾部还可设计成有自钻自攻功能的尾部结构，如图 13-87 所示。

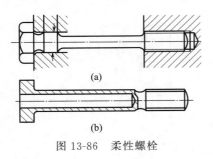

(a)

(b)

图 13-86　柔性螺栓

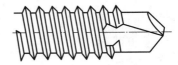

图 13-87　自钻自攻螺钉尾部结构

　　轴的功能可分解为轴环与轴肩用于定位；轴身用于支撑轴上零件；轴颈用于安装轴承；轴头用于安装联轴器。

　　滚动轴承的功能可分解为内圈与轴颈连接；外圈与座孔连接；滚动体实现滚动功能；保持架实现分离滚动体的功能。

　　齿轮的功能可分解为轮齿部分的传动功能、轮体部分的支撑功能和轮毂部分的连接功能。

　　零件结构功能的分解内容是很丰富的，为获得更完善的零件功能，在结构设计时可尝试进行功能分解的方法，再通过联想、类比与移植等进行功能扩展或新功能的开发。

　　（2）零件功能组合

　　零件功能组合是指一个零件可以实现多种功能，这样可以使整个机械系统更趋于简单化，简化制造过程，减少材料消耗，提高工作效率，是结构设计的一个重要途径。

　　零件功能组合一般是在零件原有功能的基础上增加新的功能，如前文提到的具有自钻自攻功能的螺纹尾（图 13-87），将螺纹与钻头的结构组合在一起，使螺纹连接结构的加工和安装更为方便。图 13-88 所示为三合一功能的组合螺钉，它是外六角头、法兰和锯齿的组合，不仅实现了支撑功能，还可以提高连接强度，还能防止松动。

　　图 13-89 所示是用组合法设计的一种内六角花形、外六角与十字槽组合式的螺钉头，可以适用于三种扳扭工具，方便操作，提高了装配效率。

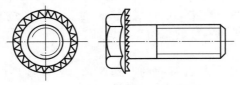

图 13-88　三合一功能的防松螺钉

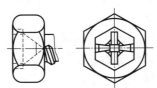

图 13-89　组合式螺钉头

　　V 带传动可以通过增加带的根数提高其承载能力，如图 13-90（a）所示，但是随着带的根数增加，由于多根带的带长不一致，带与带之间的载荷分布不均加剧，使多根带不能充分发挥作用。图 13-90（b）所示的多楔带将多根带集成在一起，保证了带长的一致，提高了承载能力。

　　图 13-91 所示为组合螺钉结构，由于大尺寸螺钉的拧紧很困难，此结构在大螺钉的头部设置了几个较小的螺钉，通过逐个拧紧小螺钉可以使大螺钉产生预紧力，起到与拧紧大螺钉

同样的效果。

(a) 多根带　　　　　　　　　　　(b) 多楔带

图 13-90　多根带与多楔带

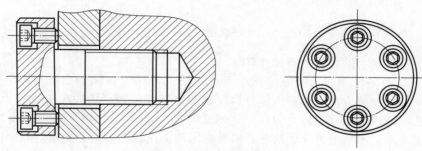

图 13-91　组合螺钉结构

还有许多零件，本身就有多种功能，例如花键既具有静连接又具有动连接的功能；向心推力轴承既具有承受径向力又具有承受轴向力的功能；安全销既能传递转矩又能在转矩超过规定值时自动剪断，起到安全保护作用；同样的还有摩擦带传动，传递摩擦力的同时还能过载打滑，起到对后续传动装置的保护作用。

（3）零件功能移植

零件功能移植是指相同的或相似的结构可实现完全不同的功能。例如，齿轮啮合常用于传动，如果将啮合功能移植到联轴器，则产生齿式联轴器。同样的还有滚子链联轴器。

齿的形状和功能还可以移植到螺纹连接的防松装置上，螺纹连接除借助于增加螺旋副预紧力而防松外，还常采用各种弹性垫圈。诸如波形弹性垫圈［图 13-92(a)］、齿形锁紧垫圈［图 13-92(b)］、锯齿锁紧垫圈［图 13-92(c)、(d)］等。它们的工作原理一方面是依靠垫圈被压平产生弹力，弹力的增大又使结合面的摩擦力增大而起到防松作用；另一方面也靠齿嵌入被连接件而产生阻力防松。

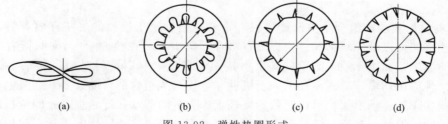

(a)　　　　　　(b)　　　　　　(c)　　　　　　(d)

图 13-92　弹性垫圈形式

图 13-93 所示为一种巧妙的蜗杆自锁功能移植的连接软管用的卡子，这是一种利用蜗杆蜗轮传动自锁原理制成的软管卡子。卡圈（相当于蜗轮）顶部有齿，与蜗杆啮合，用螺丝刀拧动蜗杆头部的一字形槽，蜗杆转动，转动的蜗杆使得与其啮合的环状蜗轮卡圈走齿（收

紧），致使软管被箍紧在与其连接的刚性管子上。这种功能移植的创新结构锁紧功能十分有效，已广泛应用在管道的连接与维修上。

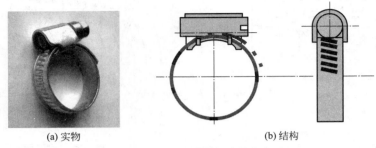

(a) 实物　　　　　　　　(b) 结构

图 13-93　蜗杆自锁功能移植的卡子

（4）满足功能要求的结构创新设计禁忌

① 冲床功能分解结构设计禁忌　某企业生产开式冲床（曲柄压力机），如图 13-94（a）所示。将冲床功能分解为冲压机构、床身和控制部分。考虑到开式冲床床身受力情况不好，影响承载能力，将冲床床身结构改为双立柱闭式结构，如图 13-94（b）所示。修改后的设计使床身受力更合理，承载能力显著增强。但是封闭的工作台面限制了操作空间，使得可加工零件的尺寸受到限制，只能加工小零件或细长形状的零件，而这种尺寸限制又与增大了的承载能力不匹配。由于这种新产品不符合市场对冲床工作参数的需求，使这项新产品开发失败。

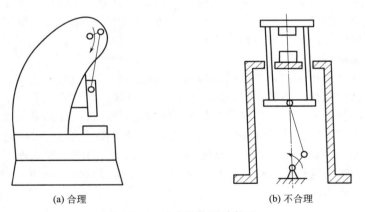

(a) 合理　　　　　　　　(b) 不合理

图 13-94　冲床结构设计禁忌

② 资料室书架功能组合结构设计禁忌　资料室通过密集摆放的书架存放资料，书架下面的轮子使书架可以沿导轨移动。为提高资料存储能力，只在约 20 个书架间留有一道可供取用资料的缝隙，如图 13-95 所示，其余书架相互靠近，取用资料时通过摇动手柄移动书架。针对这种应用环境，有人设计了一套机械与电控系统组合的自动装置，通过电动机带动机械装置驱动车轮移动书架，可以有效地减轻工作人员的劳动强度，提高查阅资料的方便性和自动化性能。但是，在资料室管理中，对资料的安全性要给予特别的重视，使用电力驱动的方案存在引发火灾的危险，所以这项设计不能被资料室采用。

③ 浮力永动机功能移植结构设计禁忌　利用功能移植法，曾经有人设计了一种浮力永动机，如图 13-96 所示，链条张紧在垂直布置的两个链轮之间，链条的每个链节上连接着一个球体，轴心线左侧的球穿过个容器，球体与容器底部的口径相配合，保证瓶内的液体不会

向下部泄漏。设计者认为,位于容器内部的球体受到液体浮力的作用,位于轴心线右侧的球体不受浮力作用,所以链两侧的拉力不平衡,链会驱动链轮连续不断地沿顺时针方向转动。实际上,与容器底部"瓶口"处配合的球上、下表面所受到的压力差远大于"瓶口"上面两个球所受到的液体浮力,无法驱动链条向上运动。理论和实践早已证明永动机是不可能存在的,因此,该项创新设计将浮力原理移植到链传动上是不能实现预想功能的。

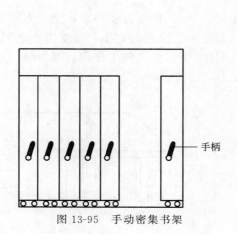

图 13-95 手动密集书架

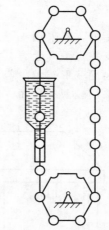

图 13-96 浮力永动机(禁忌)

13.2.3 满足使用要求结构创新设计技巧与禁忌

对于承受载荷的零件,为保证零件在规定的使用期限内正常地实现其功能,在结构设计中应使零部件的结构受力合理,降低应力,减小变形,减轻磨损,节省材料,安全可靠,以利于提高零件的强度、刚度和延长使用寿命。

(1) 受力合理

① 悬臂支架结构应尽量等强度 图 13-97 所示铸铁悬臂支架,其弯曲应力自受力点向左逐渐增大。图 13-97(a) 所示结构强度差。图 13-97(b) 所示结构虽然强度高,但不是等强度,浪费材料,增加重量,也较差。图 13-97(c) 所示为等强度结构,且符合铸铁材料的特点,铸铁抗压性能优于抗拉性能,故肋板应设置在承受压力一侧。

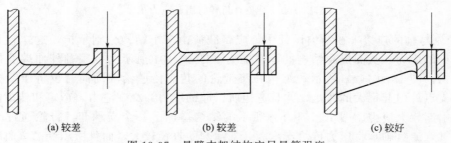

(a) 较差　　　　　　　(b) 较差　　　　　　　(c) 较好

图 13-97 悬臂支架结构应尽量等强度

② 局部相邻槽不宜太近 如图 13-98 所示,圆管外壁上有螺纹退刀槽,内壁有镗孔退刀槽,如果两者相距太近 [图 13-98(a)],则对管道强度削弱较大,所以应分散安排 [图 13-98(b)],对强度影响比较小。

③ 支撑点不宜距离受力点太远 如图 13-99 所示,某设备由 3 足支撑,足所在的位置即

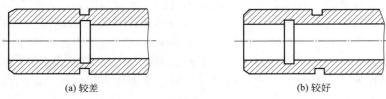

图 13-98   局部相邻槽不宜太近

受力箭头所指处，若采用 4 腿工作台［图 13-99（a）］，虽然台面很厚，仍变形很大，这是由于工作台腿支撑点距离受力点太远，产生较大弯矩造成的。支撑点与受力点之间距离越大，弯矩越大，台面变形越大。若采用如图 13-99（b）所示的 3 腿工作台，每个腿都正对着设备的足，且可采用较薄的台面，仍不易产生变形，比较合理。

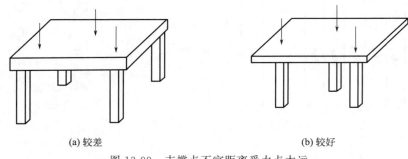

(a) 较差   (b) 较好

图 13-99   支撑点不宜距离受力点太远

（2）降低应力

① 避免直角转弯引起应力集中   如图 13-100 所示，若零件两部分交接处有直角转弯则会在该处产生较大的应力集中。设计时可将直角转弯改为斜面和圆弧过渡，这样可以减少应力集中，防止热裂等。图 13-100（a）结构较差，图 13-100（b）结构合理。

(a) 较差   (b) 较好

图 13-100   避免直角转弯引起应力集中

② 带轮与轴的连接   在结构设计中，应将载荷由多个结构分别承担，这样有利于降低危险结构处的应力，从而提高结构的承载能力。图 13-101 所示为一根轴外伸端的带轮与轴的连接结构。图 13-101（a）所示的结构在将带轮的转矩传递给轴的同时也将压轴力传递给轴，会在支点处引起很大的弯矩，并且弯矩所引起的应力为交变应力，弯矩和转矩同时作用会在轴上引起较大应力。图 13-101（b）所示的结构增加了一个支承套，带轮通过端盖将转矩传递给轴，通过轴承将压力传给支承套，支承套的直径较大，而且所承受的弯曲应力是静应力，通过这种结构使弯矩和转矩分别由不同零件承担，提高了结构整体的承载能力。

③ 陶瓷连接   陶瓷材料承受局部集中载荷的能力差，在与金属件的连接中，应避免其弱点。图 13-102（a）所示的结构采用了直插销，载荷引起的应力集中较大。若改为图 13-102（b）所示的结构，在销轴连接中改用环形插销，则可增大承载面积，降低应力，是比较合理的结构。

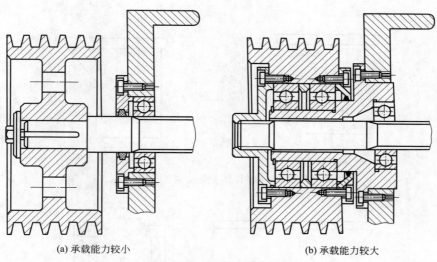

(a) 承载能力较小   (b) 承载能力较大

图 13-101 带轮与轴的连接

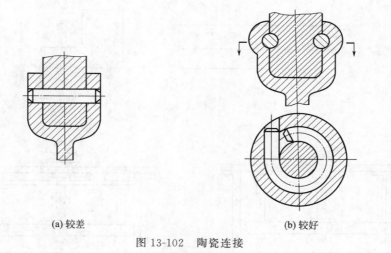

(a) 较差   (b) 较好

图 13-102 陶瓷连接

（3）减小变形

① 增设加强肋提高工件刚度 如果零件刚度很差，工作中将会产生较大变形，影响相关零件的工作性能，而且由于刚度差在加工时会引起变形，从而影响加工精度。如图 13-103（a）所示支架，可考虑增设加强肋，如图 13-103（b）所示，以增加其刚度，解决上述问题。

② 避免拧紧螺钉引起导轨变形 图 13-104 所示为导轨紧定螺钉的两种固定形式。图 13-104（a）所示结构在拧紧紧定螺钉时引起导轨变形，使导轨工作表面精度降低。为此，应把固定部分与导轨支撑面部分作成柔性较好的连接，使紧定螺钉产生的变形不影响导轨的精度，如图 13-104（b）所示。

③ 避免真空室支撑板变形 图 13-105（a）所示为一真空室，其中有一水平板 3，靠螺旋 2 旋转推动它上下移动，移动时由四个圆导轨 1 导向。在真空室未抽气时，水平板上下移动灵活，但是在真空室中的空气被抽掉以后，其上面的板 5 凹陷变形，使安装在其上的圆导轨偏斜，使水平板上下移动时受到很大的摩擦阻力。图 13-105（b）所示结构增加金属板 4，使圆导轨不受板 5 变形的影响，水平板移动灵活，为较好的结构。

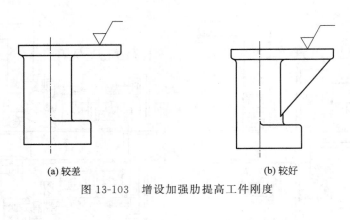

(a) 较差   (b) 较好

图 13-103   增设加强肋提高工件刚度

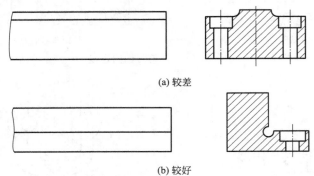

(a) 较差

(b) 较好

图 13-104   避免拧紧螺钉引起导轨变形

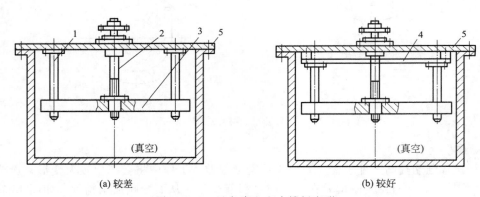

(a) 较差   (b) 较好

图 13-105   避免真空室支撑板变形

（4）减轻磨损

① 零件易磨损表面增加磨损裕量   如图 13-106（a）所示机床导轨，在未使用时正好平直，则在使用时会由于磨损使精度不断降低。而做成有一定的上凸 ［图 13-106（b）］，则可在较长时间内保持精度。

② 避免形成阶梯磨损   当一对互相接触的滑动表面尺寸不同，因而有一部分表面不接触时，则可能由于有的部分不磨损而与有磨损的部分之间形成台阶，称为阶梯磨损。如图 13-107（a）所示，移动件的行程比支承短，则有一部分支承件无磨损，而发生阶梯磨损。改为图 13-107（b）所示形式较好。

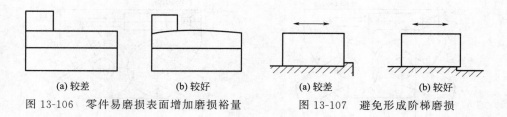

(a) 较差　　　　(b) 较好　　　　(a) 较差　　　　(b) 较好
图 13-106　零件易磨损表面增加磨损裕量　图 13-107　避免形成阶梯磨损

③ 滑动轴承不能用接触式密封　毡圈密封、皮圈密封等接触式密封适用于滚动轴承但不适用于滑动轴承。图 13-108(a)、13-108(b) 所示为不合理结构，因为滑动轴承比滚动轴承间隙大，而且当滑动轴承磨损后，轴中心位置有较大变化，用接触式密封会很快使密封元件磨损。当轴承间隙和磨损量较小时，可以考虑采用间隙式或径向曲路密封，如图 13-108(c) 所示。

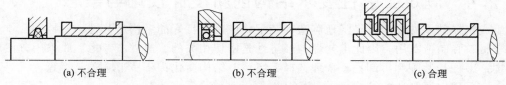

(a) 不合理　　　　　　(b) 不合理　　　　　　(c) 合理
图 13-108　滑动轴承不能用接触式密封

（5）节约材料

考虑节约材料的冲压件结构，可以将零件设计成能相互嵌入的形状，这样既能不降低零件的性能，又可以节省很多材料。如图 13-109 所示，图 13-109(a) 的结构较差，图 13-109(b) 的结构较好。

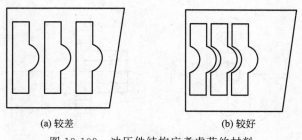

(a) 较差　　　　　　　　(b) 较好
图 13-109　冲压件结构应考虑节约材料

（6）自锁结构必须安全可靠

图 13-110 所示为摆杆齿轮式自锁性抓取装置，通过汽缸带动齿轮及手爪作开闭动作。在图 13-110(a) 所示位置时，工件对手爪的作用力 G 的方向线在手爪回转中心的外侧，对两侧手爪形成向内的对称力矩，故可实现自锁性夹紧。若工件局部不平或手爪长期工作磨损，使手爪与工件的接触处形成斜面，则会出现如图 13-110(b) 所示的情况，工件对手爪的压力 N 的方向线在手爪回转中心的内侧，对两侧手爪形成向外的对称力矩，不但不能实现自锁性夹紧，还很有可能由于摩擦力 F_f 不足而使所抓取的工件落下，工作非常不可靠。所以，设计这种自锁装置时，必须考虑工作时是否安全可靠，即使是相似的结构，也要仔细设计结构细节。为安全、可靠，有时即便是自锁的机构或结构，也可同时采用制动器或抱闸装置。

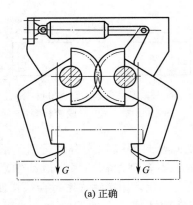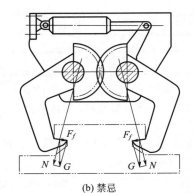

(a) 正确   (b) 禁忌

图 13-110   自锁结构必须安全可靠

13.2.4   满足工艺性要求结构创新设计技巧与禁忌

组成机器的零件要能最经济地制造和装配，应具有良好的结构工艺性。机器的成本主要取决于材料和制造费用，因此工艺性与经济性是密切相关的。通常应考虑：a. 采用方便制造的结构；b. 便于装配和拆卸；c. 合理选择毛坯；d. 结构简化；e. 易于输送，等等。

（1）采用方便制造的结构

结构设计中，应力求使设计的零部件制造加工方便，材料损耗少、效率高、生产成本低、符合质量要求。

在零件的形状变化并不影响其使用性能的条件下，在设计时应采用最容易加工的形状。图 13-111（a）所示的凸缘不便于加工，图 13-111（b）采用的是先加工成整圆、切去两边再加工两端圆弧的方法，便于加工。

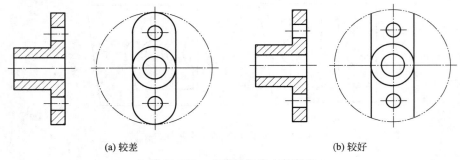

(a) 较差   (b) 较好

图 13-111   凸缘结构应方便制造

图 13-112（a）所示陡峭弯曲结构的加工需特殊工具，成本高。另外，曲率半径过小易产生裂纹，在内侧面上还会出现皱折。改为图 13-112（b）所示的平缓弯曲结构就要好一些。

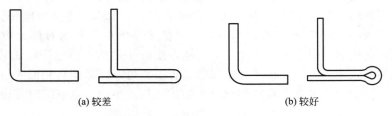

(a) 较差   (b) 较好

图 13-112   弯曲结构应利于加工

如图 13-113 所示，为减少零件的加工量、提高配合精度，应尽量减小配合长度。如果必须要有很长的配合面，则可将孔的中间部分加大，这样中间部分就不必精密加工，加工方便，配合效果好。图 13-113(a) 结构较差，图 13-113(b)、(c) 结构较好。

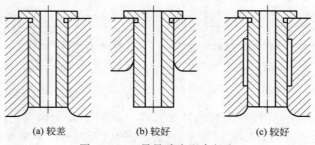

(a) 较差　　　　　　　(b) 较好　　　　　　　(c) 较好

图 13-113　尽量减小配合长度

图 13-114(a) 所示的复杂薄板零件，如果采用组合零件形式，即将薄板零件用焊接或螺栓连接等方式组合在一起，如图 13-114(b) 所示，则可以降低零件的复杂程度，方便制造，从而降低生产成本。

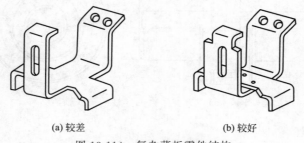

(a) 较差　　　　　　　　　　　　(b) 较好

图 13-114　复杂薄板零件结构

（2）便于装配和拆卸

加工好的零部件要经过装配才能成为完整的机器，装配质量对机器设备的运行有直接的影响。同时，考虑机器的维修和保养，零部件结构通常设计成方便拆卸的。

在结构设计时，应合理考虑装配单元，使零件得到正确安装。图 13-115(a) 所示的两法兰盘用普通螺栓连接，无径向定位基准，装配时不能保证两孔的同轴度。图 13-115(b) 所示结构以相配合的圆柱面为定位基准，结构合理。

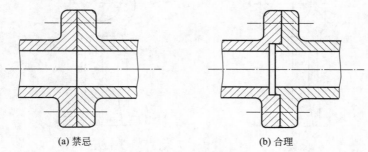

(a) 禁忌　　　　　　　　　　　(b) 合理

图 13-115　法兰盘的定位基准

对配合零件应注意避免双重配合。图 13-116(a) 中零件 A 与零件 B 有两个端面配合，由于制造误差，不能保证零件 A 的正确位置，应采用图 13-116(b) 的合理结构。

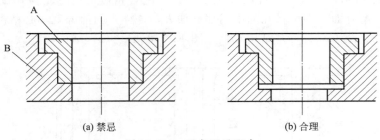

(a) 禁忌　　　　　　　　　　(b) 合理

图 13-116　避免双重配合

图 13-117 所示为一种弹性活销联轴器的结构。该联轴器的优点之一是只需要一次对中性安装。当更换弹性元件时，只需拆卸弹性销左边的压板即可，不需要移动半联轴器，减少了工时，提高了效率。该联轴器尤其适合于轴线对中安装困难且要求节省工时的场合。该设计获国家专利。

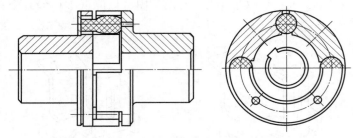

图 13-117　方便装拆的弹性活销联轴器

（3）合理选择毛坯

对于复杂的零件，加工工序增加，材料浪费，成本将会增高。为了改变这样的结构，可采用组合件来实现同样的功能。

图 13-118（a）所示的零件采用整体锻造，加工余量大。修改设计后采用铸锻焊复合结构，将整体分为两部分，如图 13-118（b）所示，下半部分为锻成的腔体，上半部分为铸钢制成的头部，将两者焊接成一个整体，可以将毛坯质量减轻一半，机加工量也减少了 40％。

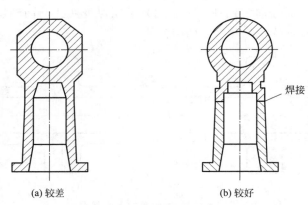

(a) 较差　　　　　　　　　　(b) 较好

图 13-118　整体锻件改为铸锻焊结构更好

如图 13-119（a）所示为带有两个偏心小轴的凸缘，加工难度较大。但若将小轴改为用组合方式装配上去，如图 13-119（b）或图 13-119（c）所示，则既改善了工艺性，又不失去原有功能。

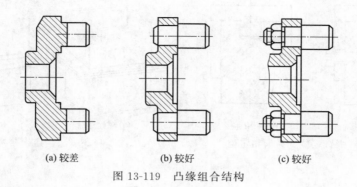

(a) 较差　　　　　　(b) 较好　　　　　　(c) 较好

图 13-119　凸缘组合结构

（4）结构简化

结构设计往往经历一个从简单到复杂，再由复杂到高级简单的过程。结合实际情况，化繁为简，体现精炼，降低成本，方便使用，一直是设计者所追求的。因而，在很多场合，采用简化结构，既不影响功能，又可获得优良的性能。

如图 13-120(a) 所示，塑料结构的强度较差，用螺纹连接塑料零件很容易损坏，并且加工制造和装配都比较麻烦。若充分利用塑料零件弹性变形量大的特点，采用搭钩与凹槽结构实现连接，如图 13-120(b) 所示，则使装配过程简单、准确，操作方便。

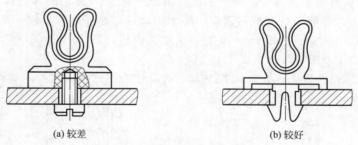

(a) 较差　　　　　　　　　　(b) 较好

图 13-120　连接结构的简化

类似的结构还有如图 13-121 所示的采用塑料零件替代螺纹连接，在一些载荷不大、不太重要的连接场合应用，效果很好。

(a) 塑料零件连接　　　　　　　　(b) 螺纹连接

图 13-121　塑料零件连接替代螺纹连接

如图 13-122 所示为将螺钉定位结构改变为卡扣定位结构。这种结构尤其适用于自动生产线上机械手安装的零件。类似结构还有图 13-123 所示的法兰连接等。

如图 13-124(a) 所示的用螺栓连接的软管卡子，如改成图 13-124(b) 所示的弹性结构，就变得简单多了，使用起来也非常方便。

如图 13-125(a) 所示的金属铰链结构，在载荷和变形不大时，改成用塑料制作可大大简化结构，如图 13-125(b) 所示。

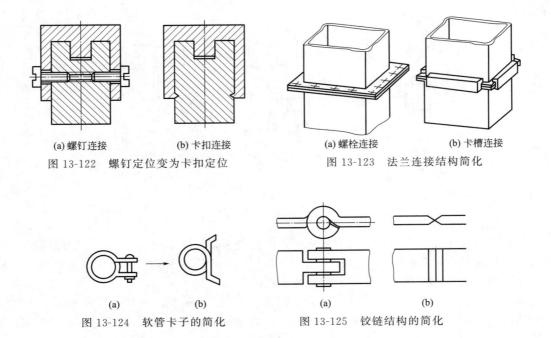

(a) 螺钉连接　　(b) 卡扣连接
图 13-122　螺钉定位变为卡扣定位

(a) 螺栓连接　　(b) 卡槽连接
图 13-123　法兰连接结构简化

(a)　　(b)
图 13-124　软管卡子的简化

(a)　　(b)
图 13-125　铰链结构的简化

图 13-126 所示为小轿车离合器踏板上固定和调节限位弹簧用的环孔螺钉。其工作要求是连接、传递拉力，并能实现调节与固定。图 13-126(a) 是通过车、铣、钻等加工过程形成的零件；图 13-126(b) 是用外购螺栓再进一步加工而成；图 13-126(c) 是外购地脚螺栓直接使用，其成本由 100％降到 10％。

图 13-127 中用弹性板压入孔来代替原有老式设计的螺钉固定端盖，节省加工装配时间。

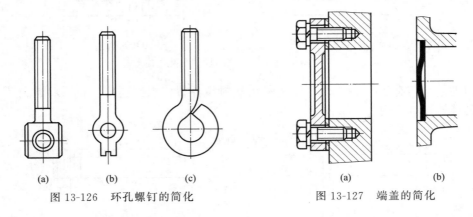

(a)　　(b)　　(c)
图 13-126　环孔螺钉的简化

(a)　　(b)
图 13-127　端盖的简化

图 13-128 所示为简单、容易拆装的吊钩结构。

(5) 采用易于输送的结构

对于需要在加工生产线上输送的零件，需要形状简单、稳定，不易互相干扰或倾倒，如图 13-129 所示。其中，图 13-129(a) 所示的结构不利于输送，铆钉间距太小，互相磕碰，容易损坏，而图 13-129(b) 所示结构间距足够，比较合理。图 13-129(c) 所示结构在输送过程中容易互相勾连，可改成图 13-129(d) 所示的结构。图 13-129(e) 所示结构在输送过程中容易碰坏零件前端的尖部，可改成图 13-129(f) 所示的平头结构。图 13-129(g) 所示结

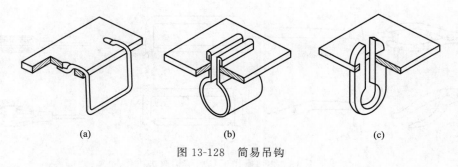

图 13-128 简易吊钩

构在输送过程中不易保证周向所处方向一致，可改成图 13-129(h) 所示周向无差别的结构。

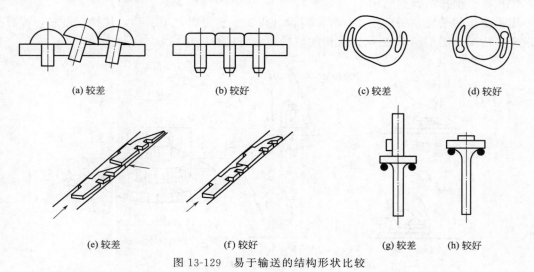

图 13-129 易于输送的结构形状比较

13.2.5 满足人机学要求结构创新设计技巧与禁忌

在结构设计中必须考虑人机学方面的问题。机械结构的形状应适合人的生理和心理特点，使操作安全可靠、准确省力、简单方便，不易疲劳，有助于提高工作效率。此外，还应使产品结构造型美观，操作舒适，降低噪声，避免污染，有利于环境保护。

（1）减少操作疲劳的结构

结构设计与构型时应该考虑操作者的施力情况，避免操作者长期保持一种非自然状态下的姿势。图 13-130 所示为各种手工操作工具改进前后的结构形状。图 13-130(a) 的结构形状呆板，操作者长期使用时处于非自然状态，容易疲劳；图 13-130(b) 的结构形状柔和，操作者在使用时基本处于自然状态，长期使用也不觉疲劳。

（2）提高操作能力的结构

操作者在操作机械设备或装置时需要用力，人处于不同姿势、不同方向、不同手段用力时发力能力差别很大。一般人的右手握力大于左手，握力与手的姿势与持续时间有关，当持续一段时间后，握力明显下降。推拉力也与姿势有关，站姿前后推拉时，拉力要比推力大，站姿左右推拉时，推力大于拉力。脚力的大小也与姿势有关，一般坐姿时脚的推力大，当操作力超过 50～150N 时宜选脚力控制。用脚操作最好采用坐姿，座椅要有靠背，脚踏板应设在座椅前正中位置。

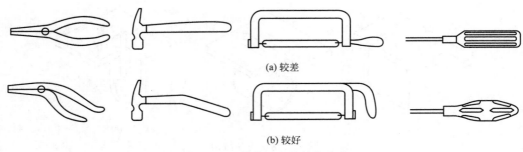

(a) 较差

(b) 较好

图 13-130　操作工具的结构改进

（3）减少操作错误的结构

用手操作的手轮、手柄或杠杆外形应设计得使手握舒服、不滑动，且操作可靠，不容易出现操作错误。图 13-131 所示为旋钮的结构形状与尺寸的建议。

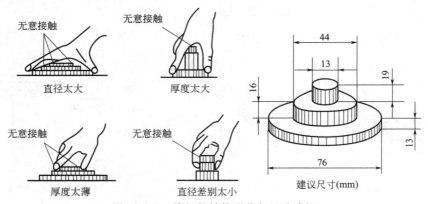

图 13-131　旋钮的结构形状与尺寸建议

（4）利用自身能量助力的结构

机械在运动过程中产生的一些能量常常被浪费，而且容易被人们所忽视，如果能将这些被浪费的能量储存起来再利用，则既节能又省力，使用的人也更加舒适。

例如，图 13-132(a) 所示的机械式四轮运输小车，改进后为如图 13-132(b) 所示的一种自返式运输车，驱动轮轴 1 上安装了小齿轮 2，增加一中间轴 3，其上安装了大齿轮 4 和发条（涡卷簧）5。自返式运输车的应用场合主要是在斜坡面上往返运送货物的情况。当车上放置了要运送的货物时，车在重力作用下向下滑，滑动过程中发条卷紧，将重物的势能转化为机械能储存起来，在到达目的地后货物被取下，车返回，此时发条恢复变形，先前储存的能量被释放，通过齿轮传动形成对车轮的助力，使小车的返回行程省力。为使车上物品接近水平，不易滑落，前后车轮尺寸变异为不同大小。

又例如，图 13-133 所示一种基于制动能量回收的助力自行车，可以将刹车减速的能耗储存起来，当再次起动提速时将储存的能量释放，起到助力的作用，使骑行者更省力。图中，圆柱拉伸螺旋弹簧 1 用于储能能量，其通过钢丝绳 2 与后车轴相连，限位片 3 安装在车架 4 上，以免弹簧拉伸长度过大而被损坏，绕线轮 5 安装于后车轴 7。这种储能助力车特别适合用于上坡下坡多、红绿灯多以及交通拥堵多的情况，因为这些情况下，频繁刹车和启动，极容易使人疲劳，而且浪费了大量的刹车动能。刹车时通过脚闸使与钢丝绳相连的绕线轮与后车轴上的行星轮系（图中未画出）接合，则钢丝绳绕在绕线轮上，弹簧 1 被拉伸，同

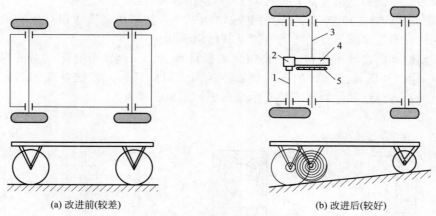

(a) 改进前(较差)　　　　　　　　(b) 改进后(较好)

图 13-132　自返式运输车结构简图

时储存机械能，车轮 6 逐渐减速。行星轮系的作用是减少钢丝绳在绕线轮上的缠绕圈数，也即减少弹簧被拉伸变形的长度。而当车停止后，再次启动加速时，弹簧恢复变形，长度缩短，带动绕线轮和车轮向前转动，起到助力的作用。因为刹车和启动时车都是向前运动的，所以在车轴上还设计了一个端面棘轮来实现车轮转动方向的转换（图中省略），细节结构可参看参考文献 [16,32]。

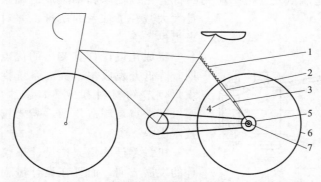

图 13-133　基于制动能量回收的助力自行车结构简图

　　在进行结构创新设计时，还应该考虑其它方面的要求。如采用标准件和标准尺寸系列，有利于标准化；考虑零件材料性能特点，设计适合材料功能要求的零件结构；考虑防腐措施，可实现零件自我加强、自我保护和零件之间相互支持的结构设计；为节约材料和资源，使报废产品能够回收利用的结构设计等。

13.2.6　机械结构创新设计的发展方向

　　随着制造技术和计算机技术的发展，机械结构设计方法日趋先进，在传统基本结构设计基础之上，将不断结合现代化产品，利用先进方法和手段，引入创新思维，向着现代化、多维化和智能化的方向发展。机械结构的集成化设计、机械产品结构的模块化设计、仿生机械结构设计、智能机械结构设计以及基于创新思维的机械结构设计等，为机械结构设计开辟了广阔的发展前景。

　　（1）机械结构的集成化设计

　　机械结构的集成化设计是指一个构件实现多个功能的结构设计。功能集成可以是在零件原有功能的基础上增加新的功能，也可将不同功能的零件在结构上合并。

图 13-134 所示是一种带轮与飞轮的集成功能零件，按带传动要求设计轮缘的带槽与直径，按飞轮转动惯量要求设计轮缘的宽度及其结构形状。

现代滚动轴承的设计中也体现了集成化的设计理念。如侧面带有防尘盖的深沟球轴承 [图 13-135(a)]、外圈带止动槽的深沟球轴承 [图 13-135(b)]、带法兰盘的圆柱滚子轴承 [图 13-135(c)] 等。这些结构形式使支承结构更加简单、紧凑。

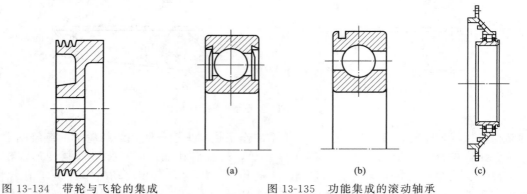

图 13-134　带轮与飞轮的集成　　　　图 13-135　功能集成的滚动轴承

图 13-136 所示是航空发动机中应用的将齿轮、轴承和轴集成的轴系结构。这种结构设计大大减轻了轴系的质量，并对系统的高可靠性要求提供了保障。

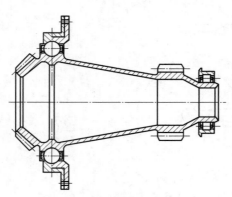

图 13-136　齿轮-轴-轴承的集成

集成化设计具有突出的优点：简化产品开发周期，降低开发成本；提高系统性能和可靠性；减轻重量，节约材料和成本；减少零件数量，简化程序。其缺点是制造复杂，需要较高的制造水平作为技术支撑。

机械零件的集成化设计不仅代表了未来机械设计的发展方向，而且在设计过程中具有非常大的创新空间。尽管我国目前的制造水平还落后于集成化设计的先进水平，但相信在不远的将来，我国在集成化设计与制造水平方面一定会进入世界先进行列。

（2）机械产品结构的模块化设计

机械产品的模块化设计始于 20 世纪初。1920 年左右，模块化设计原理开始于机床设计。目前，模块化设计的思想已经渗透到许多领域，如机床、减速器、家电、计算机等。

模块是指一组具有同一功能和接合要素（指连接部位的形状、尺寸、连接件间的配合或啮合等），但性能、规格或结构不同却能互换的单元。模块化设计是在对产品进行市场预测、功能分析的基础上，划分并设计出一系列通用的功能模块，根据用户的要求，对这些模块进行选择和组合，就可以构成不同功能，或功能相同但性能不同、规格不同的产品。

图 13-137 所示为数控车床和加工中心的模块化设计的例子。以少数几类基本模块部件，如床身、主轴箱和刀架等为基础，可以组成多种形式不同规格、性能、用途和功能的数控车床或加工中心。例如，用图 13-137 中双点画线所示不同长度的床身可组成不同规格的数控

车床或加工中心；应用不同主轴箱和带有动力刀座的转塔刀架可构成具有车铣复合加工用途的加工中心；配置高转速主轴箱和大功率的主轴电动机可实现高速性能；安装上料装置的模块则可使该类数控机床增加自动输送棒料加工的功能。

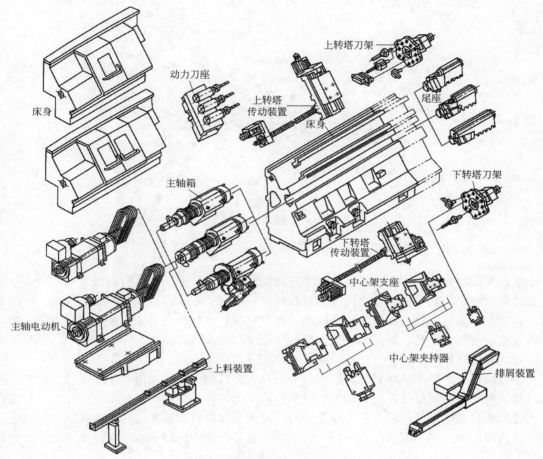

图 13-137　数控车床和加工中心模块化部件

除机床行业外，其它机械产品也逐渐趋向于模块化设计。例如，德国弗兰德厂（FLENDER）开发的模块化减速器系列和西门子公司用模块化原理设计的工业汽轮机。目前，国外已有由关节模块、连杆模块等模块化装配的机器人产品问世。

模块化设计的优点表现在：a. 为产品的市场竞争提供了有力手段；b. 有利于开发新技术；c. 有利于组织大量生产；d. 提高了产品的可靠性；e. 提高了产品的可维修性；f. 有利于建立分布式组织机构并进行分布式控制。

不同模块的组合，为设计新产品提供了良好的前景。模块化设计提高了产品质量，缩短了设计周期，是机械设计的发展方向，机械结构设计作为模块化设计的重要组成部分，必将大有发展空间。

（3）仿生机械结构设计

仿生机械学主要是从机械学的角度出发，研究生物体的结构、运动与力学特性，然后设计出类生物体的机械装置的学科。当前，主要研究内容有拟人型机械手、步行机、假肢以及模仿鸟类、昆虫和鱼类等生物的机械。

仿生机械大多是机电一体化产品，在机构运动原理上较多采用空间开式运动链，运动复杂的仿生机械往往自由度较高，机械结构也较复杂。仿生机械在结构上大量采用杆状构件和回转副结构，也广泛采用齿轮、带、链、轴、轴承及其它常用机械零部件。图 13-138 所示为 Strider 爬壁机器人的结构示意图。

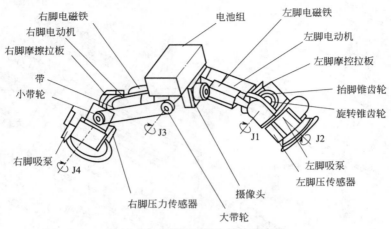

图 13-138　爬壁机器人结构示意图

基于人类对自然界中生物所具有的非凡特性的羡慕和好奇，仿生机械的发展使人类不断实现着各种梦想，如飞机的发展使人们能像鸟儿一样在天上飞；潜艇使人类能像鱼一样深入海底；排雷机器人能代替我们完成危险的工作。但仿生机械的发展应该还有很多未知的领域等待人们去研究，伴随着的仿生机械结构设计也将任重而道远。

（4）智能机械结构设计

在结构设计中使用的材料称为结构材料，其主要目的是承受载荷和传递运动。与之不同的另类材料称为功能材料，主要用来制造各种功能元器件。在功能材料中，当外界环境变化时可以产生机械动作的材料，称为智能材料。应用智能材料构造的结构称为智能结构，它们可以在外界环境条件变化时，自动产生控制动作，使得机械装置的控制功能更加简单、可靠。

图 13-139 所示的天窗自动控制装置是一种智能结构，这种结构应用形状记忆合金控制元件（形状记忆合金弹簧）来控制温室天窗的开闭。当室内温度升高超过形状记忆合金材料的转变温度时，形状记忆合金弹簧伸长，将天窗打开，与室外通风，降低室内温度。当室内温度降低到低于转变温度时，形状记忆合金弹簧缩短，将天窗关闭，室内升温。形状记忆合金弹簧可以感知环境温度的变化并产生机械动作，通过弹簧长度的变化控制天窗的开闭，使温室温度控制方式既简单又可靠。

智能化是当前的热门技术，亦是未来科技的发展趋势。机械行业出现了对各种智能机械的研究，如智能机器人、智能加工中心、智能运输等。智能机械不仅包括极其复杂的机械系统，也包括基础部件，比如人工智能轴承，就像一个小小的机器人，它带有很多传感器，而传感器就像轴承的神经线路一样，把信息传送到电脑中枢，电脑中存储着各种运行中可能出现的毛病和相应的解决方法，这样我们就能直观地监测到它运行当中的各种状况，并且能更好地应对突发情况。还可以在主轴轴承中内置包含云计算和软件计算的集成传感器，再结合新开发的智能系统，就能为主轴轴承提供长期有效的健康状况监控、适时调整和保护。图 13-140 所示是一种智能轴承的结构模型。

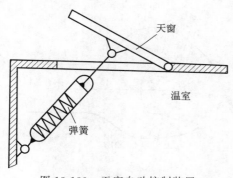

图 13-139 天窗自动控制装置

图 13-140 智能轴承结构模型

（5）基于创新思维的机械结构设计

随着近年来创新学的研究和发展，运用创新思维和创新技法，将工程知识与创新学原理相结合，进行机械结构创新设计成为机械结构设计未来发展的又一方向。从创新思维的角度，创新方法有类比法、组合法、分解法、移植法、换元法、联想法、集智法、TRIZ 等多种方法。创新思维与创新方法对设计新产品和新结构十分有效，如前面所说的仿生机械就是用类比法设计出各类机器人、各类仿生爬行器、飞行器等。

例如，利用组合法和分解法对椅子进行结构创新设计，如图 13-141 所示。图 13-141（a）所示为一种传统座椅，通过结构创新设计，使其具有多种形态，同时具备多种功能，如图 13-141（b）~（d）所示。图 13-141（b）为增加一块搁板和一个与椅子背相同结构的支架，利用相关的卡槽和锁紧连接使椅子变化为架子，可用于人们在室内的高空作业时，如清理顶棚或灯具等，代替梯子。此外，它还可以代替花架、置物架等，放置花盆或者其它物品。搁板高度可调，平时不占空间，需要时变形，使用方便。图 13-141（c）所示为将多出来的搁板和支架用螺钉连接于椅子侧面，作为扶手或放置书本、笔、水杯等。图 13-141（d）所示为将搁板放置于座椅下面的形态，可以减少椅子的占地空间。

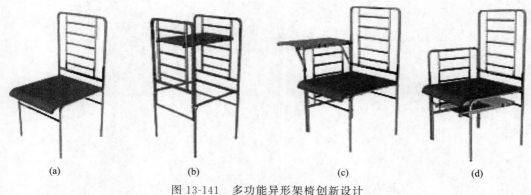

(a)　　　　　(b)　　　　　(c)　　　　　(d)

图 13-141 多功能异形架椅创新设计

又如，利用 TRIZ 法对扳手进行的结构创新设计，如图 13-142 所示。图 13-142（a）所示为普通扳手在外力的作用下可以拧紧或松开六角螺钉或螺母，由于螺钉或螺母的受力集中到两条棱边，容易使它们产生变形，从而在后续使用中，使螺钉或螺母的拧紧或松开困难。图 13-142（b）所示的新型开口扳手利用 TRIZ 法设计扳手卡口的形状和尺寸，则在使用过程中不容易损坏螺钉或螺母的棱边。

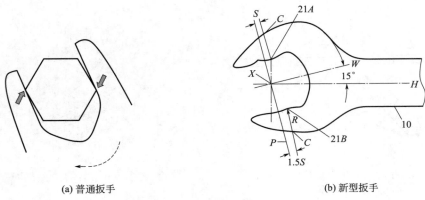

(a) 普通扳手　　　　　　　　　　　　　(b) 新型扳手

图 13-142　扳手创新设计示意图

　　诚然，创新思维与创新方法都是机械结构设计的辅助工具，实际工作中，只有在熟练掌握机械工程知识和机械结构设计基本方法的前提下，再灵活运用各种创新思维与创新方法，才能设计出更新、更完善的机械结构。

参 考 文 献

[1] 邱宣怀.机械设计 [M].第 4 版.北京：高等教育出版社，2003.
[2] 濮良贵，纪名刚.机械设计 [M].第 8 版.北京：高等教育出版社，2006.
[3] 徐锦康.机械设计 [M].北京：高等教育出版社，2004.
[4] 孙桓，陈作模，葛文杰.机械原理 [M].第 7 版.北京：高等教育出版社，2006.
[5] 郑文纬，吴克坚.机械原理 [M].第 7 版.北京：高等教育出版社，1997.
[6] 杨可桢，程光蕴，李仲生，等.机械设计基础 [M].第 6 版.北京：高等教育出版社，2006.
[7] 庞振基，黄其圣.精密机械设计 [M].北京：机械工业出版社，2000.
[8] 张春林.机械创新设计 [M].北京：机械工业出版社，2007.
[9] 张美麟.机械创新设计 [M].北京：化学工业出版社，2005.
[10] 吴宗泽.机械设计禁忌 1000 例 [M].北京：机械工业出版社，2011.
[11] 小栗富士雄，小栗达男.机械设计禁忌手册 [M].陈祝同，刘惠臣，译.北京：机械工业出版社，2002.
[12] 成大先.机械设计图册 [M].北京：化学工业出版社，2000.
[13] 潘承怡，向敬忠，宋欣.机械零件设计 [M].北京：清华大学出版社，2012.
[14] 潘承怡，向敬忠.常用机械结构选用技巧 [M].北京：化学工业出版社，2016.
[15] 潘承怡，姜金刚.TRIZ 实战：机械创新设计方法及实例 [M].北京：化学工业出版社，2019.
[16] 潘承怡，姜金刚.TRIZ 理论与创新设计方法 [M].北京：清华大学出版社，2015.
[17] 于惠力，潘承怡，向敬忠.机械零部件设计禁忌 [M].第 2 版.北京：机械工业出版社，2018.
[18] 于惠力，潘承怡，冯新敏.机械设计学习指导 [M].第 2 版.北京：科学出版社，2013.
[19] 袁剑雄，李晨霞，潘承怡.机械结构设计禁忌 [M].北京：机械工业出版社，2008.
[20] 于惠力，张春宜，潘承怡.机械设计课程设计 [M].第 2 版.北京：科学出版社，2013.
[21] 向敬忠，宋欣，崔思海.机械设计课程设计图册 [M].北京：化学工业出版社，2009.
[22] 秦大同，谢里阳.现代机械设计手册 [M].北京：化学工业出版社，2011.
[23] 吴宗泽.机械结构设计准则与实例 [M].北京：机械工业出版社，2006.
[24] 杨黎明，杨志勤.机械零部件选用与设计 [M].北京：国防工业出版社，2007.
[25] 杨黎明，杨志勤.机构选型与运动设计 [M].北京：国防工业出版社，2007.
[26] 黄继昌，徐巧鱼，张海贵.实用机构图册 [M].北京：机械工业出版社，2008.
[27] 潘承怡，马岩.微米木纤维模压制品螺钉连接强度可靠性优化设计 [J].机械科学与技术，2008，27 (2)：162-164.
[28] 潘承怡.微米木纤维模压制品握钉结合部载荷分布及最佳分布条件 [J].机械科学与技术，2010，29 (6)：813-816.
[29] 潘承怡，张简一，向敬忠，等.基于 TRIZ 理论的多功能异形架椅创新设计 [J].林业机械与木工设备.2008，36 (10)：29-31.
[30] 潘承怡，王健，赵近川，等.基于 TRIZ 理论的自返式运输车创新设计 [J].林业机械与木工设备 2009，37 (7)：40-42.
[31] 潘承怡，孙佳彬.一种基于制动能量回收的自行车助力装置 [P].ZL201620382349.0.